工程材料系列教材

模具材料及表面强化技术

何柏林　主编
徐先锋　赵龙志　副主编

化学工业出版社
·北京·

本书作为高等工科院校模具设计与制造类专业的专业课教材，与传统的相关教材相比，采用案例教学的方法，理论与实践相结合，全书注重模具材料的分类及热处理，模具材料失效分析以及材料的表面强化技术的原理及应用。做到由浅入深，易学易懂，突出模具材料的表面强化技术，兼顾原理与应用。

本书可供高等学校材料成型及控制工程专业（模具方向）的学生使用，也可供模具设计与制造专业以及材料热处理专业的工程技术人员参考。

图书在版编目（CIP）数据

模具材料及表面强化技术/何柏林主编．—北京：化学工业出版社，2009.6（2024.9重印）

（工程材料系列教材）

ISBN 978-7-122-05176-9

Ⅰ．模…　Ⅱ．何…　Ⅲ．①模具-材料-高等学校-教材②模具-金属表面处理-高等学校-教材　Ⅳ．TG76

中国版本图书馆CIP数据核字（2009）第045139号

责任编辑：唐旭华　叶晶磊　　　装帧设计：杨　北

责任校对：蒋　宇

出版发行：化学工业出版社（北京市东城区青年湖南街13号　邮政编码100011）

印　　装：北京科印技术咨询服务有限公司数码印刷分部

787mm×1092mm　1/16　印张15¾　字数381千字　2024年9月北京第1版第6次印刷

购书咨询：010-64518888　　　售后服务：010-64518899

网　　址：http：//www.cip.com.cn

凡购买本书，如有缺损质量问题，本社销售中心负责调换。

定　　价：39.00元

《模具材料及表面强化技术》编写人员

主　　编　何柏林

副 主 编　徐先锋　赵龙志

编写人员　（以姓氏笔画为序）

丁阳喜　于影霞　李树桢　何柏林

陈朝霞　赵龙志　徐先锋　熊光耀

黎秋萍

前　言

在模具设计与制造过程中，能否合理地选用模具材料是模具制造成功的关键问题之一，模具材料是模具制造业的物质基础和技术基础，模具制造企业和模具从业人员越来越重视各种模具材料的性能、质量及其选择和使用问题。正确和先进的模具热处理可以充分发挥模具材料的潜在能力，可以延长模具零件的使用寿命。随着科学技术的进步，模具热处理和模具表面强化技术有了飞速发展。本书是根据高等学校模具设计与制造专业的教学计划、模具材料及表面强化课程的教学大纲要求、国内外模具材料热处理及表面强化的现状及发展趋势和国内模具企业的迫切需求编写的一本专业教材。

本书注重对模具材料基本知识和基本原理的阐述，力求由浅入深，易学易懂，突出案例教学、模具失效分析方法和模具材料的表面强化技术，兼顾原理与应用。内容精炼，体系完整。在内容上力求有一定的深度和广度，反映近年来国内外模具材料、热处理和模具表面强化技术较成熟的科技成就，力图建立理论联系实际，适应模具行业科技与现代化发展需要的课程新体系，使学生能够对国内外模具材料热处理及表面强化技术领域的科技发展全貌有基本的了解。着重于模具不同工况条件下的选材、热处理新工艺、表面强化新技术新工艺，培养学生初步的合理选择模具材料、热处理工艺、表面强化方法的能力，综合运用知识对失效模具进行原因分析和解决实际问题的能力。

为确保教材质量，在编写过程中，注重发挥团队精神，协同作战精神，发挥每一位参编人员的强项。书中还配有一定量的习题，供学生熟习所讲内容，温故知新。

本书相关电子教案可免费提供给采用本书作为教材的院校使用，如有需要请联系：cipedu@163.com。

本书由何柏林主编，徐先锋和赵龙志副主编，南昌航空大学鲁世强教授主审。参加本书编写工作的还有：丁阳喜，李树桢，熊光耀，黎秋萍，于影霞，陈朝霞等同志。

在编写的过程中，缪燕平、李德英为本书绘制了部分图片和照片，孙佳校对了部分书稿，在此一并表示感谢。

由于作者的实践经验和编写水平有限，书中难免存在不当之处，敬请专家学者和广大读者批评指正。

编者

2009 年 2 月

目　　录

第一篇　模具材料及热处理

1　绪　　论

1.1　模具在工业生产中的重要地位

1.1.1　模具在工业生产中的地位

模具是工业生产的主要工艺装备，模具工业是基础工业。

采用模具生产零部件，具有生产效率高、质量好、成本低、节省能源和节省原材料等一系列优点，因而被广泛应用在工业生产的各个领域，已成为当今工业生产的重要手段和工艺发展方向。现代工业产品的发展和技术水平的提高，在很大程度上取决于模具工业的发展水平。因此，模具工业的发展和技术水平的提高对国民经济和社会的发展，将会起到越来越大的作用。模具工业的薄弱和技术水平的落后将严重制约工业产品造型的变化和新产品的开发。

1989 年 3 月，国务院颁布的《关于当前产业政策要点的决定》中，把模具列为机械工业技术改造序列的第一位，生产和基本建设序列的第二位。国家对模具产业的发展极为重视，并采取了多种措施给予大力扶持。自 1997 年以来，相继把模具及其加工技术和设备列入了《当前国家重点鼓励发展的产业、产品和技术目录》和《鼓励外商投资产业目录》；从 1997 年到 2005 年，对全国部分重点专业模具厂实行增值税返还 70%的优惠政策；1999 年把有关模具技术和产品列入国家计委和科学技术部发布的《当前国家优先发展的高新技术产业化重点领域指南（目录)》。这些都充分体现了国务院和国家有关部门对发展模具工业的重视和支持，同时也说明了模具工业在国民经济中的占据着重要地位。

早在 20 世纪 80 年代初，一些先进的工业国家模具工业的产值已经超过了机床制造工业的产值，目前世界上模具工业的年产值为 600 亿～650 亿美元。我国在国家产业政策的支持下，模具工业的产值从 1997 年开始也超过机床工业的产值，1998 年达到 220 亿元。1996～2002 年间，中国模具制造业的产值年平均增长 14%左右，2003 年增长为 25%左右，其中广东、江苏、浙江、山东等模具发达地区的增长在 25%以上。2003 年我国模具产值为 450 亿元人民币以上，约折合 50 多亿美元，仅次于日本、美国，跃居世界第三。近年来，我国的模具生产技术有了很大的提高，生产的模具有些已接近或达到国际水平。

目前我国模具仍供不应求，不少大型、精密、复杂、长寿命模具仍靠进口解决，我国已成为世界上进口模具最多的国家。据不完全统计，2002 年我国模具进口金额共 12.72 亿美元，比上年增长 14.4%，其中塑料橡胶模具进口金额 6.93 亿美元，占总进口量的 54.5%。2003 年就进口了近 13.7 亿美元的模具，这还未包括随设备和生产线作为附件带进来的模具。2007 年我国模具进口总量约为 20.04 亿美元，其中塑料橡胶模具进口量占总量的 51.86%。这表明我国模具行业发展的潜力仍然巨大。

1.1.2 模具在工业生产中的作用

模具在工业生产中的作用是非常突出的。模具工业早已引起世界各国的高度重视，成为基础工业的重要组成部分。目前随着工业技术的迅速发展，产品要在国际市场上具有强有力的竞争力，除了应具备先进的技术水平、稳定的使用性能、结构新颖、更新换代快等特点外，还必须想方设法降低产品的生产成本，提高生产效率和产品质量，提高材料利用率。很多工业产品质量的改善、生产效率的提高、产品成本的降低、产品更新换代的速度的加快，在很大程度上取决于模具的制造精度、质量、制造周期、生产成本和使用寿命等因素。正是基于模具成型所具有的高产品质量、高生产效率和低成本等优点，模具在工业生产中的作用越来越大，模具工业被誉为工业发展的基石，金属加工业的帝王。据统计，飞机、坦克、汽车、拖拉机、电机电器、仪器仪表等产品的60%以上的零部件，自行车、洗衣机、电冰箱、电风扇、照相机等产品的85%以上的零件，都要经模具加工，尤其是标准紧固件、轴承、枪炮弹壳体、日用五金、餐具、塑料、玻璃制品等均需要通过模具生产，故模具应用范围相当广泛。一般情况下，模具的费用占轻工、电子、汽车等行业产品成本的30%，例如，某制冷设备厂，对冰箱压缩机冲压线的总投资为600万元，其中模具费用为190万元。模具投资为生产线总投资的31.6%。汽车工业的产量从40万辆增加到100万辆，模具投资数亿元，一种中型载重汽车改型，即需要模具4000多套，重达2000多吨。生产一种型号的照相机，需要模具500多套。据估算，企业每投资1元购买模具，可获得45元的经济效益。

1.2 模具生产的发展趋势

1.2.1 发展精密、高效、长寿命模具

对于精密或超精密零件，不同时期有不同概念。例如尺寸公差，国外在20世纪60年代把0.01mm公差的制件称为精密零件，20世纪70年代该数据为0.001mm，20世纪80年代该数据为0.0001mm。现在一些精密零件制造公差要求更小。一些大型棱镜的形状误差$<\pm1\mu m$，表面粗糙度为$0.01\mu m$。激光盘记录面的粗糙度要达到镜面加工的水平0.01～$0.02\mu m$。这就要求模具的表面粗糙度达到$0.01\mu m$以下。

精密注塑模使用刚度大的模架，增厚模板，加支撑柱或锥形定位元件以防止模具受压后产生变形。有些情况下，要求这些元件能承受100MPa内压的刚度。成型收缩率的计算应根据不同的部位而有所变化。在需要增高模具温度的材料中，要把模具的热膨胀加算进去。要严格控制模具温度，型腔和型芯的温度要能分别控制，进出口的水温波动范围应维持在0.5～1℃以内。热流道模具需通过充分试验，制造精度要求特别高时，应先制造试制模，进行试成型，根据产品数据再设计生产模。产品数据测定应从成型条件稳定后，连续成型100件以上开始，取测定点波动的中间值进行设计。顶出装置是影响制品变形和尺寸精度的重要因素，精密注塑模要选择最佳顶出点，以使各处脱模均匀，难脱模处用锥管或方销。流道、型腔、型芯应选择耐磨易抛光的材料。高精度模具在结构上多数采用拼嵌或全拼结构，这对模具零部件加工精度、互换性的要求均大为提高。精密模具的应力消除是非常重要的环节，有的模具厂采用回火，甚至多次回火的措施，有的开发了低频低幅振动工艺来消除应力。

精密冲模最有代表的是各种拼嵌结构的多工位级进模，尤其是电子集成块引线框架级进模，其工件料薄，凸凹模间隙非常小。对于这类模具应该采用高刚度导向、定位、卸料以及防振机构，选择高耐磨、耐黏附的模具材料，高精度送料机构。

高效模具主要是提高成型机床一次行程生产的制品数量。为此，大量采用多工位级进模

和多排多工位级进模。例如，电子产品生产中的级进模高达20至30个工位甚至50个工位。微调电位器簧片模具为多达10排的多工位级进模。此外，近年来还发展了具有多种功能的模具，不仅能完成各种冲压，而且还可以完成叠装、记数、铆接等功能，从模具生产出来的是成批组件。

长寿命模具对于高效率生产是非常必要的。例如，中速冲床的行程次数为300～400次/分钟，每班要生产14万～20万件冲压件，只有用高耐磨硬质合金冲模才能适应。

1.2.2 发展高效、精密、数控自动化加工设备

现代模具加工技术发展的主要特点是：从过去劳动密集，依赖钳工技巧，发展到主要依靠各种高效自动化机床加工，70%～80%的零件是靠加工保证精度，直接装配的。从一般的车铣刨磨机床加工，发展到采用各种数控机床和加工中心进行模具零件的加工。从一般的机加工方法，发展到采用机电结合的数控电火花成型、数控电火花线切割以及各种特殊加工技术相结合。例如，电铸成型、精密铸造成型、粉末冶金成型、激光加工等。

1.2.3 模具制造的基本要求和特点

1.2.3.1 模具制造的基本要求

模具的制造除了要正确进行模具设计，采用合理的模具结构外，还需以先进的模具制造技术作保证，制造模具时，不论采用哪一种方法都应满足如下基本要求。

(1) 制造精度高

为了生产合格的产品和发挥模具的效能，所设计、制造的模具必须具有较高的精度，模具精度主要由制品精度和模具结构的要求来决定的。为了保证制品精度，模具的工作部分精度通常要比制品精度高2～4级；模具结构对上、下模之间的配合有较高的要求，为此组成模具的部件都必须有足够高的制造精度，否则将不可能生产出合格的制品，甚至会使模具损坏。

(2) 使用寿命长

模具是比较昂贵的工艺装备，目前模具制造费约占产品成本的10%～30%，其使用寿命长短将直接影响产品的成本高低。因此，除了小批量生产和新产品试制等特殊情况外，一般都要求模具具有较长的寿命，在大批量生产的情况下，模具的使用寿命更加重要。

(3) 制造周期短

模具制造周期的长短主要决定于制模技术和生产管理水平的高低。为了满足生产的需要，提高产品的竞争力，必须在保证质量的前提下尽量缩短模具制造的周期。

(4) 模具成本低

模具成本与模具结构的复杂程度、模具材料、制造精度要求及加工方法等有关。模具设计人员必须根据制品要求合理设计和制定其加工工艺。

1.2.3.2 模具制造的特点

模具制造属于机械制造的范畴，但是模具制造的要求高，难度大，同一般的机械制造相比，有许多特点。

(1) 制造质量要求高

模具制造不仅要求加工精度高，而且还要求加工表面质量好。一般说来，模具工作部分的制造公差都应控制在±0.01mm以内，有的甚至要求控制在微米级范围内；模具加工后的表面不仅不允许有任何缺陷，而且工作部分的表面粗糙度 R_a 都要求小于0.8μm。

(2) 形状复杂

模具的工作部分一般都是二维或三维的复杂曲面，而不是一般机械加工的简单几何体。

(3) 材料硬度高

模具实际上相当于一种机械加工工具，其硬度要求较高，一般都是用淬火工具钢或硬质合金钢等材料制成，若用传统的机械加工方法制造，往往感到十分困难。

(4) 单件生产

通常，生产某一个制品，一般都只需要1～2副模具，所以模具制造一般都是单件生产。每制造一副模具，从设计开始，大约需要一个多月甚至几个月的时间才能完成，设计、制造周期相对都比较长。

1.2.4 发展各种简易模具技术

目前工业制品生产中70%是多品种小批量。开发和适应这种生产方式的模具技术越来越引起人们的重视，并已成为重要的发展方向。这种生产方式要求在满足工件质量的前提下，降低模具的制造成本、缩短其制造周期、模具能被快速更换。

通常采用低熔点合金、铝合金、锌基合金、铍铜合金、甚至塑料、石膏等材料制造模具。国外研制了一种增强塑料来制造注塑模的型腔和型芯，其主要成分为塑料中添加碳纤维和专用填料，其导热性接近铝，而耐磨性比铝好，材料的成本低廉，只相当于铝模的一半，制模周期为3～4周。这种模具除不适用于添加玻璃纤维的塑料成型外，能生产数万件注塑零件，已应用于制造医药、计算机等行业所需的零件。此外，国外还开发了用铝红柱石、铁粉、不锈钢纤维和硅酯乙醇混合剂，经振动浇注并烧结压制成型的模具，适宜于小批量生产塑料件。

1.3 模具材料的现状及发展趋势

模具材料以模具钢为主。世界各国在产量统计上是将模具钢的产量统计在合金工具钢内，模具钢的产量一般占合金工具钢的80%左右。建国以来，我国模具钢生产发展很快，从无到有，从仿制国外产品到自主开发，在短短几十年内，我国模具钢产量已跃居世界前列。据国家冶金工业局信息研究中心的资料统计，1997年我国冶金工业部门16个特殊钢生产企业总计生产了合金工具钢钢材13.8612万吨，若再加上机械制造业和国防工业部门生产的模具钢，我国合金工具钢的总产量在15万吨左右。虽然我国的模具钢产量已跃居世界前列，但在钢种系列、产品结构和应用等方面与发达国家相比还存在着较大差距。

目前我国冶金企业提供的模具钢品种仍以圆棒材为主，冷热模具钢厚板、方料、扁料等市场上极为少见，其中钢材品种规格缺乏是重要原因之一。国内模具厂大量需要的一些中小型扁平型模块，是由模具制造厂将圆钢材切断，然后由自由锻锤改锻而成，加工量大，材料利用率仅为60%左右，比工业发达国家低10%～15%。

现行国家标准GB1299—2000中包括37个钢号，引进了一些国际上通用的性能较好的模具钢，也纳入了一些国内研制的在生产应用中取得较好结果的新钢种，基本上可以适应模具制造业的需要。但是在钢种系列特别是产品结构和应用方面还存在着一些问题。

(1) 模具钢品种规格少，产品结构不尽合理

如塑料模具用钢，标准中只列入一个钢号为3Cr2Mo（相当于美国牌号P20）的预硬型塑料模具钢。宝钢集团的模具钢生产和销售已逐步建立了自己的品牌和塑料模具钢系列，如B20、B30、B40等，并有几十种尺寸规格、几种硬度（从150HB到40HRC）供选用。抚顺

特殊钢（集团）有限责任公司，已可生产模块、大型锻棒、轧棒、高精度方扁钢等30多个品种。总的来看，在国内生产的模具钢中，扁钢、原板、模块所占的比例较小，精料和制品的比例也很小，绝大部分仍为黑皮圆棒。国产模具钢的钢种系列还很不完善，缺乏高硬度、耐腐蚀塑料模具钢等具有特殊使用性能的钢种，粉末冶金高合金模具钢尚属空白。

此外，目前90%左右的塑料模具采用45号碳素结构钢制造，模具使用寿命不长，压制的塑料制品的精度不高、粗糙度差。

我国通用型冷作模具钢是20世纪50年代从前苏联引进的三个老钢号CrWMn、Cr12、Cr12MoV，目前占冷作模具用钢产量的70%左右。与国际先进水平相比存在一定的差距，Cr12MoV与Cr12Mo1V1(D2) 相比，前者合金元素含量偏低，耐磨性和使用性能都不如后者，CrWMn与Cr2WMn(O1) 比较，前者碳含量偏高，不含钒，特别是大截面钢材中容易产生比较严重的网状或链状碳化物，影响其使用性能；中合金空淬模具钢Cr5Mo1V(A2)钢是国际上用量最大，综合性能优良的钢种，其耐磨性优于低合金模具钢CrWMn、9Mn2V，而韧性则高于高合金模具钢Cr12、Cr12MoV。Cr12Mo1V1既具有良好的耐磨性，又具有一定的韧性和红硬性，但目前产量较少，使用量也不多。

热作模具钢通过近年来的大力推广应用，世界上应用较广、综合性能较好的4Cr5MoSiV1(H13) 钢的年产量和使用量已居热作模具钢首位，但是传统的综合性能较差的热作模具钢3Cr2W8V年产量仍在1万吨以上，有待进一步深入地研究，使产品结构和选用工作更趋合理。为提高和保证模具钢的质量和性能，使钢材达到高纯精度、高均匀度、高致密和高等向性，模具钢的生产工艺和手段得到了不断更新和改造。国外已普遍采用电炉加炉外精炼来生产高纯精度的模具钢，还可以选用精料、双真空冶炼、电渣重熔、钢锭高温均匀化处理、大压下量多向锻造或多向轧制、或大型水压机开坯和精锻机组合锻造、钢材组织细化处理等设备和工艺方法来进一步提高钢材质量。这些先进的设备和工艺方法也成为改良已有钢种、开发新钢种所必不可少的手段。

但由于我国模具钢发展历史短，很多方面还需要进一步的完善配套。特别是我国当前特殊钢厂的后步工序和质量控制、质量检测手段落后，缺乏热处理深度加工和在线质量检验设备，导致在产品的表面质量和尺寸精度方面，与国外同类产品比较还存在着不小的差距。

(2) 模具新材料、热处理新工艺和表面强化新工艺应用偏少

模具钢材热处理国外多采用可以控制碳势的可控气氛热处理炉和真空热处理装置。相应的发展了大型的可控气氛连续式热处理炉和真空热处理炉。而国内模具厂可控气氛热处理和真空热处理应用相对较少。模具设计人员不重视新材料和热处理新工艺的应用，习惯应用传统的模具钢和传统的热处理工艺方法。模具表面强化新技术和新工艺应用也不够广泛。

针对以上模具材料生产和强化技术的现状及存在问题，今后我国模具材料技术的发展及应用要重视以下几个方面：

① 积极引进，开发新品种模具钢；

② 逐步完善模具材料系列，充分重视模具的正确选材；

③ 建立先进的模具材料生产线，完善的科研试制基地和情报中心，形成研发、生产、供货、使用一体化畅通渠道；

④ 积极推广应用模具材料热处理新技术、新工艺及模具表面强化新技术、新工艺。充分挖掘模具材料的潜力，提高模具的使用寿命。

1.4 模具选材、热处理及表面强化技术

1.4.1 模具选材及热处理

在模具的设计制造中，合理的选用模具材料是模具制造成功的关键。模具材料是模具制造业的物质基础和技术基础，其品种、规格、质量对模具的性能、使用寿命起着决定性作用。因此，模具制造企业和科技人员应该重视各种模具材料的性能、质量及其选择和使用。

热处理工艺在模具制造业中应用极为广泛。它能提高模具的使用性能，延长模具的使用寿命。此外，热处理还可以改善模具的加工工艺性能，提高加工质量、减少刀具磨损。因此，热处理工艺在模具制造业中占据着十分重要的地位。

正确和先进的热处理工艺不仅可以充分发挥金属材料的潜在能力，延长模具及模具零件的使用寿命，而且还能保证模具和机械设备的高精度。随着科学技术的飞速发展，热处理技术也有了飞速进步。热处理工作者对传统的热处理工艺进行了革新，如结构钢的亚温淬火、零保温加热淬火工艺、锻造余热淬火、利用余热回火等，不仅节约了能源，而且提高了产品质量。同时不断采用新工艺提高热处理技术水平，如真空热处理、离子热处理、可控气氛热处理、流态化热处理、形变热处理、电子束热处理、激光热处理、氮基气氛热处理、复合热处理、各种化学热处理复合渗、强韧化工艺、计算机在热处理中的应用等。不仅有效地解决了热处理过程中的三大难题：变形、开裂、淬硬，而且大大提高了模具和模具零件的使用寿命。

1.4.2 模具表面强化技术

为适应现代化大规模生产的需要，模具本身应该具有“三高”，即高精度、高效率和高寿命。模具的基本失效形式有断裂、开裂、磨损、疲劳（含冷热疲劳）、变形、腐蚀等。在选材、热处理和设计正确的情况下，模具的失效形式主要有磨损、腐蚀和疲劳。而磨损往往是大规模生产用模具“三高”的大敌，磨损使模具精度丧失，效率降低，甚至产生废品。表面强化技术不仅能够提高模具表面耐磨性及其他性能，而且能够使模具内部保持足够的强韧性，这对于改善模具的综合性能，节约合金元素，大幅度降低成本，充分发挥材料的潜力以及更好地利用模具新材料都是十分有效的。实践证明，表面强化处理是提高工模具质量和延长模具使用寿命的重要途径。

模具表面强化处理按其原理可分为化学热处理、表面涂覆处理和表面加工强化处理，模具表面强化处理的方法多种多样，不仅包括传统的表面淬火技术（如感应淬火、火焰淬火等）、热扩渗技术（如渗碳、渗氮、碳氮共渗、渗金属等）、堆焊技术和电镀硬铬技术，还有近年来迅速发展起来的激光表面强化技术、物理气相沉积技术（PVD）、化学气相沉积技术（CVD）、离子注入技术、热喷涂技术等。由于激光和电子束等新能源的能量集中、加热迅速、加热层薄、自激冷却、变形很小、无需淬火介质、有利于环境保护、便于实现自动化等优点，因而在金属材料特别是模具材料的表面强化方面的应用越来越广。

1.5 本课程的性质和要求

《模具材料及表面强化技术》是材料成型及控制工程专业（模具方向）的一门专业课。本课程有着承先启后的作用，首先在学习本门课程之前，学生已经学习了《工程材料及热处理》，《材料成型工艺基础》等专业基础课，对材料及热处理已经有了初步的了解，但缺乏对模具新材料、热处理新工艺的了解，特别是模具表面强化技术方面的了解。现代高精度、高

效率和高寿命模具制造对模具材料特别是模具新材料、热处理新工艺和模具表面强化新技术提出了很高的要求。作为现代模具设计与制造技术的工程技术人员，必须既懂模具设计与制造技术，又要懂模具材料及热处理、模具表面强化技术、模具失效分析技术。通过本门课程的学习，使学生在以下方面能有所提高：

① 掌握常规模具材料的选取原则和方法、常规热处理方法与工艺；

② 了解模具新材料及热处理新工艺；

③ 熟悉模具表面强化处理常用方法及基本原理；

④ 了解模具表面强化新技术、新工艺；

⑤ 明确模具的质量、寿命、成本与模具材料选择及强化技术之间的关系，正确选用模具材料及热处理方法；

⑥ 了解模具失效分析的方法和步骤。

2 模具的失效分析

2.1 失效分析

2.1.1 失效

产品丧失规定的功能（包括规定功能的完全丧失，也包括规定功能的降低）称为失效，对于可修复的产品，通常称之为故障。

失效的定义涉及产品、可修复产品、功能、规定的功能和丧失等几个概念。

① 产品　按 ISO9000 定义，产品是过程的输出。产品一词在失效分析及其相关领域特指成品。

② 可修复产品　当产品丧失规定功能时，按规定的程序和方法进行维修后，可恢复规定功能的产品。一个产品是否需要修复，是一个相对的概念，受到多方面因素的制约。首先要看技术上是否可行；其次要看经济上是否合理；再次要看时间上是否允许等。

③ 功能　指作为产品必须完成的事项，指产品的功用和用途。

④ 规定的功能　指国家有关法规、质量标准、技术文件以及合同规定的对产品适用、安全和其他特性的要求。它既是产品质量的核心，又是产品是否失效的判据。

⑤ 丧失　产品在商品流通或使用过程中失去了原有规定的功能（或降低到规定功能以下），也就是说，产品规定的功能有一个从有到无、从合格到不合格的过程。这种功能的丧失可能是暂时的、简短的或永久性的；可能是部分的、全部的；丧失可能快也可能慢；丧失规定的功能，经过修理后有可能恢复，也可能无法恢复。

不论上述哪种情况，均在丧失规定功能之列，即均处于失效状态。由此可见，失效的种类是很多的，一般情况失效可作如下分类。

（1）按失效原因划分

① 误用失效　未按规定条件使用产品而引起的失效。

② 本质失效　由于产品本身固有的弱点而引起的失效，与是否按规定条件使用无关。

③ 早期失效　由于产品在设计、制造或检验方面的缺陷等引起的失效。一般情况下，新产品在研究和试制阶段出现的失效，多为早期失效。一般来说，早期失效可通过强化试验找出失效原因并加以排除。

④ 偶然失效（随机失效）　产品因为偶然因素而发生失效，通常是产品完全丧失规定功能。既不能通过强化试验加以排除，也不能通过采取良好维护措施避免，在什么时候发生也无法判断。

⑤ 耗损失效　产品由于磨损、疲劳、老化、损耗等原因而引起的失效，往往指产品的输出特性变差，但仍具有一定的工作能力。

（2）按失效程度划分

① 完全失效　完全丧失规定功能的失效。

② 部分失效　产品的性能偏离某种规定的界限，但尚未完全丧失规定功能的失效。

（3）按失效的时间特性划分

① 突然失效　通过事先的检测或监控不能预测到的失效。

② 渐变失效　通过事先的检测或监控可以预料到的失效。产品的规定功能是逐渐减退

的，但该过程的开始时间不明显。

(4) 按失效后果的严重程度划分

① 致命失效　导致重大损失的失效。

② 严重失效　导致复杂产品完成规定功能的能力降低的产品组成单元的失效。

③ 轻度失效　不致引起复杂产品完成规定功能的能力降低的产品组成单元的失效。

(5) 按失效的独立性划分

① 独立失效　不是因为其他产品的失效而引起的本产品的失效。

② 从属失效　是因为其他产品的失效而引起的本产品的失效。

(6) 按失效的关联性划分

① 关联失效　在解释试验结果或计算可靠性特征数值时必须计入的失效。

② 非关联失效　在解释试验结果或计算可靠性特征数值时不应计入的失效。

产品的零件失效，并不一定会引起产品的不可靠。对于复杂的产品，会有这样的零件，它的失效不一定会引起产品基本特性偏离规定界限之外。例如，车厢内的照明灯，对于汽车的可靠性没有影响，在计算产品的可靠性时，该零件的失效不予考虑。

2.1.2　失效分析

失效分析是指分析失效原因，研究和采取补救措施和预防措施的技术与管理活动，再反馈于生产，因而是质量管理的一个重要环节。失效分析的目的是寻找材料及其构件失效的原因，从而避免和防止类似事故的发生，并提出预防或延迟失效的措施。失效分析工作在材料的正确选择和使用，新材料、新工艺、新技术的发展，产品设计、制造技术的改进，材料及零件质量检查、验收标准的制定、改进设备的操作与维护，促进设备监控技术的发展等方面均起重要作用。金属材料失效分析涉及的学科和技术种类极为广泛。学科包括金属材料、金属学、冶金学、金属工艺学、金属焊接、材料力学、断裂力学、金属物理、摩擦学、金属的腐蚀与保护等。实验分析技术包括金相、化学成分、力学性能、电子显微断口、X-射线相结构等。

2.2　模具的服役条件与模具失效分析

2.2.1　模具的服役条件

了解模具的服役条件，对正确选用模具材料及热处理工艺相当重要。对模具服役条件的掌握也是对模具进行失效分析的前提，是提高模具寿命的必备条件。因此，不论是模具的生产者还是模具的使用者都必须关心模具的服役条件，并尽量改善模具的服役条件。一般情况下，模具的服役条件与安装模具的机床类型、吨位、精度、行程次数、生产效率和被加工零件的大小、尺寸、材质、变形抗力以及工件加热条件、锻造成型温度、冷却及润滑条件等有关，因而不同模具的服役条件也有很大的差别。

冷作模具主要用于金属或非金属材料的冷态成型。冷作模具在服役过程中主要承受拉伸、弯曲、压缩、冲击、疲劳等不同应力的作用，而用于金属冷挤、冷镦、冷拉伸的模具还要承受300℃左右的交变温度应力的作用；热作模具主要用于高温条件下的金属成型，模具是在高温下承受比较高的压应力、交变应力和冲击载荷；锤锻模的型腔表面经常和1100～1200℃的金属接触而被加热到400～500℃，模具还要经受高温氧化及烧损，在强烈水冷条件下经受冷热变化引起的热冲击作用；塑料模具中的热固性塑料压模受力较大，而且温度为200～250℃左右，模具在较强的磨损及侵蚀条件下工作，热塑性塑料注射模具的受力、受磨损都不太严重，但部分塑料品种含有氯或氟，当压制时易释放腐蚀性气体，模具型腔易受气体腐蚀作用。

2.2.2 模具失效分析

模具失效是指模具受到损坏，丧失了正常工作能力，不能通过修复而继续服役。

模具失效会带来经济损失，有时甚至会造成人身伤害事故。因此，对失效的模具进行分析，找出失效原因，提出改进和防范措施，对于提高模具质量，杜绝类似事故再次发生是十分重要的。模具失效分析的目的不只是要判断模具的失效原因，更重要的是为预防失效找到有效的途径。前者是后者的基础，后者是前者的继续，两者是不可分割的。

2.3 模具失效形式及失效机理

模具失效的基本形式有断裂（包括开裂、碎裂、崩刃、掉块和剥落等）、疲劳、塑性变形、磨损、咬合等。由于模具的种类繁多，模具结构千差万别，模具成型时的工作条件也不尽相同，即使同一种类模具也存在明显的差异。因此模具的失效形式也是各不相同。表 2-1 为各类模具常见的失效形式。了解各类模具常见的失效形式，有助于对模具失效进行分析。

表 2-1 各类模具常见的失效形式

模具类别	模具名称	常见失效形式
冷作模具	冷冲裁模	磨损、崩刃、断裂
	冷拉深模	磨损、咬合、划伤
	冷镦模	脆断、开裂、磨损
	冷挤压模	挤裂、疲劳断裂、塑性变形、磨损
热作模具	热锻模	冷热疲劳、裂纹、磨损、塑性变形
	热挤压模	断裂、磨损、塑性变形、开裂
	热切边模	磨损、崩刃
	热镦模	断裂、磨损、冷热疲劳、堆塌
压铸模	有色金属压铸模	热疲劳破坏、黏附、腐蚀
	黑色金属压铸模	热疲劳破坏、塑性变形、腐蚀
塑料模	热固性塑料压模	表面磨损、吸附、腐蚀、变形、断裂
	热塑性塑料注射模	塑性变形、断裂、磨损
玻璃模	—	热疲劳破坏、氧化

2.4 磨损失效

2.4.1 摩擦及磨损的概念

(1) 摩擦

运动物体与物体或介质相接触，会阻碍相对运动的进行的现象即为摩擦。

(2) 磨损

两个接触表面之间由于相对运动而发生物质减少的过程。接触表面不断发生尺寸变化，重量损失。

摩擦是一种过程，磨损是摩擦的结果，磨损是一种材料耗损的现象。摩擦是力学特性，磨损是接触面形态性质的变化。

(3) 磨损的三个阶段

磨损过程如图 2-1 所示，典型的磨损过程可以分为三个阶段。

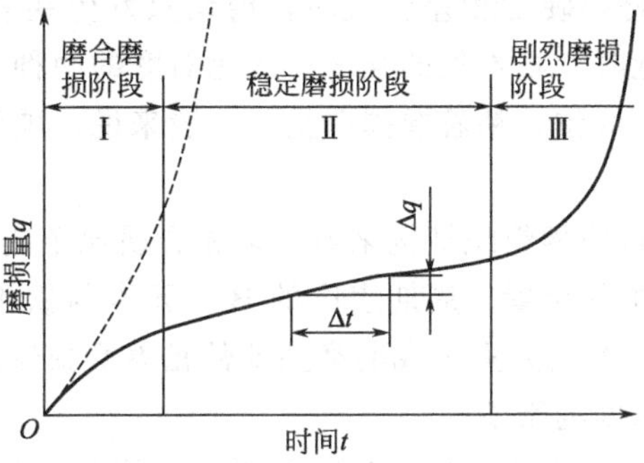

图 2-1 磨损的三个阶段示意图

① 磨合磨损阶段 新的摩擦偶件表面总是具有一定的粗糙度，其真实接触面积较小。在磨合阶段，表面逐渐磨平，真实接触面积逐渐增大，磨损速度减缓，见图 2-1 中Ⅰ段。

② 稳定磨损阶段 这是磨损速度稳定的阶段，如图 2-1 中Ⅱ段，线段的斜率就是磨损速度，横坐标时间就是机件的耐磨寿命。在磨合阶段磨合得越好，稳定磨损阶段的磨损速度就越低。

③ 剧烈磨损阶段 随着模具工作时间的增加，摩擦偶件接触表面之间间隙逐渐增大，工件表面质量下降，振动加剧，磨损速度急剧增加，见图 2-1 中Ⅲ段。

模具成型坯料不同，使用状况不同，其磨损情况也不同，但按照磨损的破坏机理可分为：粘着磨损、磨粒磨损、疲劳磨损、腐蚀磨损、剥层磨损、气蚀和冲蚀磨损等。

耐磨性是材料抗磨损的一个性能指标，可用磨损量来表示，磨损量越小，耐磨性越好。磨损量既可用试样表层的磨损厚度来表示，也可用试样体积或重量的减少来表示。

2.4.2 粘着磨损

粘着是由于固相熔焊（Solid phase welding）使接触表面的材料由一个表面转移到另一个表面上去，所以粘着磨损（Adhesive wear）的本质是材料的移动。

在宏观表面间接触压力作用下，微凸体之间的单位面积压力很快达到材料的屈服强度以上，并发生塑性变形，从而导致更多的微凸体进入接触状态。在结点发生塑变的同时，还会伴生大量的热，使材料结点处的温度在瞬间达到其熔融的温度。由于结点是熔焊而成，其附近的金属材料又受到严重的应变硬化，整个结点区域的材料强度要高于其两边的基体材料强度，远离结点时，材料的强度逐渐降低，并最终与基体相同，因而在离开结点界面的某一距离就必定存在着一个强度最弱的截面。当结点的两个微凸体随摩擦表面发生相对运动时就会沿着这个截面产生裂纹和缩颈，最终断开，并最后造成一个表面上的微凸体材料随着结点转移到另一个微凸体表面上去。

2.4.2.1 影响粘着磨损的因素

(1) 材料特性的影响

① 脆性材料比塑性材料的抗粘着磨损能力强 根据材料断裂理论可知，一般情况下，脆性材料的破坏由正应力引起，而切应力是导致塑性材料破坏的原因，表面接触中最大正应力出现在表面，最大切应力出现在次表面，所以脆性材料比塑性材料的抗粘着磨损

能力强。

② 材料匹配　互溶性大的材料（相同金属或晶格类型、晶格间距、电子密度、电化学性质相近的金属）所组成的摩擦偶件粘着磨损倾向大。

③ 材料的硬度　两种材料硬度相差较大时，剪切只发生在软金属的次表层，粘着磨损不严重；两种材料硬度相近时，粘着处的强度一般比对磨的两种金属材料的强度高，剪切会同时发生在两种材料的较深部位，粘着磨损严重。一般来说，硬度越高，材料抵抗粘着磨损的能力越强。

④ 相组织结构　从材料的相组织结构来看，多相金属比单向金属粘着磨损倾向小。

⑤ 摩擦元素在周期表中的位置　周期表中的 **B** 族元素与铁不相溶或形成化合物，它们的粘着磨损倾向小，而铁与 **A** 族元素组成的摩擦偶件粘着磨损倾向大。

(2) 接触压力和滑动速度的影响

在滑动速度一定时，粘着磨损量随接触压力增大而增加。当平均压力小于材料硬度的 1/3 时，磨损量与载荷成正比，且不大；当压力超过临界值时，磨损量急剧上升，严重时会产生咬死；当压力很大时，接触表面温度很高，粘着部分不易冷却，剪切面发生在接触面，磨损转向下降。随着表面压力的增大，磨损形式由氧化磨损转变为严重磨损，再转化为氧化磨损。

接触压力一定的情况下，当滑动速度较低时，粘着磨损量随着滑动速度的增加而增加，但达到某一极大值后，又随滑动速度的增加而减小。

除上述影响因素外，摩擦偶件的表面粗糙度、摩擦表面的温度以及润滑状态也对粘着磨损有着较大的影响。一定范围内，降低粗糙度，将提高抗粘着磨损能力；但粗糙度太低，反因润滑剂不能储存于摩擦面内而加速粘着磨损。温度对粘着磨损的影响和滑动速度对粘着磨损的影响是一致的。在摩擦表面维持良好的润滑状态能显著降低粘着磨损量。

按照粘着磨损理论，整个摩擦副材料只发生材料的相互转移。而在实际上，摩擦副总是有磨粒产生，因而单纯的粘着磨损是不存在的，它总是伴随着氧化磨损及其他形式的磨损。

2.4.2.2 提高抗粘着磨损的措施

降低磨损件的表面粗糙度将增加抗粘着磨损能力；选择与工件材料互溶性小的模具材料可以降低粘着磨损倾向；采用合适的润滑油进行润滑，可以防止金属表面直接接触，可大幅度的提高抗粘着磨损能力；采用多种表面处理方法，可以改变金属摩擦表面的互溶性质和表层金属的组织结构，从而避免同类金属相互摩擦，可降低粘着磨损倾向。

2.4.3 磨粒磨损

2.4.3.1 磨粒磨损的类型

磨粒磨损也称为磨料磨损，可分为两种类型：

① 双体型磨料磨损　较硬摩擦表面上的微凸体在较软摩擦表面上进行犁削。

② 三体型磨料磨损　由比摩擦表面更为坚硬的颗粒引起的磨料磨损，该颗粒可以由外面进入，也可由自身粘着、剥落、氧化或其他化学和磨损过程所生成的。其尺寸大于表面间的油膜厚度。它们在表面运动中有可能因流动而划伤表面，也有可能镶嵌在较软的表面上，即犁削。

2.4.3.2 磨粒磨损的机理

磨粒磨损模型示意图如图 2-2 所示。

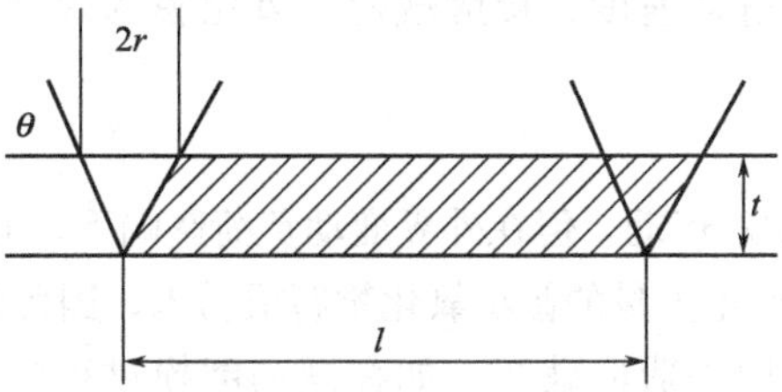

图 2-2 磨粒磨损模型示意图

磨损体积即磨损量 W 的计算式为：

$$W=\frac{1}{2}\cdot 2rrl\tan\theta=r^2 l\tan\theta$$

若材料的硬度 $H_k=\frac{p}{\pi r^2}$，则 $W=\frac{pl\tan\theta}{\pi H_k}$（$H_k$为迈耶硬度，等于载荷与压痕投影面积之比），当用维氏硬度表示时，上式可变为：

$$W\propto\frac{pl\tan\theta}{HV}$$

由上式可看出，磨损量与接触压力、摩擦距离成正比，与材料硬度成反比。

2.4.3.3 影响磨粒磨损的因素

（1）材料硬度的影响

① 纯金属（及未经热处理钢）耐磨性与其自然硬度成正比。

② 经过热处理的钢在一般情况下，硬度越高，耐磨性也越好。

③ 钢中的碳及碳化物形成元素含量越高，耐磨性越高。

（2）显微组织的影响

① 基体组织　自铁素体逐步转变为珠光体、贝氏体、马氏体时，耐磨性逐渐增加，相同硬度下，等温转变的下贝氏体要比回火马氏体耐磨性好得多。

残余奥氏体较多且应力较低时，耐磨性一般较差。但应力增加时，能够发生 A 残→M 转变（或加工硬化），从而导致耐磨性提高。

② 第二相（碳化物）　在较软基体上增加碳化物数量、减少尺寸、增加弥散度，均能改善耐磨性。

③ 加工硬化的影响　低应力磨损时，加工硬化不能提高表面的耐磨性。高应力磨损时，加工硬化的硬度越高，其抗磨损能力提高越多，如高锰钢。

2.4.4 腐蚀磨损

零件表面在摩擦过程中，表面金属与周围介质发生化学或电化学反应，出现物质损失的现象称为腐蚀磨损。腐蚀磨损是腐蚀和摩擦共同作用的结果，其表现的状态与介质的性质、介质作用在摩擦表面上的状态以及摩擦材料的性能有关。

通常分为：氧化磨损、特殊介质的腐蚀磨损、穴蚀及氢致磨损。下面主要介绍氧化磨损和微动磨损。

2.4.4.1 氧化磨损

氧化磨损是最常见的一种磨损形式，曲轴轴颈、气缸、活塞销、齿轮啮合表面、滚珠、滚柱轴承等零件都会产生氧化磨损。与其他磨损类型相比，氧化磨损具有最小的磨损速度，有时氧化膜还能起到保护作用。

影响氧化磨损的因素有滑动速度、接触载荷、氧化膜的硬度、介质中的含氧量、润滑条件以及材料性能等。

2.4.4.2 微动磨损

两接触表面间没有宏观相对运动，但在外界变动负荷影响下，有小振幅的相对振动（一般小于100μm），此时接触表面间产生大量的微小氧化物磨损粉末，因此造成的磨损称为微动磨损。

微动磨损以两种方式对构件造成破坏。如在微动磨损过程中，两个表面之间的化学反应起主要作用时，称为微动腐蚀磨损。如果微动表面或次表面层中产生微裂纹，在反复应力作用下发展成疲劳裂纹，称为微动疲劳磨损。

微动磨损的影响因素如下。

① 材料的性能　一般来说，抗粘着磨损性能好的材料也具有良好的抗微动磨损性能。

② 滑动距离和载荷　紧配合接触面间相对滑动距离大，微动磨损就大。滑动距离一定时微动磨损量随载荷的增加而增加，但超过一定载荷后，磨损量将随着载荷的增加而减少。可通过控制预应力及过盈配合的过盈量来减缓微动磨损。

③ 相对湿度　微动磨损量随相对湿度的增加而下降。相对湿度大于50%以后，金属表面形成$Fe_2O_3 \cdot H_2O$薄膜，它比通常Fe_2O_3软，起到了润滑剂的作用，因此，随着相对湿度的增加，微动磨损量减小。

④ 振动频率和振幅　在大气中振幅很小（0.012mm）时，材料的微动磨损不受振动频率的影响；振幅较大时，随着振动频率的增加，微动磨损量有减小的倾向。

⑤ 温度　一般来说，温度低时比温度高时的微动磨损严重。

2.4.5 接触疲劳磨损

两个接触表面做滚动或滚滑复合摩擦时，在循环接触应力作用下，由表面材料发生疲劳而产生的物质损失过程称为表面疲劳磨损，也称为接触疲劳磨损。

2.4.5.1 表面接触疲劳与其他磨损的区别

① 其他磨损是低副（即面）接触，而表面接触疲劳磨损是高副（即点线）接触；

② 其他磨损的应力是弥散或连续作用，而表面滚动接触疲劳磨损是集中或循环作用；

③ 其他磨损的润滑状态在发生磨损时很难有完好油膜存在，而接触疲劳则处于部分和完全弹性流动动力润滑状态，即使在EHL油膜完好的条件下，也可能通过油膜传递循环应力而导致接触疲劳的发生；

④ 其他磨损以滑动为主，而表面接触疲劳磨损以滚/滑动为主；

⑤ 其他磨损是以接触表面间材料转移，犁削和腐蚀为主要特征，而表面滚动接触疲劳磨损则以裂纹的萌生和发展以及表面材料的剥落为主。

2.4.5.2 接触疲劳的类型和损伤过程

（1）麻点剥落

通常把深度在0.1～0.2mm以下的小块剥落叫做麻点剥落（点蚀）。

形成原因为裂纹中的闭油压作用理论—接触疲劳裂纹从表面向深处扩展。

提高机件麻点剥落抗力的措施如下。

① 提高机件表面的塑性变形抗力，如采用表面淬火，化学热处理工艺；

② 提高零件表面光洁度，以减小摩擦力和表面堆叠概率；

③ 提高润滑油的黏度，降低油楔的作用。

（2）浅层剥落

浅层剥落深度一般为0.2～0.4mm，它和τ_{zx}的最大值所在深度0.786b相当，剥落坑底部大致和表面平行而其侧面的一侧与表面约成45°角，另一侧垂直于表面。

交变切应力作用理论——接触疲劳裂纹从亚表层向表面扩张。

提高浅层剥落抗力的具体措施如下。

① 提高材料的塑性变形抗力，进行整体强化或表面强化，使0.786b处的切变强度尽量提高。一般认为最大切应力/材料切变强度＜0.55时，即可防止接触疲劳发生；

② 提高材料的纯净程度，减少夹杂物数量。

（3）硬化层剥落

剥落块厚度大约等于硬化层的深度，其底部平行于表面，侧面垂直于表面（如渗碳、表面淬火）。产生原因一般认为是过渡区强度不足的结果。可能会出现下述情况：

① 在过渡区产生塑性变形；

② 在过渡区产生疲劳裂纹；

③ 形成大块剥落。

提高其抗力的措施为：

① 提高机件心部强度，如渗碳齿轮其心部硬度为35～42HRC才能满足要求；

② 提高硬化层深度。

2.4.5.3 影响接触疲劳抗力的因素

（1）材料的冶金质量

一般情况下，钢中的夹杂物越少，接触疲劳寿命越高。

（2）表面光洁度与接触精度

表面光洁度与接触精度越高，接触疲劳寿命越高。

（3）热处理组织结构状态

① 马氏体含碳量　当马氏体含碳量在0.4%～0.5%时接触疲劳寿命最高。

② 马氏体及残余奥氏体级别　一般情况下，马氏体及残余奥氏体级别越高，接触疲劳寿命越低。

③ 未熔碳化物　未熔碳化物颗粒趋于小、少、均、圆为好，能够提高接触疲劳寿命。

④ 表面硬度　一般情况下，材料表面硬度越高，接触疲劳寿命越长，但并不永远保持这种关系。

⑤ 残余内应力　表面有残余压应力时，能够提高接触疲劳寿命。

2.5 断裂失效

2.5.1 断裂分类

2.5.1.1 按断裂形态分类

根据材料断裂前所产生的宏观塑性变形量大小来确定断裂类型。

（1）韧性断裂

特征是断裂前发生明显宏观塑性变形。用肉眼或低倍显微镜观察时，断口呈暗灰色，纤维状。

（2）脆性断裂

特征是断裂前基本不发生塑性变形，没有明显征兆，故危害性很大。一般具有如下特点：

① 脆断时承受的工作应力很低，一般低于材料的屈服极限；

② 脆断的裂纹源总是从内部的宏观缺陷处开始；

③ 温度降低，脆断倾向增加；

④ 脆性断口平齐而光亮，且与正应力垂直，断口上常呈人字纹或放射花样。

材料的韧性断与脆性断是相对的，脆断前也发生微量塑性变形。一般规定光滑拉伸试样的断面收缩率小于5%则为脆性断口，该材料称为脆性材料，反之称为韧性材料。

2.5.1.2　按裂纹扩展路径分类

（1）穿晶断裂

裂纹穿过晶内。如图2-3(a)所示。

（2）沿晶断裂

沿晶界扩展。如图2-3(b)所示。

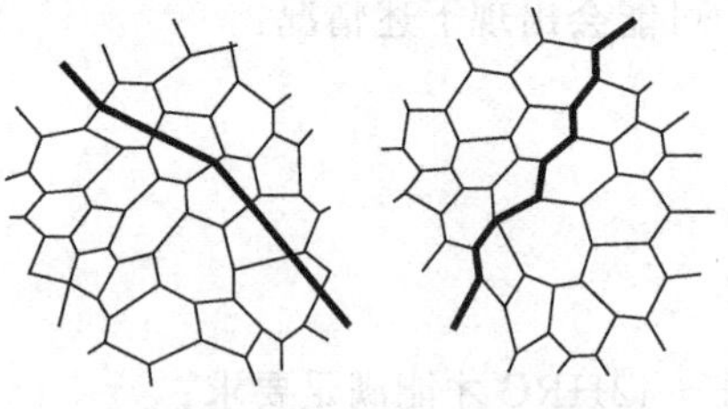

图2-3　穿晶断裂和沿晶断裂示意图

穿晶断裂可以是韧性断，也可以是脆性断，而沿晶断则多数是脆性断。金属材料在室温下多数都是韧性穿晶断裂（如拉伸）。金属在高温下，多由穿晶断裂转化为沿晶韧性断裂。

2.5.1.3　按断裂机制分类

穿晶断裂依其断裂方式可分为解理断裂与剪切断裂两种类型。

（1）解理断裂

在正应力作用下产生的穿晶断裂，通常断裂面是严格沿一定的晶面（即解理面）而分离。通常解理断裂总是脆性断裂，但脆性断裂却不一定是解理断裂，两者不是同义语。

（2）剪切断裂

在切应力作用下，沿滑移面滑移而造成的滑移面分离称为剪切断裂。可分为两类：

① 滑断（纯剪切断裂）　纯金属，尤其是单晶体金属常发生这种断裂，断口呈锋利的楔形（单晶体）或刀尖形（多晶金属的完全韧断）。

② 微孔聚集型断裂　钢铁等工程材料多发生这种断裂。

2.5.1.4　根据断口的宏观取向与最大正应力的交角分类

（1）正断型断裂

断口的取向与最大正应力相垂直（解理或塑变约束较大的场合）。

（2）切断型断裂

断口的取向与最大切应力方向一致，与最大正应力约呈45°角。

2.5.1.5　按受力状态和环境介质不同分类

可分为静载断裂（拉、扭、剪）、冲击断裂、疲劳断裂、低温冷脆断裂、高温蠕变断裂、应力腐蚀断裂和氢脆断裂，磨损和接触疲劳则为一种不完全断裂。

2.5.2　断口的宏观特征

宏观断口指用肉眼、放大镜或低倍显微镜所观察到的断口形貌，宏观断口分析是一种非常简便而又实用的分析方法。在断裂事故分析中总是首先进行宏观断口分析。从宏观分析中，可大致判断出断裂的类型（韧、脆、疲劳），同时也可以大体上找出裂纹源位置和裂纹扩展路径，粗略找出破坏原因。

2.5.2.1 圆柱试样的静拉伸断口

光滑圆柱试样的韧性断口一般呈纤维状，它是由纤维区、放射区、剪切唇三个区域组成。

(1) 纤维区

对于光滑试样的杯锥状断口来说，纤维区往往位于断口的中央。由于纤维区中塑性变形较大，加之断面粗糙不平，对光线的散射能力很强，所以总是呈暗灰色。

(2) 放射区

有放射样特征，纤维区与放射区交界线标志着裂纹由缓慢扩展向快速扩展的转化。

放射花样也是由剪切变形造成的，但与纤维区的剪切断裂不同，是在裂纹达到临界尺寸后做快速低能量撕裂的结果。此时，材料的宏观变形量很小，表现为脆性断裂。但在微观局部区域，仍有很大的塑性变形。故放射花样是剪切型低能量撕裂的一种标志。

材料越脆，放射线越细，若材料处于完全的沿晶断裂或解理断裂状态（板脆状态）则放射消失。

(3) 剪切唇

剪切唇与拉应力呈 45°角。此时，裂纹是在平面应力状态下发生失稳扩展，材料的塑变量很大，属于韧性断裂区。

当试样形状、尺寸、材料性能以及试验强度、加载速率、受力状态不同时，断口三个区域的形态、大小、相对位置都会发生变化。一般来说，材料强度上升，塑性下降，放射区所占比例上升；试样尺寸加大，放射区所占比例上升；缺口试样则使裂纹产生的位置发生了改变（裂纹起自缺口处，最后断裂区在试样心部）。

2.5.2.2 平板试样的宏观断口

无缺口的平板矩形拉伸试样，如圆柱形试样一样，也有三个区域，但断口形态不同，其中心部的纤维区变成“椭圆形”，而放射区变为“人字形”花样，人字形花样的尖端指向裂纹源，如图 2-4 所示。

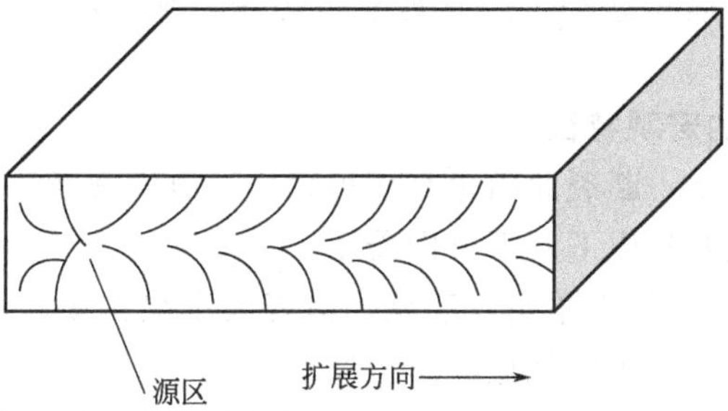

图 2-4 板材构件脆性断口宏观特征

2.5.2.3 沿晶断裂的宏观特征

晶界的存在本是金属材料强化的重要因素之一。但某些情况下晶界变成特有的薄弱源，导致沿晶断裂。沿晶断裂总是与材料的某些力学性能明显降低（如 δ、ψ、α_k、K_{Ic}等）相联系。一般与热处理规范、外界环境及应力状态有关。如热处理引起的过热脆和回火脆；环境引起的应力腐蚀与氢脆断裂；高温及应力共同作用产生的蠕变断裂等。大多数情况下都属于沿晶断裂。

沿晶断裂多属脆性断裂，断口常呈“冰糖状”形态，有时也称“萘状断口”。

2.5.2.4 疲劳断口的宏观特征

疲劳断口宏观上由两个区域组成。

(1) 疲劳裂纹产生及扩展区

由于材质的质量、加工缺陷或结构设计不当等原因，在零件的局部区域造成应力集中，该区是疲劳裂纹核心产生的策源地。裂纹产生后，在交变载荷作用下扩展，在疲劳裂纹扩展区常常留下一条条的同心圆弧线，叫前沿线（或疲劳线），这些弧线形成了像“贝壳”一样的花样，如图 2-5 所示。断口表面因反复挤压、摩擦，有时光亮得像细瓷断口一样。

图 2-5 疲劳弧线

(2) 最后断裂区

裂纹不断扩展使零件的有效断面逐渐减少，应力不断增加。当超过材料的断裂强度时，则发生断裂。该区和静载下带有尖锐缺口试样的断口相似。对塑性材料，断口为纤维状、暗灰色，而对于脆性材料则是结晶状。

根据疲劳断口上两个区域所占的比例，可估计零件所受应力高低及应力集中程度的大小。一般来说，瞬时断裂区的面积愈大，愈靠近中心，则表示工件过载程度越大，应力集中严重；相反，瞬时断裂区面积愈小，位置愈靠近边缘，则表示过载程度愈小，应力集中亦越小。

2.5.2.5 实际构件断口的宏观特征

实际构件受力状态复杂，断裂原因也是多种多样，故宏观断口的形貌比较复杂。因此观察实际构件的宏观断口主要从以下几个方面着手：

① 观察断口是否存在放射花样或人字纹，沿着人字纹尖顶，可找到裂纹源位置。放射区或人字纹区所占比例愈大，则脆性愈大；

② 观察断口是否存在弧形迹线，疲劳断口上的同心圆就是这种弧形迹线，找到了同心圆弧线，就可顺着同心方向找到疲劳源；

③ 观察断口的粗糙程度。实际断口的表面是由许多小断面所构成，小断面的大小、曲率半径及相邻小断面间的高度差，决定了断面的粗糙度。断口越粗糙，表明韧性纤维断裂所占比例（重）越大；反之，断口细平、多光泽，则解理断裂所占比重大；

④ 观察断口的光泽与颜色。断口的暗灰色表明裂纹扩展过程中塑性变形大，但断裂中若存在磨损，氧化时将变得很复杂；

⑤ 观察断口与最大正应力方向的交角。脆断断口与最大正应力方向垂直，纯剪切断裂的断口与最大切应力方向平行，但纤维区的宏观平面与最大正应力方向垂直。

2.5.3 韧性断裂的微观机制

2.5.3.1 韧性断裂断口的微观形貌

韧性断裂有两种类型，一种是微孔聚集型，一种是纯剪切型。

(1) 微孔聚集型断口的特征

在高倍电子显微镜下观察，可见大量微坑覆盖断面，这些微坑称为韧窝。

韧窝有抛物线形的剪切韧窝及撕裂韧窝、等轴韧窝之分，都属于韧性断裂的主要微观形貌，如图 2-6 所示。

(2) 纯剪切型断口特征

纯剪切型断裂是沿滑移面分离的结果，一般单晶体金属的滑移线不是直线，而是一些波纹线。多晶体纯金属（纯铁）往往出现“蛇行”花样，这主要是由于沿几个滑移面分离所造成的滑移台阶。此外，还呈现出“波纹状”或“涟波状”。

纯剪切断裂只在高纯金属中才易出现。

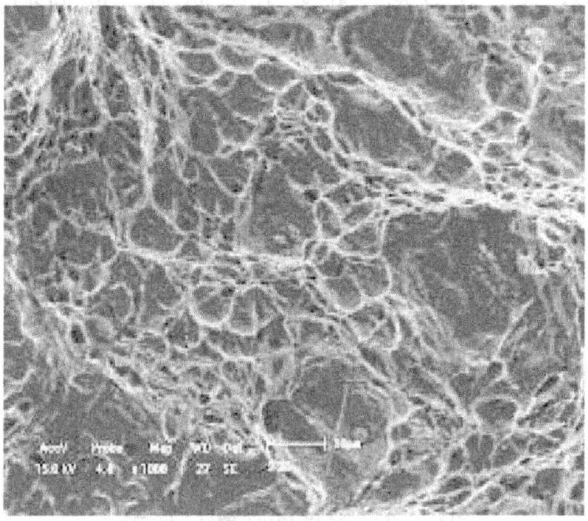

图 2-6 韧窝形貌

2.5.3.2 韧窝形成过程

韧窝的形成是由于塑性变形使夹杂物周围位错塞积，塞积的结果使夹杂物界面上首先形成裂纹，并不断扩大，最后夹杂物之间基体金属产生“内缩颈”，当缩颈达到一定程度后被撕裂或剪切断裂，使空洞连结，从而形成了所看到的韧窝断口形貌。

2.5.3.3 影响韧窝形貌的因素

实际断口中韧窝的形成位置、形状、大小、深浅很不相同，受很多因素影响。

① 成核粒子的大小及分布；

② 基体材料的塑性变形能力，尤其是形变强化能力；

③ 外界因素包括应力大小、应力状态、温度、形变速率。

韧窝位置一般均在第二相的粒子处。韧窝的形状主要决定于应力状态或决定于拉应力与断面的取向。若正应力垂直于微孔平面，使微孔在垂直于正应力的平面上各方向长大的倾向相同，就形成等轴韧窝。若在切应力作用下断裂，如拉伸试样杯锥状断口的剪切唇部分，韧窝的形态是拉长的抛物线形状（断裂韧度试验也是如此）。韧窝的大小和深浅决定于材料断裂时微孔形核的数量、材料的塑性、试验温度。若微孔形核位置很多或材料的韧性较差，则断口上形成韧窝尺寸较小也较浅。反之则韧窝较大、较深。

注意：微孔聚集型的韧性断裂一定有韧窝存在，但在微孔形态上出现韧窝的断口，其宏观上不一定就是韧性断裂。因为宏观脆断在局部区域内也可能有塑性变形，及在微观上就显示出韧窝状态，因此在分析断口时，一定要把宏观和微观结合起来，才能得出正确的判断。

2.5.4 脆性解理断裂的微观机制

脆断的类型很多，主要包括以下几种：

① 高强钢由于原始裂纹存在产生的低应力脆断；

② 结构钢在低温下的冷脆断裂；

③ 交变应力下的疲劳断裂；

④ 环境介质与拉应力共同作用而产生的应力腐蚀与氢脆断裂；

⑤ 由于晶界析出脆性相而产生的沿晶脆断等。

下面主要介绍解理断裂的微观断口形貌及形成原因。

2.5.4.1 断口的微观形貌

(1) 解理断裂

在拉应力作用下引起的一种脆性穿晶断裂，通常总是沿着一定的结晶面分离，该晶面称为解理面。解理面一般都是低指数面，其表面能低，理论断裂强度最低。解理断裂一般均发生在体心立方和密排六方金属中，而面心立方金属只在特殊情况下才发生解理断裂。解理断裂断口如图 2-7 所示。

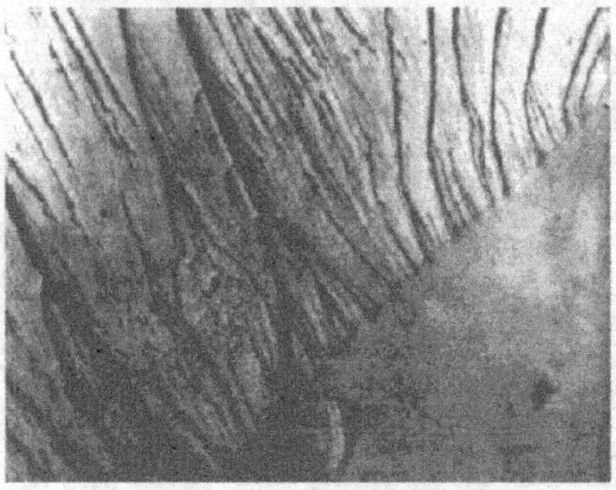

图 2-7 解理断裂断口形貌

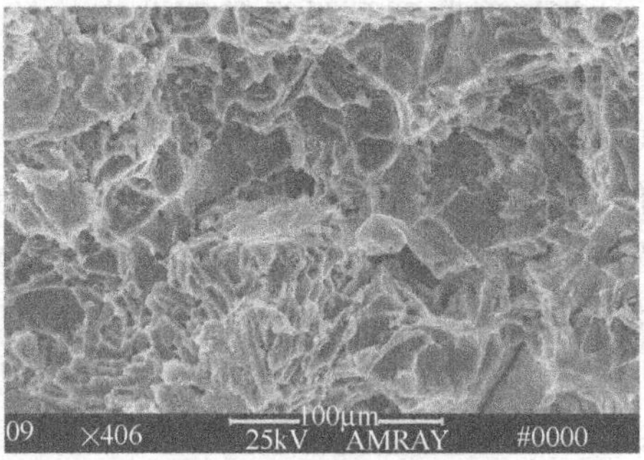

图 2-8 解理断口上的刻面

(2) 解理断裂的微观断口形貌

由于解理断裂是沿一定的结晶面分离，所以单晶体的解理断口应是一个毫无特征的理想平面。多晶体则是由很多取向略有差别的光滑小平面（常称为“刻面”）组成，每一个小平面代表一个晶粒，如图 2-8 所示。

① 河流花样 显微观察每个小平面，发现这些小平面并非是一个单一的解理面，而是由一组平行的解理面所组成，两个平行解理面相差一定高度，交接处形成台阶。从垂直面方向观察，台阶汇合形成一种类似河流的花样。河流花样是台阶存在的标志。

从河流花样的走向可以判断裂纹源的位置和裂纹扩展方向，河流的上游（即支流发源处）是裂纹发源处（细处），而河流的下游是裂纹扩展的方向，如图 2-9、图 2-10 所示。

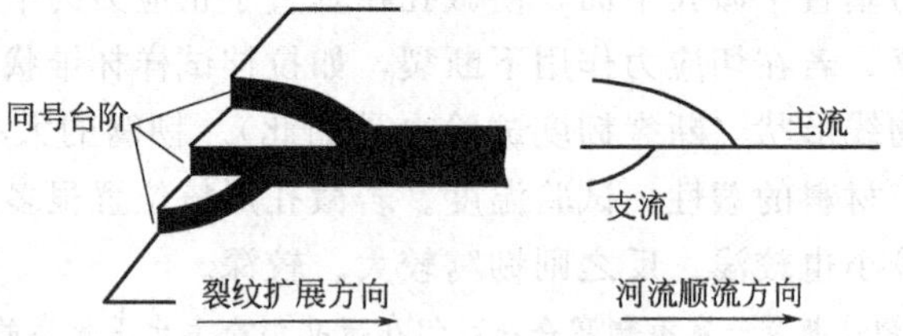

图 2-9 河流花样形成示意图

② 舌状花样 舌状花样因其形状像躺在解理面上的“舌头”而得名，两个断面之间凸凹相配。一般认为是解理裂纹与孪晶相遇时，沿孪晶面发生局部二次解理，发展至一定程度后，二次解理面与主解理面之间的连接部分折断，从而形成舌状花样，如图 2-11 所示。

在低温及高速变形时，易发生孪生变形，出现舌状花样。

2.5.4.2 解理台阶及河流形成原因

(1) 解理台阶

① 解理裂纹与螺型位错交截形成台阶；

图 2-10　河流花样

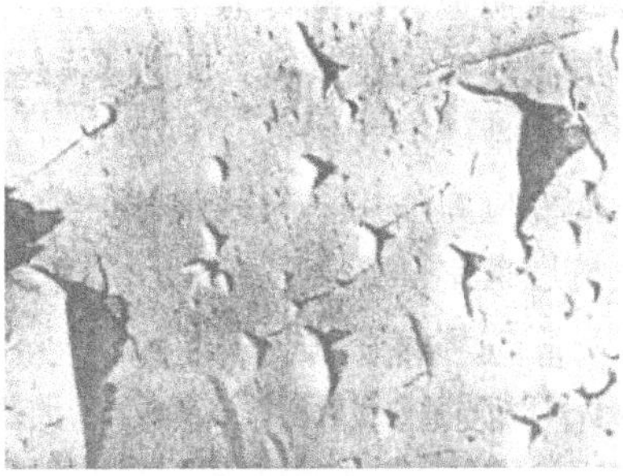

图 2-11　舌状花样

② 处于不同高度而两个相互平行的解理裂纹，通过二次解理或撕裂（剪切）相互连接而形成台阶。

(2) 河流花样

河流花样实际上就是解理台阶的一种标志，台阶汇合（随裂纹扩展）而形成。

2.5.4.3　影响河流花样形貌的因素

晶界的存在使河流花样呈现复杂的形态。当晶界或亚晶界是由刃位错所组成的小角度晶界时，则它们对河流花样的穿过不产生很大影响；当亚晶界是以螺位错所组成的扭折晶界时，则河流不能通过亚晶界，只能在亚晶界处产生新的解理裂纹，结果导致从扭折晶界处形成新的河流，从而出现河流激增；对于大角度晶界，裂纹在扩展时，则会形成扇形花样，如图 2-12 所示。

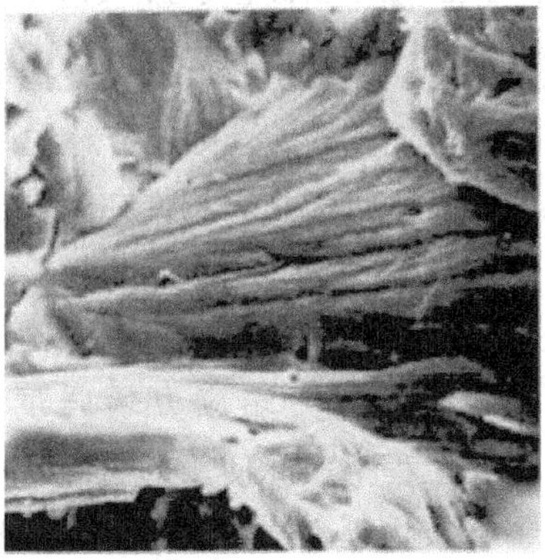

图 2-12　扇形花样

扇形花样的形成是由于河流不能通过大角度晶界向相邻晶界传播，而是在晶界上或离晶界很近的相邻晶粒内产生新的解理裂纹，以扇形方式向外扩张，传遍整个晶粒，该花样称为扇形花样。

故多晶体解理断裂时，在每一个晶粒内部都是以裂纹源为核心，河流花样以扇形向四周扩展。扇形花样表示解理裂纹的形成及扩展方式，只要找到扇形花样，就能找到裂纹源及裂纹扩展方向。

2.5.5　准解理断裂

显微观察表明，某些脆性断口上，既有解理断裂特征形貌，又伴随着一定的塑性变形痕迹，该断口称为准解理断口。准解理断口通常在回火马氏体钢中发现。

准解理断口和纯解理断口的特征相比有如下区别：

① 准解理平面比回火马氏体的尺寸要大得多，相当于淬火以前原始奥氏体晶粒度；

② 准解理平面位向并不与铁素体基体的解理面 {100} 严格对应，故得名；

③ 准解理裂纹的扩展路程比解理裂纹要不连续的多，常常在局部的地方形成裂纹并进行局部的扩展；

④ 裂纹源常在准解理平面的内部形成，而解理裂纹源则在解理面的边界上形成；

⑤ 准解理平面上有许多撕裂棱。

2.5.6　疲劳断裂的微观形貌

驻留滑移带、挤出脊、挤入沟等都是金属在交变载荷作用下，表面不均匀滑移所造成的疲劳裂纹策源地。此外，晶界、孪晶界以及非金属夹杂物等处均为疲劳裂纹的策源地。在断面上作电子显微镜观察时，可观察到一组近似平行的弯曲线条，形似沙滩线，即疲劳辉纹。

（1）塑性疲劳辉纹

在交变应力作用，裂纹张开→钝化→张开所形成。根据疲劳辉纹的宽度可近似地估计疲劳裂纹扩展速率 da/dN。

（2）脆性辉纹

脆性辉纹的主要特点在于它的扩展不是塑性变形而是解理断裂。常常可看到弧形的辉纹，还有与裂纹扩展方向一致的河流花样，河流花样状的放射线和辉纹相交，相互近似垂直。

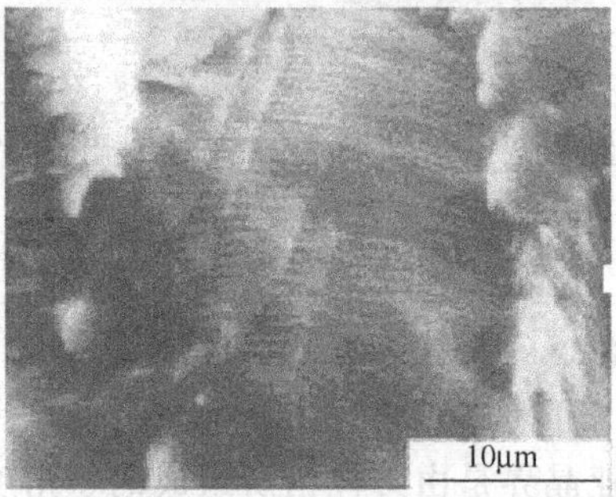

图 2-13　疲劳断口上疲劳辉纹的典型形貌

宏观断口上看到的贝纹线和疲劳辉纹并不是一回事，前者往往是因交变应力幅变化或载荷停歇等原因形成的宏观特征，而辉纹则是在一次交变应力裂尖钝化形成的微观特征，有时宏观断口上看不到贝纹线，但在电子显微镜下仍可看到疲劳辉纹，如图 2-13 所示。

疲劳辉纹是用来判断是否是疲劳断裂的重要微观依据之一。疲劳辉纹和交变应力有近似对应关系，而且疲劳裂纹扩展越长，裂纹尖端应力强度因子 K_I 越大，则疲劳辉纹间距越宽。因此，可根据断口上不同裂纹长度处所测出的辉纹间距，来近似估算构件在断裂前的交变次数。

2.6　金属的断裂韧度

2.6.1　裂纹尖端应力场强度因子 K_I 及断裂韧度 K_{Ic}

在工程上实际使用的材料中，由于材料在生产、加工和使用过程中会产生缺陷，如气孔、夹杂物等，这些缺陷破坏了材料的连续性，因此在评定材料或构件的安全性时必须用断裂力学来研究。断裂力学就是以构件中存在裂纹为讨论问题的出发点，研究含裂纹构件中裂纹的扩展规律，确定能反映材料抗裂性能的指标及其测试方法，以控制和防治构件的断裂。

2.6.1.1　裂纹形态

（1）张开型

外加正应力垂直于裂纹面，在应力 σ 作用下裂纹尖端张开，扩展方向和正应力垂直。这种张开型裂纹通常简称Ⅰ型裂纹。

（2）滑开型

剪切应力平行于裂纹面，裂纹滑开扩展，通常称为Ⅱ型裂纹。如轮齿或花键根部沿切线方向的裂纹引起的断裂，或者受扭转的薄壁圆筒上的环形裂纹都属于这种情形。

（3）撕开型

在切应力作用下，一个裂纹面在另一裂纹面上滑动脱开，裂纹前缘平行于滑动方向，如同撕布一样，这称为撕开型裂纹，也简称Ⅲ型裂纹。

2.6.1.2　裂尖应力场强度因子 K_I

由于缺陷的存在，缺口根部将产生应力集中，形成裂纹尖端应力场，按照断裂力学理论，裂纹尖端的应力集中大小可用应力场强度因子 K_I 来描述，K_I 可表达为：

$$K_{\mathrm{I}}=Y\sigma\sqrt{a} \tag{2-1}$$

式中 Y——与试样和裂纹几何尺寸有关的量，无量纲；

σ——外加应力，N/mm^2；

a——裂纹的半长，mm。

2.6.1.3 断裂韧度 K_{Ic}

一个有裂纹的构件（或试样）上的拉伸应力加大，或裂纹逐渐扩展时，裂纹尖端的应力场强度因子 K_{I} 也随之逐渐增大，当 K_{I} 达到临界值时，构件中的裂纹将产生失稳扩展。这个应力场强度因子 K_{I} 的临界值，称为临界应力场强度因子，也就是材料的断裂韧度。如果裂纹尖端处于平面应变状态，则断裂韧度的数值最低，称之为平面应变断裂韧度，用 K_{Ic} 表示，如式 2-2 所示。

$$K_{\mathrm{Ic}}=Y\sigma_c\sqrt{a} \tag{2-2}$$

它反映了材料抵抗裂纹失稳扩展即抵抗脆性断裂的能力，是材料的一个重要力学性能指标。与材料的成分、热处理及加工工艺有关。

K_{I} 是描述裂纹前端内应力场强弱的力学参量，它与裂纹及物体的大小、形状、外加应力等参数有关。如应力 σ 加大，K_{I} 即增大。断裂韧度 K_{Ic}是评定材料阻止宏观裂纹失稳扩展能力的一种力学性能指标，它和裂纹本身的大小、形状无关，也和外加应力大小无关。K_{Ic}是材料本身的特性。

2.6.2 脆性判据

通过下式可以判断构件是否发生脆断，计算构件的承载能力，确定构件中临界裂纹尺寸，为选材和设计提供依据。

$$K_{\mathrm{I}}=Y\sigma\sqrt{a}\geqslant K_{\mathrm{Ic}} \tag{2-3}$$

2.6.2.1 确定构件承载能力

若试验测定了材料的断裂韧度 K_{Ic}，根据探伤检测了构件中的最大裂纹尺寸，就能按式 2-3 估算使裂纹失稳扩展而导致脆断的临界载荷，即确定构件的承载能力。如在无限大厚板中存在长为 $2a$ 的裂纹时,其临界拉伸应力 σ_c 为 $\sigma_c=K_{\mathrm{Ic}}/Y\sqrt{a}$。

2.6.2.2 确定构件安全性

根据探伤检测的构件中的缺陷尺寸，并计算出构件工作应力，即可计算出裂纹尖端的应力场强度因子 K_{I}。若 $K_{\mathrm{I}}<K_{\mathrm{Ic}}$则构件是安全的，否则将有脆断危险，因而就知道了所选材料是否合理。

根据传统设计方法，为了提高构件的安全性，总是加大安全系数，这样势必提高材料的强度等级，对于高强度钢来说，往往造成低应力脆断。目前断裂力学提出了新的设计思想，为了保证构件安全，采用较小的安全系数，适当降低材料强度等级，增大材料的断裂韧度。

2.6.2.3 确定临界裂纹尺寸（a_c）

若已知材料的断裂韧度和构件工作应力，则可根据断裂判据确定允许的裂纹临界尺寸：

$$a_c=\left(\frac{K_{\mathrm{Ic}}}{\sigma Y}\right)^2 \tag{2-4}$$

如探伤检测出的实际裂纹尺寸 $a_0<a_c$，则构件是安全的，由此可建立相应的质量验收标准。

2.6.3 影响断裂韧度的因素

2.6.3.1 断裂韧度与材料内部组织的关系

(1) 晶粒尺寸对 K_{Ic}的影响

晶粒越细，裂纹扩展时所消耗的能量越多，因此，细化晶粒是使强度和韧度同时提高的有效手段。沿晶脆断的主要原因之一就是有害杂质在晶界上平衡偏析的浓度过高，而细化晶粒可降低偏析浓度，有助于减轻沿晶脆断倾向。

但是细化晶粒只是影响 K_{Ic}的一个组织因素，当晶粒尺寸变化时，其他因素又会发生改变，因此，对 K_{Ic}的影响不能只考虑晶粒尺寸一个因素。比如，模具的超高温淬火，虽然晶粒尺寸增大，但 K_{Ic}有明显提高，这可能是其他参量的韧化作用更大的结果。

(2) 杂质及第二相对 K_{Ic}的影响

钢中的夹杂物及某些第二相，如碳化物、金属间化合物等，其韧性均比基体材料差，称为脆性相。脆性相的存在均降低 K_{Ic}数值。但脆性相若呈球形，或细小颗粒状，则对 K_{Ic}的有害作用减轻，如钢中加稀土能使 MnS 球化，可使韧性明显提高。

(3) 组织组成物类型对 K_{Ic}的影响

钢中马氏体的形态对断裂韧度有重要的影响。片状马氏体的断裂韧度较板条马氏体的断裂韧度低。下贝氏体韧度与板条马氏体相近，比孪晶马氏体韧度好。钢中存在一定量的残余奥氏体，可成为韧性相提高钢材韧度。原因可能是 a. 裂纹扩展遇到韧性相时，由于韧性相产生塑性变形，使裂纹前端钝化，而且韧性相变形要消耗能量，使裂纹扩展受阻；b. 裂纹扩展遇到韧性相时，使裂纹难以直线前进，而迫使裂纹改变方向或分岔，从而松弛了能量，提高了韧度；c. 对奥氏体组织来说，在裂纹前端应力集中的作用下，可以诱发马氏体转变，这种局部相变，要消耗很多的能量，故对阻止裂纹扩展，提高 K_{Ic}有明显好处。

2.6.3.2 温度和加载速率及板厚对断裂韧度的影响

(1) 温度和加载速率的影响

一般来说，大多数钢的断裂韧度随温度的降低及加载速率的增加而减小。当温度下降时，钢材的断裂韧度开始缓慢下降，在某一温度范围内断裂韧度明显下降，这一温度区间为材料的冷脆转变温度。增加形变速率与降低温度有相同的效果。

(2) 板厚对断裂韧度的影响

K_{Ic}是厚板材料的平面应变断裂韧度，当板较薄时，就不能满足平面应变的要求，测量时要尽可能地与实际钢材的厚度一致。

2.7 变形失效

2.7.1 塑性变形失效

模具在使用过程中，发生了塑性变形，改变了模具的几何形状或尺寸而不能服役时，称为塑性变形失效。塑性变形失效形式主要表现为塌陷、镦粗、弯曲等，如图 2-14 所示。

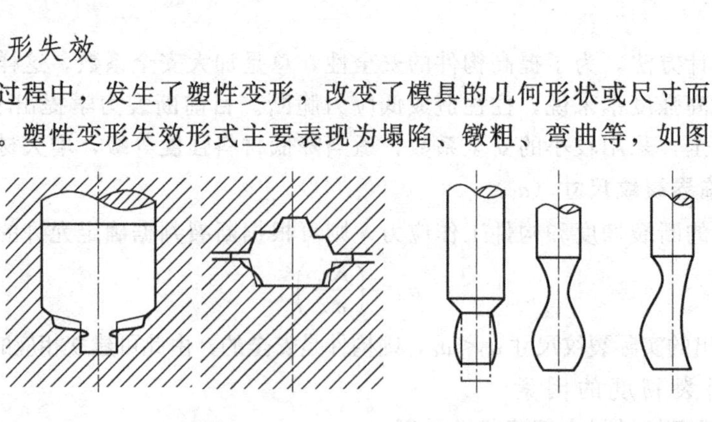

(a) 塌陷　(b) 镦粗　(c) 弯曲

图 2-14　模具塑性变形失效形式

模具在工作时一般要承受很大的不均匀应力，当模具的某些高承载部位所承受的载荷超过了模具的屈服载荷，即模具所承受的应力超过了其自身的屈服强度时，模具将产生塑性变形而引起失效。模具在工作过程中是否会产生塑性变形主要取决于模具材料的屈服强度和模具材料的工作温度。模具在室温工作过程中是否会产生塑性变形主要取决于所承受的载荷大小和模具材料室温的屈服强度；模具在高温工作过程中是否会产生塑性变形主要取决于所承受的载荷大小和相应温度下模具材料的屈服强度。

合理的结构设计和提高模具材料的室温、高温屈服强度，是防止产生塑性变形失效的关键。对室温下工作的冷作模具钢，应选择高强度钢种并进行硬化处理；对高温下工作的热作模具钢，选择蠕变强度高的热强钢并辅之以优质的热处理，另外，还应对模具进行循环冷却。

2.7.2 弹性变形失效

模具在使用过程中，发生了弹性变形，改变了模具的几何形状或尺寸，但载荷去掉后模具又恢复了原有尺寸，虽未造成模具的最终尺寸变化，但加工的零件尺寸不符合要求，或造成脱模困难，称为弹性变形失效。

合理的结构设计和提高模具材料的弹性极限，是防止产生弹性变形失效的关键。

2.8 模具失效分析的重要性和基本内容

2.8.1 模具失效分析的重要性

通过对失效模具进行分析，可找出造成模具失效的原因。对失效模具进行分析，是制定提高模具寿命的技术方案及采取技术措施的依据，是至关重要的环节。对失效模具进行分析，首先要确定模具失效的形式，对单个失效模具，可根据失效模具的具体特征并参照同类模具常见的失效形式来确定其失效形式；对于一批失效模具（同种），可先确定其失效形式的种类，统计每种失效形式所占的比例及每种失效模具的平均使用寿命，选取比例较大且使用寿命很低的失效形式作为主攻方向。其次，检查模具的服役条件，判断是否是因模具的服役条件恶化、操作工艺不合理、操作不当引起模具失效。最后，可运用金相分析、硬度测试等技术手段从模具结构、机加工质量、模具材料和热处理等方面找原因，判断模具失效的主要原因。

找出造成模具失效的原因后，接下来的工作就是制订提高模具寿命的技术方案及采取技术措施。针对模具结构方面的原因，应该对模具结构中不合理的部分进行修改，克服结构上的缺陷；针对机加工方面的原因，应该修改有关机加工工艺，优化机加工工艺参数，提高模具的加工质量；针对材料方面的原因，应该根据模具的工作条件、结构等因素重新选材，更好地满足模具的使用性能要求；针对热处理方面的原因，应该重新合理地选择热处理方法，制定热处理工艺，避免热处理缺陷的出现；针对操作不当或操作工艺方面的原因，应该完善操作工艺，加强对操作者的管理，杜绝类似情况再发生。

2.8.2 模具失效分析的基本内容

发生故障的部件、零件虽各不相同，其分析方法与步骤也各有差异，但故障分析的基本程序却是共同的。机械故障原因分析的通用程序如下。

2.8.2.1 现场调查

（1）收集背景数据和使用条件

① 部件发生故障的日期、时间、工作温度和环境；

② 部件损坏的程度，部件故障发生的顺序；

③ 故障发生时的操作阶段，故障件有无反常情况或不正常的音响；

④ 对故障部件及其邻近范围部件进行拍照或画草图；

⑤ 在使用过程中可以导致故障的任何差错；

⑥ 使用人员的技术水平和对故障的看法。

(2) 故障现场摄像或照相的重点

① 对有可能迅速改变位置的事，应尽快地拍照。它包括：

a. 设备；

b. 仪表指示的读数和控制的位置；

c. 可能被天气、来往行人、车辆或清扫人员去掉的证据；例如，地面上的痕迹，受热的证据，液体等。

② 正在燃烧的火灾，摄取烟和火焰的彩色图像。调查人员可以分析燃烧材料的种类和温度的高低等信息。

③ 对整个故障现场要有足够的表示。在特写镜头中，应包括一件熟悉的东西在内，甚至放把直尺，以表示拍摄实物的尺寸。对断口照片，一定要从不同角度来反映断口形貌。

④ 重要的部件或断口要有特写镜头。开始用广角镜头表示部件之间的关系，如需要可进行实验室照相。这对断口的形貌和成分分析都是必要的。

(3) 故障件的主要历史资料

① 部件名称、标记制造编号、厂家、使用单位；

② 部件的功能、使用材料、设计书中规定的有关项目；

③ 至发生故障时的使用时间；

④ 设计图样，说明书，部件生产、制造、检验和操作的规范；

⑤ 生产厂的验收技术报告和质量控制报告；

⑥ 使用情况记录；

⑦ 过去的故障情况记录和维修报告等。

(4) 对故障件进行初步检查

(5) 故障件残骸的鉴别、保存和清洗

2.8.2.2 分析并确定故障原因和故障机理

(1) 故障件的检查与分析

包括无损探伤检验、力学性能试验、断口的宏观与微观检查与分析、金相检查与分析、化学分析等。

(2) 必要的理论分析和计算

包括强度，疲劳，断裂力学分析及计算等。

(3) 初步确定故障原因和机理

(4) 模拟试验以确定故障原因与机理

2.8.2.3 分析结论

每一件故障分析工作做到一定阶段或试验工件结束时，都要对所获得的全部资料、调查记录、证词和测试数据，按设计、材料、制造、使用四个方面是否有问题来进行集中归纳、综合分析和判断处理，逐步形成初步的简明结论。

对设计和材料的要求以说明书为准，对制造过程以故障部件的分析检测结果为准，而对使用则以操作规程为准。反复核对其中的差异，正是这种差异能够说明故障的起因。

对于运动部件，如轴、叶片等，还要考虑自身的固有频率和运动频率产生共振时所引起的附加载荷。首要了解设计人员是否考虑了这个问题，核对计算有无问题。

在汇集整理力学测试数据、化学分析数据、断口形貌、显微组织、照片的同时，要回答或说明这些结果是否符合设计要求和使用要求。

故障分析结束时必须提出一个结论明确、建议中肯的报告。一方面是为了改进工作，积累资料，交流经验；另一方面也为索赔和法律仲裁提供依据。

分析报告主要内容有：

① 故障分析结论；

② 改进措施与建议及对改进效果的预计；

③ 故障分析报告提供（交）给有关部门，并反馈给有关承制单位；

④ 必要时应对改进措施的执行情况进行跟踪和管理。

2.9 影响模具失效的因素

影响模具寿命的因素很多，主要包括：模具设计方面（模具结构）、模具工作条件（成型工艺、材质、设备特性）、制造工艺方面（热处理质量、表面处理技术、零件的制造精度、制造工艺和制造质量等）、使用方面（安装与调整、维护、工作环境等）、摩擦学方面（模具的润滑方式、润滑剂选择等）。模具寿命直接影响生产效率和产品成本。

概括地说模具寿命与模具类型、结构形式有关，同时，它又是一定时期内模具材料性能、模具材料冶金水平、模具设计思路与方案、模具制造技术水平、模块锻造技术、模具热处理水平、模具使用与维护水平、模具工程系统管理水平的综合体现。图 2-15 大体上描述了影响模具寿命的各种因素。

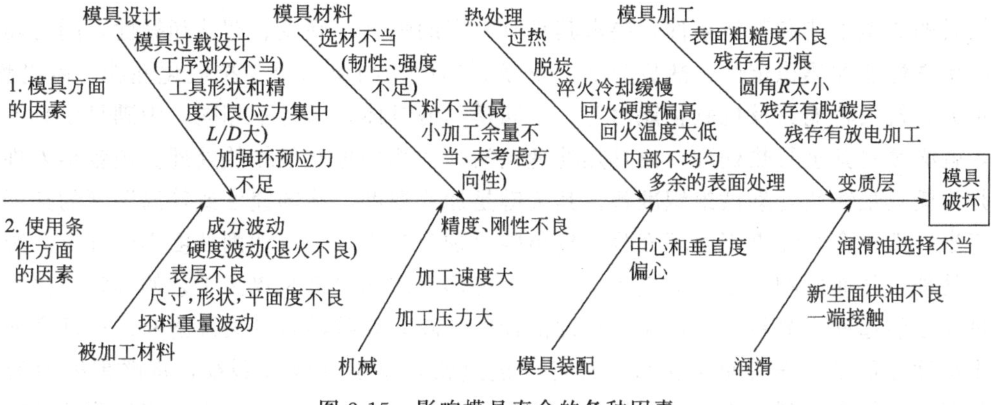

图 2-15 影响模具寿命的各种因素

2.9.1 模具结构

模具结构包括模具几何形状、模具间隙、冲头模具的长径比、端面倾斜角、过渡角大小、热作模具中冷却水路的开设、装配结构等。不合理的模具结构可能引起严重的应力集中或高的工作温度，从而恶化模具的工作条件。由于模具工作条件很复杂，准确计算其服役应力相当困难，模具设计主要凭借经验。因此在进行模具结构设计时，应避免出现截面连结处或过渡处的尖角，冲制较深的标记如产品牌号、型号及厂名等，不通孔及不适当的孔距，都易造成模具热处理失败。在模具结构中存在未倒角、公差不当、截面太薄、太细、长径比过大、设计超载等都会造成模具过早失效。如 Cr12MoV 钢制冷作模具，将原设计的台阶尖角改为圆角过渡，模具的寿命可提高 4 倍。

整体模具不可避免地存在凹的圆角半径，很容易造成应力集中，并由此引起开裂。采用组合或镶套结构，可以避免应力集中，比采用整体式结构的模具使用寿命提高 4～5 倍。

2.9.2 模具的机加工质量

模具制造一般采用车、铣、刨、磨、钻及电加工（电火花穿孔、线切割、电火花成型等）等工序，若工艺不当会产生加工缺陷而造成模具早期失效。如铆钉模因表面有明显刃痕，在刃痕处引发早期疲劳断裂；对模具型腔表面研磨时，由于工艺不当，出现磨削过烧和磨削裂纹，其疲劳强度降低，模具易发生早期失效；电火花加工时，在模具加工表面最表层形成所谓“白亮层”，增大了工作面的脆性，易产生早期失效；表面粗糙度选取不当，对模具寿命也有较大的影响。

2.9.3 模具材料

模具材料是影响模具寿命的很重要的因素，模具材料选取不当，使模具易产生早期失效，影响其使用寿命。随着近年来许多新型高效模具钢材的研制成功，显著地提高了模具的寿命。D2 钢制的冷冲裁模、滚丝模、滚轧轮等使用寿命较 Cr12MoV 钢提高 5～6 倍；采用 LD 钢制轴承滚子冷镦模、标准件冷镦凸模较 Cr12 钢使用寿命提高几倍至十几倍；采用 GD 钢制的接触簧片级进模凸模的使用寿命较 W6Mo5Cr4V2 提高 25 倍；用 H13 钢制铝型材挤压模具的使用寿命较 3Cr2W8V 提高 3～5 倍。当被加工材料变化时，模具材料的选择也有变化，加工碳钢的模具不一定适用于加工不锈钢。因此，模具的选材、用材，首要解决材料强度与塑性、韧性配合的合理性，应根据模具的工作条件及工作定额并结合各类模具材料的特点综合选用，同时又要考虑材料的冶金质量。

2.9.4 热处理

模具的成型工艺和工作条件，要求其具有一定的强度、硬度、塑性和韧性，同时还应具有一些特殊性能如热稳定性、热疲劳抗力及断裂韧度、高温磨损与抗氧化性能、耐磨性能、断裂抗力、抗咬合能力及抗软化能力等。不同模具的具体要求各不相同，为满足模具的性能要求，就必须对其进行热处理。模具热处理包括预备热处理和最终热处理。预备热处理主要目的是为模具最终热处理做组织准备，其关键是加热温度、冷却速度或等温温度的选择，若选取不当，造成合金元素固溶不充分、析出碳化物分布不均匀、切削硬度不合理等，影响后续加工处理，从而影响到模具的使用寿命。最终热处理的关键是淬火工艺的制定，淬火加热温度过高会引起钢中晶粒长大，从而使冲击韧性下降，导致模具开裂及脆断；过低会使模具易产生塑性变形或压塌等早期失效。冷却速度过快，易出现淬火裂纹，将严重缩短疲劳寿命，甚至引发早期断裂。因此，如果热处理工艺不合理或操作不当，将会产生明显缺陷，如变形、开裂或严重影响到模具钢的组织状态，引起模具早期失效。

2.9.5 模具的服役条件

了解模具的服役条件是对模具进行失效分析的前提，是提高模具使用寿命的必备条件。不论是模具生产者，还是模具使用者都必须关心模具的服役条件，改善模具的服役条件。模具的服役条件包括机床精度与刚性、行程次数、被加工件变形抗力及表面状态、模具预热、模具组装、锻造温度、锻打速度、成形工艺、冷却条件、润滑条件等。同一模具，其服役条件不同，使用寿命是不同的，有时甚至相差很大。

2.9.5.1 成型件的材质和温度

被加工零件的材质不同、厚度不同对模具寿命有很大影响，即使冲制同一种钢材，被加工材料退火充分与否，对模具寿命也有很大影响，有时甚至造成凸模频繁发生早期折断，无法正常生产。一般来讲，非金属材料、液态材料的强度低，所需的成型力小，模具受力小，模具寿命高。金属件成型模比非金属件成型模的寿命低。

在成型高温工件时，模具因接受热量而升温，随着温度的升高，模具的强度降低，易产生塑性变形，同时，模具同工件接触的表面与非接触表面温度差很大，在模具中造成温度应力；同时成型过程中，工件与模具是间断接触的，造成连续不断的热冲击，会萌生裂纹，造成冷热疲劳及断裂。在高温下，工件与模具表面原子的活性增加，加大了相互粘连以及粘着磨损的可能，也加速了氧化磨损。因此，坯料的温度越高，模具材料强度下降越厉害，温度应力和热冲击越大，模具寿命越低。

2.9.5.2 机床精度与刚性

机床精度与刚性对模具寿命，特别对冷冲裁与冷挤压模具的寿命影响极大。标准件行业曾做过试验，同样条件下生产的同一种模具，不同标准件厂因机床精度与刚性不同，模具使用寿命相差数倍，薄板冲裁模，其单侧间隙为0.03～0.1mm，在新系列400kN压力机上的刃磨寿命是在旧式C型压力机上的4倍；Cr12MoV钢制作的硅钢片冲模在新式压力机上的刃磨寿命是在旧式C型压力机上的4～7倍。机床对中不当或刚度差会导致凸模受力不均，产生单边磨损严重或折断来影响模具的使用寿命。

2.9.5.3 被加工件表面状态

被加工材料的表面状态对冷作模的磨损、咬合均有影响。材料表面无氧化黑皮，也无脱碳层，仅存在极薄的氧化膜时，对模具工作最为有利，模具使用寿命较长。如T10A钢制冷冲模冲裁表面光亮的薄钢板的使用寿命为冲裁同等厚度热轧钢板的2倍。

2.9.5.4 模具预热

导热性差的钨系热作模具钢制模具，使用前必须进行预热，这样可提高韧性，降低模具型腔表面层的温度梯度和热应力，防止早期开裂。如3Cr2W8V钢制压铸模，将模具进行预热后其寿命较不预热提高3倍。对锻模或热挤压模、热镦模也应进行预热，尤其是冬天，更有必要对热作模具进行预热。

2.9.5.5 锻造温度

热作模具尤其是高温热作模具，若坯料加热温度太高，则可能使模具急剧软化，硬度降低，从而发生塌陷及变形等形式的失效。但若锻打温度太低，则被加工件变形抗力过大，会使模具发生磨损或断裂形式的失效。因此，锻造温度对热作模具的使用寿命影响较大。

2.9.5.6 润滑条件

良好的润滑条件可显著减少摩擦热及摩擦力，改善模具的受力状况，从而大大延长模具的使用寿命。如不锈钢表壳挤光模，改机油润滑为二硫化钼配制油剂润滑，模具寿命可提高100倍；热强钢叶片精锻模，改石墨油剂润滑为二硫化钼与玻璃复合润滑，模具寿命可提高5倍。

2.9.5.7 冷却条件

热作模具的使用寿命与冷却条件密切相关，若采用的冷却方式、介质不当，模具会出现早期失效，大大缩短其使用寿命。如含钨量较高的热作模具钢制模具，应避免喷水冷却，否则易出现早期热疲劳开裂，应以油水雾和通水内冷为宜。

另外行程次数、模具组装、锻打速度、成型工艺等与模具的使用寿命也密切相关，合理选取能避免模具的早期失效，有效地延长模具的使用寿命。操作者应严格遵守加工工艺，严格控制使用条件，这样才能充分发挥模具材料的潜力，提高其使用寿命。

2.9.6 模具维护与管理

2.9.6.1 模具维护

模具维护分为现场维护和非现场维护两类。模具安装在相应设备上工作之前、工作之后和工作间隙停顿时的维护称为现场维护；模具从设备上拆卸下来的维护称之为非现场维护。

(1) 现场维护

① 预热　在用室温下的模具成型高温毛坯时，由于巨大的温度差使模具与毛坯接触的表面温度急剧上升，带来很大的热应力，易直接造成模具开裂。为了降低热作模具使用时的热冲击，在热作模具使用前应进行预热。预热是压铸模、热锻模服役中现场维护必不可少的内容。热作模具的预热温度以250～300℃为宜，如果预热温度过高，会造成模具服役过程中温度过高，导致模具产生塑性变形。

② 间歇工作时的保温　模具使用过程中停机，模具温度会下降。如不采取保温措施，模具将经受一次较大的冷冲击，开工时又经受一次较大的热冲击。急冷急热带来的热应力与长时间工作后模具内部的内应力叠加，易使模具萌生裂纹并引起开裂。因此，停工时必须对模具进行保温，保温的温度也以250～300℃为宜。

③ 停工时的缓冷　模具服役后，隔天再用或为了维修拆下前，不让模具直接冷却到室温而采用缓慢冷却，可以减小对模具的冷冲击。

(2) 非现场维护主要包括：

① 去应力退火　热作模具工作一段时间后，会在模具内部存在很大的内应力，该内应力与工作应力相互叠加会达到模具材料的屈服强度或断裂强度，从而造成模具的塑性变形或断裂，为降低内应力引起的模具失效，当模具使用一定时间后，应该将模具卸下进行去应力退火。一般情况下，中间去应力退火比模具退火温度低30～50℃，去应力退火的间隔时间及次数与成型件材料重量及模具材料有关。对于铝合金压铸模，在模具预计寿命的30%和60%进行两次去应力退火，可以使模具使用寿命提高50%左右。

② 超前修模　模具服役一段时间后，为了提高模具总寿命，把正常服役的模具拆卸下来提前修理称之为超前修模。模具服役一段时间后，会不同程度地出现一些小塑性变形、微裂纹等缺陷，若不及时进行修模，模具的失效速度就会加快，因此，为提前消除隐患，提高模具的总体寿命，要进行超前修模。

2.9.6.2 模具管理

日本早年的失效模具中有7%是使用错误，近年我国上海地区失效模具中的6.7%是使用错误。模具的管理从广义上讲，是指模具在制造和使用等过程中要严格按照工艺规程的要求生产和使用。包括使用过程中随时清除杂物并定期检查模具的紧固件是否有松动。模具进库保管时，应在滑动表面及某些防锈部位涂上润滑油；其他部位涂漆。模具管理对模具种类和数量较多的汽车制造厂更为重要。

2.10 模具失效分析实例

案例1　Cr12钢冷冲模早期失效原因分析

某厂使用的一批Cr12钢制变压器硅钢片冷冲模（以下简称冷冲模）常发生早期失效，

大部分模具使用一天左右即崩裂，而原先所用冷冲模寿命则在一周以上。这种冷冲模价格较高，模具的早期失效加大了模具消耗量，增加了产品成本，同时频繁更换模具也严重影响生产效率。为提高冷冲模质量，我们对模具的早期失效原因进行如下综合分析。

(1) 冷冲模的服役条件与失效形式

图 2-16 所示为变压器硅钢片冷冲模凸模和凹模的横截面图及冲压所得硅钢片产品示意图。凸模和凹模联合作用，将单片或黏合在一起的多片硅钢板冷冲剪成图 2-16(c) 所示的硅钢片，冷冲模刃口承受很大的冲击力和摩擦作用。由于硅钢片产品结构外形的需要，冷冲模的 A、B 处只能是尖锐的直角，因此工作时该处的应力集中很大。冷冲模的服役条件要求冷冲模具有一定韧性，较高的强度和硬度，以避免在使用过程中因韧性不足而早期断裂、强度不足而软蹋、硬度不足而不耐磨。冷冲模的正常失效主要是磨损，本研究发现的早期失效方式都是开裂和崩刃。仔细观察此批早期失效冷冲模可以发现，裂纹基本都位于剪切刃根部 A、B 处，沿模具纵向分布，裂纹走向与冲击运动方向一致，崩刃有的发生于剪切刃根部，有的在剪切刃上部，如图 2-17 所示。

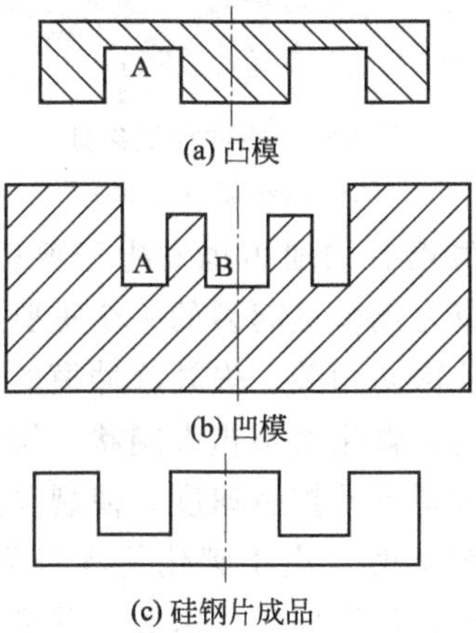

图 2-16　变压器硅钢片冷冲模及产品示意图

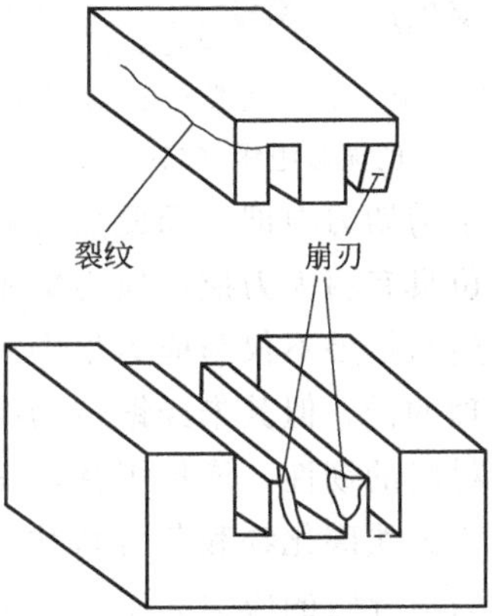

图 2-17　冷冲模失效方式示意图

(2) 失效冷冲模性能与组织分析

硬度测试结果表明，失效冷冲模的硬度为 55HRC。成分分析确认模具材料为 Cr12 钢。对失效模具进行显微组织观察可见，其组织形态为典型的铸态树枝晶，白亮碳化物以鱼骨状和网状分布于原奥氏体树枝晶间。由于 Cr12 钢含有约 12% 的 Cr 和很高的碳 2%～2.3%，属于莱氏体钢，因此这些粗大碳化物为共晶碳化物。沿冷冲模横向的组织较沿冷冲模纵向的粗大，如图 2-18 所示。与经过正常锻造的 Cr12 模具钢的显微组织比较（见图 2-19），失效冷冲模组织中共晶碳化物的大小、分布和形态表明失效模具在机加工前未经充分锻造；失效冷冲模基体中的未溶二次碳化物非常细小，说明淬火加热温度较高，淬火加热时二次碳化物大都溶入基体。模具硬度偏低说明淬火后未经正确回火，高温淬火导致的较高含量残余奥氏体没有充分转变，未出现二次硬化。

对崩裂处的显微观察发现，崩裂处原裂纹是沿枝晶间鱼骨状和网状碳化物扩展的，如图 2-20 所示。

(3) 早期失效原因分析

通过调查生产过程，确认早期失效不是因操作不当造成。由断口分析可知，裂纹和崩刃

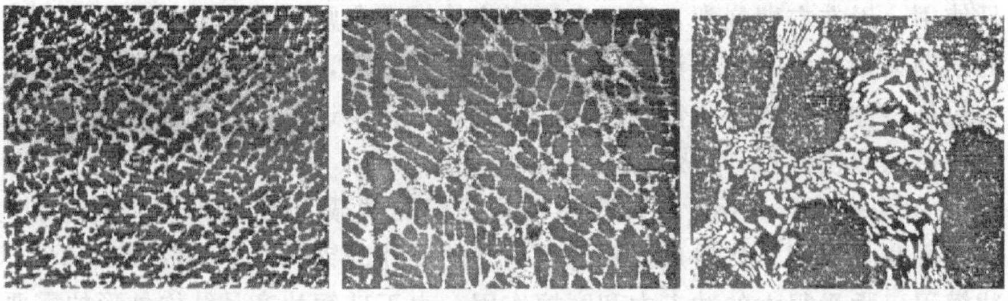

(a) 纵向 (50×)　　(b) 横向 (50×)　　(c) 横向 (300×)

图 2-18　失效冷冲模的显微组织

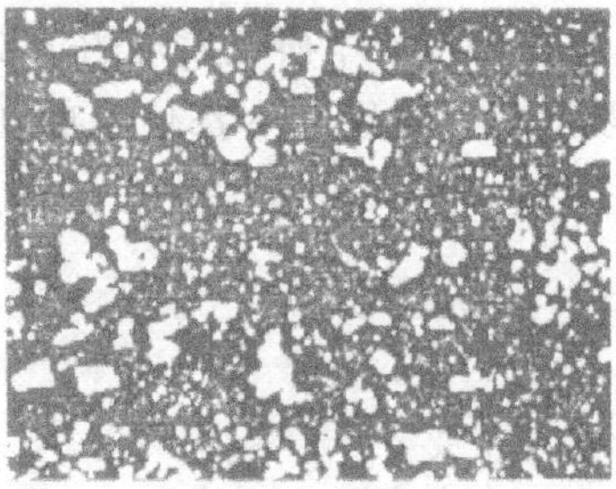

图 2-19　正常锻造 Cr12 模具钢的显微组织（400×）

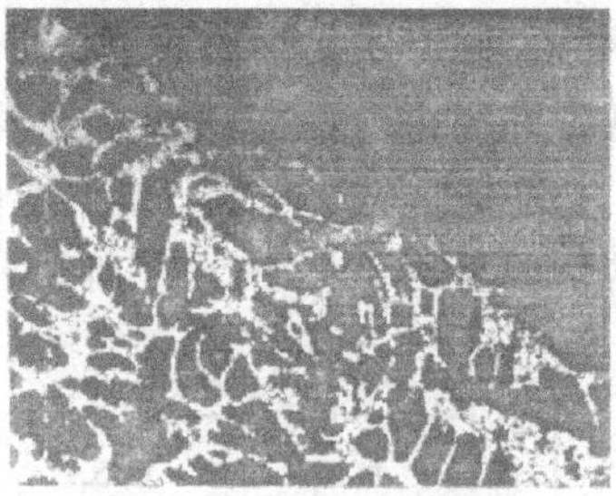

图 2-20　冷冲模崩裂处的显微组织（50×）

大都起源于剪切刃根部，而此处具有很大的应力集中。虽然有的崩刃也发生于剪切刃上部，但这些部位具有粗大刀痕，应力集中同样很大。显然，应力集中是起裂的一个重要原因，但裂纹的萌生与扩展不仅与应力集中有关，还与材料的韧性密切相关。失效冷冲模的硬度虽然比常规处理的低，但其未经锻造的组织中的大量鱼骨状共晶碳化物与粗大网状、块状碳化物严重影响材料的韧性，增加脆性，缩短裂纹萌生期，加快裂纹的扩展速度，使裂纹向纵深方向发展。当大块碳化物和鱼骨状共晶碳化物位于剪切刃表面时，由于碳化物本身脆性很大，加上粗大刀痕导致的应力集中，在冲击载荷作用下极易在碳化物处萌生裂纹，并沿碳化物网快速扩展，造成崩裂。淬火温度偏高导致组织粗大、基体含碳量升高，也降低基体韧性。另外，前面的组织与性能分析已指出，早期失效冷冲模中的残余奥氏体含量高，在使用过程中，残余奥氏体发生转变，产生内应力，也可能会促进裂纹的萌生。

（4）结论

① Cr12 钢硅钢片冷冲模早期失效的主要原因是毛坯锻造极不充分，组织中存在大量粗大网状、块状和鱼骨状共晶碳化物，严重降低模具的韧性；同时模具表面的粗大刀痕与模具结构的固有不足造成的应力集中，也促进裂纹的萌生。

② 对 Cr12 钢制作的冷冲模，毛坯成型时应有足够的锻压比，经多次镦粗、拔长，使共晶碳化物细化、均匀。为进一步提高模具的韧性，在最终热处理前应进行球化退火，并应合理选择淬火加热温度。采取这些措施后，模具寿命显著提高。

案例 2　5CrMnMo 锻模使用中的失效分析与防止措施

（1）模具的工作条件

锻模用 5CrMnMo 钢，其化学成分见表 2-2。

表 2-2　5CrMnMo 钢的化学成分（质量分数）　　单位：%

C	Mn	Si	Cr	Mo	P、S
0.5～0.6	1.2～1.6	0.25～0.6	0.6～0.9	0.15～0.3	≤0.03

某 5CrMnMo 钢制锻模，直径为 280mm，高度 250mm。模具的加工工艺如下：下料→锻造→退火→粗加工→调质→精加工→淬火＋回火→研磨。始锻温度为 1050℃左右，终锻温度为 850℃左右，锻造比为 2。退火工艺为 830～850℃加热炉冷，调质工艺为 860℃加热油冷，670～680℃回火。精加工后淬火温度为 840～860℃，油冷到 180℃，立即出油装炉回火，回火温度为 440～470℃，硬度要求为 44～47HRC。

锻模安装在 4500kN 摩擦压力机上工作，被加工坯料为 45 钢，在高温盐浴炉中加热(其目的是达到加热均匀，防止氧化，但应注意清除净盐液）到 1000～1100℃，每分钟锻压 10 件。每锻压一件后，在模具型腔表面涂覆机油作为润滑剂兼冷却剂，模具在工作前预热到 300℃左右。锻模的平均寿命为 1200 件左右，其主要失效形式为型腔棱边磨损、型腔塌陷及冷热疲劳裂纹。

(2) 模具的失效分析

① 硬度　将模具剖成小块，测量从型腔表面到心部的洛氏硬度，发现距表面 5mm 以内的硬度为 39～40HRC，距表面 10mm 处，硬度即降到 36HRC，距表面 20mm 处，硬度为 34HRC。由此可见，模具的硬度没有达到技术条件所规定的要求（小型模具 44～47HRC)，并可看出硬化层很薄。

② 显微组织　模具型腔表面为回火马氏体组织，心部为回火马氏体＋上贝氏体组织。在距表面约 25mm 处，就出现上贝氏体组织。显微组织分析结果，进一步证实了模具在淬火时，仅表面一薄层冷却到 M_S 点以下，获得了马氏体组织，其他部分在淬火时，仅部分奥氏体转变成马氏体，没有转变的奥氏体在回火时转变成了上贝氏体。

③ 模具失效原因　一方面 5CrMnMo 热作模具钢的型腔表面由于受热而软化，因而其耐磨性大为降低，同时，高温氧化腐蚀作用产生的氧化皮也起到磨料的作用加速磨损。另一方面，锻压钢件的模具与坯料接触时，表层立即升温到 600～900℃，而内层尚处于较低的温度，表面层受热而膨胀，但受内层的约束，因而表面产生压应力，压应力的数值一般均大于模具材料在该状态下的屈服强度，进而引起塑性变形。锻件脱模后，由于向模具表面喷洒冷却剂，使表面急剧冷却而收缩，当表面收缩受到约束时，便产生拉应力。模具表面层中的循环热应力，是引起冷热疲劳的根本原因。高温氧化、冷却水的电化学腐蚀以及坯料的摩擦作用，加速了冷热疲劳过程。因模具表面硬度没有超过 40HRC，表面硬度偏低，是引起棱角磨损的主要原因。表面硬度不高，再加上心部强度很低，是引起型腔塌陷的主要原因。如要提高模具寿命，必须满足下列要求：①提高表面硬度（特别是红硬性)，以提高型腔的耐磨性；②提高淬透性，即增加硬化层的厚度，以提高型腔的抗塌陷（塑性变形）能力；③适当提高奥氏体化温度，有利于提高淬透性、红硬性、热稳定性及冷热疲劳抗力。

(3) 防止失效的措施

在 5CrMnMo 钢中含有锰，它是代替 5CrNiMo 钢中所含的镍，用锰代替镍，对于钢的淬透性没什么影响，只是略微减低钢的冲击韧度。为了得到所需的韧性，5CrMnMo 钢制的模具要比 5CrNiMo 钢制的模具在更高一些的温度进行回火。经分析后，对原热处理工艺进行了如下改进：

① 将模具装入已加热至 860～870℃的普通箱式炉内，并在此温度下保温 2h；

② 淬入油中，待冷却至 200～100℃后保温 15～20min；

③ 装入已加热至 350～400℃的回火炉中，然后将温度提高到 420～440℃在此温度保温 6h；

④ 取出在空气中冷却，并进行清洗，最后检查硬度（44～47HRC）。

通过对热处理主要是淬火与回火工艺进行改进后，提高了模具的表面硬度，进而提高了型腔的耐磨性，并提高了冷热疲劳抗力及塑性变形抗力，从而使模具寿命大为提高，锻模的平均寿命现提高到了6000件左右。由以上分析可知，经改进热处理工艺后，使模具的寿命提高了4倍。达到如下两个目的：一是使模具型腔表面全部为回火马氏体组织，增强模具型腔的耐磨性；二是使奥氏体尽可能多的转变为马氏体，以提高其淬透性，进而达到提高冷热疲劳抗力及塑性变形抗力等。当然，对于要求较高的模具，如边长大于380mm的较大型模具，单纯依靠热处理工艺的调整，特别对于边长大于400mm的较大型模具，已无济于事，这时若选用5CrNiMo钢再加上适当的热处理，即一般可达到工作要求。

思考题

1. 何谓失效分析？失效分析的目的是什么？
2. 影响模具寿命的因素有哪些？
3. 模具失效分析包括哪些基本内容？
4. 模具有哪些常见的失效形式？
5. 磨损过程包含几个基本阶段？
6. 磨损主要有哪些失效形式？
7. 何谓断裂韧度？影响断裂韧度的因素有哪些？
8. 金属断裂有哪些分类？
9. 影响韧窝形貌的因素有哪些？
10. 解理断裂的微观断口形貌有哪些基本特征？
11. 改进和优化模具结构设计的最基本作用是什么？举例说明这种作用对模具寿命的影响。
12. 正确维护和管理模具应注意哪些方面？

3　冷作模具材料及热处理

3.1　冷作模具材料的分类及选用

3.1.1　冷作模具材料的分类

冷作模具材料主要用于制造工作温度小于300℃条件下进行压制成型的模具。如冷冲裁模具、冷拉深模具、冷冲压模具、压印模具、冷镦模具、冷挤压模具、螺纹压制模具等。

冷作模具材料的类型可分为模具钢、硬质合金、低熔点合金、高分子材料等。目前，冷作模具材料主要以模具钢为主。按照模具钢的成分和性能可分为高碳非合金冷作模具钢、高碳低合金冷作模具钢、高耐磨冷作模具钢、冷作模具高速钢和特殊用途冷作模具钢等，冷作模具的钢号及其化学成分见表3-1。

表3-1　常用冷作模具钢的化学成分

钢　　号	化学成分(质量分数)/%							
	C	Si	Mn	Cr	Mo	W	V	其他
高碳非合金冷作模具钢								
T7	0.65～0.74	≤0.35	≤0.40					
T8	0.75～0.84	≤0.35	≤0.40					
T9	0.85～0.94	≤0.35	≤0.40					
T10	0.95～1.04	≤0.35	≤0.40					
T11	1.05～1.14	≤0.35	≤0.40					
T12	1.15～1.24	≤0.35	≤0.40					
高碳低合金冷作模具钢								
9SiCr	0.85～0.95	1.20～1.60	0.30～0.60	0.95～1.25				
9Mn2V	0.85～0.95	≤0.40	1.70～2.20				0.10～0.25	
CrWMn	0.90～1.05	≤0.40	0.80～1.10	0.90～1.20		1.20～1.60		
9CrWMn	0.85～0.95	≤0.40	0.90～1.20	0.50～0.80		0.50～0.80		
MnCrWV	0.95～1.05	≤0.40	1.00～1.30	0.40～0.70		0.40～0.70	0.15～0.30	
Cr2	0.95～1.10	≤0.40	≤0.40	1.30～1.70				
7CrSiMnMoV	0.65～0.75	0.85～1.15	0.65～1.15	0.90～1.20	0.30～0.50		0.15～0.30	
7CrNiMnSiMoV	0.64～0.74	0.50～0.90	0.70～1.00	1.00～1.30	0.30～0.60		0.20	Ni0.70～1.00
Cr2Mn2SiWMoV	0.95～1.05	2.30～2.60	1.80～2.30	2.30～2.60	0.50～0.80	0.70～1.10	0.10～0.25	

续表

钢　　号	化学成分(质量分数)/%							
	C	Si	Mn	Cr	Mo	W	V	其他
高碳低合金冷作模具钢								
8Cr2MnWMoVS	0.75～0.85	≤0.40	1.30～1.70	2.30～2.60	0.50～0.80	0.70～1.10	0.10～0.25	S0.08～0.15
高耐磨冷作模具钢								
Cr12	2.00～2.30	≤0.40	≤0.40	11.00～13.00				
Cr12MoV	1.45～1.70	≤0.40	≤0.40	11.00～12.50	0.40～0.60		0.15～0.30	
Cr12Mo1V1	1.40～1.60	≤0.60	≤0.60	11.00～13.00	0.70～1.20		≤1.10	Co≤1.00
Cr8Mo2WV2Si	0.95～1.10	0.90～1.20	0.30～0.60	7.00～8.00	1.40～1.80	0.80～1.20	2.20～2.70	
9Cr6W3Mo2V2	0.86～0.94	≤0.40	≤0.40	5.60～6.40	2.00～2.50	2.80～3.20	1.70～2.20	
Cr6WV	1.00～1.15	≤0.40	≤0.40	5.50～7.00		1.10～1.50	0.50～0.70	
Cr5Mo1V	0.95～1.05	≤0.50	≤1.00	4.75～5.50	0.90～1.40		0.15～0.50	
Cr4W2MoV	1.12～1.25	0.40～0.70	≤0.40	3.50～4.00	0.80～1.20	1.90～2.60	0.80～1.10	
7Cr7Mo3V2Si	0.70～0.80	0.70～1.20	≤0.50	6.50～7.00	2.00～3.00		1.70～2.20	
65Cr4W3Mo2VNb	0.60～0.70	≤0.40	≤0.40	3.80～4.40	2.50～3.50	2.50～3.50	0.80～1.20	Nb0.2～0.35
Cr4W3Mo2VSiN	0.95～1.05	0.70～1.30	≤0.40	3.80～4.40	1.70～2.70	2.70～3.70	1.20～1.80	N0.056
冷作模具用高速钢								
W18Cr4V	0.70～0.80	≤0.40	≤0.40	3.80～4.40		17.50～19.00	1.00～1.40	
W6Mo5Cr4V2	0.80～0.90	≤0.40	≤0.40	3.80～4.40	4.50～5.50	5.55～6.75	1.75～2.20	
6W6Mo5Cr4V2	0.55～0.65	≤0.40	≤0.60	3.70～4.30	4.50～5.50	6.00～7.00	0.70～1.10	
W9Mo3Cr4V	0.90～1.00	0.43	0.32	3.80～4.40	2.70～3.30	8.00～9.50	1.30～1.70	N0.04～0.08
W6Mo5Cr4V2Al	1.05～1.20	≤0.60	≤0.40	3.80～4.40	4.50～5.50	5.50～6.75	1.75～2.20	Al0.80～1.20
W12Mo3Cr4V3N	1.10～1.25	≤0.40	≤0.40	3.50～4.10	2.50～3.50	11.00～12.50	2.50～3.10	N0.04～0.10
特殊用途冷作模具钢 **1. 耐蚀钢**								
9Cr18	0.90～1.00	0.50～0.90		17.00～19.00				
Cr18MoV	1.17～1.25	0.50～0.90		17.5～19.0	0.50～0.80		0.10～0.20	
Cr14Mo	0.90～1.05	0.30～0.60		12.00～14.00	1.40～1.80			
Cr14Mo4	1.10	0.70		14.00	3.50			
2. 无磁钢								
1Cr18Ni9Ti	≤0.12	≤1.00	≤2.00	17.00～19.00				Ni8.00～11.00
7Mn15Cr2Al3V2WMo	0.65～0.75	≤0.80	14.50～16.00	2.00～2.50	0.50～0.80	0.50～0.80	1.50～1.80	Al2.30～3.30
5Cr21Mn9Ni4N	0.48～0.58	≤0.35	8.00～10.00	20.00～22.00			N0.35～0.50	Ni3.50～4.50

3.1.2 冷作模具材料的性能要求

3.1.2.1 对冷作模具钢使用性能的要求

冷作模具的工作条件比较恶劣，其工作时主要承受较高的拉伸应力、压缩应力、冲击应力，此外还承受剧烈的摩擦磨损以及疲劳载荷。其失效形式主要有以下几种：模具的断裂、模具的变形、磨损、工件和模具的咬合、啃伤、软化等。由于存在以上多种失效形式，因此，对冷作模具的要求主要为：应具有较高的硬度和合理的硬度梯度分布；良好的冲击韧度；较高的断裂强度；高的耐磨性能；高的抗咬合能力和抗疲劳性能。

(1) 耐磨性要求

耐磨性是冷作模具钢应具备的最基本性能之一。模具工作时，表面往往要与工件产生多次强烈的摩擦，模具在此条件下必须具有高的耐磨性，才能保持其尺寸精度和表面粗糙度。影响耐磨性的因素很复杂，对于工作在一定条件下的冷作模具钢而言，只有通过合理的选材、合理的热处理工艺才能获得高的耐磨性。一般情况下，为了获得高的耐磨性，选择含W、Cr、Mo、V等合金元素以及合适的碳含量是获得高硬度的前提，其次，通过适当热处理，获得在高硬度马氏体基体上弥散分布细小的合金碳化物组织，也是获得冷作模具高硬度的常用手段。此外，在保证模具高硬度的同时，提高冷作模具钢的强度和韧度对提高耐磨性也是十分有利的。少量残余奥氏体的存在（<10%），对耐磨性没有什么坏影响，甚至是有利的。降低钢中的非金属夹杂物含量对耐磨性有利。采用各种先进的表面处理方法，也是提高冷作模具钢耐磨性的重要途径。

(2) 变形抗力要求

① 硬度和热硬性要求　硬度是冷作模具的一个重要力学性能指标，同时硬度又与其他性能指标有一定的联系，一般情况下，在一定硬度范围内，硬度与变形抗力和耐磨性成正比。但随着硬度的提高，材料的韧性有所降低。实践表明，在同一硬度条件下，不同的冷作模具材料，在使用过程中所表现的变形抗力和耐磨性是不一样的，甚至有非常大的差别。根据冷作模具的工作条件的不同，一般硬度值可在53～65HRC硬度范围内选择。耐磨性要求高的取上限，韧性要求高的取下限，要求强韧性配合的取中间数值。

热硬性是指模具材料在一定温度下保持其硬度和组织稳定性、抵抗软化的能力。有些重载冷作模具在强烈摩擦时，局部的温升有时可达400℃，此时应该选择抗回火能力强的钢种。热硬性通常与加入材料中的合金元素有关。

② 抗压屈服点　是衡量冷作模具材料变形抗力的主要性能指标。这种试验方法最接近于冲头的实际工作条件，因而所测得的性能数据与冲头在工作时所表现出来的变形抗力比较吻合。

③ 弯曲屈服点　弯曲屈服点试验的优点是测试方便，应变量的绝对值大，能灵敏的反映出不同钢材之间，以及在不同热处理工艺条件下的变形抗力的差别。

(3) 断裂抗力要求

① 一次性脆断抗力　能表征一次性脆断抗力的指标为一次冲击断裂功、抗压强度、抗弯强度。

② 疲劳断裂抗力　是指模具材料在疲劳载荷作用下，抵抗疲劳断裂的能力，主要衡量指标有小能量多次冲击断裂功、多次冲击断裂寿命、疲劳强度、疲劳极限、疲劳寿命。

③ 裂纹断裂抗力　当模具中存在微小裂纹时，已不能采用材料力学知识对模具进行分析，因为此时模具材料已不满足各向同性和均质材料假设，也不能采用光滑试样测试的各种

断裂抗力指标来衡量含裂纹体的断裂抗力，而应该采用断裂力学理论，对含裂纹体构件进行裂纹断裂抗力分析。一般采用断裂韧度指标进行衡量。

(4) 咬合抗力要求

咬合抗力是对发生“冷焊”的抗力指标。测试时，把被实验的模具钢试样与具有咬合倾向的材料进行恒速对偶摩擦运动，以一定的速度逐渐增大载荷，当载荷加大到某一临界值时，转矩突然急剧增大。这意味着已经发生了咬合，这一载荷称之为“咬合临界载荷”。临界载荷越高，标志着咬合抗力越大。表 3-2 所示为几种冷作模具材料及其表面强化工艺的抗咬合临界载荷。

表 3-2 几种冷作模具材料及其表面强化工艺的抗咬合临界载荷

试样材料	W6Mo5Cr4V2	Cr12MoV	渗硫	离子氮化	VC 渗层	TiC 渗层	硬质合金
抗咬合临界载荷/N	15.7	22.6	23.5	41.2	71.6	73.6	75.5

(5) 韧性要求

韧性是衡量模具抵抗冲击载荷的能力，冷作模具的韧性应根据其工作条件来考虑。受冲击载荷大的镦锻模、易受偏心载荷的细长冲头、有应力集中时需要较高的韧性。然而耐磨性和韧性往往是相互矛盾的，如何寻求其合理配合，是选择模具钢和制定热处理工艺时应首先考虑的问题。正确处理，可以获得均匀细小的组织，做到既强韧性配合又不降低耐磨性。

3.1.2.2 对冷作模具钢工艺性能的要求

在模具的整个制造成本中，模具材料费用一般只占总成本的 15%～20%，特别是对一些小型精密复杂模具，材料费用有时甚至低于 10%。而机械加工、热处理、表面处理、装配、管理等费用要占总成本的 80%以上。因此，模具材料的工艺性能就成为控制模具制造成本的一个关键因素。在模具材料费用相差不大的情况下，挑选工艺性能好的材料，不仅可以使模具的生产工艺简单，易于制造并缩短模具制造周期，而且可以有效地降低模具的制造成本。冷作模具钢的工艺性能主要包括可锻造性、易切削性、淬透性、淬硬性等。

(1) 可锻造性和退火工艺性

对可锻造性的要求是热锻变形抗力小，锻造温度范围宽，锻裂、冷裂及析出网状碳化物的倾向低。

对退火工艺性的要求是球化退火温度范围宽，退火硬度适中而稳定 (227～247HB)，形成片状组织倾向低。

(2) 易切削性和可磨削性

对易切削性的要求是切削用量大、刀具损耗低、加工表面粗糙度低。

为了改善模具钢的切削性，向钢中加入适量的硫、铅、钙、稀土金属等元素或导致模具钢中碳石墨化的元素，发展各种易切削模具钢。

对可磨削性的要求是砂轮相对耗损量小，无烧伤极限磨削用量大，对砂轮质量及冷却条件不敏感，不易发生磨伤、磨裂。

(3) 淬透性和淬硬性

淬透性是指模具钢材淬火时获得马氏体的能力。淬透性主要取决于钢的化学成分、合金元素含量和淬火前的组织状态，或者上述几方面综合后的指标，临界冷却速度。临界冷却速度越小，过冷奥氏体越稳定，钢的淬透性也就越好。

对淬透性的要求是淬火后易于获得较深的硬化层，适应于用冷却速度缓慢的冷却介质淬火硬化。

淬硬性是指钢在淬火时的硬化能力，用淬火后马氏体所能达到的最高硬度表示，它主要取决于马氏体的含碳量。淬透性好的钢，它的淬硬性不一定好。一般来说，大部分要求高硬度的冷做模具钢，对淬硬性要求较高。

对淬硬性的要求是淬火后易于获得高而均匀的表面硬度（58～62HRC）。

（4）铸造工艺性

为了简化生产工艺，国内外近年来发展了一些铸造模具用钢。采用铸造工艺直接生产出接近成品模具形状的铸造毛坯。

对铸造工艺性的要求是合金流动性好、收缩率小，不易出现铸造缺陷等。

（5）焊接性

有些模具要求在工作条件最苛刻的部位堆焊上特种耐磨材料或耐蚀材料，有些模具在使用过程中出现了损坏，需要通过堆焊进行模具修复。对这类模具就要求选用焊接性好的模具材料，以简化焊接工艺，可以避免或简化焊前预热和焊后热处理工艺。

对焊接性的要求是焊接工艺简单、堆焊层与母材结合强度高、不易出现焊接缺陷。

（6）氧化和脱碳敏感性

模具在加热过程中，如果产生氧化、脱碳现象，就会严重影响模具的表面性能（包括模具的表面硬度、模具表面的耐磨性和使用寿命）导致模具出现早期失效。采用真空热处理或可控气氛热处理可以大大降低模具钢的氧化、脱碳敏感性。

对氧化、脱碳敏感性的要求是高温加热时脱碳速度慢、抗氧化性能好、对淬火加热介质不敏感。

（7）过热敏感性和淬裂敏感性

对过热敏感性的要求是获得细晶粒、隐晶马氏体的淬火温度范围宽。

对淬裂敏感性的要求是常规淬火开裂敏感性低，对淬火温度及工件的尖角形状因素不敏感，采用缓慢冷却介质可以淬透和淬硬。

（8）淬火温度和淬火变形

一般要求模具材料的淬火温度要宽一些，特别是有些模具要求采用火焰加热局部淬火时，难以精确的测量和控制温度。

对淬火温度的要求是淬火温度范围较宽。

热处理控制不当往往会造成模具产生一定的变形，从而影响产品的精度。对于一些形状复杂的精密模具，淬硬后难以进行修整，因此对淬火后的变形要求更为严格。制造模具时，应尽量选用微变形模具钢。

对淬火变形倾向的要求是常规淬火体积变化小，形状翘曲、畸变轻微，异常变形倾向低。

3.1.3 冷作模具材料的选用

3.1.3.1 高碳非合金冷作模具钢

高碳非合金冷作模具钢的化学成分见表 3-1。这类钢属碳素工具钢范畴，含碳量一般在 0.7%～1.2%，价格便宜，原材料来源方便。碳素工具钢由于热变形抗力低，锻造温度范围宽，因而具有良好的锻造工艺性能。但该类钢在珠光体和贝氏体区的过冷奥氏体稳定性低，因而淬透性较差，仅适用于中小型模具。由于该类钢的淬透性差，使用的淬火介质冷却速度快，因而易产生淬火变形。淬火后的模具变形量大小与钢的含碳量有关，含碳量高，则 M_s

点低，淬火后残余奥氏体量增多。表 3-3 列出了碳素工具钢与中碳钢变形趋势和 M_S 点的关系。

表 3-3 碳素工具钢与中碳钢经盐水淬火后的变形趋势

钢 号	45	T7A	T8A	T10A
淬火温度/℃	850	790	790	820
M_S 点/℃	300	280	240	200
Δd/mm	+0.18	−0.053	−0.22	−0.37
ΔD/mm	+0.09	+0.03	−0.11	−0.20

为了减少热处理变形和降低精加工的表面粗糙度值，模具可在粗加工以后精加工之前进行预调质处理。由于预调质可获得回火索氏体，比容比球状珠光体大，可减少最终淬火后的比容差，降低组织应力；同时提高了材料的屈服强度，淬火后又获得了细针马氏体，增加了塑性变形抗力。回火索氏体又具有好的加工工艺性能，如果不必要进行预调质处理，最好在 A_{c1} 以下进行消除应力退火处理。

T7A 钢为高韧性碳素工具钢，但淬透性和耐磨性较差。通常用来制作需要有较高韧性和一定硬度的小型模具。此外还可用来制作木工用的锯、凿子、钳工工具等。

T8A 钢的淬透性、韧性及塑性优于 T10A 钢，经热处理后可获得较高的硬度和耐磨性。但容易过热，热处理时需小心。适于制造小型拉拔、拉深、挤压模具，此外还可用来制造加工木材的铣刀、钻、斧、锯片、钳工工具等。

T10A 钢是应用最多的碳素工具钢。在加热时，温度达到 800℃，还不会产生过热，能获得比较细的晶粒，淬火后钢中含有未熔碳化物，所以较 T7A、T8A 钢具有更高的耐磨性，经热处理后同时具有较高的强度和韧性。适合制作拉丝模、冲模、冷镦模、小尺寸断面均匀的冷切边模及冲孔模等。此外还可用来制作刮刀、锉刀、钻头等。

T12A 钢含碳量高，淬火后有较多的过剩碳化物，因而较 T10A 钢具有高的耐磨性和硬度，但韧性较上述钢种差。只适合于断面尺寸小的切边模、冲孔模等。此外还可以用来制作车刀、铣刀、钻头、刮刀、锉刀、量规等。

用 T10A、T12A 钢制作的冷拔、拉深凹模，在工作中磨损超差后，可先经高温回火，然后重新常规淬火，可自己缩孔复原。

3.1.3.2 高碳低合金冷作模具钢

高碳低合金冷作模具钢的化学成分见表 3-1。为克服碳素工具钢淬透性低、强韧性不足、回火抗力低、易淬火变形等缺点，向碳素工具钢中加入适量的 Cr、Mn、Mo、Si、W、V 等合金元素。加入的合金元素含量（质量分数）一般小于 5%，故称为高碳低合金冷作模具钢。Cr、Mn、Si 的主要作用是提高钢的淬透性及强度。如 9SiCr 钢在油中的淬透直径可达 35～40mm。Mo、W、V 是强碳化物形成元素，主要是用来与碳化合形成碳化物，提高钢的硬度和耐磨性，并细化晶粒，从而改善韧性。此外，Si 还能提高钢的回火稳定性，使钢在 250～300℃回火时，仍能保持 60HRC 以上的硬度，因而在一定程度上提高了钢的热硬性。但 Si 使钢在高温加热时易脱碳和石墨化，若 Si、Cr 同时加入钢中，则能降低脱碳和石墨化倾向。Mn 是扩大 γ 相区的元素，使钢淬火后的残余奥氏体量增加，从而使模具淬火变形减小。故这类模具钢在淬透性、强韧性、耐磨性、回火抗力、热处理变形等方面均优于碳素工具钢。广泛用来制作形状较复杂，截面较大，承受负荷比较大，变形要求严格的中小型冷作模具。

这类钢具有一定的裂纹敏感性，锻造加热时不宜迅速加热，在室式炉加热时，最好在650～700℃进行预热。

9Mn2V(O2) 钢是我国自行研制的低合金冷作模具钢。由于钢中加入一定量的 V，细化了钢的晶粒，降低了锰钢的过热敏感性。同时使碳化物细小且呈弥散分布，故该钢具有较好的综合力学性能，具有较高的硬度和耐磨性，淬火变形较小，淬透性好。该钢适合于制造尺寸比较小的冷冲模、冷压模、弯曲模、雕刻模、落料模等。此外，还可用来制作量具、样板、机床的丝杠等。

9SiCr 钢是一种应用非常广泛的高碳低合金冷作模具钢。具有比铬钢更高的淬透性和淬硬性，并且由于 Si 的加入，使该钢具有较高的回火稳定性，适合于分级淬火或等温淬火。但 Si 的加入使钢在加热时脱碳的倾向增加，故加热时应注意保护。适用于制造冷冲模、打印模、滚丝模等。此外，还适合于制造形状复杂、变形小、耐磨性高的低速切削刃具以及冷轧辊、校正辊等。

CrWMn 钢由于 Cr、Mn 的加入，该钢具有高的淬透性，因 W 的加入，可以细化钢的晶粒，从而提高钢的韧性。由于 W 是强碳化物形成元素，可以和碳形成硬度很高且呈弥散分布的 WC，大大提高了钢的耐磨性。该钢在淬火和低温回火后具有比 9SiCr 钢更多的过剩碳化物和更高的硬度及耐磨性。但 CrWMn 钢易形成碳化物网，热加工不当时在钢中会出现碳化物网，大大降低钢的韧性，使模具刃口部位易于崩落，降低模具的使用寿命。因此必须严格控制其热加工工艺。特别是当碳化物网较严重时，应反复锻造后快冷至 650～700℃后缓冷，以防碳化物再形成网状。该钢适于制作形状复杂、精度较高的冷冲模。此外，还适合于制作板牙、拉刀、长绞刀、铣刀等。

Cr2 钢在化学成分上与轴承钢 GCr15 相当。由于加入约 1.5%的 Cr，使钢的淬透性和抗回火性大为提高。此外，硬度和耐磨性都较碳素工具钢高，同时该钢具有高的接触疲劳强度、淬火变形小。适用于制造拉丝模、落料模、冷挤压模、冷镦模等。此外，还可用于制作样板、量规、螺纹塞规、冷轧辊、磨损实验对磨环等。

9CrWMn 钢较 CrWMn 钢合金元素含量减少，含碳量也减少。该钢具有一定的淬透性和耐磨性，淬火变形较小，碳化物分布均匀且颗粒小。通常用于制造截面不大而形状较复杂的冷冲模。此外，还可用来制造各种量规、量具。

MnCrWV(O1) 钢与 CrWMn 相比，虽然 Cr、W 含量有所降低，但 Mn 含量略有增加，并添加了少量的 V。该钢适合于制造冷冲模和冷镦模。

7CrSiMnMoV 钢是一种火焰淬火冷作模具钢。该钢具有下列特点：

① 该钢过热敏感性小，允许的淬火温度范围宽，在 100～250℃的变化范围内淬火，均可得到满意的效果；

② 淬透性好，加热空冷淬火后能获得高的表面硬度和心部硬度；

③ 淬火后模具及零件热处理变形小；

④ 具有较高的强度、韧性和耐磨性；

⑤ 操作简便、成本低；

⑥ 淬火后不需再加工，可使模具生产周期缩短，成本降低；

⑦ 具有好的可焊性，并能采用堆焊修复工艺。此外还具有较好的机械加工性能。

该钢淬火后硬度可达 62～64HRC。可塑性较好，可在 1150～1180℃下加热锻造，采用室式炉加热时，最好能在 700℃附近预热，缩短模具在高温的保持时间，是钢材表面烧损降到最小。停锻温度应大于850℃，若用坯料改锻时则不应低于800℃。由于该钢的淬透性好，锻轧态的表面硬度可超过50HRC，因此锻轧后应特别注意缓冷。

该钢主要用于制作尺寸大、截面厚、淬火变形小的模具。如下料模、冷冲模、修边模、拉深模、成型模等。此外还可用于制造剪刀、切纸刀、轧辊及机床导轨镶条。尤其对具有立体型的、采用仿形加工的大型冲模，更能显示出独特的优势。

7CrNiMnSiMoV（GD）钢属于空冷微变形冷作模具钢。该钢加入Cr、Mn以提高淬透性，加入Ni、Si以提高强韧性，并添加少量细化晶粒的元素Mo、V，形成特殊的碳化物，不仅可以细化晶粒，而且还可提高强韧性和耐磨性。该钢经适宜热处理后有足够的硬度和优良的强韧性。可适用于制作细长、薄片凸模，形状复杂的大型薄壁凸凹模，中厚板冲裁模。此外还适用于制造剪刀片、精密淬硬塑料模具。

GD钢由于碳化物较为细小，因而可直接下料使用。如需改锻，可采用加热温度：1080～1120℃；始锻温度：1040～1060℃；终锻温度≥850℃。锻后缓冷或立即退火，以防止产生裂纹。原因是GD钢锻后空冷得到的是马氏体组织。实践证明，GD钢热塑性好，变形抗力小，可一次成型。

Cr2Mn2SiWMoV钢属于空冷微变形冷作模具钢。该钢加Cr、Mn量较多，具有很高的淬透性，添加一定量的W、Mo、V细化晶粒元素，使所形成的特殊碳化物颗粒细小且呈弥散分布。该钢经适当热处理后具有较高的力学性能和耐磨性，缺点是退火工艺较复杂，退火后硬度偏高，脱碳敏感性较高。该钢主要用来制作精密冷冲模具，其使用寿命可超过Cr12模具钢。此外还适宜制作冲铆钉孔的凹模，硅钢片的单槽冲模等。

8Cr2MnWMoVS钢属于易切削精密冷作模具钢。随着工业技术的飞速发展，机械、电子、电器、仪表等许多行业的精密件形状越来越复杂，尺寸配合精度及表面光洁度要求越来越高。因此对于模具材料来说，除要求有一定的强韧性、耐磨性外，还对热处理变形、切削加工性、表面抛光研磨性及光刻花纹等工艺性提出了很高的要求。8Cr2MnWMoVS钢正是为适应上述要求，由我国自行研制的含硫易切削冷作模具钢。该钢既能做预硬钢用于制作精密塑料注射模、压塑模、吹塑模、压胶模等，在调制状态下硬度为40～45HRC，可用高速钢刀具进行车、铣、镗等常规加工；又由于该钢的淬火硬度高，耐磨性好，综合力学性能好，热处理变形小，还可用于制作薄板精密件的冲裁模具。

该钢不含一次共晶碳化物，合金碳化物颗粒细小且分布均匀，故锻造压力小、锻造加工性能良好，但锻后必须用木炭（或热灰）缓冷。锻造加热温度见表3-4。

表3-4 8Cr2MnWMoVS钢锻造工艺

加热温度/℃	始锻温度/℃	终锻温度/℃	冷却方式
1100～1150	1050～1100	≥900	砂冷或灰冷

3.1.3.3 高耐磨冷作模具钢

（1）高碳高铬耐磨损冷作模具钢

该类钢包括Cr12、Cr12MoV、Cr12Mo1V1，属于高耐磨微变形冷作模具钢，其化学成分见表3-1。由于其间存在大量的碳化物质点，因而具有很高的耐磨性，并且淬火变形小。这些钢都属于莱氏体钢，铸态时存在鱼骨状共晶碳化物。虽然锻轧生产中鱼骨状共晶碳化物被破碎，但钢中还存在不均匀分布或呈纤维方向，导致模具的各向异性，因此改善钢中碳化物分布是提高模具质量的一个重要途径。

该类钢的共晶温度比较低，在1150℃时会发生局部熔化，而且导热性差，因而在锻造加热时一定要缓慢加热，冷料加热时应在700℃附近保持一定时间使内外均热。锻造工艺如表3-5所示。钢锭开坯时，由于鱼骨状共晶碳化物的存在，锻造时变形量不宜大，待稍微有改善后才能加大变形量，同时由于该类钢的淬透性好，锻后应缓慢冷却或立即进行退火。

表3-5 高碳高铬耐磨损冷作模具钢的锻造工艺

钢号	加热温度/℃	始锻温度/℃	终锻温度/℃	冷却方式	项目
Cr12	1140～1160 1120～1140	1100～1120 1080～1100	900～920 880～920	缓冷 缓冷	钢锭 钢坯
Cr12MoV	1100～1150 1050～1100	1050～1100 1000～1100	850～900 850～900	缓冷 缓冷	钢锭 钢坯
Cr12Mo1V1	1120～1160 1120～1140	1050～1090 1050～1070	≥850 ≥850	红送退火 红送退火或缓冷	钢锭 钢坯

Cr12钢含碳量（质量分数）高达2.3%，冲击韧度较差，易脆裂。多用于制造受冲击负荷较小、要求耐磨的冷冲模、冲头、拉丝模、压印模、拉延模及螺纹滚模等模具。

Cr12MoV较Cr12钢有更高的淬透性和较高的韧性，由于Cr降低M_S点，淬火后存在大量的残余奥氏体，淬火变形小。因此可用来制造断面较大、形状复杂、经受较大冲击负荷的冲孔凹模、钢板深拉深模、拉丝模、冷挤压模等。此外还能制造冷切剪刀、圆锯、标准工具、量具等。

Cr12Mo1V1钢是国外广泛应用的高碳高铬耐磨损冷作模具钢，属莱氏体钢。与Cr12MoV相比，由于Mo、V含量增加，改善了钢的铸造组织，细化了晶粒，改善了莱氏体的形貌，从而使钢的强韧性和耐磨性增加。该钢具有高淬透性、淬硬性、高的耐磨性，高温抗氧化性能好，淬火和抛光后抗锈蚀能力好，热处理变形小。适于制造各种高精度、长寿命的冷作模具，如形状复杂的冲孔凹模、冷挤压模等。用该钢制造的滚丝轮、滚轧轮、离合调整板冷冲模，比用Cr12MoV钢制造的可提高寿命5～6倍。

（2）中铬高碳耐磨损冷作模具钢

这类钢主要有Cr6WV、Cr5Mo1V、7Cr7Mo3V2Si（LD钢）、9Cr6W3Mo2V2（GM钢）、6Cr4W3Mo2VNb等。它们具有的共同优点是含铬量较低，共晶碳化物少，碳化物分布均匀，耐磨性好，热处理变形小，过冷奥氏体的稳定性高和淬透性好。

Cr6WV具有较好的综合力学性能和一定的冲击韧度。该钢热处理变形小，淬透性良好，具有较好的耐磨性。广泛用来制造具有较高机械强度，要求一定耐磨性和经受一定冲击负荷的模具，如冷冲模及冲头、切边模、压印模、螺丝滚模等。

Cr5Mo1V属于空淬模具钢，具有强的空淬硬化能力。空淬变形只有含锰系的油淬工具钢的1/4，耐磨性介于锰型和高碳高铬型工具钢之间，但其韧性比任何一种都好。主要适合于制造下料模、成型模、压延模、滚丝模等。

7Cr7Mo3V2Si（LD钢）是一种高强韧性、高耐磨性冷作模具钢。其含碳量较低，以期获得较好的韧性，同时加入一定量的Cr、Mo、V合金元素，有利于通过二次硬化来保证较高的硬度和耐磨性。由于总合金含量达12%左右，锻造加热时应该采用较缓慢的升温速度，力求内外均匀，开始变形时应该轻拍轻打。适合于制作承受高负荷的冷挤、冷镦、冷冲模具。

9Cr6W3Mo2V2（GM钢）的成分设计综合考虑了硬度、强度和韧性对钢的耐磨性能的影响。通过 Cr、W、Mo、V 等碳化物形成元素的合理配比，避免产生粗大碳化物，获得在强韧性好的基体上弥散分布细小、均匀的碳化物，使钢具有最佳的二次硬化能力和磨损抗力，同时又保持好的冷热加工性能。GM 钢的硬化能力接近高速钢而强韧性优于高速钢和高铬耐磨损冷作模具钢。适用于制作精密、高效、耐磨模具，如冲裁模、冷挤压模、冷剪和高强度螺栓滚丝轮。

6Cr4W3Mo2VNb（65Nb 钢）是我国自行研制的具有自主知识产权的冷作模具钢。属于基体钢，其成分接近高速钢（W6Mo5Cr4V2）的基体成分，Cr、W、Mo、V 的加入，使其具有高速钢的硬度和强度，又因无过剩碳化物，所以比高速钢具有更高的韧性和疲劳性能。此外加入 0.2%～0.35%的 Nb，能生成比较稳定的 NbC，可部分溶解 MC 和 M_2C 碳化物中，增加其稳定性，其碳化物在淬火加热时溶解缓慢，阻止了晶粒长大，起到细化晶粒的作用，并能提高钢的韧性和改善工艺性能。主要用来制造冷挤压模、温热挤压模、厚板冷冲模、冷镦模等模具，特别适用于难变形材料的大型复杂模具。

3.1.3.4 冷作模具高速钢

该类钢主要包括 W18Cr4V、W6Mo5Cr4V2、6W6Mo5Cr4V2、W9Mo3Cr4V、W12Mo3Cr4V3N 等。其化学成分见表 3-1。

W18Cr4V 钢具有高的硬度和热硬性。但碳化物均匀度和高温塑性较差。广泛用于制作各种切削刀具，也用于制造高负荷的冷挤压模具。

W6Mo5Cr4V2 钢具有碳化物细小均匀、韧性高、热塑性好等优点。该钢的硬度、热硬性、高温硬度与 W18Cr4V 相当，但韧性、耐磨性、热塑性均优于 W18Cr4V。该钢在加热时易于氧化脱碳，故在加热时应予以注意。主要用于制造刀具以及高负荷的冷挤压模具。

6W6Mo5Cr4V 钢具有较好的加工工艺性能，高强度及较好的韧性，且耐磨性也好，一般多用于要求强韧性高的冷挤压模和冷冲模。

W9Mo3Cr4V 钢的硬度、热硬性水平与 W18Cr4V 相当，强度韧性较 W18Cr4V 高。工艺性能兼有 W18Cr4V 和 W6Mo5Cr4V2 的优点，避免和明显减轻了二者的缺点。主要用于制作各种刀具，也用于制造高负荷的冷挤压模具。

W12Mo3Cr4V3N 钢是钨钼系含氮超硬高速钢。具有硬度高、耐磨性好等优点。主要用于要求耐磨性较高，承受负荷较大的冷挤压模具。

3.1.3.5 特殊用途冷作模具钢

特殊用途冷作模具钢主要有两类：耐腐蚀冷作模具钢和无磁模具钢。前者包括：9Cr18、Cr18MoV、Cr14Mo、Cr14Mo4；后者包括：1Cr18Ni9Ti、5Cr21Mn9Ni4N、7Mn15Cr2Al3V2WMo 等。下面对无磁模具钢 7Mn15Cr2Al3V2WMo 做简要介绍。

7Mn15Cr2Al3V2WMo 钢除具有一般冷作模具钢的使用性能外，还具有在磁场中使用不被磁化的特性。钢中的 Mn 可提高奥氏体组织的稳定性。碳既能提高奥氏体组织的稳定性，又能使组织强化，在时效过程中将与 V 结合成高硬度的弥散 MC 型合金碳化物，有效的提高钢的硬度和耐磨性。加入铝是为了提高无磁模具钢的切削加工性能。该钢主要用于磁性材料和磁性塑料的压制成型用模具。

3.2 冷作模具材料的热处理

3.2.1 高碳非合金冷作模具钢的热处理

高碳非合金冷作模具钢价廉易得，易于锻造成型，锻造空冷后毛坯的组织一般为珠光体加碳化物，锻造后应采用球化退火，以获得满意的退火组织和硬度，为下一道工序作准备。若锻造后锻件内有二次碳化物存在，将会严重影响模具的使用性能。必须采取措施消除，否则淬火后网状碳化物仍会存在，将会导致模具使用初期就产生崩角失效。所以对含有二次网状碳化物的锻坯必须在退火前用正火方法消除其缺陷。网状碳化物严重时，可适当提高正火温度，促使碳化物完全熔入奥氏体，但操作时必须注意防止表面脱碳。高碳非合金冷作模具钢的退火、淬火及回火工艺规范如表 3-6 和表 3-7 所示。

表 3-6 高碳非合金冷作模具钢的退火工艺

钢号	加热温度/℃	加热温度下保温时间/h	等温温度/℃	等温温度下保温时间/h	硬度(HB)
T7	740～750	1～2	650～680	2～3	≤187
T8	740～750	1～2	650～680	2～3	≤187
T9	740～750	1～2	650～680	2～3	≤187
T10	750～760	1～2	680～700	2～3	≤197
T12	760～770	1～2	680～700	2～3	≤207

表 3-7 高碳非合金冷作模具钢的淬火、回火工艺

钢号	淬火			回火		
	加热温度/℃	冷却介质	硬度(HRC)	加热温度/℃	保温时间/h	硬度(HRC)
T7	780～800	盐或碱的水溶液	62～64	160～180	1～2	58～61
	800～820	油或熔盐	59～61	180～200	1～2	56～60
T8	760～770	盐或碱的水溶液	63～65	160～180	1～2	58～61
	780～790	油或熔盐	60～62	180～200	1～2	56～60
T9	760～770	盐或碱的水溶液	63～65	160～180	1～2	59～62
	780～790	油或熔盐	60～62	180～200	1～2	57～60
T10	770～790	盐或碱的水溶液	63～65	160～180	1～2	60～62
	790～810	油或熔盐	61～62	180～200	1～2	59～61
T12	770～790	盐或碱的水溶液	63～65	160～180	1～2	61～63
	790～810	油或熔盐	61～62	180～200	1～2	60～62

淬火温度的高低对淬火后模具质量有重要影响。淬火温度过高，则会使奥氏体晶粒长大，增大淬火变形、开裂的危险，并导致模具淬火后马氏体晶粒粗大，力学性能变坏，增加残余奥氏体数量，降低耐磨性。若淬火温度过低，碳不能完全熔入奥氏体，会造成碳浓度不均匀，对模具的力学性能和耐磨性同样不利。高碳非合金冷作模具钢的淬透性较低，一般淬火冷却方式为单液淬火、双液淬火和分级淬火等。

3.2.2 高碳低合金冷作模具钢的热处理

为适应模具性能需要而发展起来的高碳低合金冷作模具钢是在高碳非合金冷作模具钢的基础上添加少量 Mn、Cr、W、V、Si 等合金元素，该类钢具有高的硬度、中等或较高的淬透性，淬火时可用油冷取代水冷，甚至在空气中也能淬硬，降低了模具的变形和开裂倾向。马氏体回火时分解温度上升，分解后析出的碳化物也不易聚集长大，回火稳定性较高碳非合金冷作模具钢有所上升，有利于提高模具的工作效率。低温回火后的模具有较高的强韧性和耐磨性，使用寿命比高碳非合金冷作模具钢有较大幅度的提高。其退火、淬火及回火工艺如表 3-8 和表 3-9 所示。

表 3-8　高碳低合金冷作模具钢的退火工艺

钢号	加热温度/℃	加热温度下保温时间/h	等温温度/℃	等温温度下保温时间/h	硬度(HB)
9SiCr	790～810	1～2	700～720	3～4	241～197
9Mn2V	750～770	2～4	680～710	4～5	229～185
CrWMn	770～790	1～2	680～700	3～4	255～207
9CrWMn	780～800	2～3	670～720	2～3	241～197
MnCrWV	770～790	2～4	680～700	4～5	229～197
Cr2	770～810	1～2	680～700	3～4	229～187
7CrSiMnMoV	820～840	2～4	680～700	3～5	241～217
7CrNiMnSiMoV	760～780	2～3	670～690	5～7	240～230
Cr2Mn2SiWMoV	790～810	2～3	700～720	6～8	269～229
8Cr2MnWMoVS	790～810	2～3	690～710	6～8	229～207

表 3-9　高碳低合金冷作模具钢的淬火、回火工艺

钢号	淬火			回火		
	加热温度/℃	冷却介质	硬度(HRC)	加热温度/℃	保温时间/h	硬度(HRC)
9SiCr	860～880	油	62～65	180～200	1～2	60～62
9Mn2V	800～820	油	59～61	180～200	1～2	56～60
CrWMn	820～8400	油	63～65	170～200	1～2	60～62
9CrWMn	820～840	油	64～66	170～200	1～2	60～62
MnCrWV	855～870	油	63～64	160～200	1～2	60～62
Cr2	830～850	油	62～65	170～200	1～2	58～60
7CrSiMnMoV	860～920	油	62～63	160～200	1～2	61～62
7CrNiMnSiMoV	870～890	空气	62～64	160～200	1～2	61～63
Cr2Mn2SiWMoV	850～870	空气	60～63	160～180	1～2	61～62
8Cr2MnWMoVS	860～900	空气	62～64	160～200	1～2	60～64

退火的冷却条件对模具钢的硬度和组织有一定的影响。如果冷却速度太快，钢中合金渗碳体来不及长大聚集，冷却下来的颗粒细小，还会出现部分片状珠光体组织，致使球化不完全，且退火的硬度较高，不易进行切削加工。若冷却过慢，合金渗碳体聚集长大，颗粒粗大或形成粗片状珠光体使退火硬度偏低，也不利于切削加工，对以后的淬火和回火后使用效果将产生影响。工业生产中冷却速度常控制在不大于30℃/h。

该类钢必须在保证表面不受氧化脱碳的环境下缓慢升温加热，并在 600～650℃保持一定时间，以减少模具的变形开裂。对于形状复杂的模具可采用分级淬火或等温淬火的方法来减少淬火变形。

3.2.3 高耐磨冷作模具钢的热处理

高碳低合金冷作模具钢的性能虽然优于高碳非合金冷作模具钢，但其耐磨性、强韧性、变形要求等仍不能满足形状复杂的重载冷作模具的要求。为此发展了高耐磨冷作模具钢，它包括两类，一类是高碳高铬耐磨损冷作模具钢，另一类是中铬耐磨损冷作模具钢。

(1) 高碳高铬耐磨损冷作模具钢的热处理

高碳高铬耐磨损冷作模具钢由于其间存在大量硬的碳化物质点，因而具有高的耐磨性。这类钢都属于莱氏体钢，铸态时存在鱼骨状共晶碳化物，改善该类钢的碳化物分布是提高模具质量的一个重要途径。该类钢淬火后有大量的共晶碳化物存在，同时会有较多的残余奥氏体存在，因此热处理变形小，耐磨性高，承载能力强，特别适合制造一些要求高强度、高耐磨、淬火变形小、负荷大且有动载作用下的冷作模具。其锻造后退火、淬火及回火工艺如表3-10 和表 3-11 所示。

表 3-10 高碳高铬耐磨损冷作模具钢的退火工艺

钢号	加热温度/℃	加热温度下保温时间/h	等温温度/℃	等温温度下保温时间/h	硬度(HB)
Cr12	830～860	2～4	720～740	3～4	267～217
Cr12MoV	850～870	2～4	680～710	3～4	255～207
Cr12Mo1V1	850～870	1～2	740～760	3～4	255～207

表 3-11 高碳高铬耐磨损冷作模具钢的淬火及回火工艺

钢号	淬火			回火		
	加热温度/℃	冷却介质	硬度(HRC)	加热温度/℃	保温时间/h	硬度(HRC)
Cr12	950～980	油	61～64	180～200	1～2	60～62
Cr12MoV	1000～1020	油	62～63	170～200	1～2	59～62
Cr12Mo1V1	1000～1020	油	60～65	180～230	1～2	60～64

这类钢淬火后的组织是马氏体＋残余奥氏体＋粒状碳化物。对于某些要求高韧性的冲压或挤压模具，可以采用贝氏体等温淬火处理。采用硝盐等温浴淬火时，获得部分贝氏体，硬度会稍低一些，但韧性会明显地增加，同时模具变形减少。

(2) 中铬耐磨损冷作模具钢的热处理

这类钢的含铬量比高铬耐磨损冷作模具钢少，但合金元素的含量比高碳低合金冷作模具钢要高，而且大部分具有较好的空冷淬硬性和较深的淬透深度，对那些要求经淬火回火后仍保持形状稳定的复杂模具或高精度模具是十分有益的。这类钢形成的碳化物细小且呈均匀分布状态，具有好的耐磨性和热处理变形小的特性。该类钢锻造后退火、淬火及回火工艺如表 3-12和表 3-13 所示。

表 3-12 中铬耐磨损冷作模具钢的退火工艺

钢号	加热温度/℃	加热温度下保温时间/h	等温温度/℃	等温温度下保温时间/h	硬度(HB)
Cr8Mo2WV2Si	830～860	2～4	720～740	3～4	267～217
9Cr6W3Mo2V2	850～870	2～4	680～710	3～4	255～207
Cr6WV	820～840	1～2	740～760	3～4	235～210
Cr5Mo1V	840～860	1～2	740～760	3～4	229～202
Cr4W2MoV	840～860	4～6	740～760	6～8	≤269
7Cr7Mo3V2Si	840～860	2～3	730～750	4～6	250～220
65Cr4W3Mo2VNb	850～870	2～4	730～750	5～7	241～187

表 3-13 中铬耐磨损冷作模具钢的淬火及回火工艺

钢号	淬火			回火		
	加热温度/℃	冷却介质	硬度(HRC)	加热温度/℃	保温时间/h	硬度(HRC)
Cr8Mo2WV2Si	950～980	油、空气	61～64	180～200	1～2	60～62
9Cr6W3Mo2V2	1000～1020	油、空气	62～63	170～200	1～2	59～62
Cr6WV	1000～1020	油、空气	60～65	180～230	1～2	60～64
Cr5Mo1V	940～960	油、空气	62～65	180～220	1～2	60～64
Cr4W2MoV	960～980	油、空气	≥62	280～300	1～2	60～62
7Cr7Mo3V2Si	1100～1150	油	61～63	530～540	1～2	59～62
65Cr4W3Mo2VNb	1180～1190	油	≥61	540～580	1～2	≥56

3.2.4 冷作模具用高速钢的热处理

高速钢具有很高的硬度、抗压强度和耐磨性，因此也有对要求高耐磨性的模具采用高速钢来制造，如某些冷挤压冲头，但往往由于其韧性差而早期失效。近年来，采用快速低温淬火、快速加热淬火等工艺措施以有效的改善其韧性。因此高速钢越来越多地应用于要求重载荷、长寿命的冷作模具。并且为了更有效地提高高速钢的韧性，还开发了一些新型的低碳高速钢。该类钢锻造后退火、淬火及回火工艺如表 3-14 和表 3-15 所示。

表 3-14 冷作模具用高速钢的退火工艺

钢号	加热温度/℃	加热温度下保温时间/h	等温温度/℃	等温温度下保温时间/h	硬度(HB)
W18Cr4V	860～880	2～4	740～760	2～4	≤255
W6Mo5Cr4V2	840～870	2～4	740～760	2～4	≤255
6W6Mo5Cr4V2	850～860	1～2	740～750	4～6	255～197
W9Mo3Cr4V	830～850	1～2	740～760	3～4	229～202
W12Mo3Cr4V3N	840～860	2～4	740～750	4～6	≤285

表 3-15 冷作模具用高速钢的淬火及回火工艺

钢号	淬火			回火		
	加热温度/℃	冷却介质	硬度(HRC)	加热温度/℃	保温时间/h	硬度(HRC)
W18Cr4V	1200～1240	油	62～64	550～570	1～2	≥62
W6Mo5Cr4V2	1150～1200	油	62～64	550～570	1～2	62～66
6W6Mo5Cr4V2	1000～1020	油	60～65	550～570	1～2	61～65
W9Mo3Cr4V	1160～1200	油	62～65	550～570	1～2	58～64
W12Mo3Cr4V3N	1220～1280	油	66～68	550～570	1～2	≥65

高速钢模具淬火加热系数一般选在 8～16s/mm，具体保温时间与多种因素有关：一般提高淬火加热温度，可以缩短保温时间；大型模具宜选用小的加热系数，小型模具则宜选用大的加热系数，但最短加热时间不能小于 2min。

由于高速钢淬火温度高，为防止高温氧化脱碳，一般在盐炉中加热，也可在真空炉或者可控气氛炉中加热。又因大量的合金元素使钢的导热性变差，所以加热时必须进行预热，对于复杂形状的模具甚至需要采用两至三次预热，以防止模具的变形与开裂。

3.2.5 特殊用途冷作模具钢的热处理

特殊用途冷作模具钢中的耐蚀钢在机械工程材料中已有介绍，本节主要介绍无磁冷作模具钢 7Mn15Cr2Al3V2WMo(7Mn15)，其化学成分如表 3-1 所示。无磁冷作模具钢 7Mn15 中的锰可以提高奥氏体组织的稳定性，在时效过程中将与 V 等合金元素形成合金碳化物，有效的提高钢的硬度和耐磨性。加入铝是为了改善钢的切削性能。

(1) 锻造工艺

高碳、高合金奥氏体的导热性很差，锻造加热时应低温装炉、缓慢加热，在锻造温度保持足够长的时间，使钢加热均匀、合金碳化物充分溶解，以提高钢的高温塑性。其锻造加热温度为 1150～1170℃，终锻温度大于等于 900℃，锻后空冷，锻态硬度为 35HRC 左右。

(2) 退火工艺

为便于切削加工，7Mn15 钢宜采用高温退火工艺，随炉升温至 880℃，保温 3～6h，炉冷至 500℃以下空冷，使合金碳化物在奥氏体中析出长大，退火后硬度为 28～29HRC，可以减轻切削加工中的加工硬化现象，从而改善了 7Mn15 钢的切削加工性。

(3) 固溶处理

7Mn15 钢的固溶处理温度为 1170～1180℃。若固溶处理温度过低（小于 1160℃），碳化物不能充分溶解，会导致时效硬度下降；固溶处理温度过高（大于 1190℃），奥氏体晶粒粗化，降低了钢的韧性。固溶处理后的组织为奥氏体＋少量未完全溶解的碳化物，固溶处理后的硬度为 20～22HRC。对于一些尺寸精度要求较高的模具，可在固溶处理后进行精加工，随后再进行时效处理，这样可以减少模具的热处理变形。

(4) 时效处理

模具的使用性能需要通过时效处理来保证。通过时效使奥氏体基体中析出大量弥散的高硬度的合金碳化物，使钢的硬度、强度、耐磨性大大提高。时效温度为 650～700℃，当采用较高温度时效时，保温时间可以短一些，如，采用 700℃时效，保温 2h 即可达到时效硬化的峰值；而采用 650℃时效时，保温 15h 才能达到时效硬化的峰值。时效温度过低，碳化物不能充分析出，得不到高的硬度，时效温度过高，将使析出的碳化物聚集长大，时效硬度将急剧下降，产生过时效。7Mn15 钢时效后的硬度一般为 48～49HRC。

3.3 新型冷作模具钢热处理案例

案例 1 GD 钢（7CrNiSiMnMoV）

(1) 性能特点及应用范围

GD 钢的化学成分见表 3-1，其碳含量比一般工具钢稍低，加入 Cr、Mn 以保证钢的淬透性，同时加入两种强韧性元素 Si 和 Ni，并引入少量的细化晶粒元素 Mo 和 V，所形成的特殊碳化物既可以细化晶粒，又可以提高耐磨性。该钢经适宜的热处理后有足够的硬度和优良的强韧性。适于细长、薄片凸模，形状复杂、大型薄壁凸凹模，中厚板冲裁模及剪刀片，精密淬硬塑料模具等。

(2) 物理性能

① 相变点 GD 钢相变点见表 3-16。

表 3-16 GD 钢的相变点

加热时转变温度/℃		冷却时转变温度/℃				马氏体转变点(M_S)/℃
开始	终了	开始	终了	开始	终了	
705	740	605	580	370	310	172

测相变试样的尺寸为 ϕ3mm×10mm，加热温度为900℃，保温时间为10min。测定加热及冷却相变点时，加热及冷却速度为1.85℃/min，测定 M_S 点时，加热、冷却时间均为3min。

② 线膨胀系数　采用卧式膨胀仪，试样尺寸为 ϕ5mm×40mm，测得的线膨胀系数见表3-17。

表 3-17 GD 钢线膨胀系数

温度范围/℃	20～100	20～200	20～300
线膨胀系数/(×10^{-6}/℃)	12.0	12.5	12.6

(3) 热处理工艺及力学性能

① 锻造工艺　GD钢由于碳化物较为细小均匀，因而可直接下料使用，这为中小型工厂提供了方便。如需改锻，可采用加热温度：1080～1120℃，始锻温度：1040～1060℃，终锻温度≥850℃。锻后缓冷或立即退火，以防产生裂纹，这是因为GD钢锻后空冷可获得马氏体组织。实践证明，GD钢热塑性好，变形抗力小，可一火成型。

② 退火工艺　GD钢属空冷微变形冷作模具钢，这类钢的最大弱点是退火不易软化，为探求GD钢的最佳退火工艺，分别研究了加热温度、等温温度和降温温度等因素对球化退火硬度的影响（见表3-18）。可见采用760～780℃加热2h，以30℃/h的速度降温（在现场大型炉中，随炉降温即可），680℃等温6h，炉冷至550℃，出炉空冷，硬度为230～240HBS，其组织良好，各种切削加工可顺利进行。若采用Ⅳ、Ⅴ方案，到达加热温度前，在700℃保温1h，可进一步降低硬度为220～230HBS。这是因为先在700℃等温保温，可使碳化物从锻后空冷得到的马氏体中析出并聚集，成为回火索氏体，当继续升温到770℃时，先前析出的碳化物尚不会全部溶解，将成为以后等温过程碳化物球化的核心，促使硬度进一步降低。

表 3-18 GD 钢球化退火工艺及硬度

方案编号	Ⅰ	Ⅱ	Ⅲ	Ⅳ	Ⅴ	Ⅵ
退火工艺①	760℃、2h/660℃、6h	780℃、2h/660℃、6h	800℃、2h/660℃、6h	760℃、2h/680℃、6h	780℃、2h/680℃、6h	780℃、2h/680℃、6h
硬度(HBS)	254	249	250	240	237	293

① 加热温度到等温温度区间需缓冷，缓冷速度为30℃/h，Ⅵ则为150℃/h。

③ 淬火、回火工艺及力学性能　GD钢淬火、回火后的硬度见表3-19。可见GD钢淬火、回火后能获得足够的硬度，可满足冷作模具的要求；由于Si和Cr的共同作用，使其具有较高的抗回火稳定性。

④ 淬火、回火后的强韧性　淬火及回火温度对GD钢强韧性影响见表3-20、表3-21。

表 3-19　淬火及回火温度对硬度的影响

硬度(HRC) 回火温度/℃ \ 淬火温度/℃	810	840	870	900	930	960	1000
150	62.0	63.0	63.5	64.0	64.0	64.5	64.0
175	61.0	61.5	62.0	62.0	62.5	63.0	63.0
200	59.0	60.0	61.0	61.0	61.0	60.5	61.0
230	59.5	60.0	60.0	60.0	60.0	60.0	60.0
260	59.0	60.0	60.0	59.5	59.5	60.0	60.0
300	59.5	59.5	59.0	58.5	58.0	60.0	59.0
350	59.0	58.5	58.0	57.5	58.0	58.0	58.0
400	57.0	57.0	56.5	56.5	56.5	56.5	57.0

表 3-20　淬火温度对 GD 钢强韧性的影响（200℃回火）

淬火温度/℃	840	870	900	930	960
冲击韧度 α_K/(J/cm^2)	99.1	128.5	145.2	157.0	52.0
断裂韧度 K_{Ic}/(MPa·m$^{1/2}$)	19.2	23.4	25.6	25.3	23.9
多冲寿命 N/×10^4	2.13	4.23	3.88	3.05	5.50
抗压屈服强度 $\sigma_{0.2C}$/MPa	—	2550.6	2615.5	2605.7	—
抗弯强度 σ_{bb}/MPa	3953.4	3982.9	4247.7	4179.1	3512.0
抗弯屈服强度 $\sigma_{0.2b}$/MPa	3158.8	3090.2	3345.2	3227.5	3129.4
总扰度/mm	5.70	5.78	6.56	6.68	4.76

表 3-21　回火温度对 GD 钢强韧性的影响（870℃淬火）

回火温度/℃	150	175	200	230	260	300
冲击韧度 α_K/(J/cm^2)	46.1	102.0	128.5	135.4	129.5	130.5
断裂韧度 K_{Ic}/(MPa·m$^{1/2}$)	21.2	20.3	25.4	24.3	20.9	21.0
多冲寿命 N/×10^4	2.02	3.24	4.23	4.31	3.89	4.17
抗压屈服强度 $\sigma_{0.2C}$/MPa	—	2683.0	2550.6	2550.6	2531.0	—
抗弯强度 σ_{bb}/MPa	3015.6	3678.8	3982.9	4503.8	4737.2	4659.8
抗弯屈服强度 $\sigma_{0.2b}$/MPa	2617.3	3034.2	3090.2	3410.0	3714.1	3576.7
总扰度/mm	3.81	5.17	5.78	6.74	6.03	6.07

注：冲击试样为大圆弧缺口试样，断裂韧度试样为 10mm×20mm×100mm，多冲试验冲击能量为 3.249J，抗弯试样为 ϕ10mm×120mm。

为了考核 GD 钢的强韧性，分别测定了各种淬火回火工艺的一次冲击韧度 α_K、断裂韧度 K_{IC}、小能量多次冲击寿命 N（试样为 R10 圆弧缺口）和抗压屈服强度 $\sigma_{0.2C}$、抗弯强度 σ_{bb}。测定结果表明，GD 钢的强韧性高，接近于各种改型基体钢，有的韧性指标超过了改型基体钢。

（4）典型应用实例及效果

GD 钢已在电子、机械、邮电、轻工、航天等部门 40 多个单位试用，很多单位都获得了较好的经济效益和社会效益。代替 CrWMn、Cr12、6CrW2Si、GCr15 等制作各种类型易崩刃易断裂的冷作模具（冷冲、冷挤、冷弯，冷镦），精密淬硬塑料模具、温热挤压模具，均获得了极为满意的成效，模具寿命分别提高了几倍、十几倍、几十倍、甚至百倍以上，部分工厂的生产试用结果列于表 3-22。

表 3-22 钢制模具部分应用实例

试用单位	模具名称	钢号	平均寿命	效　果
镇江无线电二厂	彩电管座050簧片成型凸模	SKD11	800万件	寿命基本相当，国产化，节约外汇
		GD钢	750万件	
	簧片凹模	Cr12、CrWMn	15万件	提高4倍
		GD钢	60万件	
	塑料制品插头座模芯	Cr12、CrWMn	寿命极低	提高数十倍
		GD钢	3万～4万件	
	印制板插座100簧片冲模	Cr12、Cr12MoV	约1万件	提高5倍
		GD钢	约5万件	
	印刷版插座簧片弯模	Cr12、CrWMn	24小时	提高3倍
		GD钢	72小时	
上海无线电十二厂	接触簧片级进模凸模	W6Mo5Cr4V2	0.1万件	提高25倍
		GD钢	2.5万件	
	薄长凸模	Cr12	0.05万件	提高26倍
		GD钢	1.3万件	
	中导片级进模凸模	Cr12MoV	11万件	提高7倍彩电模具国产化
		GD钢	75万件	
	电刷级进模凸模	Cr12MoV	0.04万件	提高37倍
		GD钢	1.5万件	
	拨盘塑料模型芯	GCr15	0.02万件	提高125倍
		GD钢	2.5万件	
镇江无线电元件厂	直键开关盖板冲头	CrWMn、T10	几十件	提高数百倍
		GD钢	30多万件	
	弯曲机动片冲头	CrWMn	约10万件	提高4倍
		GD钢	40多万件	
国营719厂	中厚板冲裁模	Cr12MoV	0.6万件	提高2倍
		GD钢	1.2万件	
	半导体喇叭冲挤模	CrWMn	3万件	提高2倍
		GD钢	6万件	
	半导体喇叭热镦模	Cr12	5万件	提高2倍
		GD钢	10万件	
北京通信设备厂	波导法兰盘冷挤压模	Cr12MoV、CrWMn	0.001万件	提高数百倍
		GD钢	0.8万件	
重庆钟表工业公司工具厂	表壳温热挤压凹模	CrWMn	0.3万件	提高5倍
		GD钢	1.5万件	
	日本NEC仪表衔铁凸模	CrWMn	120件	提高10倍
		GD钢	1200件	
镇江标准件厂	四序冲头	60Si2Mn	1.2万件	提高2.5倍
		GD钢	3万件	
	冷镦模	T10	0.25万件	提高6倍
		GD钢	1.5万件	

案例 2　65Nb 钢（65Cr4W3Mo2VNb）

（1）性能特点及应用范围

65Nb 钢的化学成分见表 3-1。65Nb 钢的成分相当于 M2 钢淬火组织中的基体，但碳含量在 0.65%左右，较一般基体钢高，以增加一次碳化物量和提高耐磨性，钢中含 4% Cr、3%W、2%Mo、和 1%V，这些元素在 65Nb 钢中的作用和在高速钢中相似。还加入 0.2%～0.35%Nb，少量 Nb 的加入对提高 65Nb 钢的强韧性、改善其工艺性能有重要作用。铌的作用主要是生成比较稳定的 NbC，并可溶入 MC 和 M_2C 碳化物中，增加其稳定性，使碳化物在淬火加热时溶解缓慢，阻止了晶粒长大，使晶界呈弯曲状，并使奥氏体中的贫碳区增加，淬火后可以获得较多的板条状马氏体，马氏体尺寸很细。铌还使回火过程中析出的 M_2C、MC 碳化物弥散细小，比较稳定，因而 65Nb 钢有比较宽的淬火和回火温度范围。65Nb 钢用于制作冷挤压、温热挤压、厚板冷冲、冷镦等模具，特别适合于难变形材料用的大型复杂模具。

（2）物理性能

① 相变点　用光学示差膨胀仪，在最高加热温度 910℃，加热和冷却速度均为 2.5℃/min 的条件下测得：A_{c1} 为 810～830℃，A_{r1} 为 720～740℃。

② 奥氏体等温转变曲线　用金相法试测钢的奥氏体等温转变曲线。试样尺寸为 ϕ10mm×4mm（中间钻一 ϕ3mm 小孔），奥氏体化温度为 1160℃，保温 3min，晶粒度为 10～11 级。马氏体点也用金相法测定，M_S 为 220℃。曲线明显分为两个转变区，珠光体和贝氏体转变分开，这对分级淬火极为有利。

③ 残余奥氏体　用磁性冲击法测定不同温度淬火后钢中残余奥氏体量，见表 3-23。

表 3-23　淬火温度对残余奥氏体的影响

淬火温度/℃	1080	1120	1160	1180
残余奥氏体量(体积分数)/%	11	11.5	14	16

（3）热处理工艺及力学性能

① 锻造工艺　65Nb 钢中一次碳化物数量少，颗粒小，分布均匀。碳化物的堆积及带状分布情况比高速钢、高铬工具钢好得多，比同规格的高速钢碳化物不均匀性要低 2 级以上。所以，65Nb 钢尺寸小于 50mm 的原材料不需要改锻，仍可获得满意的寿命，对大规格钢材可通过改锻使碳化物不均匀性得到改善。

65Nb 钢的锻造性能良好。变形抗力比高速钢、高铬工具钢要低，而高温韧性要好，65Nb 钢的抗氧化性良好。65Nb 钢属高合金钢，导热性较差，锻造时必须缓慢加热，加热温度 1120～1150℃，保证烧透，始锻温度 1100℃，终锻温度 850～900℃，锻后缓冷（堆冷或砂冷等）。或参照高速钢、高铬工具钢锻造规范和锻造方式进行。锻后模具应即时退火。65Nb 钢锻造工艺规范见表 3-24。

表 3-24　65Nb 钢锻造工艺规范

加热温度/℃	始锻温度/℃	终锻温度/℃	冷却方式
1120～1150	1100	900～850	缓冷

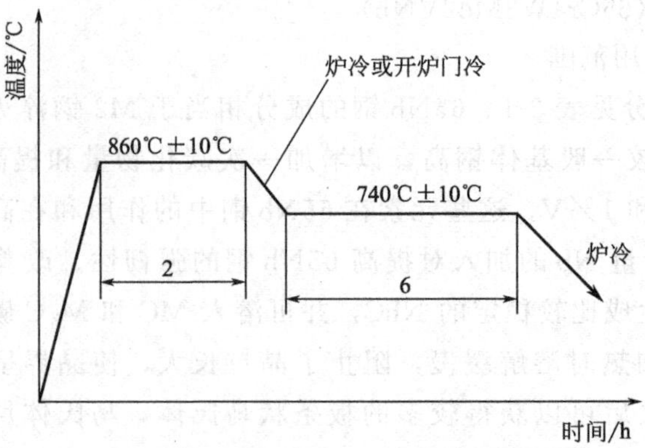

图 3-1　65Nb 钢的退火工艺

② 退火工艺　65Nb 钢的退火工艺见图 3-1。退火后的硬度为 183～207HB，740℃等温时间若缩短为 3h，退火的硬度为 217～229HB，若延长到 9h，则为 180HB 左右。65Nb 钢容易退火软化，所以用 65Nb 钢制的模具可用冷挤压或温热挤压成型（如十字槽冲模、手表壳冷挤压模、内六角冲头等）。65Nb 钢的这种良好的冷成型性深受模具制造部门的欢迎。65Nb 钢具有良好的切削加工和磨加工性能。其切削抗力比 Cr12MV 低。

③ 淬火、回火工艺及力学性能　淬火、回火工艺及对力学性能的影响见表 3-25、表 3-26。

表 3-25　不同温度淬火、回火后的硬度值

淬火温度/℃	1080		1120		1160	
硬度(HRC) / 回火次数/次 / 回火温度/℃	1	2	1	2	1	2
220	60.9	61.2	60.7	60.8	61.8	61.7
300	58.4	58.7	59.3	59.3	59.5	59.0
350	58.2	58.3	59.0	59.3	59.2	59.6
400	58.6	58.3	59.2	59.0	59.3	59.6
450	59.1	59.4	59.4	59.9	59.5	60.3
500	60.4	60.1	61.2	61.4	61.3	61.8
520	59.9	60.1	61.9	62.3	61.8	62.6
540	59.7	60.2	61.9	62.2	62.2	62.5
560	59.4	58.5	61.0	60.4	61.8	61.5
580	58.3	58.3	60.4	60.5	60.2	60.5
600	56.5	55.5	58.6	58.0	59.0	59.1

(4) 部分应用实例及效果

65Nb 钢部分应用实例见表 3-27。

表 3-26　65Nb 钢的热处理工艺与力学性能关系

淬火温度/℃	性能 \ 回火温度/℃	220	300	350	400	450	500	520	540	560	580	600
1080	HRC	61.2	58.7	58.3	58.3	59.4	60.1	60.1	60.2	58.5	58.3	55.5
	$\sigma_{0.2}$/MPa	272.1			247.4				263.6			
	σ_{bb}/MPa	74.0	273		312		412	456	449	425		
	f/mm	1.28	4.29		3.70		7.52	8.60	8.60	9.92		
	α_K/J·cm^{-2}	5.32	6.09		6.58		5.69	8.18	8.26			
	K_{Ic}/MPa·m$^{1/2}$								82.6			
1120	HRC	60.8	59.3	59.3	59.0	59.9	61.4	62.3	62.2	60.4	60.5	58.0
	$\sigma_{0.2}$/MPa	275.5	239.8		239.0		233.8	257.7	267.0	269.5	281.5	233.8
	σ_{bb}/MPa	78.0	176	257	355	333	394	474	451	431	415	400
	f/mm	0.8	1.68	2.82	5.65	4.25	4.90	7.86	7.97	9.31	7.88	10.25
	α_K/J·cm^{-2}	6.6	5.03	7.5	7.09	7.07	7.45	8.78	10.07	9.9	11.65	12.37
	K_{Ic}/MPa·m$^{1/2}$	73.29	78.95		86.35				63.76		64.75	
1160	HRC	61.7	59.6	59.6	59.6	60.3	61.8	62.6	62.5	61.5	60.5	59.1
	$\sigma_{0.2}$/MPa	276.4			242.3				267.9			
	σ_{bb}/MPa	70.0	149	176.3	265.3	313.3	390	478.7	491.5	488	464.5	440
	f/mm	0.75	1.36	1.50	2.76	3.37	4.74	5.83	6.04	9.28	13.14	7.25
	α_K/J·cm^{-2}	2.78			6.50	9.13	4.59	4.54	5.16	7.92	9.38	7.25
	K_{Ic}/MPa·m$^{1/2}$								55.79			
1180	HRC	61.0	58.4		58.2				62.0		60.5	58.1
	$\sigma_{0.2}$/MPa	264.5	238.9		246.6				276.1		297.6	266.2
	σ_{bb}/MPa	75.0	171		273		395	452	469	487	482	392
	f/mm	0.79	2.10		2.92		4.50	5.12	5.80	7.38	8.82	6.21
	α_K/J·cm^{-2}	2.25		4.41	4.79	5.81	4.63		2.67		5.04	5.08
	K_{Ic}/MPa·m$^{1/2}$								56.71		64.65	72.2

表 3-27　冷挤压模具热处理工艺及寿命

模具名称	材　料	热处理工艺	硬　度(HRC)	加工产品		使用寿命/件		失效形式
				材料	规格	平均	最高	
推力圆锥滚子轴承套圈冷挤压凸模	Cr12MoV	980℃油淬，220℃回火	62	GCr15 HBS209	7815	十几		开裂
	3Cr2W8V		46～48			100～200		变形
	65Nb	1120℃油淬，580℃×1，600℃×1	56～58			2 万以上	7 万	变形
推力圆锥滚子轴承套圈冷挤压凸模	65Nb	1150℃，500℃分级空冷，580℃×2，610℃×1		GCr15 HB190～200	7608	5 万以上		磨损 0.6 mm，未坏

续表

模具名称	材 料	热处理工艺	硬 度（HRC）	加工产品		使用寿命/件		失效形式
				材料	规格	平均	最高	
不锈钢手表壳冷挤压模	W18Cr4V	1160℃油淬，540℃×2	61～63	0Cr18Ni19奥氏体化处理HV 170～190		寿命低		开裂
	65Nb					20000～30000		
3CrW8V 型腔冷挤压凹模	T10			3Cr2W8V HRB92	M12～M27	10～20		镦粗开裂
	65Nb	1150℃，560℃分级，空冷，560℃回火+560℃气体软氮化 3h	61，表面硬度HV>900			100 未坏，模具仍可使用		
缝纫机梭床零件冷挤压凸模	W6Mo5Cr4V2	1190℃淬火，560℃×3	62～64	20Cr HBS12U	工业缝纫机梭床	10000		开裂
	65Nb	1160℃，560℃分级，空冷，560℃×2	60～62			25000	31000	顶尖脱落、磨损
电子管某复杂零件冷挤压凸模	Cr12MoV			无氧铜		小于 100		开裂
	65Nb	1080℃油淬，560℃×3	58～60			10000余未坏		
电子管阳极冲头	Cr12MoV			无氧铜 HBS50		几十		开裂
	65Nb	1120℃，540℃分级，空冷，540℃×2	61～62			400 多，尺寸稳定性好		

思考题

1. 冷作模具钢应具备哪些特性？
2. 比较低淬透性冷作模具钢与低变形冷作模具钢在性能、应用上的区别。
3. 比较 Cr12 型冷作模具钢与高速钢在性能、应用上的区别。
4. 什么是基体钢？有哪些典型钢种？与高速钢相比，其成分、性能特点有什么不同？应用场合如何？
5. 简述 GD 钢、GM 钢、ER5 钢的成分、性能和应用特点。
6. 7CrSiMnMoV 钢具有哪些特性？为什么说该钢适用于火焰淬火？用于何种要求的冷作模具？
7. 从工艺性能和承载能力角度试判断下列钢号属于哪类冷作模具钢：
   W6Mo5Cr4V2　Cr4W2MoV　7Cr7Mo3V2Si　Cr12Mo1V1　5CrW2Si　9Cr18
   9Cr6W3Mo2V2　GCr15　7CrNiSiMnMoV　7CrSiMnMoV。
8. 简述铬钨硅系抗冲击冷作模具钢的特性及应用特点。
9. 冲裁模的热处理基本要求有哪些？其热处理工艺有什么特点？
10. 比较冷挤压模与冷镦模的工作条件、失效形式、性能要求、材料选用、热处理特点，有什么不同？
11. 冷拉深模材料性能要求有哪些？如何预防冷拉深模的冷拉毛磨损和黏附？
12. 冷作模具的强韧化处理工艺有哪些？并说明其工艺特点。
13. 试述 Cr12MoV 钢和 6W6Mo5Cr4V 钢的锻造、热处理工艺特点。
14. 试述 Cr12MoV 钢采用不同淬火、回火温度后的力学性能变化。

4 热作模具材料及热处理

4.1 热作模具材料的分类及选用

4.1.1 热作模具材料的分类

热作模具材料主要用于制造在高温状态下进行压力加工的成型模具，更确切的说是指制造把金属材料加热到再结晶温度以上进行压力加工的模具。如热锻模具、热挤压模具、压铸模具、热镦模具等。常用的热作模具材料为含碳量中等并添加铬、钨、钼、钒等元素的合金模具钢。对特殊要求的热作模具有时采用高合金奥氏体耐热钢、高温合金、难熔合金制造。

一般情况下，根据用途、工作温度、性能和合金元素含量，可将热作模具钢分类如下。

① 按用途划分：热锻模具钢、热挤压模具钢、热冲裁模具钢、压铸模具钢、热镦模具钢；

② 按工作温度划分：低耐热模具钢（350～370℃）、中耐热模具钢（550～600℃）和高耐热模具钢（580～650℃）；

③ 按性能划分：高韧性热作模具钢、高强热作模具钢、高耐磨热作模具钢；

④ 按合金元素含量划分：低合金热作模具钢、中合金热作模具钢、高合金热作模具钢。

常用的热作模具钢的化学成分如表 4-1 所示。

表 4-1 常用热作模具钢的化学成分

钢号	化学成分(质量分数)/%							
	C	Si	Mn	Cr	Mo	W	V	其他
低耐热高韧性热作模具钢								
5CrNiMo	0.50～0.60	≤0.40	0.50～0.80	0.50～0.80	0.15～0.30			Ni 1.40～1.80
5CrMnMo	0.50～0.60	0.25～0.60	1.20～1.60	0.60～0.90	0.15～0.30			
4CrMnSiMoV	0.35～0.45	0.80～1.10	0.80～1.10	1.30～1.50	0.40～0.60		0.20～0.40	
5CrNiMoV	0.50～0.60	0.10～0.40	0.65～0.95	1.00～1.20	0.45～0.55		0.10～0.15	Ni 1.50～1.80
5Cr2NiMoV	0.46～0.53	0.60～0.90	0.40～0.60	1.54～2.00	0.80～1.20		0.30～0.50	Ni 1.40～1.80
中耐热韧性热作模具钢								
4Cr5MoSiV	0.33～0.43	0.80～1.20	0.20～0.50	4.75～5.50	1.10～1.60	0.60～1.00	0.30～0.60	
4Cr5W2SiV	0.32～0.42	0.80～1.20	≤0.40	4.50～5.50		1.60～2.40	0.60～1.00	
4Cr5MoWSiV	0.30～0.40	0.80～1.20	0.20～0.50	4.75～5.50	1.25～1.75	1.00～1.70	≤0.50	
4Cr5MoSiV1	0.32～0.45	0.80～1.20	≤0.40	4.75～5.50	1.10～1.75		0.80～1.20	
4Cr3Mo3VSi	0.35～0.45	≤0.60	≤0.35	3.00～3.75	2.00～3.00		0.25～0.75	
25Cr3Mo3VNb	0.20～0.30	≤0.60	≤0.35	2.70～3.20	2.60～3.20		0.60～0.80	Nb 0.08～0.15

续表

钢号	化学成分(质量分数)/%							
	C	Si	Mn	Cr	Mo	W	V	其他
高耐热性热作模具钢								
3Cr2W8V	0.30~0.40	≤0.40	≤0.40	2.20~2.70		7.50~9.00	0.20~0.50	
3Cr3Mo3W2V	0.32~0.45	0.60~0.90	≤0.65	2.80~3.30	2.50~3.00	1.20~1.80	0.80~1.20	
5Cr4Mo2W2VSi	0.45~0.55	0.80~1.10	≤0.50	3.70~4.30	1.80~2.20	1.80~2.20	1.20~1.30	
5Cr4W5Mo2V	0.40~0.50	≤0.40	0.20~0.60	3.80~4.50	1.70~2.30	4.50~5.50	0.80~1.20	
5Cr4Mo3SiMnVAl	0.47~0.57	0.80~1.10	0.80~1.10	3.80~4.30	0.80~1.10		0.80~1.20	Al 0.30~0.70
4Cr3Mo2NiVNbB	0.35~0.45	≤0.34	≤0.40	2.50~3.00	1.80~2.20	0.005B	1.00~1.40	Ni 0.80~1.20, Nb 0.20~0.30
4Cr3Mo3W4VNb	0.37~0.47	≤0.50	≤0.50	2.50~3.50	2.00~3.00	3.50~4.50	1.00~1.40	Nb 0.10~0.20
6Cr4Mo3Ni2WV	0.55~0.64	≤0.40	≤0.40	3.80~0.43	2.80~3.30	0.90~1.30	0.90~1.30	Ni 1.80~2.20
特殊用途热作模具钢								
1. 热作模具用高速钢								
W18Cr4V	0.70~0.80	≤0.40	≤0.40	3.80~4.40		17.50~19.00	1.00~1.40	
W6Mo5Cr4V2	0.80~0.90	≤0.40	≤0.40	3.80~4.40	4.50~5.50	5.55~6.75	1.75~2.20	
2. 超高强度钢								
40CrMo	0.38~0.43	0.20~0.35	0.75~1.00	0.80~1.10	0.15~0.25			
40CrNi2Mo	0.38~0.43	0.20~0.35	0.60~0.80	0.70~0.90	0.20~0.30			Ni 1.65~2.00
30CrMnSiNi2A	0.27~0.34	0.90~1.20	1.00~1.30	0.90~1.20	1.40~1.80			Ni 1.40~1.80
3. 奥氏体耐热钢								
5Mn15Cr8Ni5Mo3V2	0.45~0.55	—	14.50~16.00	7.50~8.50	2.50~3.00		1.50~2.00	Ni 4.50~5.50
7Mn10Cr8Ni10Mo3V2	0.65~0.75	—	9.50~11.00	7.50~8.50	2.50~3.00		1.50~1.80	Ni 9.00~11.00
Cr14Ni25Co2V				14.00			0.80	Ni 25.00, Co 2.0
4Cr14Ni14W2Mo	0.40~0.50	≤0.80	≤0.70	13.00~15.0	0.25~0.45	2.00~2.75		Ni 13.00~15.0
4. 马氏体时效钢								
18Ni(250)	≤0.03	≤0.10	≤0.10		4.25~5.25	Co 7.0~8.0	Ti 0.3~0.5	Ni 17.50~18.5, Al 0.05~0.15
18Ni(300)	≤0.03	≤0.10	≤0.10		4.60~5.20	Co 8.5~9.5	Ti 0.5~0.8	Ni 18.00~19.0, Al 0.05~0.15
18Ni(350)	≤0.03	≤0.10	≤0.10		4.00~5.00	Co 11.0~12.7	Ti 1.2~1.45	Ni 17.00~19.0, Al 0.05~0.15

4.1.2 热作模具材料的特点及性能要求

4.1.2.1 热作模具材料的特点

为满足较高韧性、导热性的要求和合金元素含量的要求，这类模具钢的含碳量较冷作模具钢偏低，多为中碳成分，一般含碳量在0.3%～0.6%之间，属亚共析钢。

随着被加工件的尺寸精度要求的提高和形状的复杂化以及加工材料、加工难度的增大，模具趋向大型化、高精度、高性能，材料趋向多元合金化，并且合金元素含量大大增加。添加的合金元素一般为Cr、Mn、Mo、Ni、W、V、Si，其中Cr、Mn、Ni、Si可提高钢的淬透性和抗氧化性能，Cr、Mo、W、V可增加钢的耐热性和耐磨性，并细化晶粒。

由于碳素钢的淬透性低，热疲劳抗力差，脆性大，易崩裂，即使采用双金属模具，模体部分一般不采用碳素钢制造。

4.1.2.2 热作模具材料的使用性能要求

热作模具在工作时，承受着很大的冲击力，模具型腔和高温金属接触后，本身的温度经常达到300～400℃，局部可达500～700℃，还经受反复的加热和冷却，因此对于热作模具钢，除一般要求好的室温强韧性外，还应具有一系列高温性能。

（1）高温强度

强度是模具抵抗变形和断裂的能力。热作模具钢在高温条件下工作时，应具有较高的高温屈服强度，以提高模具在工作温度下抗堆塌变形的能力。

（2）热稳定性

热稳定性是指模具材料在高温条件下工作时，保持其硬度、组织稳定性及抗软化能力。钢的热稳定性一般可用回火保温4h，硬度降到45HRC时的最高加热温度来表示。对于原始硬度较低的材料，也可用回火保温2h，硬度降到35HRC时（一般热作模具堆积塌陷失效的硬度）的最高加热温度来表示。

（3）热疲劳性能

热作模具的工作条件是反复受热、受冷，在反复热应力作用下，模具表面会形成网状裂纹，这种现象称为热疲劳，它是热作模具的典型失效形式之一。热疲劳性能是指模具钢在热应力和机械应力循环作用下，阻止表面裂纹萌生与扩展的一种能力，通常以室温至700℃条件下反复加热冷却所产生热疲劳裂纹的循环次数或当循环一定次数后测定的疲劳裂纹长度来表示。也可以用热冲击系数来评价：

$$K=\lambda\sigma_b/E\alpha$$

式中，λ为传热系数；σ_b为高温抗拉强度；E为弹性模量；α为热膨胀系数。

由上式可见，热作模具钢应具有尽可能大的传热系数，高的高温强度，尽可能小的热膨胀系数和弹性模量。热疲劳抗力的高低决定了疲劳微裂纹的萌生期长短及裂纹扩展速率的快慢。提高模具钢的高温屈服强度及韧性，有助于延迟裂纹的萌生与扩展，提高热疲劳抗力。

（4）导热性

为了使模具不致积热过多，导致力学性能下降，要尽可能地降低模具表面的温度，减少模具内外温差，这就要求热作模具材料具有良好的导热性能。

（5）冲击韧度和断裂韧度

冲击韧度是衡量材料在冲击载荷作用下抵抗断裂的能力。一般来说，材料的冲击韧度越高，抵抗断裂的能力越强，热疲劳抗力也越高。断裂韧度是表征材料抵抗裂纹失稳扩展的能力，通过优化热处理工艺，可以大大提高模具材料的冲击韧度和断裂韧度，从而大大提高模具的抗断裂破坏能力。

（6）耐热磨损性和抗氧化性

耐热磨损性是指热作模具材料在高温条件下，摩擦表面的抗疲劳磨损、氧化粘着磨损和磨粒磨损的能力。热作模具材料耐热磨损性与所用钢种的高温强度、冲击韧度、抗氧化性和热稳定性密切相关，随着这些高温性能的改善而提高。

热作模具一般要加热到600～650℃，甚至更高温度。因此要求模具材料具有较强的抗氧化性能。热作模具钢的抗氧化性能主要取决于氧化膜的成分和结构。含铬量较多的合金模具钢，其氧化膜致密，与基体金属结合牢固，可以防止进一步氧化。此外添加适量的Si和Al也有助于提高抗氧化性能。

4.1.2.3 对热作模具材料工艺性能的要求

模具的加工费用约占模具总费用的70%以上，模具材料的工艺性能好坏，直接关系到模具材料的推广和应用以及模具制造成本的高低、周期的长短。

（1）锻造工艺性

对可锻造性的要求是：热锻变形抗力小，锻造温度范围宽，锻裂及冷裂的倾向低。

（2）淬透性

热作模具一般尺寸较大，热锻模尤其如此。为了使整个模具截面的力学性能均匀，要求热作模具材料应具有较好的淬透性。

（3）淬裂敏感性

对淬裂敏感性的要求是：常规淬火开裂敏感性低，对淬火温度及工件的尖角形状因素不敏感，采用缓慢冷却介质可以淬透和淬硬。

（4）切削加工性

切削成本约占模具加工成本的80%，切削加工难易程度将直接影响模具的制造成本和模具材料的推广应用。

（5）焊接性

有些热作模具要求在工作条件最苛刻的部位堆焊上特种耐磨材料或耐蚀材料，即采用双金属模具。有些热作模具在使用过程中出现了损坏，需要通过堆焊进行模具修复。对这类模具就要求选用焊接性好的模具材料，以简化焊接工艺，避免或简化焊前预热和焊后热处理工艺。

对焊接性的要求是：焊接工艺简单，堆焊层与母材结合强度高，不易出现焊接缺陷。

4.1.3 热作模具钢的选用

4.1.3.1 低耐热高韧性热作模具钢

低耐热高韧性热作模具钢主要用于制造承受较大冲击载荷和工作应力的热锻模，由于该类模具的截面尺寸较大且型腔复杂，因此要求模具钢具有较高的淬透性、一定的高温强度和良好的冲击韧度。模具型腔与炽热工件接触，除产生剧烈的摩擦以外，还使得模具表面可达400℃左右的高温，局部甚至能达到500～600℃。工件脱模后型腔表面又受到压缩空气和润滑油的迅速冷却，处在反复承受急冷急热的恶劣工作环境中，因此还要求模具钢具有较高的导热性能、耐磨性能、抗氧化性能和抗热疲劳性能。为满足上述性能，此类钢的碳质量分数一般控制在0.3%～0.5%，加入适量的Cr、Ni、Mn、Mo使钢的过冷奥氏体稳定，获得较好的淬透性和力学性能，加入V、Mo可以细化晶粒，改善钢的热强性和抑制回火脆性，并能形成特殊碳化物提高钢的耐磨性能。这类钢的化学成分见表4-1。

制造的模具尺寸不宜过大，一般厚度不超过 250mm 的模具都能淬透，截面尺寸过大时，在中心部位会出现中温转变产物。此外还有少量的残余奥氏体和碳化物。

5CrNiMo 是从前苏联引进的热作模具钢，具有较高的强韧性和耐磨性。回火稳定性较高，在加热到 500℃时，硬度仍能保持在 300HB 左右。该钢具有较高的淬透性，尺寸为 300mm×400mm×300mm 的锻模，自 820℃油淬和 560℃回火后，模具断面各截面的硬度值基本一致。由于钢中含有 Mo，因而对回火脆性不敏感。主要用来制造形状较复杂、承受冲击载荷较大的大、中型锻模（边长≥400mm），如高度尺寸＞375 mm 的大型（锤吨位＞3t）锤锻模。

5CrMnMo 是为了节约贵重合金元素 Ni 而开发的，具有与 5CrNiMo 相似的力学性能。但其耐热疲劳性能、室温和高温塑性、韧性比 5CrNiMo 钢差，淬透性也稍差，主要用于制造要求具有较高强度和耐磨性而韧性要求不太高的各种中、小型（边长＜400mm、锤吨位＜3t）锻模。要求较高韧性时，可采用电渣重熔钢。

4CrMnSiMoV 是近年来我国在热作模具钢领域发展的钢种之一，是 5CrMnSiMoV 钢的改进型。该钢具有较高的抗回火能力，良好的高温强度、耐热疲劳性能和韧性，淬透性及冷热加工性能好。该钢在最佳温度淬火和回火后的各项力学性能均优于 5CrNiMo。主要用于制造各种类型的大、中型锤锻模和压力机锻模，如汽车用连杆、齿轮等的压力机锻模，模具寿命比采用 5CrNiMo 提高 0.2～1.0 倍。

5CrNiMoV 是西方国家常用的热锻模用钢。与 5CrNiMo 钢相比，合金元素 Cr、Mn、Mo 的含量提高，其淬透性和淬硬性比 5CrNiMo 钢有较大的提高，截面为 400 mm×400mm 的模块，淬火后表面与心部硬度都能保持在 56～60HRC 之间。钢中加入了 0.10%～0.15% 的 V，使得钢的高温强度和抗回火稳定性较 5CrNiMo 钢有所提高，在 500℃时，5CrNiMoV 钢的高温强度比 5CrNiMo 钢高 100～150MPa 左右，抗回火稳定性高 100℃左右。一般模具的使用寿命可以比 5CrNiMo 钢提高 50%以上。主要是用于制造大型、复杂、重载荷的锤锻模和压力机锻模。

5Cr2NiMoV 钢中的 Cr、Mo、V 等合金元素含量比 5CrNiMo 和 5CrNiMoV 都高，淬透性和热稳定性很高，在 500～550℃回火时，由于析出弥散的 M_2C 和 MC 型合金碳化物，具有二次硬化能力。此外，该钢加热时奥氏体晶粒长大倾向小，热处理加热温度范围较宽，热疲劳性能和冲击韧度较好。一般模具的使用寿命可以比 5CrNiMo 钢提高 47%～180%以上。适于制造大型、复杂、深型腔的锤锻模和压力机锻模。

4.1.3.2 中耐热韧性热作模具钢

中耐热韧性热作模具钢包括 4Cr5MoSiV（H11）、4Cr5W2SiV、4Cr3Mo3VSi（H10）、4Cr5MoSiV1（H13）和 25Cr3Mo3VNb 钢等。

这类钢的含碳量相对较低，合金元素含量中等。因为 Cr 含量约为 5%，又名 5%Cr 型热作模具钢。这类钢既具有优秀的室温综合力学性能，又具有较高的高温强度和韧性，良好的抗热疲劳性能，特别适用于制造温度急剧变化的热作模具，具有良好的热稳定性，其高温硬度、强度、抗回火稳定性虽然比 Mo、W 系的高合金模具钢稍低，但是远比低耐热高韧性热作模具钢的高，高温韧性则优于 Mo、W 系的高合金模具钢；具有良好的淬透性，较大截面的模具，采用空气中冷却也能获得所要求的组织。

4Cr5MoSiV 简称 H11 钢，它是一种空冷硬化的热作模具钢。在中温条件下具有较高的热强性、抗热疲劳性、耐磨性和韧性，甚至在淬火状态下也有一定的韧性。在较低温度下奥氏体化后淬火的热处理变形较小，氧化倾向也小，而且可以抵抗熔融铝合金的冲蚀作用。适用于制造铝合金压铸模、热挤压模和芯棒、高速锤锻模等。

4Cr5W2SiV 钢是一种空冷硬化的热作模具钢。该钢在中温下具有较高的热强度、硬度，有较高的耐磨性、韧性和较好的热疲劳性能。该钢经电渣重熔后，具有较好的横向性能。主要用于制造热挤压用的模具芯棒，铝、锌等轻金属的压铸模，热顶锻结构钢和耐热钢用的工具以及成型某些零件用的高速锤模具。

4Cr5MoSiV1 钢即美国钢号 AISI-H13，简称 H13 钢，它是一种空冷硬化的热作模具钢。与 H11 钢相比，由于含 V 量的增加，该钢具有较高的热强性、热稳定性和硬度，在中温条件下具有较高的抗热疲劳性、耐磨性和韧性。在较低温度下奥氏体化后淬火的热处理变形较小，氧化倾向也小，而且可以抵抗熔融铝合金的冲蚀作用。适用于制造铝、铜及其合金的压铸模、热挤压模和芯棒、模锻锤的锻模、精锻机用模具镶块等。

4Cr3Mo3VSi(H10) 钢具有非常好的淬透性，很高的韧性和高温硬度，当回火温度超过 260℃时，该钢硬度即高于 H13 钢。该钢可用于制造热挤压模、热冲裁模、热锻模及塑料模。

25Cr3Mo3VNb 钢是在较低含碳量的模具材料基础上，添加了微量元素铌，从而使钢具有更高的回火抗力和热强性。该钢主要是用于制作热锻成型凹模、连杆辊锻模、轴承套圈毛坯热挤压凹模、高强钢精锻模、小型压力机锻模、铝合金压铸模等。25Cr3Mo3VNb(HM3) 钢模具寿命比 3Cr2W8V、5CrNiMo、4Cr5W2SiV 钢等模具寿命高2～10 倍。可有效地克服模具因热磨损、热疲劳、热裂等引起的早期失效。

4.1.3.3 高耐热性热作模具钢

该类钢具有高的耐热性，即有较高的高温强度和高温硬度，可在 600～700℃的高温下工作。具有高的耐磨性，高的淬透性，断面小于 150mm 的模具空冷也能淬透、硬度仍高达 55～62HRC。该类钢具有强烈的二次硬化效应，好的回火抗力。但其塑性和韧性，抗冷热疲劳性能低于中耐热韧度热作模具钢。HM1、RM2、012Al、GR 钢等，均为我国自行研制的新型热作模具钢。

3Cr2W8V 钢中的主要合金元素的含量是 W18Cr4V 钢的一半，因此又称为半高速钢。是我国产量较大的热作模具钢之一。由于 W 含量高，当温度大于或等于 600℃时，其高温强度、硬度等要高于铬系热作模具钢。但由于其淬火温度较高，易引起晶粒粗化，会显著降低钢的韧性、塑性和冷热疲劳抗力。该钢主要用于制作高温下高应力、但不受冲击负荷的凸模、凹模，如平锻机上用的凸模、凹模、镶块、铜合金挤压模、压铸用模具；也可用于制造同时承受较大压应力、弯曲应力、拉伸应力的模具，如反挤压的模具；还可用于制造高温下受力的热金属切刀。

3Cr3Mo3W2V(HM1) 钢是在参照 4Cr3Mo3VSi(H10) 钢和 3Cr3Mo3Co3V 基础之上，结合我国资源条件而研制成功的新型热作模具钢。该钢合金成分不高，冷热加工性能好，淬火、回火温度范围宽，是目前国内研制的新钢种中工艺性能好、适用面广、具有广阔应用前景的高耐热性热作模具钢。3Cr3Mo3W2V(HM1) 钢用作轴承套圈毛坯热挤压凸模、凹模，碾压辊及辊锻模均取得较好效果，模具平均寿命达 1 万～2 万件，最高达 3 万件以上，比原用 3Cr2W8V、5CrMnMo 钢等模具寿命普遍提高 2～5 倍，最高的达 10 多倍。该钢具有优良的综合性能，主要用来制作铝合金压铸模、热挤压模、小型压力机锻模等。

5Cr4Mo2W2VSi 钢是一种国产新型热作模具钢。由于该钢的化学成分及淬火后的基体组织与高速钢的基体组织和化学成分相近，故被称为基体钢。该钢经适当热处理后具有较高的高温强度、高温硬度、好的耐磨性、抗热疲劳性能以及优良的抗回火稳定性等综合力学性能。该钢的热加工性能较好，加工温度范围较宽。但钢的塑性和韧性稍低。适于制造热挤压模、热锻压模、温锻模等。用该钢制造的精密锻模的使用寿命比 3Cr2W8V 钢高 2～6 倍，见表 4-2。

表 4-2 5Cr4Mo2W2VSi 钢与 3Cr2W8V 钢的精密锻模寿命对比

加工的产品或模具名称	模具平均寿命/件		寿命提高倍数/倍
	3Cr2W8V	5Cr4Mo2W2VSi	
曲柄	15000	50000	2.33
剪刀片	4000	11400	1.85
不锈钢刀	12000	80000	5.67
热挤压冲头	2500	10000	3.00

5Cr4W5Mo2V(RM2) 钢也是一种国产新型热作模具钢。由北京机电研究所和第一汽车制造厂研制。由于该钢的化学成分及淬火后的基体组织与高速钢的基体组织和化学成分相近，故被称为基体钢。该钢经适当热处理后具有较高的高温强度、高温硬度、好的耐磨性以及优良的抗回火稳定性等综合力学性能。可进行一般的热处理或化学热处理。该钢的热加工性能较好，加工温度范围较宽。但钢的塑性和韧性稍低。适合于制造对型腔尺寸要求严格的精密锻模或锻模镶块、热挤压模具的冲头、热挤压模具及热剪刀刀片。此外还适于制造压印模凸模、辊锻模等。

5Cr4Mo3SiMnVAl (012Al) 钢也是一种国产新型冷、热兼用模具钢，由贵阳钢厂研制。由于该钢的化学成分及淬火后的基体组织与高速钢的基体组织和化学成分相近，故被称为基体钢。该钢经适当热处理后具有较高的高温强度、高温硬度、好的耐磨性以及优良的抗回火稳定性等综合力学性能。耐冷、热疲劳性能优于 3Cr2W8V。用该钢制造的热作模具比用 3Cr2W8V 钢制的模具具有更高的使用寿命。例如，在轴承套圈热挤压凸模和凹模上应用，使用寿命可提高 5～7 倍。适于制造对型腔尺寸要求严格的精密锻模或锻模镶块、热挤压模具的冲头、热挤压模具及热剪刀刀片等。

4Cr3Mo2NiVNbB(HD) 钢是一种具有良好热强性的热作模具钢。也是一种国产新型热作模具钢，由华中科技大学研制。钢中加入了一定数量的 Cr、Mo、V 等合金元素，通过强化基体并形成有效的强化第二相，提高钢的高温性能。该钢具有高温强度较高，热稳定性及塑性较好的特点。与 3Cr2W8V 钢相比，具有较好的综合力学性能，能显著提高模具的使用寿命。适于制造在 700℃或更高温度下工作的热作模具。如铜和钢的热挤压模具、铜合金的压铸模等。

4Cr3Mo3W4VNb(GR) 钢是一种具有良好热强性的热作模具钢。也是一种国产新型热作模具钢，由上海材料研究所研制。增加少量的 Nb 是为了增强回火抗力及热强性。该钢主要用于制造加工高温合金的热锻压模具，如热镦锻模、热冲模、热挤压模等。

6Cr4Mo3Ni2WV(CG2) 钢也是一种国产新型冷、热兼用模具钢，属基体钢范畴。上海钢铁研究所研制。加入 Ni 可提高基体的强度和韧性。该钢经适当热处理后具有较高的高温强度、高温硬度、红硬性、耐磨性以及较好的韧性等综合力学性能。与 3Cr2W8V 钢相比，该钢强度较高，与高速钢相比，则韧性较好。该钢具有较宽的热处理温度范围，基本上无脆裂现象。但该钢的热加工工艺较复杂，锻造开裂倾向较为严重，热加工时应给予特别重视。主要用于制造热挤压轴承圈冲头、热挤压凹模、热冲模、精锻模，此外还适于制造轴承滚子及缝纫机零件冷镦模具等。

4.1.3.4 特殊用途热作模具钢

(1) 热作模具用高速钢

一般热作模具用高速钢与冷作模具用高速钢一样，主要包括 W18Cr4V、W6Mo5Cr4V2 等。高速钢具有很高的高温硬度和耐磨性，但由于韧性和抗热疲劳性能低，只能用于制作少数不受冲击载荷、不采用强制冷却的模具。为了进一步改善高速钢的韧性和抗热疲劳性能，国外将高速钢的含碳量降低到 0.3%～0.5%，发展了一些适于制作热作模具要求的低碳高速钢，如美国 ASTM 标准钢号 H26 钢（5W18Cr4V）、H23 钢（3W12Cr12V），这些钢种由于 W、Mo、Cr 含量高，高温强度、高温硬度、热稳定性等都优于前述的几种 W、Mo 系热作模具钢。主要用于制造热挤压模、铜合金压铸模，热剪刀刀片，切边模、夹紧模等。由于该类钢合金元素含量高、价格昂贵，也限制了其应用范围。两种低碳高速钢 H23 钢（3W12Cr12V）和 H26 钢（5W18Cr4V）与 H21 钢（3Cr2W8V）、H13 钢（4Cr5MoSiV1）在不同温度下保持 100 小时，硬度变化的情况如表 4-3 所示。从表中可看出，当模具的工作温度高于 600℃时，低碳高速钢具有更高的热稳定性和高温硬度。

表 4-3 几种常用热作模具钢抗高温软化性能

钢号	原始硬度(HRC)	在不同温度保持 100h 后的硬度(HRC)					
		480℃	540℃	595℃	650℃	715℃	760℃
H13(4Cr5MoSiV1)	50.2	48.7	45.3	29.0	22.7	20.1	13.9
	41.7	38.6	39.3	27.0	23.7	20.2	13.2
H21(3Cr2W8V)	49.2	48.7	47.6	37.2	27.4	19.8	15.2
	36.7	34.8	34.9	32.6	27.1	19.8	14.3
H23(3W12Cr12V)	40.8	40.0	40.6	40.8	38.6	33.2	25.8
	38.9	38.9	38.0	37.1	32.5	25.6	
H26(5W18Cr4V)	51.0	50.6	50.3	47.1	38.4	26.9	21.3
	42.9	42.4	42.3	41.3	34.9	26.4	21.1

(2) 超高强度钢

热作模具用超高强度钢主要包括 40CrMo、40CrNi2Mo 和 30CrMnSiNi2A。该类钢主要用于模具工作温度不太高，但需要高的强度和高的韧性的模具零件。例如，热挤压用挤压筒、压力机锻模用模座、高速锤用模套、压板、顶杆等。

(3) 奥氏体耐热钢

奥氏体耐热钢包括 Cr-Ni 系奥氏体不锈钢和 Cr-Mn-Ni 系奥氏体钢，前者包括 Cr14Ni25Co2V、4Cr14Ni14W2Mo 等，后者包括 5Mn15Cr8Ni5Mo3V2 和 7Mn10Cr8-Ni10Mo3V2 等。

有些工作温度很高的热作模具，例如耐热合金、高温合金、铜镍合金等高热强性材料的热挤压成型用模具，钛合金蠕变成型模具，铜合金压铸模具，特别是利用金属的超塑性发展的等温锻造成型用模具，工作温度往往高达 700～800℃，极个别的模具甚至可达到 800℃以上。在这种特殊场合，只有不锈钢才能满足要求。对于含 Ni 量较低的 Cr-Mn-Ni 系奥氏体钢，加入 Mn、Ni、C 等奥氏体形成元素，使钢形成稳定的奥氏体组织，加入适量的钒可以在回火时析出大量弥散的特殊碳化物（VC），从而提高钢的强度和硬度，改善钢的耐磨性和高温强度。钢中加入适量的铬以提高抗氧化和抗腐蚀性能，加入W、Mo等强化元素可以进一步改善钢的热强性。

奥氏体钢与其他热作模具钢比较，优点是当温度高于600℃时具有更高的高温强度、高温硬度、耐磨性和热稳定性。缺点是热膨胀系数大、导热性差、热疲劳性能低。经固溶处理后往往沿晶界析出大量的碳化物，会促使裂纹的产生和扩展。这类钢适于制造工作温度超过700℃的高温高载荷热作模具，如不锈钢、高温合金、铜镍合金等难变形材料的热挤压模具，粉末烧结模等。Cr-Ni奥氏体钢抗氧化性好，用于钛合金蠕变成型模具和强腐蚀性的玻璃模具等。用5Mn15Cr8Ni5Mo3V2钢制造的白铜管材（30% Ni）的热挤压模具，其使用寿命比3Cr2W8V钢模具高4～5倍。

（4）马氏体时效钢

自1959年马氏体时效钢的出现以来，由于这类钢具有高的强度密度比、良好的可加工性和可焊性以及简单的热处理方法等优点，立即受到宇航工业的极大重视，而且得到迅速的发展，其中，最典型的是钢号18Ni马氏体时效钢，它们的屈服强度级别为1400～3500MPa。而近十年来，马氏体时效钢越来越广泛的用于制造工具，尤其是用于制造模具，尽管其成本比一般工模具钢高得多，但由于马氏体时效钢具有许多良好性能和比较长的使用寿命，综合起来还可能使产品的成本较采用一般工模具钢的产品成本下降。另外，对于模具而言，所要求钢材具备的性能与宇航工业有所不同，对冶金质量及性能要求可适当降低。此外还发展了一些低钴、无钴、低镍的马氏体时效钢，从而使钢材的成本大幅度的下降，扩大应用面。

马氏体时效钢中的碳含量很低。事实上，碳在马氏体时效钢中是杂质，要尽量保持在低的含量。钢中含有大量的Ni、Co，所以该类钢的价格很高。此外还含有一定数量的Mo、Ti、Al。马氏体时效钢不同于超高强度钢，它不是由于含碳而硬化的，而是由于很低含碳量的马氏体基体时效硬化时，产生金属间化合物并沉淀而硬化。马氏体时效钢主要适用于制作铝合金压铸模、精密锻模、冷挤压模以及精密塑料模。

4.2 热作模具材料的热处理

4.2.1 低耐热高韧性热作模具钢的热处理

低耐热高韧性热作模具钢主要用于制造承受较大冲击载荷和工作应力的锤锻模、平锻机锻模、大型压力机锻模等。此类钢的碳质量分数一般控制在0.3%～0.5%，合金元素的质量分数一般小于5%，加入适量的Cr、Ni、Mn、Mo使钢的过冷奥氏体稳定，获得较好的淬透性和力学性能，加入V、Mo可以细化晶粒，改善钢的热强性和抑制回火脆性，并能形成特殊碳化物提高钢的耐磨性能。其退火工艺、淬火和回火工艺如表4-4、表4-5所示。

表4-4 低耐热高韧性热模具钢的退火工艺

钢　号	加热温度/℃	加热温度下保温时间/h	等温温度/℃	等温温度下保温时间/h	硬度(HB)
5CrNiMo	760～780	4～6	760～780	2～4	241～197
5CrMnMo	750～770	2～4	680～710	4～5	229～185
4CrMnSiMoV	770～790	1～2	680～700	3～4	255～207
5CrNiMoV	780～800	2～3	670～720	2～3	241～197
5Cr2NiMoV	770～790	2～4	680～700	4～5	229～197

表 4-5 低耐热高韧性热模具钢的淬火、回火工艺

钢号	淬火			回火			
	加热温度/℃	冷却介质	硬度(HRC)	模具尺寸	加热温度/℃	保温时间/h	硬度(HRC)
5CrNiMo	830～860	油	52～58	小型	480～520	1～2	40～45
				中型	530～560		38～42
				大型	540～580		35～40
				特大型	550～600		32～37
5CrMnMo	820～850	油	53～58	小型	490～530	1～2	40～45
				中型	520～560		38～42
				大型	530～580		35～40
				特大型	540～600		32～37
4CrMnSiMoV	850～880	油	54～58	小型	520～580	1～2	43～49
				中型	580～630		40～44
				大型	610～650		37～42
				特大型	620～660		36～40
5CrNiMoV	830～880	油	53～60	小型	500～540	1～2	40～45
				中型	580～600		38～42
				大型	590～620		35～40
				特大型	600～630		32～37
5Cr2NiMoV	950～980	油	55～60	小型	510～550	1～2	40～45
				中型	590～610		38～42
				大型	620～640		35～40
				特大型	630～650		32～37

退火的冷却条件对退火的硬度和组织有一定的影响。如果冷却速度太快，钢中合金渗碳体来不及长大聚集，冷却下来的颗粒细小，且还会出现部分的片状珠光体组织，致使球化不完全，且退火硬度较高，不易进行切削加工。若冷却过慢，合金渗碳体聚集长大，颗粒粗大或形成粗片状珠光体使退火硬度偏低，也不利于切削加工，对以后的淬火和回火后使用效果将产生影响。工业生产中冷却速度常控制在不大于30℃/h。

该类钢必须在保证表面不受氧化脱碳的环境下缓慢升温加热，并在600～650℃保持一定时间，以减少模具的变形开裂。对于形状复杂的模具可采用分级淬火或等温淬火的方法来减少淬火变形。

4.2.2 中耐热韧性热作模具钢的热处理

该类钢具有优秀的综合力学性能，从室温到650℃，具有较高的强度和韧性，不但可用来制造热作模具，还可用来制造高强韧性结构件；具有优良的淬透性，截面尺寸较大的模具(ϕ100)，也可以采用空气淬火，得到要求的硬度，故又称之为空冷硬化热作模具钢；具有优异的抗热疲劳性能，特别适用于制造温度频繁急剧变化的热作模具，如压铸模具和采用水冷却的热挤压模具等，在所有的热作模具材料中，含5%铬的热作模具钢具有最高的疲劳强度；具有良好的热稳定性，其高温硬度、高温强度、抗回火稳定性虽然稍逊于钨钼系的高合金模具钢，但比一般低合金模具钢高得多，高温韧性则优于钨钼系的高合金模具钢；中温下具有良好的抗氧化性和耐液态金属冲蚀性能。与上述低合金高韧性热作模具钢相比，此类钢的碳含量降低，碳质量分数一般控制在0.3%～0.4%，合金元素含量增加，合金元素的质量分数通常在5%～10%，加入适量的Cr、Mo使钢的过冷奥氏体稳定，获得较好的淬透性，加入V、Mo可以细化晶粒，改善钢的热强性和抗过热敏感性，并能形成特殊碳化物提高钢的耐磨性能。经淬火和高温回火后具有明显的二次硬化现象。其退火工艺、淬火和回火工艺如表4-6、表4-7所示。

表 4-6 中耐热韧性热模具钢的退火工艺

钢　　号	加热温度/℃	保温时间/h	硬度(HB)
4Cr5MoSiV	860～890	2～4	207～229
4Cr5W2SiV	850～880	3～4	207～229
4Cr5MoWSiV	870～890	2～4	207～229
4Cr5MoSiV1	880～900	3～4	207～229
4Cr3Mo3VSi	860～880	2～4	241～197

表 4-7 中耐热韧性热模具钢的淬火和回火工艺

钢号	加热温度/℃	冷却介质	硬度(HRC)	两次回火温度/℃	回火硬度(HRC)
4Cr5MoSiV	1020～1050	油、空气	52～54	530～560	47～49
4Cr5W2SiV	1020～1050	油、空气	53～56	560～580	47～49
4Cr5MoWSiV	1025～1050	油、空气	53～55	600～620	48～50
4Cr5MoSiV1	1020～1050	油、空气	53～55	580～600	47～50
4Cr3Mo3VSi	1160～1200	油、空气	52～56	560～580	50～54

为了防止淬火加热时模具表面的氧化脱碳，最好采用可控气氛热处理炉，真空热处理炉或盐浴炉进行加热。若采用空气炉加热，需要采用装箱淬火，在箱中填充铁屑、木炭等填料进行保护，对填充材料要慎重选择，以防止模具表面脱碳或渗碳。在进行盐浴加热时，为了减少变形，推荐在 650℃和 850℃的盐浴中进行两次预热。

该类模具钢的使用硬度一般在 40～50HRC 之间，根据模具的工作条件决定。当制造冲击载荷较大的模具时，为了提高模具的冲击韧度和断裂韧度，往往采用下限的硬度值。当制造磨损较严重的重载模具时，则采用上限硬度值。为了得到较好的综合力学性能和稳定的组织，该类钢一般采用二次回火，第二次的回火温度比第一次的回火温度低 20～30℃。该类模具钢随着回火温度的提高，出现二次硬化现象，而此硬化峰一般出现在 550℃左右。当采用较高温度淬火时，钢中的合金碳化物更多地固溶到基体组织中，回火时析出的合金碳化物数量增多，二次硬化现象更为显著。

4Cr5MoSiV1（H13）淬火、回火后的组织如图 4-1 所示。该钢在锻造时应锻造充分，否则会有碳化物偏析，如图 4-2 所示。

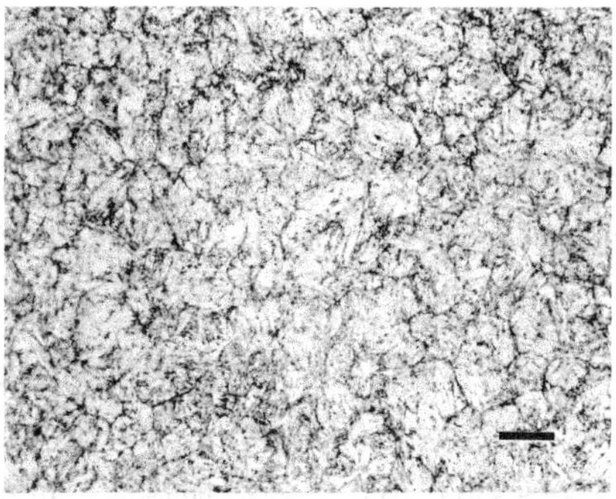

图 4-1　H13 钢淬火、回火后的组织

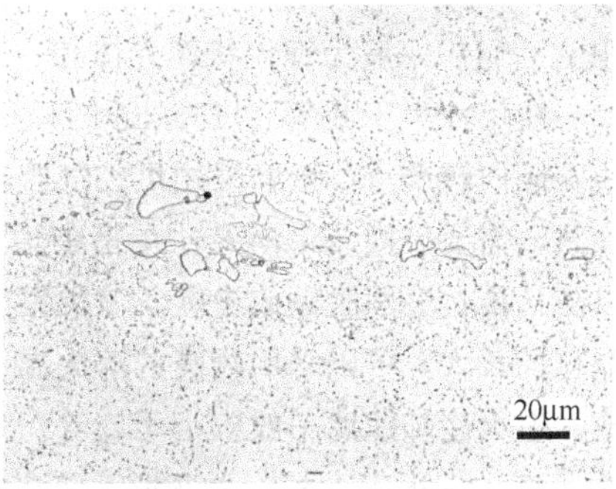

图 4-2　H13 钢中的碳化物偏析

4.2.3　高耐热性热作模具钢的热处理

高耐热性热作模具钢主要用来制作压铸模、热挤压模、压型模等。由于模具与高温工件接触时间较长，因此模具升温较高，易造成模具型腔堆塌、磨损、表面氧化和热疲劳。因此

要求该类模具材料具有较高的高温性能如热强性、热疲劳、回火抗力、热稳定性等。尤其以高温强度、回火稳定性和断裂韧度为主要考虑指标。该类钢以钨钼系热作模具钢为主，由于这类钢中钨、钼含量高，辅以适量的钒，具有明显的二次硬化效应，具有较高的强度、硬度、抗回火稳定性和热强性，能在 600～650℃长期服役，但韧性和抗热疲劳性能较前述钢差。该类钢的退火工艺、淬火和回火工艺如表 4-8、表 4-9 所示。

表 4-8　高耐热性热作模具钢的退火工艺

钢号	加热温度/℃	保温时间/h	硬度(HB)
3Cr2W8V	820～840	2～4	217～241
3Cr3Mo3W2V	870～890	4～6	197～241
5Cr4Mo2W2VSi	870～890	2～4	207～229
5Cr4W5Mo2V	860～880	2～4	217～255
5Cr4Mo3SiMnVAl	840～860	4～6	217～255
4Cr3Mo2NiVNbB(HD)	840～860	3～5	217～255
4Cr3Mo3W4VNb(GR)	840～860	2～4	217～255
6Cr4Mo3Ni2WV	800～820	2～3	217～255

表 4-9　高耐热性热作模具钢的淬火、回火工艺

钢号	淬火			回火		
	加热温度/℃	冷却介质	硬度(HRC)	加热温度/℃	保温时间(两次)/h	硬度(HRC)
3Cr2W8V	1100～1150	油或空气	50～55	560～580	2～3	48～52
3Cr3Mo3W2V	1050～1090	油或空气	55～57	600～630	2～3	53～56
5Cr4Mo2W2VSi	1080～1120	油或空气	60～62	600～640	2～3	53～56
5Cr4W5Mo2V	1100～1140	油或空气	59～61	600～630	2～3	54～56
5Cr4Mo3SiMnVAl	1090～1120	油或空气	60～62	600～620	2～3	53～56
4Cr3Mo2NiVNbB	1120～1140	油或空气	62～65	650～700	2～3	51～55
4Cr3Mo3W4VNb	1160～1200	油或空气	62～63	620～640	2～3	50～54
6Cr4Mo3Ni2WV	1100～1160	油或空气	62～64	620～640	2～3	51～55

退火后组织一般为细粒状珠光体和一定数量的合金碳化物，可切削性稍差。这类钢的淬透性较高，一般尺寸小于或等于 150mm 的模具可以采用空冷淬火。由于该类钢中钼含量都比较高，氧化脱碳倾向较严重，最好采用可控气氛热处理炉，真空热处理炉或盐浴炉进行加热。若采用空气炉加热，需要采用装箱淬火，在箱中填充铁屑、木炭等填料进行保护，对填充材料要慎重选择，以防止模具表面脱碳或渗碳。该类钢中大都含有钒，钢中存在大量弥散的 MC 型碳化物，能抑制晶粒的长大，可以采用较高的淬火温度。淬火后组织一般为马氏体、残余奥氏体和合金碳化物组成。退火冷却速度一般应小于或等于 30℃/h，冷至小于或等于 500℃出炉空冷。

为了减少淬火应力和淬火变形，淬火加热时可先在 800～850℃预热，淬火加热后，可在空气中预冷至 900～950℃，然后进行分级淬火。当采用盐浴加热时，淬火温度应先用下限温度。

这类钢在 500～550℃左右回火时，由于析出大量的弥散合金碳化物，具有强烈的二次硬化现象。一般采用两次回火，以使在第一次回火冷却过程中残余奥氏体转变成的马氏体得到充分回火，获得稳定的回火组织。

4.2.4 奥氏体耐热模具钢的热处理

Cr-Mn-Ni 系奥氏体耐热钢主要有 5Mn15Cr8Ni5Mo3V2 和 7Mn10Cr8Ni10Mo3V2 等，当温度高于 650℃时，奥氏体型热作模具钢比马氏体型热作模具钢具有更高的强度和硬度。奥氏体型热作模具钢与 3Cr2W8V 钢的高温强度比较见图 4-3。

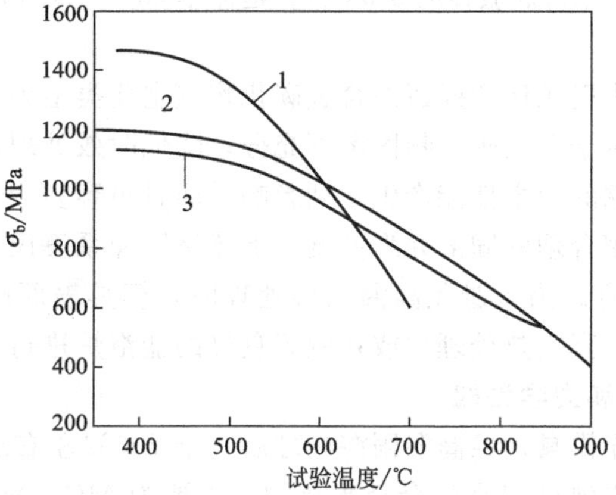

图 4-3 高锰奥氏体热作模具钢与 3Cr2W8V 钢的高温强度比较

1—3Cr2W8V；2—7Mn10Cr8Ni10Mo3V2；3—5Mn15Cr8Ni5Mo3V2

当模具工作温度为 700～800℃时，采用铬锰镍系奥氏体耐热模具钢，可以充分发挥其热强性高的特点，取得良好的使用效果。

4.2.4.1 钢的退火

由于铬锰镍系奥氏体热作模具钢中锰和碳的含量都比较高，切削加工时加工硬化现象十分严重，难以进行切削加工。为了改善其切削加工性能，对铬锰镍系热作模具钢采用高温退火处理（过时效处理），通过在 860～880℃，保温 4～8h 后炉冷，使钢硬度保持在 30HRC 左右，可以显著改善其切削加工性能。随着保温时间的延长，钢的硬度逐渐下降。这主要是由于在高温下长期保温，使钢中固溶的碳大量析出，形成合金碳化物（主要类型为 $M_{23}C_6$、M_7C_3、MC 三种）。随着温度的升高和保温时间的延长，析出的碳化物不断的聚集长大，从而减弱了钢的加工硬化和弥散硬化的作用，降低了硬度，改善了切削加工性能。

但是随着碳化物的大量析出，特别是沿晶界析出的碳化物，在导致强度和硬度下降的同时也使钢的韧性下降。所以在切削成型以后，模具必须再进行适当的固溶和时效处理，以得到要求的力学性能。

铬镍锰系奥氏体热作模具钢的退火工艺与退火硬度的关系见表 4-10。

表 4-10 7Mn10Cr8Ni10Mo3V2 钢退火工艺与硬度的关系

退火温度/℃	在下列保温时间后的硬度(HRC)		
	1.5h	3.0h	4.5h
760	34.5	35.2	35.0
800	34.2	33.2	31.0
840	32.2	33.5	29.7
880	33.2	31.3	29.5

4.2.4.2 钢的固溶处理

奥氏体型热作模具钢一般采用高温固溶处理，固溶处理温度一般为 1050～1200℃，保温 30～

60min，然后快速冷却。通过固溶处理，可以把大部分的合金碳化物固溶到奥氏体基体中去，固溶温度越高，保温时间越长，合金碳化物也就溶解的越多，固溶处理后的硬度越低，固溶以后时效处理时时效硬化现象也就越强烈。经固溶处理后，钢的硬度一般为 20HRC 左右。固溶处理后，钢的强度下降，而塑性、韧性显著上升。如 7Mn10Cr8Ni10Mo3V2 钢经 1150℃固溶处理后，室温性能为抗拉强度 900MPa，条件屈服强度 500MPa，延伸率 46%～50%，断面收缩率 50%～52%，冲击值 250～270J/cm^2。

固溶处理后的组织为奥氏体和残留的合金碳化物（主要类型为 M_7C_3 和 MC 型碳化物）。固溶处理温度过低，会由于合金碳化物固溶不充分，降低时效处理后的硬度。温度过高，使奥氏体晶粒粗大，会对钢的力学性能产生不利影响，而且更容易产生氧化和脱碳现象。为了保证模具的性能，应选用合理的固溶处理温度，上述铬锰镍系奥氏体热作模具钢的固溶处理温度以 1050～1100℃为宜。为了避免高温固溶处理时，模具表面产生氧化、脱碳现象，应选用可控气氛热处理炉、真空热处理炉或在脱氧良好的盐浴炉进行处理。

4.2.4.3 钢的时效处理和力学性能

铬锰镍系奥氏体热作模具钢经高温固溶处理后，于 700℃左右进行时效处理，在奥氏体基体组织上会析出大量弥散度很高的合金碳化物（主要为 MC、M_7C_3、$M_{23}C_6$ 三种类型），从而急剧地提高了钢的强度和硬度，由于以 VC 为主的 MC 型碳化物硬度很高（约 3000HV），提高了钢的耐磨性。这类钢也具有很高的抗回火稳定性，经过 800℃时效处理，5Mn15Cr8Ni5Mo3V2 钢的硬度仍能保持在 42HRC 左右，远远超过了高合金钨钼系热作模具钢的热稳定性。

铬锰镍系奥氏体热作模具钢热处理后的室温力学性能与 3Cr2W8V 钢对比见表 4-11。

表 4-11 铬锰镍系奥氏体热作模具钢与 3Cr2W8V 的力学性能对比

钢号	热处理工艺	硬度(HRC)	抗拉强度/MPa	延伸率/%	断面收缩率/%	冲击值/(J/cm^2)
5Mn15Cr8Ni5Mo3V2	1180℃固溶＋700℃，4h 时效	45.6	1384	15.3	32.8	35
7Mn10Cr8Ni10Mo3V2	1050℃固溶＋700℃，4h 时效	44.5	1310	8.8	27.1	20
3Cr2W8V	1100℃油淬火，580℃回火	49	1650	9	37.0	28

4.2.5 马氏体时效模具钢的热处理

马氏体时效模具钢含碳量极低（质量分数≤0.03），含镍量高（质量分数＞10%），时效硬化型模具钢首先通过固溶处理，再切削加工，最后时效硬化来解决模具硬度、精度、加工工艺性能之间的矛盾。

4.2.5.1 物理冶金

马氏体时效钢在冷却时奥氏体转变为马氏体，在加热时马氏体反转变为奥氏体。达到 M_s 温度和形成马氏体以前没发生相变。大件即使很慢的冷却也只产生马氏体，没有由于尺寸截面淬透性不足的问题。钢中残留的合金元素自然要显著改变 M_s 温度。但是不依赖于冷却速度的特性是不变的。对于 18Ni 马氏体时效钢，M_s 温度大致在 200～300℃，同时室温时钢是完全马氏体。对于 06Ni6CrMoVTiAl 钢而言，M_s 为 512℃，而 M_f 为 395℃，即由于钢中碳含量低，而镍含量又低，使马氏体转变温度区间明显地提高。

18Ni 马氏体时效钢的时效硬化是在约 480℃热处理几小时后就形成的。在此阶段中，平衡相图是很重要的。即在480℃延长保持时间，组织趋向平衡相——初生铁素体和奥氏体。但是，造成硬化的沉淀反应比产生奥氏体和铁素体的反向反应快得多。该钢的最佳时效温度为520～540℃。

马氏体时效钢时效软化，通常是由于：①过时效而粗化了金属间化合物的质点；②反向反应转变为奥氏体，约为50%。

马氏体时效钢在标准热处理后通常没有奥氏体，但是有时也形成很少奥氏体。例如，如果马氏体时效钢用于压铸铝合金的模具要求过时效时，材料在使用前进行稍微的过时效。这样使服役时过时效最小，形成最小的表面拉应力。也可用充分的过时效形成大量的反向反应的奥氏体作为中间处理来促进冷加工的效果，或在热加工时和特大件最终时效时减小温度梯度的影响。

经过过时效的马氏体时效钢，抗脆性断裂和应力腐蚀开裂的能力炉与炉之间不同。所以难以推荐一种规定的过时效处理工艺，以产生一致的力学性能。一般来说，如果要求规定的屈服强度，应用常规时效产生这种屈服强度的马氏体时效钢比过时效的较高强度的合金更好。

4.2.5.2 热处理

标准的18Ni马氏体时效钢常规热处理和力学性能见表4-12。具有较高含钛量的合金，约在900～1100℃保温后容易在奥氏体晶界上形成TiC膜。在最终时效硬化时，这种膜能严重地使合金脆化，导致沿原始奥氏体晶界出现低能断裂。对于所有成分的马氏体时效钢应避免在这个温度范围内延长退火时间。

(1) 固溶处理

18Ni马氏体时效钢的固溶温度如表4-12的表注所示，保温时间按每25mm截面尺寸进行固溶退火（奥氏体化）1h。固溶处理采用可控气氛热处理炉，可使表面损坏达到最小；一般应用干燥氢气或者分解氨气。对于18Ni钢，退火后冷却速度的作用很小，因为它对显微组织或性能没有影响。

表4-12 标准18Ni马氏体时效钢的热处理和典型的力学性能

钢号	热处理	抗拉强度/MPa	屈服强度/MPa	50mm标距内的延伸率/%	断面收缩率/%	断裂韧度/$MPa \cdot m^{\frac{1}{2}}$
18 Ni(200)	A	1500	1400	10	60	155～200
18 Ni(250)	A	1800	1700	8	55	120
18 Ni(300)	A	2050	2000	7	40	80
18 Ni(350)	B	2450	2400	6	25	35～50
18 Ni(Cast)	C	1750	1650	8	35	105

注：A—820℃固溶热处理1h，然后在480℃时效3h；B—820℃固溶处理1h，然后在480℃时效2h；C—在1150℃退火1h，在595℃时效1h，820℃固溶处理1h，并在480℃时效3h。

(2) 时效硬化

通常在455～540℃进行3～12h的时效硬化，在典型的时效温度480℃处理时，钢种18Ni(200)、18Ni(250)和18Ni(300)保温3～6h，而18Ni(350)保温6～12h。350级的钢在495～510℃时效3～6h。用于压铸膜时，在约530℃温度下时效。对于06Ni6CrMoVTiAl钢的时效温度一般选择在500～550℃，时效4～8h。

时效处理后，18Ni(200)钢发生长度收缩0.04%，18Ni(250)发生收缩为0.06%，18Ni(300)和18Ni(350)却发生0.08%收缩。而06Ni6CrMoVTiAl钢时效收缩为0.02%。值得指出，在时效硬化时，这些很小的尺寸变化使得许多马氏体时效钢件可以在固溶处理条件下精加工，加工完的零件能在时效硬化后不需再加工。还有，由于时效硬化时尺寸变化

（收缩）有一定规律，对于要求更高的尺寸精度的模具或零件，可以在时效之前，留出时效硬化时收缩的余量。

马氏体时效钢的时效强化效应是很大的，而且也是比较迅速的，例如，18Ni(250) 在固溶状态下硬度为28HRC，但是在480℃保温3min，硬度就提高至43HRC，若保温3h或更长，则硬度可达52HRC。对于典型的18Ni马氏体时效钢而言，其时效强化机理是：在时效过程中，由于析出相为细小的沉淀微粒 Ni_3Ti 和条状的沉淀物 Ni_3Mo。在 Ni_3Mo 中有Mo、Ni、Fe、Co等元素复合存在，即应该是（Ni、Fe、Co)$_3$Mo。正由于这些析出相都是以细小的微粒均匀的分布在基体中，从而使得钢显著的强化。在时效过程中，亚稳的 Ni_3Ti 附近的有序区域的发展造成Ti在时效中的时效硬化作用，而在过时效中，Ni_3Ti 将变成Widmanstätten型的沉淀。Mo在时效过程中的强化作用，是由于形成面心立方的圆盘状区域造成的，在过时效中它将变成球状的 Fe_2Mo 微粒。

4.2.5.3 热处理后的情况

马氏体时效钢固溶处理后，可以进行精加工，所以一般只要考虑时效过程对模具表面质量的影响。时效温度较低，氧化不严重。为了除去时效处理形成的氧化膜，可以用磨削或抛光，也可以用喷砂处理。18Ni马氏体时效钢还能在硫酸中侵蚀或先在硝酸加氟氢酸中二次侵蚀来进行化学清洗；与常规钢一样必须注意避免过度侵蚀。

4.3 新型热作模具钢热处理案例

案例1 5Cr2钢（5Cr2NiMoVSi）

(1) 性能特点及应用范围

该钢成分见表4-1。其设计是针对传统热作模具钢的不足而进行的。它具有淬透性好，热稳定性高，冷热疲劳性能优，等向性能高等特点。适合于制造大截面压力机模具和模锻锤模具。

(2) 物理性能

① 临界点　钢的临界点用18AVFR-Z型电子膨胀仪测定，加热温度为985℃，加热和冷却速度为200℃/h，其结果如下：$A_{c1}=750℃$，$A_{c3}=874℃$，$A_{r3}=751℃$，$A_{r1}=623℃$，$M_S=243℃$。

钢的 *TTT* 曲线用热磁仪测定，加热温度为985℃，时间为20min，晶粒度为9～10级。贝氏体转变区较低，B_s 点约为440℃，比5CrNiMo低约80℃，M_s 点为243℃，高于5CrNiMo约20℃。

② 室温热物理性能　比热容为0.5J/(g·℃)，热导率为0.335W/(cm·℃)。

(3) 热加工工艺及力学性能

① 锻造工艺　5Cr2钢的始锻温度为1200℃，终锻温度为900℃，试验表明，钢的加热温度较宽，模块锻件最终质量检验合格率97%以上。

② 退火工艺　通过试验，最后确定5Cr2钢的等温退火工艺为780～820℃加热，保温1h，炉冷至710～730℃，保温2～3h。退火硬度为220～230HBS。退火组织为粒状珠光体加少量未溶碳化物。碳化物均匀分布在晶粒内部。少量分布在晶界上，大小不一，晶界比较纯净。

③ 淬火、回火工艺及力学性能。

a. 硬度　不同截面的试验钢和5CrNiMo钢，分别经985℃、860℃油淬和缓冷，再经不同温度回火，试验钢在回火过程中具有二次硬化效应。在500～600℃范围内出现二次硬度峰值为 51～52HRC。随冷速变小，硬度峰值越明显，残余奥氏体越稳定，硬度峰值越向高温侧移动。在 550℃以下回火，回火马氏体硬度最高。当回火温度高于 550℃时，回火贝氏体硬度逐渐逼近甚至略高于回火马氏体。

b. 室温强度、塑性和冲击功　拉伸及冲击功试样尺寸分别为 ϕ6mm×50mm、10mm×10mm×55mm，后者采用 Charpy V 型缺口。试验钢的 σ_b 与 HRC 之间具有良好的对应关系；在 400℃以下回火，ψ、C_v 随回火温度的升高而增大，此时残余奥氏体量并无明显变化，可阻止裂纹的扩展。在 500℃以上回火，保温时残余奥氏体部分地分解，回火空冷时尚未分解的奥氏体进行孪晶马氏体转变，使 ψ、C_v 均降低，导致高温回火脆化。为了强韧性配合好，奥氏体晶粒不粗于 10～11 级。

c. 室温断裂韧度　采用三点弯曲试验，试样尺寸为 15mm×30mm×150mm。在 500～600℃回火后，有明显的回火脆化。回火时 K_{Ic}值的变化同 C_v 的变化趋势相同。试验钢及 5CrNiMo 钢经直接淬油后回火至 44HRC，两者 K_{Ic}几乎相同。

d. 高温硬度　试样尺寸为 10mm×10mm×20mm。试验钢经 985℃直接淬油后回火到 44HRC，高温硬度见表 4-13。从高温硬度随试验温度变化可看出，在 500～550℃范围内硬度大幅度下降。

表 4-13　高温硬度值

试验温度/℃	300	400	500	550	600
高温硬度(HV)	418	374	303	238	207

e. 高温强度和塑性　试验结果表明，随试验温度的提高，不论回火温度的高低，也不论冷速的快慢，5Cr 钢 σ_b 不断下降，ψ 逐渐增大；5Cr2 试验钢的强度不因冷速不同而改变，σ_b 随回火温度的提高而不断下降，ψ 则反之。

f. 冷热疲劳性能　试样厚度为 2mm，采用 V 形缺口。试验钢、5CrNiMo 钢分别经 989℃、860℃直接淬油并回火至 43～44HRC。试验温度为 650℃。试验结果（如表 4-14 所示）表明，试验钢冷热疲劳性能高于 5CrNiMo 钢。

表 4-14　冷热疲劳性能

钢种	热处理工艺	硬度(HRC)	在下列循环次数的裂纹长度/mm		
			200 次	500 次	800 次
5Cr2NiMoVSi	985℃+630℃×2h+605℃×2h	43.3	0.35	1.1	1.4
5CrNiMo	860℃+525℃×2h+500℃×2h	42.8	0.55	1.3	—

g. 抗回火稳定性　试验钢、5CrNiMo 钢分别 985℃、860℃油淬，两种钢均回火至 41～44HRC 后在 650℃下保温，考察保温时间对硬度的影响，试验结果表明，在 650℃下加热 12h 后，试验钢硬度值较 5CrNiMo 钢高出 10HRC 左右，试验钢抗回火稳定性优于 5CrNiMo 钢。

案例 2　H13 钢（4Cr5MoSiV1）

H13 钢的化学成分见表 4-1，它是我国从国外引进的钢种之一。具有较高的热强度和硬度，是国外通用的中温（≤600℃）热作模具钢。在中温下具有高的耐磨性和韧性，且有较好的耐冷热疲劳性能。由于该钢具有良好综合性能，可广泛适用于制造模锻锤的锻模，热挤压模具与芯棒，锻造压力机模具，精锻机模具镶块以及铝、铜、锌及其合金的压铸模。

（1）物理性能

H13 钢的物理性能见表 4-15。

(2) 退火工艺

H13 钢退火工艺为 860～890℃加热，保温 3～4h，随炉冷却至 500℃以下后空冷，硬度≤229HB。

(3) 淬火、回火工艺与力学性能

H13 钢淬火、回火工艺与力学性能，见表 4-16、表 4-17、表 4-18。

表 4-15 H13 钢物理性能

临界点(近似值)/℃						密度/(g/cm³)
A_{c1}	A_{c3}	A_{r1}	A_{r3}	M_s	M_f	
860	915	775	815	340	215	7.76

温度/℃	20	300	500	700
弹性模量(E)/MPa	210000	195000	170000	160000

温度/℃	20～100	20～200	20～300	20～400	20～500	20～600	20～700
线膨胀系数(α)/($\times10^{-6}$/℃)	9.1	10.3	11.5	12.2	12.8	13.2	13.5

温度/℃	20	200	500	700
热导率(λ)/[W/(cm·℃)]	0.31	0.30	0.29	0.28

表 4-16 H13 钢的淬火工艺

淬火温度/℃	冷却			硬度(HRC)
	介质	介质温度/℃	冷却终温	
1020～1050	油或空气	20～60	室温	56～58

表 4-17 H13 钢的回火工艺

回火目的	回火温度/℃	加热设备	冷却	回火硬度(HRC)
消除应力、降低硬度	560～580①	熔融盐浴或空气炉	空气	47～49

① 通常采用两次回火，第二次回火温度应比第一次低 20℃。

表 4-18 H13 钢的力学性能

热处理工艺/℃	抗拉强度/MPa	屈服强度/MPa	延伸率/%	断面收缩率/%	冲击韧度/J·cm⁻²
1000～1040 油淬，580～600 回火	1600～1800	1400～1500	9～12	45～50	40～50

(4) 典型应用实例及效果

H13 钢典型应用实例及效果，见表 4-19。

表 4-19 4Cr5MoSiV 和 4Cr5MoSiV1 钢早期推广应用效果

钢　号	1989—1990 年总用量/t	典型模具名称	比 5CrNiMo 钢模具提高寿命/%	备　注
4Cr5MoSiV	186.96	连杆及盖等 12 种模具	74.82	平均值
4Cr5MoSiV1	7.008	凸轮轴模	94.3	四种模具平均为 94.1%
		滑动叉模	77	
		转向万向节	100.1	
		小连杆	105	

案例 3　3Cr2W8V 钢制热挤压模具的热处理

某厂羊角锤生产线上的主模具选用 3Cr2W8V 钢制造，先后由两大企业协助进行热处理，但自试车以来，从未生产出一件产品，试产中用铅料试压，或出现早期脆断，或出现型腔堆塌。因此，提高模具的使用寿命、使生产线尽快投产成为该厂的迫切需要。

(1) 分析与试验

① 失效分析　3Cr2W8V 是一种使用广泛的热挤压模具钢。尽管含碳量仅为 0.3%～0.4%，但由于合金元素含量较高，从退火组织上看该钢已属于过共析钢。3Cr2W8V 钢的传统热处理工艺为：1050～1150℃加热淬火、560～660℃回火，回火后组织为回火马氏体+碳化物，硬度大约为 40～48HRC。

该厂生产线上的模具内腔形状复杂，工作条件恶劣，在工作时要受到极大的压力和摩擦。同时，由于与被加工的高温金属长时间接触，工作温度可达 400～600℃，另一方面还要受到喷入型腔冷却剂的急冷作用，处于急冷急热状态，导致模具产生热疲劳。

从模具的失效形式——脆断和堆塌来看，导致失效的原因是韧度不足或强度（硬度）不够。如果排除材料本身和设计等方面的因素，这往往是由于热处理工艺不当造成的。

第一种可能是由于热处理工艺安排不当引起的。经了解，模具是由该厂进行成型加工的，即锻造后电火花成型加工，在锻造后没有进行球化退火，交由外协厂进行热处理时只提出了淬火和回火要求。由此分析，在模具的整个加工过程中少了一道重要的球化退火工序，这就有可能使晶粒粗大或残存内应力，影响模具的性能和使用寿命。

第二种可能是由于淬火或回火工艺本身不当引起的。如果淬火加热温度过高，碳及合金元素全部或大部分溶入奥氏体，淬火后马氏体中含碳量过高，使马氏体脆性和内应力加大，同时组织中残余奥氏体量增多，这时如果回火温度过低，则必然出现早期脆断。反之如果淬火加热温度过低而回火温度高，碳及合金元素溶入奥氏体较少，淬火后马氏体硬度不足，模具表面的硬度由于过度回火而软化到 30 HRC 以下时，容易发生塑性变形而堆塌。

② 试验方案　针对以上模具失效形式的分析，根据 3Cr2W8V 钢的成分和组织特点，对其热处理工艺进行改进，首先在锻造和淬火之间增加一道球化退火工序，其次对其淬火温度和回火温度进行优化，使模具既有一定的抗脆断能力，又具备模具工作所需要的硬度。根据已有经验，热挤压模具的性能指标在不影响模具的抗脆断能力及抗热疲劳能力的前提下，应尽可能提高模具的硬度。

(2) 退火

在淬火之前进行球化退火，3Cr2W8V 的 A_{c1} 温度 820℃，所以将退火加热温度定为 870℃。这主要是考虑 3Cr2W8V 的过共析钢组织特点，按照过共析钢的热处理工艺要求来做的，工艺参数见表 4-20。退火后的组织为球状珠光体和少量粒状碳化物，硬度为 210～220HBS，如图 4-4 所示。这可以消除锻造内应力，使 3Cr2W8V 钢淬火之前的组织更加合理，减小热处理变形或开裂的危险，为最终热处理做好组织准备。

表 4-20　3Cr2W8V 钢热挤压模具预备热处理工艺

工艺	加热温度/℃	保温时间/h	冷却方式	热处理后组织
球化退火	870	2	740℃等温 2h 后炉冷至 550℃出炉	球状珠光体和少量粒状碳化物

(3) 淬火与回火

根据上述对模具失效原因的分析可知，正确选择淬火加热温度和回火温度是解决 3Cr2W8V 钢热挤压模具失效问题的关键。先后处理了 10 余套模具，按不同的热处理工艺方

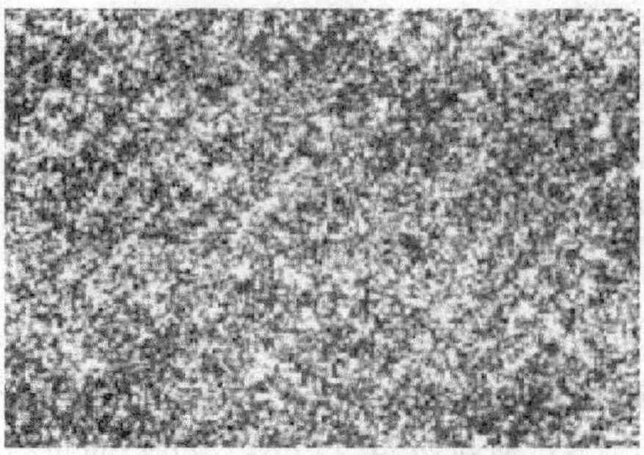

图 4-4　3Cr2W8V 钢的退火组织

法进行了试验，试验结果见表 4-21。通过试验，将淬火加热温度最终优化在 1100℃、保温 2h，油冷，淬火后硬度为 50～53HRC。

表 4-21　3Cr2W8V 钢热挤压模具在不同淬火与回火工艺下的试验结果

序号	淬火			回火			寿命/件	失效形式
	加热温度/℃	冷却方式	硬度(HRC)	回火温度/℃	保温时间	硬度(HRC)		
1	1050	油冷	52	600	2h	40～43	3000	堆塌
2	1050	油冷	52	580	2h	42～45	3500	堆塌
3	1150	油冷	55	580	2h	45～48	4000	开裂
4	1150	油冷	55	560	2h/3 次	47～50	4500	开裂
5	1100	油冷	53	600	2h/3 次	41～44	5000	磨损
6	1100	油冷	53	560	2h/3 次	45～48	7000	磨损

将淬火加热温度优化在 1100℃，保证了淬火后马氏体既有一定的硬度和强度，又不至于脆性过大。淬火后的组织为马氏体、粒状碳化物和少量残余奥氏体。为了减小变形，在加热时采用 450℃和 850℃二次预热，使其加热均匀化；由于没有盐浴加热设备，淬火加热是在箱式炉中进行的，炉子里放少量固体渗碳剂，防止氧化和脱碳，这对于含碳量只有 0.3%～0.4%的 3Cr2W8V 钢是非常重要的。

将回火工艺改进为：560℃回火 3 次，每次 2h，组织为回火马氏体和少量粒状碳化物。该工艺可以最大限度地消除残余奥氏体，降低内应力，提高模具的冲击韧度。同时可以使 W、V 等合金元素以极细的碳化物形式析出，造成二次硬化，提高模具的硬度，延长其使用寿命。

从表 4-21 中发现，第 3 种和第 6 种试验方法虽然硬度相同，但是使用寿命和失效方式都不同，这是由于第 3 种试验方法淬火温度高，回火次数少，导致马氏体分解不彻底，残余奥氏体转变不完全，因而模具内应力较高，冲击韧度较低，在使用中发生脆断。

3Cr2W8V 钢的预备热处理和最终热处理工艺曲线如图 4-5、图 4-6 所示。

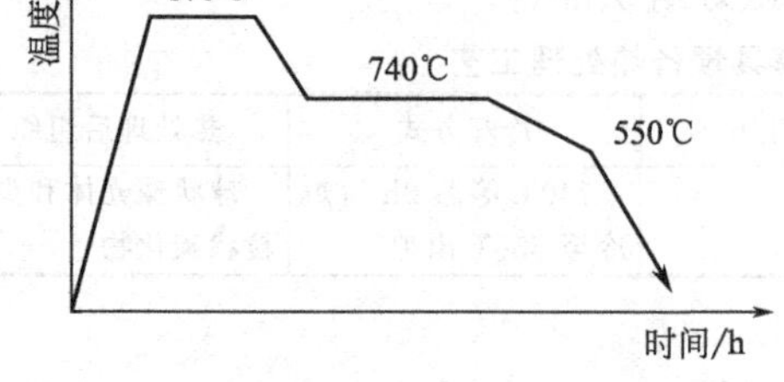

图 4-5　3Cr2W8V 钢热挤压模具预备热处理工艺曲线

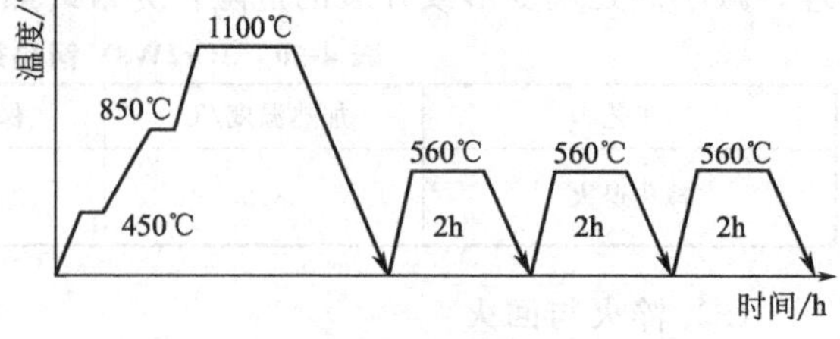

图 4-6　3Cr2W8V 钢最终热处理工艺曲线

经上述热处理工艺处理的 3Cr2W8V 钢制热挤压模具安装在生产线上，使用寿命达 6000～7000 件，为该厂解了燃眉之急，取得了较大的经济效益。

案例 4　5CrNiMo 钢热锻模热处理工艺的改进

该锻模发生表面破坏主要是由于飞边槽的桥部、凸台和工作型腔等部分磨损带的轮廓在闭合状态下发生不可逆变形。提高热锻模热处理质量就是在保证模具整体抗裂性能的前提下提高工作型腔的耐磨性。某热锻模材料为 5CrNiMo 钢，尺寸为 300mm×250mm×200mm，要求工作面硬度≥48～50HRC，变形量≤0.15mm。

(1) 常规工艺

为了使模具达到所要求的性能，通常采用图 4-7 所示的热处理工艺，淬火冷却到 200℃左右及时回火的目的在于保留较多的残余奥氏体，避免淬火开裂。但是由于热锻模蓄热量很大，当表面冷到 200℃左右出油时，心部温度仍很高，这样，心部大量的残余奥氏体在 500℃左右回火时会转变成珠光体或粗大的上贝氏体组织，这种组织难以最大限度地发挥材料强韧性的潜力，因此模具寿命普遍较低，使用中常出现早期脆性断裂、热疲劳裂纹、磨损等失效形式，一般锻模寿命仅 400～1200 件。

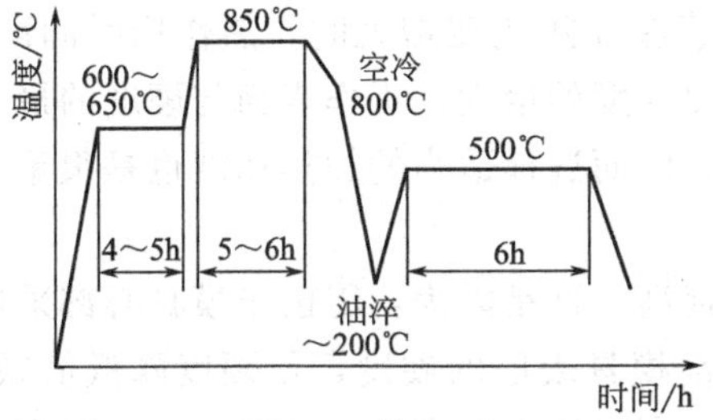

图 4-7　5CrNiMo 钢热锻模常规热处理工艺

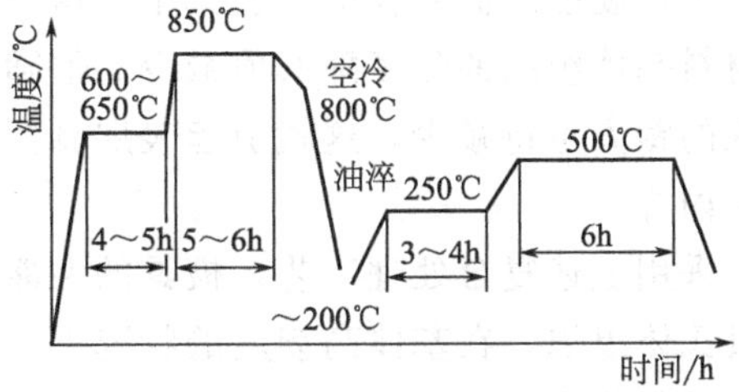

图 4-8　5CrNiMo 钢热锻模整体等温处理工艺

(2) 复合处理新工艺

采用图 4-8 所示热处理工艺，模具表面将得到 M/B、(马氏体/下贝氏体) 复相组织，可充分发挥下贝氏体的优势。资料表明，中碳及中碳合金钢的 $M/B_{下}$ 复相组织的强韧度不仅优于单相 M，也优于单相 $B_{下}$。由于下贝氏体组织在塑性良好的情况下有较高的强度，这样在硬度基本相同的情况下，冲击韧度会显著提高。每副模具可锻打 2600～2800 件，但型腔的耐磨性仍显得不足。

为了改善模具的耐磨性能，采用将模具整体等温处理到工作硬度后，再对工作型腔磨损最强烈的表层部分进行轮廓感应加热淬火，这种方法已在生产中取得了满意的使用效果。工作型腔为圆形或近似圆形的锻模，利用带有冷却水管的管状感应导体装置，在截面上产生轮廓感应加热淬火；对于工作型腔复杂的小尺寸模具，可借助带状感应导体来实现。经过这种处理后，可保证沿被淬火模具的型腔轮廓有足够均匀的硬度。

一般来讲，轮廓感应加热淬火的效果主要取决于模具钢的化学成分，即取决于奥氏体分解中间转变区的转变特征。对于 5CrNiMo 钢，其中间转变是按马氏体转变动力学析出 α 相开始的，α 相在中间转变的上部温度区长大，而在下部温度区发生自回火（α 相＋碳化物）。值得注意的是采用整体等温处理加轮廓感应加热淬火复合处理工艺，模具部分加热及其随后淬火是通过向冷模体强烈散热来实现的，这将导致在模具中形成特殊区域性的不均匀组织。从模具的表面向深处，硬度不是单调地降低，而是出现了如图 4-9 所示的

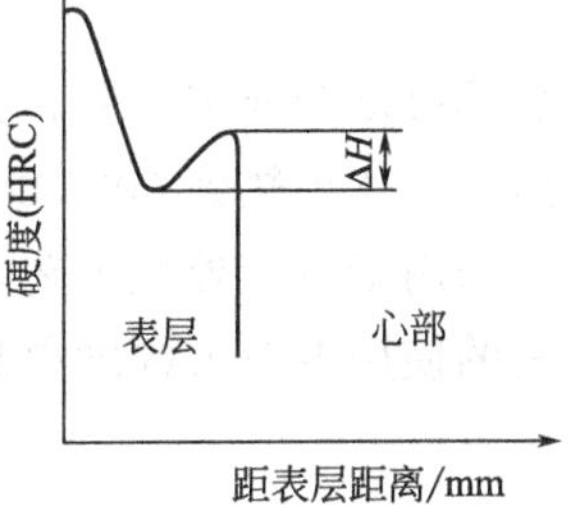

图 4-9　轮廓感应加热淬火低硬度区示意图

低硬度区。沿低硬度区及其附近会出现残余拉应力，在工作载荷作用下，残余拉应力极有可能诱发被强化模具型腔附近表层产生裂纹。

为了保证模具工作型腔所要求的承压能力，消除低硬度区的不利影响，则必须使低硬度区域离型腔表面尽可能的远，或者在此区域中硬度降低的程度尽可能小，可在轮廓感应加热淬火之前，先将模具整体预热到 500℃左右后再进行感应加热淬火。表 4-22 列出的数据表明，采用预热处理，可使由于轮廓感应加热淬火引起的硬度降低值减少，而模具工作表面与硬度的最大降低区的距离有所增加。

表 4-22　预热对轮廓感应加热淬火低硬度区的影响

预处理条件	感应淬火后表面最大硬度(HRC)	硬度降低值(HRC)	工作表面与硬度的最大降低区的距离/mm
经预热	57.8	3.4	9.2
未经预热	57.8	7.8	3.6

注：基体硬度为 48.2HRC。

另外，当选择模具轮廓感应加热淬火工艺参数时，应考虑感应加热速度，随感应加热速度增大，硬度降低的程度明显减小。这是因为，当感应加热速度增大时，热作用时间减少，使材料基体组织的强度降低值减少。但随着感应加热速度的增大，工作表面与硬度的最大降低区的距离也将减少，这就引起表层剥落倾向增加，因而选择适当的加热速度也是很重要的工艺内容。

采用上述复合处理工艺，模具的性能有明显的提高，这是因为：①由于模具心部采用了下贝氏体组织，在基体高韧度的状况下，进一步提高模具表层的硬度，使硬度降低值减少，阻止了强化层的剥落和沿模体主干裂纹的形成，也有利于模具耐磨性的提高；②可提高被淬火层组织中残余奥氏体的含量，在模具使用过程中，这些残余奥氏体可转变成高热稳定性和磨损抗力的形变马氏体。

(3) 实际应用

图 4-10 所示为 5CrNiMo 钢制成的热锻模具示意图，虚线为感应器感应导体的轮廓，整体等温处理到 48HRC，然后再预热到 480～500℃，再进行最终的轮廓感应加热淬火，这样可使模具型腔表面硬度达到 56～58 HRC，正常情况下，模具锻打 4300～4500 件才出现失效，大大提高了模具的使用寿命，经济效益明显增加。

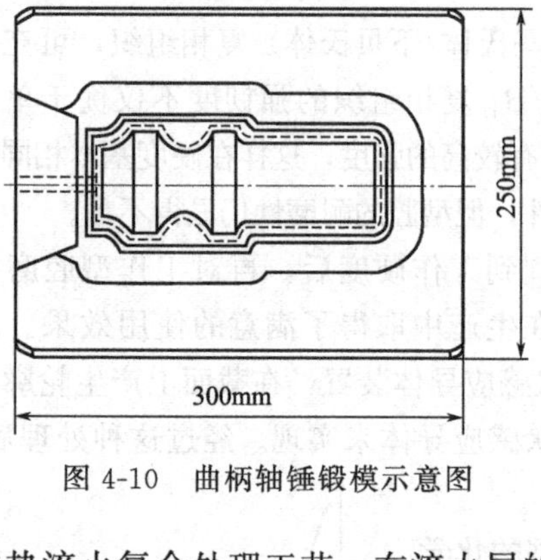

图 4-10　曲柄轴锤锻模示意图

5CrNiMo 钢热锻模采用整体等温处理加轮廓感应加热淬火复合处理工艺，在淬火层的边界附近形成一个低硬度区域。将模具于感应加热淬火之前先整体预热到 500℃左右是减小低硬度区不利影响的一种十分有效的方法。

采用新复合处理工艺，可使模具在强韧度提高的前提下，有效提高模具表层的硬度，使模具的使用寿命大幅度提高。

思考题

1. 归纳热作模具的工作条件及失效形式。

2. 热作模具的失效抗力指标主要有哪些？它与材料性能间的关系如何？
3. 常用锤锻模用钢有哪些？试比较 5CrNiMo 与 45Cr2NiMoVSi 钢的性能特点和应用范围有什么区别？
4. 确定锤锻模材料和工作硬度的依据是什么？
5. 5CrNiMo、5CrMnMo 钢制锤锻模淬、回火时应注意哪些问题？
6. 常用热挤压模具钢有哪些系列？举出各系列的典型钢种，并比较铬钢、铬钼钢和铬钨钼钢在性能、应用上的区别。
7. 有哪些基体钢可用于制作热作模具，其性能特点是什么？
8. 热挤压模的预先热处理方法有哪些？各用于什么场合？
9. 热挤压模对材料性能有哪些要求？其淬回火工艺制定应注意哪些问题？
10. 压铸模与其他热作模具相比，其工作条件对材料的性能要求有什么不同？
11. 比较压铸模用钢 3Cr3W8V 与 4Cr5MoSiV 的性能特点。
12. 选择压铸模材料的主要依据有哪些？
13. 分析 3Cr2W8V 钢制压铸模的热处理工艺特点。
14. 有哪些铜合金可以制造压铸模？与热作模具钢相比有哪些优点？
15. 热作模具钢的强韧化处理工艺方法有哪些？并分析其原理。
16. 热作模具钢是怎样分类的？写出常用热作模具材料的编号。
17. 影响热作模具材料热疲劳性能的因素有哪些？
18. 热作模具钢的化学成分有什么特点？
19. 热作模具材料的选用应考虑哪些主要因素？
20. 影响热作模具寿命的因素有哪些？提高热作模具寿命的措施有哪些？

5 塑料模具材料及热处理

塑料模具是塑料成型加工工业的重要工艺装备，自20世纪80年代以来，不少工业发达国家的塑料模具产值占模具工业总产值的第一位，其钢材耗用量大，品种规格多，专用塑料模具钢的出现和发展是最近一二十年来模具钢领域中发展的新动向。

5.1 塑料模具材料的分类及选用

随着塑料制品产量的提高以及应用领域的不断扩大，对塑料模具钢及模具材料提出了越来越高的要求，塑料模具正朝着高精度、高效率、长寿命方向发展，这些都有力地促进了塑料模具材料的飞速发展。

5.1.1 塑料模具材料的分类

根据塑料品种及制品的形状、尺寸、精度、产量、成型方法的不同，可选用的塑料模具材料品种繁多，不少工业发达国家已经形成了范围很广的塑料模具用材料系列，包括碳素结构钢、预硬型塑料模具钢、渗碳型塑料模具钢、时效硬化型塑料模具钢、耐蚀塑料模具钢、易切削塑料模具钢、整体淬硬型塑料模具钢、镜面抛光用塑料模具钢以及铜、铝合金等。塑料模具钢的分类及成分如表5-1所示。

表 5-1 塑料模具钢分类

钢号	化学成分(质量分数)/%							
	C	Si	Mn	Cr	Mo	W	V	其他
非合金型塑料模具钢								
SM45	0.42～0.50	0.17～0.37	0.50～0.80					
SM50	0.47～0.55	0.17～0.37	0.50～0.80					
SM55	0.52～0.60	0.17～0.37	0.50～0.80					
T8	0.75～0.84	≤0.35	≤0.40					
T10	0.95～1.04	≤0.35	≤0.40					
T12	1.15～1.24	≤0.35	≤0.40					
渗碳型塑料模具钢								
10	0.07～0.14	0.17～0.37	0.35～0.65	≤0.15	≤0.25			
20	0.17～0.24	0.17～0.37	0.35～0.65	≤0.25	≤0.25			
20Cr	0.17～0.24	0.17～0.37	0.30～0.60	0.60～0.90				
12CrNi2	0.10～0.17	0.17～0.37	≤0.40	4.50～5.50				Ni 1.50～2.20
12CrNi3	0.10～0.17	0.17～0.37	≤0.40	4.50～5.50				Ni 2.75～3.25
20CrMnTi	0.17～0.23	0.17～0.37	0.80～1.10	1.00～1.30				Ti 0.04～0.10
12Cr2Ni4	0.10～0.17	0.17～0.37	0.30～0.60	1.25～1.75				Ni 3.25～3.75
20Cr2Ni4	0.17～0.24	0.17～0.37	0.30～0.60	1.25～1.75				Ni 3.25～3.75

续表

钢号	化学成分(质量分数)/%							
	C	Si	Mn	Cr	Mo	W	V	其他
整体淬硬型塑料模具钢								
CrWMn	0.90～1.05	≤0.40	0.80～1.10	0.90～1.20		1.20～1.60		
9CrWMn	0.85～0.95	≤0.40	0.90～1.20	0.50～0.80		0.50～0.80		
9Mn2V	0.85～0.95	≤0.40	1.70～2.20				0.10～0.25	
Cr12MoV	1.45～1.70	≤0.40	≤0.40	11.00～12.5	0.40～0.60		0.15～0.30	
Cr12Mo1V1	1.40～1.60	≤0.60	≤0.60	11.00～13.0	0.70～1.20		≤1.10	Co≤1.00
4Cr5MoSiV1	0.32～0.45	0.80～1.20	≤0.40	4.75～5.50	1.10～1.75		0.80～1.20	
Cr2(GCr15)	0.95～1.10	≤0.40	≤0.40	1.30～1.70				
预硬型塑料模具钢								
40Cr	0.37～0.45	0.20～0.40	0.50～0.80	0.80～1.10	0.20～0.30			
3Cr2Mo	0.28～0.40	0.20～0.80	0.60～1.00	1.40～2.00	0.30～0.55			
3Cr2NiMnMo	0.28～0.40	0.20～0.80	0.60～1.00	1.40～2.00	0.30～0.55			Ni 0.80～1.20
4Cr5MoSiV1	0.32～0.45	0.80～1.20	≤0.40	4.75～5.50	1.10～1.75		0.80～1.20	
5CrNiMnMoVSCa	0.50～0.60	0.20～0.80	0.85～1.15	1.00～1.30	0.30～0.60		0.10～0.30	S 0.06～0.15,Ca 0.02～0.08
8Cr2MnWMoVS	0.75～0.85	≤0.40	1.30～1.70	2.30～2.60	0.50～0.80	0.70～1.10	0.10～0.30	S 0.06～0.10
5CrNiMo	0.50～0.60	≤0.40	0.50～0.80	0.50～0.80	0.15～0.30			Ni 1.40～1.80
5CrMnMo	0.50～0.60	0.25～0.60	1.20～1.60	0.60～0.90	0.15～0.30			
耐蚀塑料模具钢								
4Cr13	0.35～0.45	≤0.60	≤0.80	12.00～14.00				
9Cr18	0.90～1.00	0.50～0.90	≤0.80	17.00～19.00				
Cr14Mo	0.90～1.05	0.30～0.60	≤0.80	12.00～14.00	1.40～1.80			
Cr18MoV	1.17～1.25	0.50～0.90	≤0.80	17.50～19.00	0.50～0.80		0.10～0.20	
1Cr17Ni2	0.11～0.17	≤0.80	≤0.80	16.0～18.0				Ni 1.50～2.50
0Cr16Ni4Cu3Nb	≤0.07	<1.0	<1.0	15.00～17.00			Cu 2.5～3.5	Ni 3.00～5.00,Nb 0.20～0.40
时效硬化型塑料模具钢								
18Ni(250)	≤0.03	≤0.10	≤0.10		4.25～5.25	Co 7.0～8.0	Ti 0.3～0.5	Ni 17.50～18.5,Al 0.05～0.15
18Ni(300)	≤0.03	≤0.10	≤0.10		4.60～5.20	Co 8.5～9.5	Ti 0.5～0.8	Ni 18.00～19.0,Al 0.05～0.15
18Ni(350)	≤0.03	≤0.10	≤0.10		4.00～5.00	Co 11.0～12.7	Ti 1.2～1.45	Ni 17.00～19.0,Al 0.05～0.15
06Ni6CrMoVTiAl	≤0.06	≤0.60	≤0.50	1.30～1.60	0.90～1.20		0.08～0.16	Ni 5.50～6.50,Ti 1.0;Al 0.7
25CrNi3MoAl	0.20～0.30	0.20～0.50	0.20～0.50	1.20～1.80	0.20～0.40			Ni 2.50～3.00,Al 1.00～1.60
10Ni3CuAlMoS	0.06～0.16	≤0.35	1.40～1.70		0.20～0.50		Cu 0.8～1.2	Ni 2.80～3.40,Al 0.70～1.10

5.1.2 塑料模具材料的性能要求

由于塑料模具的使用条件不同，对塑料模具材料的使用性能要求也不尽相同。塑料模具材料一般以塑料模具钢为主。一般来说，塑料模具钢的性能应根据塑料种类、制品用途、成型方法和生产批量大小而定。除要求钢材应具有一定的强度、硬度、耐磨性和疲劳强度，以及热处理工艺简便，热处理变形小或者不变形外，还有以下一些要求。

① 切削加工性能　对于大型、复杂和精密的挤压和注射模具，通常预硬化到28～35HRC之间，再进行切削和磨削加工，至所要求的尺寸和精度后直接投入使用，从而排除了热处理变形、氧化和脱碳的缺陷。

② 镜面加工性能　激光盘和塑料透镜等塑料制品的表面粗糙度要求很高，主要由模具型腔的粗糙度来保证，一般模具型腔的粗糙度要比塑料制品的高一级。

模具钢的镜面加工性能与钢的纯净度、组织、硬度和镜面加工技术有关。高的硬度、细小而均匀的显微组织、非金属夹杂少，均有利于镜面抛光性提高。镜面抛光性能要求较高的塑料模具钢常采用真空熔炼或真空除气。

③ 图案蚀刻性能　某些塑料制品表面要求呈现清晰图案花纹，要求模具钢应具有良好的光刻性能。图案光刻性能对材质的要求与镜面抛光性能相似，钢的纯净度要高、组织要致密、硬度要高。

④ 耐腐蚀性能　含氯和氟的树脂以及在ABS树脂中添加抗熔剂时，在成型过程中将释放出腐蚀性的气体。故要求这类塑料模具材料要有一定的耐腐蚀性能或采用表面处理技术进行镀铬，或采用镍磷化学镀来提高模具钢的耐腐蚀性能。

⑤ 耐热性　由于塑料模具长期工作在150～250℃，因此要求其具有一定的抗热性能，在工作温度下不变形、不氧化。

⑥ 尺寸稳定性　为保证塑料制品的成型精度，塑料模具在长期的服役过程中的尺寸稳定性至关重要。因此要求塑料模具材料具有较低的热膨胀系数和稳定的组织。表5-2给出了几种塑料模具材料的热膨胀系数。

表5-2　部分塑料模具材料的热膨胀系数

材料牌号	45	55	P20	18Ni	QBe2	Zn-22Al	ZL101
温度范围/℃	20～400	20～400	20～400	—	20～30	20～300	20～300
$\alpha/10^{-6}K^{-1}$	13.1	13.4	13.7	10	17.6	24.2	24.5

由表5-2看出，钢、铜合金、铝合金、锌合金四种材料的热膨胀系数相比，钢的热膨胀系数最小，最小的是18Ni马氏体时效钢，铜合金次之，铝合金和锌合金的热膨胀系数最大。

⑦ 焊接性能　对于使用过程中磨损、开裂或因其他形式损坏的模具，应能够采用一定的焊接材料进行焊接修复，所选焊接材料应能尽量降低模具焊补时的预热温度，因此要求模具材料具有较好的焊接性。

⑧ 导热性能　由于高速注射成型塑料制品的需要，模具材料应具有良好的导热性，以提高塑料制品的生产效率。表5-3给出了几种塑料模具材料的热导率。从表中可看出，材料的导热性主要与材料的种类以及合金元素含量有关，在所列的模具材料中ZCuCr1的热导率最高，铝合金次之，钢的热导率最低。

表 5-3　部分模具材料的热导率

材料牌号	45	55	T10	18Ni	ZL101	QBe2	ZCuCr1
温度/℃	100	100	100	100	100	—	—
λ/[W/(m·K)]	77.5	50.7	44.0	20.9	155	104.7	312

5.1.3　塑料模具材料的选用

5.1.3.1　非合金塑料模具材料的选用

由于碳素钢具有价格便宜、加工性能好、原料来源方便等优点，适于制造形状简单的小型塑料模具或精度要求不高，使用寿命不需很长的塑料模具。

中碳非合金塑料模具钢，多在锻、轧退火态或正火态下使用，用于制造要求不高的小型热塑性塑料模具。

对形状较简单、小型的热固性塑料模具，由于要求较高的耐磨性，一般采用 T7、T8、T9、T10、T11、T12 等碳素工具钢制造。

为了保证塑料模具钢具有较低的表面粗糙度，良好的抛光性能和使用性能，对制造塑料模具的碳素结构钢和碳素工具钢的冶金质量提出了更高的要求，应尽量降低钢中的硫、磷等有害杂质元素含量，降低气体（氮、氢、氧）含量，不得有气孔、裂缝、夹杂等宏观缺陷。

5.1.3.2　渗碳型塑料模具钢

渗碳型塑料模具钢的含碳量一般在 0.1%～0.2%之间，硬度低，切削加工性能优良，模具经机械加工后渗碳、淬火、低温回火，不仅可以获得高硬度、高强度、高耐磨性的表面，还可以保证良好的抛光性能，心部自然保持着良好的塑韧度，可用于制造各种要求耐磨性良好的磨具。

其缺点是模具热处理工艺复杂、变形较大，特别是 15、20 钢制作的塑料模，由于淬透性低，必须用水冷却，造成淬火变形大。故只适用于制造一些承受载荷较小，要求不高的塑料模具。对于形状要求复杂、承受较高载荷的塑料模具，可加入不同的合金元素如 Cr、Ni、Mn、Ti，以提高钢的淬透性，淬火后可采用油冷，从而避免或减少淬火变形。

20Cr 钢比相同含碳量的碳素钢的强度和淬透性都明显高，可使用冷速较缓慢的淬火介质进行淬火，因此淬火变形较小。该钢淬火低温回火后具有良好的综合力学性能，低温冲击韧度良好，回火脆性不明显。该钢适于制造要求表面耐磨的中、小型塑料模具。

12CrNi2、12CrNi3、12Cr2Ni4、20Cr2Ni4 钢具有更高的淬透性，这些钢淬火低温回火后或高温回火后都有良好的综合力学性能，低温韧度好，缺口敏感性小，切削加工性良好，可以采用切削方法制造模具。前三种模具钢还适宜采用冷挤压成型方法制造模具。这些钢可以用来制作承受载荷较大、要求耐磨性较好的大、中型塑料模具。

随着生产技术的不断发展，许多模具凹模型腔的轮廓也日趋复杂，很难在一般机床上用切削加工的方法制造，有时甚至必须用手工雕刻。不仅不能保证模具所必需的精度，而且劳动生产率很低。渗碳型塑料模具钢的另一个突出优点是塑性好，可以采用冷挤压成型法制造模具的型腔，不仅可以大大提高模具的生产效率，还可以使模具的组织更为紧密，提高了模具的强度、耐磨性和使用寿命。该方法无需进行切削加工，对于大批量生产同形状的模具是非常有利的。此外，用冷挤压方法制造的模具型腔，精度可达 2～3 级，表面粗糙度 R_a＝0.2～0.1μm，在热处理前一般不再需要任何辅助的磨削加工。

模具型腔冷挤压是将模具与坯料放置在特制的模架上，使淬硬的凸模在压力机的作用下压入毛坯，印出形状、边界和尺寸大小与凸模工作部分正确配合的凹痕，从而制成模具的型腔。冷挤压成型用钢的选取原则是：退火软化状态塑性高、变形抗力低，而淬火后变形抗力高。

5.1.3.3 预硬型塑料模具用材料的选用

预硬型塑料模具钢是由钢厂在供货前将热加工后的模具钢材或模块预先进行调质处理，得到模具所要求的性能，直接进行加工成型后就可直接使用，不需要进行最终热处理，从而可以避免由于淬火、回火热处理时引起的模具变形、开裂、脱碳等缺陷。这类钢适用于制造形状复杂的大中型精密塑料模具。

预硬型塑料模具钢的使用硬度一般在 30～42HRC 范围内，过高的硬度将使材料的可切削性能变差，尤其是在高硬度（36～42HRC）区间，为减少机加工工时，改善模具材料的可切削性，延长刀具寿命，降低模具成本，可在这类钢中加入一些合金元素，例如 S、Pb、Ca 等，形成易切削塑料模具钢。常用的预硬型塑料模具钢如表 5-1 所示。

40Cr 钢是机械工业中使用最为广泛的钢种之一。预硬后具有良好的综合力学性能，良好的低温冲击韧度和低的缺口敏感性，还适于渗氮和高频处理。主要用于制作中型塑料模具。

3Cr2Mo(618)(P20) 钢是国际上较广泛应用的塑料模具用钢，其综合力学性能好，淬透性高，可以使较大截面的钢材获得较均匀的硬度，并具有很好的抛光性能，表面粗糙度低。该钢适宜于制作大、中型的精密塑料模具和低熔点合金如锡、锌、铅合金压铸模等。

3Cr2NiMnMo(718)(P20＋Ni) 钢是国际上广泛应用的塑料模具钢，该钢具有好的综合力学性能，高的淬透性，良好的抛光性能，电火花加工性能，低的表面粗糙度。适用于制作特大型或大型镜面塑料模具、汽车配件模具、家用电器模具、电子音像产品模具，也可用于制造低熔点合金（如锡、锌、铅合金）压铸模等。

5CrNiMnMoVSCa（5NiSCa）钢由华中科技大学等单位研制。通过添加易切削元素 S、Ca 形成易切削塑料模具钢，以改善切削加工性能。经调制处理后，硬度在 35～45HRC 范围内具有良好的韧性和切削加工性能，镜面抛光性能好，表面粗糙度低，可达 0.1～0.2μm，使用过程中表面粗糙度保持能力强，花纹蚀刻性能好，清晰、逼真，有良好的渗氮性能和渗硼性能。适于制造型腔复杂、质量要求高的精密热塑性塑料注射模具、胶木模和橡胶模等。

5.1.3.4 时效硬化型塑料模具材料的选用

为了提高塑料模具的使用寿命，避免或减少在最终热处理（淬火＋回火）中产生的变形或开裂，研发了一系列的时效硬化钢。这些钢在固熔处理后硬度较低（一般 28～32HRC），可以比较容易地进行切削加工，待冷加工成型后进行较低温度的时效处理，可以获得很高的综合力学性能和耐磨性能。由于时效热处理变形很小，且有规律性，一般时效热处理后不需要再进行机加工。

这类钢具有较好的焊接工艺性能，可以采用堆焊工艺对失效的模具进行修复。此外还可以进行表面氮化以提高钢的耐磨性及耐腐蚀性。这类钢主要通过时效时析出弥散分布的金属间化合物来强化的。适于制造复杂、精密、高寿命的塑料模具。时效硬化型塑料模具钢主要包括两个类型，即马氏体时效钢和析出硬化性钢。

（1）马氏体时效钢

这类钢的金属元素含量较高，因此成本很高。尽管如此，由于马氏体时效钢具有许多良好性能和较长的使用寿命，压制的塑料制品精度好，表面粗糙度低，所以可能使产品的成本较采用一般工模具钢的产品成本下降。故近十几年来，马氏体时效钢愈来愈广泛地应用于制造塑料模具。典型的牌号如表 5-1 所示。

18Ni(200)、18Ni(250)、18Ni(300)、18Ni(350) 属一般高 Ni 马氏体时效钢。这类钢起时效硬化作用的合金元素是钛、铝、钴和铜，18Ni 类钢主要用来制造高精度、超镜面、型腔复杂、大截面、大批量生产的塑料模具。该钢 Ni、Co 含量高，价格昂贵。

06Ni6CrMoVTiAl 钢属低 Ni 马氏体时效钢。该钢的突出优点是热处理变形小，时效处理后的变形量为 0.02%～0.05%，因该处理后硬度低（20～28HRC），切削加工性好，粗糙度低（相当于 $Rz0.1$），时效后硬度为 43～48HRC，具有优良的综合力学性能、氮化性能、镀铬性能、焊接性能。用此钢制造模具，热处理工艺简单，操作方便，适于制造高精度中、小型塑料模具，如制作磁带盒、照相机、电传打字机等零件的塑料模具和轻有色金属压铸用模具。该钢制作的录音机磁带盒塑料模具寿命可达 200 万次以上，压制的产品质量可与进口模具压制的产品相媲美。

(2) 析出硬化模具钢

析出硬化模具钢也是较新型的钢种之一。它所含的合金元素比马氏体时效钢少，特别是 Ni 含量少得多。经固溶处理后硬度约 30HRC 左右，可进行切削加工，制成模具之后再进行时效处理，使模具硬度达到 40HRC 左右。而且时效变形量很小（0.01%左右），适于制造高硬度、高强度和高韧度的精密塑料模具。该类钢属于低碳中合金钢，钢中含有相当数量的 Ni、Cr 元素，故奥氏体稳定性好，在时效过程中，由于从基体中弥散析出 NiAl 和富铜相而得到强化。

25CrNi3MoAl 钢的化学成分如表 5-1 所示。它属于低碳、低镍、无钴、含铝时效硬化钢，该钢为我国自行研制。它主要靠时效时析出 NiAl 等超细相而强化，由于 NiAl 相为体心立方结构，和 α-Fe 存在共格关系，故强化效果明显。又由于其点阵常数与基体的点阵常数很接近，所以时效变形量很小。适于制作对变形要求在万分之五以下，镜面要求高或表面要求光刻花纹工艺的精密塑料模具，外观质量要求极高的光洁、光亮的各种家用电器塑料模具。

10Ni3CuAlMoS(PMS) 钢属 Ni-Cu-Al 系新型低合金析出硬化型镜面塑料模具钢。热处理后获得贝氏体、马氏体双相组织。该钢热处理后具有良好的综合力学性能，淬透性高，热处理工艺简便，热处理变形小，并有好的氮化性能、电火花加工性能、焊补性能和花纹图案刻蚀性能等。PMS 钢因为含 Al 而具有好的氮化性能，且时效温度与氮化温度相近，所以可以在渗氮处理的同时进行时效处理。适于制造各种要求高镜面、高精度的各种塑料模具，如各种塑料镜片、电话机壳体模具。

5.1.3.5 耐腐蚀型塑料模具材料的选用

在生产以聚氯乙烯、聚苯乙烯和 ABS 加阻燃树脂等化学性腐蚀塑料为原料的塑料制品时，模具材料必须具有很好的防腐蚀性能。对于生产批量不大，对制品要求不高的场合，可采用模具表面镀铬或镀镍，但表面镀层的模具很容易发生电镀层的开裂和剥落，故大部分情况下，应采用耐蚀钢制造模具。该类钢除要求较高的耐腐蚀性能外，还要求有一定的强度、硬度和耐磨性。典型的牌号见表 5-1。

2Cr13 属马氏体不锈钢，该钢机械加工性能较好，经热处理后具有优良的耐腐蚀性能，较好的强韧性，适宜制造承受高负荷并在腐蚀介质作用下的塑料模具和透明塑料制品模具等。

4Cr13 属中碳高铬型耐蚀钢，经热处理后能够获得优良的耐腐蚀性能、抛光性能、较高的硬度和耐磨性能，可用于制造承受高负荷、高耐磨及在腐蚀介质作用下的塑料模具，但该钢的可焊性较差。

9Cr18、9Cr18Mo、Cr18MoV、Cr14Mo、Cr14Mo4V 等牌号均属于高碳高铬型马氏体不锈钢，经热处理可具有较高的硬度、耐磨性和良好的耐腐蚀性能。适于制造在腐蚀性介质中工作且要求高负荷，高耐磨的塑料模具。

1Cr17Ni2 属于马氏体型不锈耐酸钢，对于氧化性的酸类（一定温度、浓度的硝酸，大部分地有机酸），以及有机酸水溶液有良好的耐蚀性，具有较高的强度和硬度，其耐蚀性较 4Cr13 钢好，故适用于制造存在腐蚀介质作用下的塑料模具，透明塑料模具等。但该钢有脆性倾向，热处理工艺复杂，可焊性差。

3Cr17Mo 属高铬不锈耐蚀钢。该钢由于采用真空精炼加电渣重熔工艺，钢质纯净，耐磨性能高，适用于高防腐蚀及需要镜面抛光塑料模具，特别适合 PVC 用。

0Cr16Ni4Cu3Nb(PCR) 钢属于一种析出硬化不锈钢，经固溶处理后硬度为 32～35 HRC，可进行切削加工。加工成型后再经 460～480℃时效处理后，硬度可达 42～44 HRC，具有良好的综合力学性能。该钢淬透性高，热处理变形小，变形率为 0.04%～0.05%，且具有良好的抛光性能、耐蚀性能和耐磨性能。PCR 钢适于制造含有氟氯的塑料成型模具。例如，聚三氟氯乙烯阀门盖模具，原用 45 钢或镀铬处理模具，使用寿命为 1000～4000 件；改用 PCR 钢制造后，生产 6000 件塑料制品时，模具仍像新的一样，未发现任何锈蚀或磨损，模具寿命达 10000～12000 件。

5.1.3.6 整体淬硬型塑料模具钢

对于压制热固性塑料，特别是一些增强塑料（添加玻璃纤维、金属粉、云母等的增强塑料）的模具，以及生产批量很大，要求使用寿命很长的塑料模具，一般选用高淬透性的冷作模具和热作模具钢材制造，通过适当热处理，使模具整体淬透，一定温度回火后可保证模具在使用状态下具有高硬度、高耐磨性和长的使用寿命。用于制造该类模具的常用冷作模具钢有 9Mn2V、CrWMn、9CrWMn、Cr12、Cr12MoV、Cr5Mo1V、Cr12Mo1V 等，常用的热作模具钢有 5CrNiMo、5CrMnMo、4Cr5MoSiV、4Cr5MoSiV1、5CrW2Si 等。

随着塑料制品生产工艺和生产装备的发展，对提高生产效率，缩短生产周期提出了越来越高的要求。例如，要求塑料制品在压制时脱模时间要短，希望塑料制品加速固化脱模，要求模具材料的导热性要好，能尽快将塑料制品的热量通过模具传导出去，为适应需要，对有些塑料制品成型模具改用高强度铜合金或铝合金制造，如铍含量为 2%左右的铍青铜和一些高强度铝合金等。

5.2 塑料模具钢的热处理

5.2.1 非合金型塑料模具钢的热处理

非合金中碳塑料模具钢一般热轧、热锻或正火态下使用，为获得较高的硬度和强韧性，对小型模具也可采用调质处理，钢中碳含量越高，水淬时越容易出现裂纹，一般采用油淬。

对于要求耐磨性较高的，用于热固性塑料成型的，小型、形状简单的塑料模具，一般选用碳素工具钢制造（T7、T8、T9、T10、T11、T12)，其热处理工艺与常规工艺相同，但需强调的是热处理时，应该尽量采用真空热处理炉、可控气氛炉或盐炉，以防止氧化脱碳现象的发生。若表面脱碳，淬火后硬度不足，耐磨性就会下降；若表面增碳，抛光时会出现橘皮状，不易抛光又不耐腐蚀。其热处理工艺如表 5-4 所示。

表 5-4 非合金型塑料模具钢的热处理工艺

钢号	淬火加热温度/℃	冷却方式	回火温度/℃
SM45	820～860	油或水冷	500～560
SM50	820～850	油或水冷	550～600
SM55	820～860	油冷	400～650
T7	790～810	油冷	180～200
T8	780～800	油冷	180～200
T9	780～790	油冷	180～200
T10	770～790	油冷	180～200
T11	770～790	油冷	180～200
T12	770～790	油冷	180～200

直径小于 5mm 的模具可以采用油淬，淬火时动作要快；直径小于 10mm 的模具可在 150～160℃的硝盐浴中淬火；直径在 15～18mm 的模具，在水中可淬透，但容易产生较大的淬火应力和变形。因此碳素工具钢只适合做小截面的塑料模具，并宜在盐浴中分级淬火，以减少内应力和变形。

回火时间的选择主要是保证回火转变过程能够充分地进行，通常为 1～2h。

5.2.2 渗碳型塑料模具钢的热处理

对于受冲击载荷大，要求心部具有较高韧度而表面具有高硬度、高耐磨性能的塑料模具，通常采用渗碳钢制造，一般的渗碳模具或零件可选用结构钢类的合金渗碳钢，其热处理工艺与结构件基本相同。对于用冷挤压成型工艺方法制造的塑料模具或零件，应采用低碳渗碳型钢种，与普通的渗碳结构钢不同，它是一种超低碳专门用钢，经软化退火后，硬度很低（一般≤160HBS；挤压复杂型腔时≤130HBS），特别适合于冷压塑性变形。

塑料模具渗碳件的一般技术要求如下：

① 渗碳层深度　一般渗碳层的深度取 0.8～1.5mm。压制含有硬质填料的塑料件时，渗层深度取 1.3～1.5mm；压制软性塑料件时，渗碳层深度取 0.8～1.2mm；尖齿、薄边的模具取 0.2～0.6mm。

② 渗碳层的碳浓度　渗碳层的含碳量一般比渗碳结构件的含碳量低，通常为 0.7%～1.0%，过多则导致残余奥氏体量增加，产生网状碳化物，使抛光性能较差。

③ 渗碳层的组织　应尽量避免出现粗大的未熔碳化物，网状碳化物，过量的残余奥氏体，晶界内氧化等。

渗碳工艺以采用分级渗碳工艺为宜（即采用强渗、扩散两阶段法）。高温渗碳（第一阶段）的温度为 900～920℃，以快速渗入为主，中温渗碳（第二阶段）的温度为 820～840℃，以减少表面层的含碳量，增加渗层的深度为主。对于复杂型腔的小型模具，也可采用 840～860℃的中温碳氮共渗工艺。保温时间根据渗层厚度的要求来选择。

渗碳后的淬火工艺按照钢种不同，可分别选用：重新加热淬火（淬火温度 840～860℃）；渗碳后预冷至 840～860℃，直接淬火（如合金渗碳钢）；中温碳氮共渗后直接淬火；渗碳后空冷淬火。

P20钢也宜渗碳处理，渗碳温度为870～900℃，淬火温度815～870℃，油冷，回火温度175～260℃，表面硬度58～64HRC；回火温度取480～595℃，表面硬度28～37HRC。

5.2.3 预硬型塑料模具钢的热处理

预硬型塑料模具钢是钢厂将钢材预先调质处理，以预硬状态供货，模具可直接加工成型，成型后不需要再进行最终热处理就可以直接使用，从而避免由于热处理而引起的模具变形和裂纹问题，但有时对钢材进行改锻，改锻后的模坯必须进行热处理。

预硬型钢的预硬处理比较简单，多数采用调质处理。由于该类钢的淬透性良好，淬火时可采用油冷、空冷或硝盐分级淬火。为满足模具的不同工作硬度要求，高温回火的温度范围比较宽。部分预硬型塑料模具钢的退火、淬火以及回火处理工艺见表5-5、表5-6。

表5-5 部分预硬型塑料模具钢的退火工艺

钢号	退火工艺	硬度(HB)
3Cr2Mo	840～860℃保温2～4h,炉冷至720℃保温4～6h,炉冷至500℃出炉空冷	≤217
5NiSCa	760～780℃保温2h,炉冷至660～680℃保温4～6h,炉冷至500℃出炉空冷	≤229
8Cr2S	790～810℃保温2～4h,炉冷至700℃保温4～6h,炉冷至550℃出炉空冷	≤229
SM1	810℃保温2～4h,炉冷至680℃保温3～4h,炉冷至550℃出炉空冷	≤255
4NiSCa	760～780℃保温2h,炉冷至660～680℃保温4～6h,炉冷至500℃出炉空冷	≤229

表5-6 部分预硬型塑料模具钢的淬火、回火工艺

钢号	淬火温度/℃	冷却方式	淬后硬度(HRC)	回火温度/℃	预硬硬度(HRC)
3Cr2Mo	840～860	油冷或硝盐分级	50～54	580～650	28～36
5NiSCa	860～920	油冷	62～64	550～680	30～45
8Cr2S	860～900	油冷或空冷	62～64	550～620	42～48
SM1	830～850	油冷	58～59	620～660	35～41
4NiSCa	840～900	油冷	56～57	500～640	35～45

5.2.4 时效硬化型塑料模具钢的热处理

对于复杂、精密、高寿命的塑料模具，要保持其高寿命，获得高的综合力学性能，必须采用最终热处理工艺（淬火、回火），这往往会导致模具的热处理变形，模具的精度很难达到要求，而时效硬化塑料模具钢则能起到减少热处理变形，提高模具零件精度的要求。

时效硬化钢的热处理工艺可分为两步进行：先对模坯进行固溶处理，即把钢加热到高温，使各种合金元素溶入奥氏体中，完成奥氏体化后，淬火获得马氏体组织，此时硬度较低(28～34HRC)，可进行切削加工，模具成型后进行时效处理，利用时效强化达到所需的力学性能。

固溶处理一般在盐浴炉中进行，淬火采用油冷，淬透性好的也可采用空冷，锻造后一般可直接进行固溶处理，时效处理最好在真空炉中进行，若在箱式炉中进行，为防止表面氧化，炉内需通入保护气体。部分时效硬化型塑料模具钢的热处理规范见表5-7。

表 5-7　部分时效硬化型塑料模具钢的热处理规范

钢号	固溶处理	固溶硬度(HRC)	时效工艺	时效硬度(HRC)
25CrNi3MoAl	880℃,水淬或空冷	48～50	530℃时效 6～8h	39～42
06Ni6CrMoVTiAl	800～860℃油冷	24～26	520℃时效 6～8h	43～48
10Ni3CuAlMoS	840～900℃油冷	31～33	520℃时效 6～10h	41～43
SM2	870～930℃油冷	—	510℃时效 8～10h	39～40
1Ni3Mn2CuAlMo	830～870℃空冷	32～33	510℃时效 4～8h	41～43

25CrNi3MoAl 钢淬火后的马氏体硬度较高，为降低钢的硬度，便于切削加工，应对该钢进行高温回火处理，即机加工前采用的是调质处理。高温回火工艺的选择既要使马氏体充分分解，又要避免 NiAl 相的脱溶析出。该钢的马氏体组织稳定性很好，在 650℃以上回火时才可得到较完全的回火马氏体。而 NiAl 相的脱溶温度范围是 400～630℃，故高温回火处理温度宜定在该钢的临界点以下和 NiAl 相的脱溶温度以上，一般选在 650～680℃之间。为了使该钢析出硬化相 NiAl，必须在 NiAl 相脱溶温度范围内进行时效处理。实验结果表明，该钢在 500～540℃时效 8h，具有最高的强度和硬度值。采用 540℃时效可获得强度、硬度、韧度的最佳配合，且所需的时效时间最短。

各种时效硬化型塑料模具钢可以根据使用条件和使用性能的要求，采用不同的固溶处理温度和时效温度，以获得满意的强韧性配合。

5.2.5　耐腐蚀塑料模具钢的热处理

在生产化学性腐蚀塑料（如聚氯乙烯或聚苯乙烯添加抗燃剂等）为原料的塑料制品时，模具必须具有防腐蚀性能。模具常采用耐蚀钢制造，常用的钢种有 Cr13 型、9Cr18 钢等可强化的马氏体不锈钢和专用耐腐蚀塑料模具钢 0Cr16Ni4Cu3Nb（PCR），部分耐腐蚀塑料模具钢的热处理工艺见表 5-8 所示。

表 5-8　部分耐腐蚀塑料模具钢的热处理工艺

序号	钢号	热处理工艺	硬度
1	Cr13 系列	1000～1050℃油冷,650～700℃回火	229～341HBS
2	9Cr18	850℃预热,1000～1050℃油冷,200℃回火	58～62HRC
3	9Cr18Mo	850℃预热,1050～1100℃油冷,150～160℃回火	≥58HRC
4	PCR	1050℃固溶处理,460～480℃时效 4h	42～44HRC

4Cr13 钢在加热到 1000～1050℃时淬火可获得较高的冲击韧度，但淬火温度低于 1000℃时，淬火马氏体的硬度低且耐腐蚀性差，主要是钢中碳化物不能充分溶解所致；但淬火温度高于 1100℃时，由于钢中存在较多的残余奥氏体，淬火硬度反而下降。在 400～600℃回火，由于析出弥散度很高的碳化物，不仅降低了钢的耐蚀性能，并且由于回火脆性的影响，钢的冲击韧度将下降；在 650～700℃高温回火后，钢的基体组织转变为索氏体，其强度、塑性和冲击韧度值配合最佳，而且耐腐蚀性能也很高。

9Cr18 钢淬火可用油冷也可以在空气中冷却，或在热油中冷却。用后两种方法冷却，可有效地防止模具的变形和开裂，但只适用于薄壁模具的冷却。对于大型或形状复杂的模具，为减少模具的变形和开裂，可以采用分级淬火或等温淬火。当在 1050～1100℃淬火时，钢中存在较多的残余奥氏体，淬火硬度反而下降。为提高模具的硬度和使用过程中的尺寸稳定性，模具淬火后应在－75～－80℃的条件下在进行冷处理。冷处理后模具的硬度和弯曲强度会有所提高，但冲击韧度将下降。因此，对于制造承受高冲击载荷的模具或零件，慎用冷处理。

5.2.6 整体淬硬型塑料模具钢的热处理

用于压制热固性塑料、复杂强化塑料（如尼龙型强化或玻璃纤维强化塑料）产品的模具，以及生产批量很大、要求模具使用寿命很长的塑料模具，一般选用高淬透性的冷作模具钢和热作模具钢材制造。这些材料通过最终热处理，可保证模具在使用状态下具有高硬度、高耐磨性和长寿命。

在淬火加热时，应尽量做到型腔面不氧化、不脱碳、不增碳、不侵蚀、不过热。为达到上述目的，模具加热时应在保护气氛炉中或在严格脱氧后的盐浴中加热。考虑中小工厂条件限制，若采用箱式电阻炉中加热，应在模腔面上涂保护剂，以防模具表面氧化、脱碳。

在淬火加热时，为减少热应力，要控制加热速度特别是对于合金元素含量多、传热速度较慢的高合金钢和形状复杂、断面厚度变化大的模具，一般要经过1～2次预热保温。

淬火冷却时，为减少冷却变形，在控制冷却速度大于该钢的临界淬火冷却速度的情况下，应尽量缓冷。等温淬火或者预冷淬火都对减少热应力和组织应力、减少体积变化效应、获得微变形效果有帮助。整体淬硬型塑料模具钢的热处理规范分别见表3-8、表4-5、表4-7。

5.3 新型塑料模具钢及其热处理案例

案例1 25CrNi3MoAl钢

（1）性能特点及应用范围

该钢的化学成分见表5-1。它属于低碳，低镍、含铝、无钴时效硬化钢。适宜于制作对变形率要求在万分之五以下，镜面要求高或表面要求光刻花纹工艺的精密塑料模具。

它是依靠在时效温度范围内析出超细结构的NiAl等超细相而强化。由于NiAl相为体心立方结构，和α-Fe基体共格存在，因此其强化效果显著，又由于其点阵常数与基体的点阵常数很接近，故时效变形量小，有利于制作低变形率的高精密模具。

（2）物理性能

① 相变点 $A_{c1}=740℃$；$A_{c3}=780℃$；$M_s=290℃$（880℃固溶）。

② 热膨胀系数 $\alpha_{20\sim500℃}=11.96\times10^{-6}/℃$

③ 电阻率 $\rho=25.0\times10^{-6}\Omega\cdot m$

（3）热处理工艺及力学性能

① 锻造及退火工艺 25CrNi3MoAl钢属于低碳含镍钢，热塑性良好，故锻造工艺性好。锻造温度范围宽，锻后无缓冷要求。

a. 锻造工艺 入炉温度不限，加热温度1100～1170℃，透热；始锻温度1100～1050℃；终锻温度≥850℃，箱冷或空冷均可。

b. 退火工艺 740℃±10℃均热，保温2～4h，降温至680～700℃保温2～6h出炉空冷或水冷。

② 热处理工艺及力学性能 热处理工艺包括三个步骤：一是固溶处理（淬火）；二是高温回火处理（亦为二次固溶处理）；三是时效处理。

a. 固溶处理 其作用是得到细小的板条马氏体，以提高钢的强韧度，固溶温度和保温时间对淬火硬度的影响见表 5-9。从表中可看出固溶温度越高，或固溶保温时间越长，则硬度越低。由于该钢奥氏体化后，奥氏体极为稳定，故冷速在 1～160℃/min 范围内均只发生马氏体转变，得到板条马氏体组织。一般空冷淬火即可。

表 5-9　固溶温度和保温时间和淬火硬度的关系

硬度(HRC) 固溶温度/℃ 固溶时间/h	880	920	960	1000
0.5	50.0	48.5	46.4	45.6
1	46.6	47.0	43.0	
2	44.5	42.7	40.7	

b. 回火处理　回火的作用就是使固溶在马氏体中的碳以碳化物的形式析出，并使马氏体多边形化以降低钢的硬度，以利于机加工的进行。通过在 650℃进行回火处理，可得到回火索氏体组织。回火工艺对回火后硬度的影响见图 5-1、图 5-2。

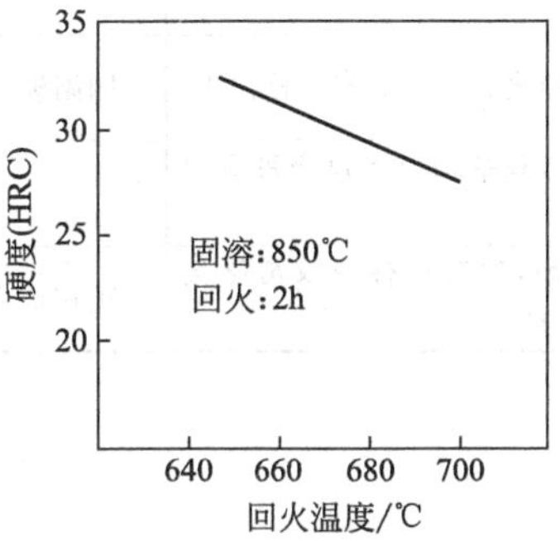

图 5-1　回火温度与回火硬度的关系

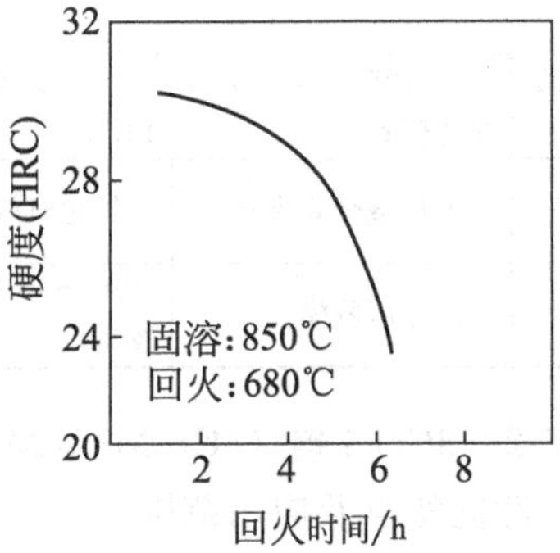

图 5-2　回火时间与回火硬度的关系

c. 时效处理　时效处理是在模具机加工好以后进行的，即模具最终性能是通过时效处理而得到。该处理在 NiAl 相脱溶温度范围内进行。通常为 500～580℃，540℃时可获得最佳强韧度配合。时效时间以 4～6h 为宜。

(4) 推荐的工艺、性能及适用范围

① 作一般精密塑料模具　推荐工艺：880℃×2min/mm（箱式炉），空冷或水冷（48～50HRC)→680℃×(4～6)h 回火，水冷和空冷（22～23HRC)→加工成模→时效处理520～540℃×(6～8)h，空冷→研磨打光或光刻花纹工艺→模具装配使用或包装入库。

性能：39～42HRC，$\sigma_{0.2}$=1170MPa，σ_b=1260MPa，ψ=59%，δ=16.8%，α_K=52J/cm^2（梅式缺口试样）。时效变形率≈－0.039%。

② 作高精密塑料模具　推荐工艺：880℃×2min/mm（箱式炉)。空冷→680℃×(4～6)h 回火、水冷或空冷（22～23HRC)→粗加工、半精加工→去应力处理（650×1h 空冷）→精加工→时效处理 520～540℃×(6～8)h，空冷→研磨打光或光刻花纹工艺→模具装配使用或包装入库。

性能：39～42HRC，$\sigma_{0.2}$=1170MPa，σ_b=1260MPa，ψ=59%，δ=16.8%，α_K=55J/cm^2（梅式缺口试样）。时效变形率约为－0.02%～－0.01%。

③ 作对冲击韧度要求不高的塑料模具　推荐工艺：退火锻坯→粗、精加工→时效处理

520～540℃×(6～8)h，→打磨研光或光刻工艺→模具装配使用或包装入库。

性能：40～43HRC，$\sigma_{0.2}$＝1200MPa，σ_b＝1300MPa，ψ＝24.5％，δ＝9.3％，α_K＝0.4J/cm^2（梅式缺口试样）。时效变形率≤－0.05％。

④ 作冷挤型腔工艺塑料模具　推荐工艺：锻坯→软化处理→加工挤压面，研磨打光→冷挤压模具型腔→模具外形修整加工→真空时效或氮化处理→模具装配使用。

（5）典型应用实例及效果

25CrNi3MoAl 钢的典型应用实例及效果见表 5-10。

表 5-10　25CrNi3MoAl 钢应用实例及效果

使用厂	模具类型	使用状态	效　　果	备　注
上海人民电器厂	CJ10-100 交流接触器陶土模	在时效温度进行氮化处理	模具加工容易，硬度高，精密度高，使用寿命较 9MN2V 钢也大幅度提高	二副模具
	胶木模钉板	同上	同上	20 余件
天津 746 厂	塑料件精密模具	真空时效或经过氮化时效处理	锻坯可以不进行退火，直接调质后加工，省工序，模具切削加工容易，省工时，模具精度高、寿命提高 3～5 倍以上	批量使用共六十多套模具
上海第二机床电器厂	LA198、253 003 钮注塑模具	时效处理 39～40HRC	采用新钢种模具寿命提高一倍以上	四副模具
成都 719 厂	拟作磁带盒模具	氮化时效处理	根据材料试验结果与进口磁带盒模具性能相等	
天津渤海无线电厂	厂标压胶模	冷挤型腔制模，时效氮化	模具精度高，冷挤厂标花纹滑晰美丽，模具寿命高	正在扩大使用范围

案例 2　$8Cr_2S$ 钢（$8Cr_2MnWMoVS$）

（1）性能特点及应用范围

该钢的化学成分见表 5-1。它属易切削精密模具用钢，具有“一钢多用”的功能。其主要特点是：①该钢在预硬态（调质到 42～48HRC）仍具有好的切削加工性（可顺利的进行车、刨、钻、铣、镗），是电子、电器仪表等工业中精密塑料、胶木、橡胶、陶土制品比较理想的专用模具钢；②该钢在淬火低温回火时具有 58～61HRC 硬度，热处理变形量小，因此作薄板精冲模也是较好的模具材料。

（2）物理性能

① 钢的临界点　8Cr2S 钢的临界点见表 5-11。

表 5-11　8Cr2S 钢的临界点

A_{c_1}	770℃	A_{r_m}	710℃
A_{c_m}	820℃	A_{r_1}	660℃

② 奥氏体等温转变曲线　8Cr2MnWMoVS 钢的珠光体和贝氏体转变可明显的分为两个转变区，而且上贝氏体与下贝氏体的转变曲线鼻子部分亦显然分离，这对采用等温处理法得到下贝氏体组织是有利的。

（3）热加工工艺及力学性能

① 锻造工艺　8Cr2MnWMoVS 钢中不含一次共晶碳化物，合金碳化物颗粒细小、分布均匀，合金元素含量中等，故锻造抗力小，锻造加工性良好，但锻后必须用木炭（或热灰）缓冷，最好采用红装退火以去除应力，否则锻件容易产生纵向表面裂纹。

锻造工艺：缓慢加热到1100～1150℃保温，使之均匀透热，始锻温度1060℃，终锻温度不低于900℃。

② 退火工艺　等温球化退火工艺为790～810℃加热2h，炉冷至700℃±10℃等温6～8h，炉冷至550℃出炉空冷，硬度≤229～207HB，退火组织为细粒状珠光体，碳化物分布细小均匀。

一般退火工艺为缓慢加热到800℃±10℃，保温4～6h，炉冷至550℃出炉空冷，硬度在240HB左右。

由于该钢为硫系易切削钢，采用球化退火或一般退火工艺，切削加工性能均比一般工具钢好得多。

③ 淬火、回火工艺及力学性能　8Cr2S钢的淬火、回火工艺及力学性能见表5-12～表5-17。

表5-12　不同温度淬火、回火后的硬度值

淬火温度/℃	不同温度回火后的硬度(HRC)											
	160℃	200℃	250℃	300℃	400℃	500℃	550℃	580℃	600℃	620℃	630℃	650℃
860	60.1	59.3	59.0	57.0	—	—	49.0	47.0	45.0	44.0	—	—
880	62.3	60.4	58.5	57.5	55.0	53.7	51.1	49.8	47.1	46.6	44.2	36.7

表5-13　8Cr2S钢纵向值 α_K 与回火温度的关系

淬火温度/℃	在下列温度回火的 α_K/(J/cm²)							
	160℃	200℃	250℃	300℃	500℃	550℃	600℃	620℃
860	—	37.9	—	—	—	60.4	61.1	72.6
880	26.0	38.0	37.0	42.7	49.2	62.0	69.8	75

表5-14　8Cr2S钢的抗弯性能

回火温度/℃	测量性能	淬火温度/℃			
		860	880	900	920
200	σ_{bb}/MPa	3146	3130	3164	3179
	f_K/mm	3.95	4.01	3.99	4.33

淬火温度/℃	测量性能	回火温度/℃					
		200	550	580	600	620	630
860	$\sigma_{0.2b}$/MPa	—	2081	2273	2485	2037	—
	σ_{bb}/MPa	3146	2925	2913	2775	2573	—
	f_K/mm	3.95	15.7	11.6	11.9	14.5	—
880	$\sigma_{0.2b}$/MPa	—	2750	2450	2223	2174	1929
	σ_{bb}/MPa	3130	3000	3100	2851	2900	2475
	f_K/mm	4.01	9.5	11.4	13.8	15.5	13.3

表5-15　8Cr2S钢的 $\sigma_{0.2c}$ 与淬火温度的关系

淬火温度/℃	860	880	900	920
回火温度/℃	抗压屈服强度 $\sigma_{0.2c}$/MPa			
160	2741	2650	2556	—
200	2446	2572	2622	253

表 5-16　8Cr2S 钢 $\sigma_{0.2c}$ 与回火温度的关系

淬火温度/℃	880												
回火温度/℃	160	180	200	220	250	300	500	550	580	600	620	630	650
$\sigma_{0.2c}$/MPa	2650	2618	2572	2412	2386	2302	1981	1860	1800	1500	1522	1340	1056

表 5-17　预硬钢按推荐工艺所获得的力学性能

推荐工艺为 860～880℃加热后空冷，550～650℃回火								
HRC	σ_{bb}/MPa	$\sigma_{0.2b}$/MPa	f_K/mm	α_K/(J/cm²)	$\sigma_{0.2c}$/MPa	τ_b/MPa	$\tau_{0.2}$/MPa	Φ_{max}/(°)
50～39	3000～2570	2080～2170	9.2～15.5	62～75	1860～1520	1270～1050	1090～880	73.3～143.3

(4) 典型应用实例及效果

8Cr2MnWMoVS 钢含有易切削元素硫，使其具有良好的被切削加工性能，不仅在退火状态下被切削加工性能好，在预硬态（40～45HRC）也仍然保持着良好的切削加工性能。因而可以在预硬态下加工成精密模具，从根本上解决了模具变形问题。若辅加以氮化处理，又可以提高表面硬度，从而提高耐磨性，增加模具寿命。由于产品的竞争及花色品种的迅速发展，往往要求产品在短时期内就要更新换代，随之而来的则要求模具易于加工，而 8Cr2MnWMoVS 钢刚好为此提供了方便。此外，8Cr2MnWMoVS 钢经常规热处理（淬火、低温回火），硬度可达 58～62HRC，能够满足一般冷作模具的要求，还由于 8Cr2MnWMoVS 钢具有淬火温度较低，淬透性好，淬火变形小，碳化物分布均匀性好，耐磨性好等特点，用来制作冷作模具，在很多方面显然优于当前常用的冷作模具钢 CrWMn、9Mn2V、Cr12 类。因此 8Cr2MnWMoVS 易切削模具钢可以广泛用于制造精密塑料模具、胶木模、陶土模、复合模、级进模、手表零件冲模、挤压模等，从而可以实现“一钢多用”。

几年来，北京生产了近 50t8Cr2MnWMoVS 钢，经全国汽车、电器、电子、手表等行业，二十余家工厂广泛试用，制造精密塑料模具及冷冲模具，除具有易切削、节约能耗的特点外，使用寿命也有不同程度的提高，特别是对变形要求严格的模具显示出更为优异的使用效果。8Cr2MnWMoVS 钢的生产试用情况见表 5-18。

表 5-18　预硬态 8Cr2MnWMoVS 钢制模具生产试用效果

试用单位	模具名称	使用硬度(HRC)	经济效益	试用批量	损坏形式
上海人民电器厂	CJ10-40 线圈架胶木模	基体：46，表面＞1000HV	比原 9Mn2V 模具寿命提高一倍以上	试用	正常
	CJ10-40 灭弧罩陶土模	基体：40，表面＞1000HV	比原 9Mn2V 模具寿命提高一倍以上	试用	正常
新乡国营第 760 厂	塑料注射模的定模型腔	43～45	比原 CrWMn 模具寿命提高一倍以上，缩短了模具制造周期	试用	正常
华北光学仪器厂	照相机塑料模具	40～42	原用 T10A，无法解决变形问题，新钢种模具已压制 2000 多件产品无磨损痕迹，仍在使用中	试用	正常

思考题

1. 各类塑料模的工作条件如何？塑料模的失效形式主要有哪些？
2. 各类塑料模对所使用的材料有哪些基本性能要求？
3. 如何评价塑料模的使用寿命？影响塑料模使用寿命的因素有哪些？
4. 制造塑料模的传统钢种有哪些？主要存在什么缺陷？
5. 何为预硬型塑料模具钢？简述其成分、性能及应用特点。
6. 何为时效硬化型塑料模具钢？简述其性能及应用特点。
7. 选择塑料模具材料的依据有哪些？请为下列工作条件下的塑料模选用材料：

   （1）形状简单，精度要求低，批量不大的塑料模；

   （2）高耐磨、高精度、型腔复杂的塑料模；

   （3）大型、复杂、产品批量大的塑料注射模；

   （4）耐蚀、高精度塑料模具。
8. 塑料模成型零件的热处理应注意什么？试述用低碳合金渗碳钢制造的塑料模型腔件的制造工艺路线。
9. 今有塑料制靠背椅（整体件），工作面要求光洁，无划痕，局部有细花皮纹，年产量45万件，试选用模具（型腔件）的钢材品种，并提出热处理工艺路线及其编制理由。
10. 对塑料模具进行表面处理的目的是什么？表面处理的方法有哪些？
11. 热固性和热塑性塑料制品模具的工作条件及使用特点有何区别？
12. 对塑料模具材料的硬度、耐磨性、耐蚀性、强度、韧度和疲劳强度等性能指标要求如何？
13. 塑料模具材料尺寸稳定性的意义何在？影响该指标的因素有哪些？
14. 塑料模具对其材料的切削加工性、塑性加工性和热处理工艺性有何要求？
15. 目前依据强化方式或服役特性将塑料模具材料大体分为几类？
16. 5NiSCa和8Cr2S属于哪种类型的塑料模具钢，热处理工艺特点如何？
17. T10A和9SiC属于哪种类型的塑料模具钢，热处理工艺特点如何？
18. 分析比较20Cr、SM1、P20、25CrNi3MoAl、06Ni、PMS和PCR钢的热处理工艺。

6 其他模具材料

6.1 铸铁模具材料

6.1.1 铸铁模具材料概况

铸铁具有一定的力学性能和优良的工艺性能，它主要的特点是铸造性能好，易浇铸成型，尤其是能铸出复杂形状，并且工艺简便，适应性强，设备投资少，成本较低。同时它的抗振减摩性能好，切削性能很好。对某些铸铁，在一定程度上克服了一般铸铁抗拉强度和韧度低的特点，有的还具有耐热、耐蚀和耐磨等特殊性能。因此，近年来逐渐广泛用作模具材料，常用来制造各种拉深模、压型模、玻璃模及塑料模等。

应用于模具的铸铁多为球墨铸铁、蠕墨铸铁、特殊性能铸铁，有时也用灰铸铁。

球墨铸铁是由基体组织与球状石墨组成，石墨呈圆球状，对基体割裂作用最小，基体强度的利用率可达70%～90%，力学性能相对优良。强度和塑性超过一般的灰铸铁和可锻铸铁，抗拉强度一般在400～1000MPa。珠光体球墨铸铁的抗拉强度与T8锻钢相近，σ_b达700～800MPa，屈服强度和屈强比高于45钢，疲劳强度较高（与中碳钢接近），耐磨性较好。球墨铸铁的塑性和韧度都低于钢，却高于其他各类铸铁，其延伸率在2%～20%范围内，冲击韧度通常在15～20J/cm^{2}以上。球墨铸铁具有很好的热处理效果，可利用退火、正火、淬火、回火、等温淬火、表面处理和化学热处理等多种工艺提高性能。由于其具有较优良的性能，可用来制造各种压型模、冲压模等。

蠕墨铸铁中石墨呈蠕虫状，介于片状和球状之间，对基体的切割作用较轻，力学性能较高，既具有接近球墨铸铁的较高强度、刚度、耐磨性和一定韧度，又具有灰铸铁良好的铸造性能和导热性。例如，它对壁厚敏感性小，导热性优于球墨铸铁，抗热和抗氧化的性能均优于其他铸铁，耐磨性优于孕育铸铁及高磷铸铁。这种铸铁用于制造玻璃模具已取得良好的效果，引起广泛重视。

合金铸铁根据加入合金元素不同而具有耐热、耐蚀、耐磨等不同的特殊性能，性能相似于对应的合金钢，但力学性能低于铸铁，脆性较大，容易破裂，然而它们熔铸方便，成本低廉。模具用合金铸铁的性能要求以耐热性为主，也常要求较高的耐蚀性和耐磨性。合金成分以加入铬、硅、铝为主，有的也加入适量的钼、镍、铜等。这些合金铸铁材料常用来制造受冲击较小的热作模具，如玻璃模、塑料模、热压模等。例如Cr-Mo合金铸铁（C的质量分数为3.37%、Cr的质量分数为0.73%、Mo的质量分数为0.72%）在400℃的强度为普通球墨铸铁的两倍以上。另一些合金铸铁还有较好的耐磨性和耐蚀性，可有效提高热作模具的使用寿命。例如用Cr-Cu合金铸铁（C的质量分数为3.27%、Si的质量分数为1.29%、Mo的质量分数为0.59%、Cr的质量分数为0.6%、Cu的质量分数为2.10%）制模具，其使用寿命常比灰铸铁高三倍。

6.1.2 铸铁模具材料的应用

6.1.2.1 铸铁模具配套零件

铸铁常被用来制成模具中的配套零件，例如在冲孔模、落料模、弯曲模、塑料模结构中用铸铁制作上、下模板、模柄、推料板前后架、底板、推件滑座、上下模座、定位板、支架紧固块等辅助模具零件。铸铁的牌号多是HT200或HT250。

6.1.2.2 铸铁玻璃模具

铸铁作为模具材料在玻璃模具中有十分广泛的应用，下面重点对铸铁玻璃模具材料进行讨论。

(1) 玻璃模具材料的主要性能要求

① 耐热性 在加工玻璃时，模具材料与高温黏滞玻璃相接触，所以，除需要一定高温强度和硬度外，还需导热性好、线膨胀系数高、耐热冲击、耐碎裂、热疲劳性能好，以适应加热和冷却的周期性循环；

② 耐磨性；

③ 耐磨蚀性；

④ 良好的可加工性和抛光性能，易于机械加工，成型的表面粗糙度值低。

实际上，很难有一种金属满足以上的全部性能要求，而多种材料只能侧重满足某些方面，例如有的只适于耐蚀要求高的模具，有的只适合于高速自动成型机模具，或只适于较硬玻璃制品模具。

目前玻璃模具材料较多的采用铸铁，也有应用耐热钢材或耐热合金。它们的使用情况分为以下几大类：

① 工作温度为500～700℃，通常采用非合金铸铁；

② 工作温度为600～900℃，一般采用合金铸铁或耐热钢材；

③ 工作温度为1000℃或更高，可采用耐热合金，例如镍基合金、镍-铬合金、铜基合金等。

(2) 铸铁玻璃模具材料的特点

铸铁之所以是玻璃成型模应用最广泛的材料，是由于它易于加工、不含或少量含有合金元素，价格便宜，制造方便，无专用设备的小厂也能生产，并基本上能满足其性能要求，但在稳定性和抛光性方面稍差。国外应用的主要是灰铸铁、低合金铸铁、球墨铸铁、耐热铸铁及蠕墨铸铁。其中灰铸铁可用来制造各种模具部件，尤其是机械自动吹制成型应用最为广泛。国外行列式制瓶机线上的铸铁模使用寿命高达700万件。

(3) 铸铁模具材料的成分

铸铁模具材料的成分如表6-1所示。

表6-1 铸铁玻璃模具材料的成分范围（质量分数）

常用元素	合金元素
C 2.7%～3.8%，其中石墨，2.2%～3.5%	Cr 0.06%～0.754%
Si 1.2%～2.8%	Ni 0.13%～2.0%
Mn 0.4%～0.9%	Cu 0.1%～0.54%
P 0.14%～0.73%	Mo 0.06%～0.6% Ti 0.1%～0.25%

C和Si是促进石墨化元素，石墨的存在易产生应力集中，降低强度，但它能减轻生成氧化皮倾向。

Mn的质量分数>0.5%时，形成碳化物，并使其稳定，可降低S的不利影响，提高耐热性。

P可提高耐磨性，但也增加脆性，若析出不当会产生黏附玻璃现象。

Cr、Ni、Mo、V、Cu 能改善强度、硬度、抗氧化和体积稳定性。Al 可提高抗氧化性，Ti 可提高耐磨性，但却会助长铸铁“生长”现象。

实际生产多用硬模铸造玻璃模具，与玻璃接触表面因冷硬作用有一层特别致密的 1～2mm 的淬火层，对厚壁铸件，接近共晶成分（C 的质量分数＝0.97%）的铸铁，型面形成的冷硬层呈枞树状排列，带有极细石墨的铁素体基体，模壁中间是带有粗石墨层和残余铁素体的珠光体铸铁，靠外部边沿除冷速慢、组织较粗，在铁素体基体上有珠光体存在。

应用日益广泛的低合金铸铁其基体为 F、F＋P、Ld′等不同组织，硬度相差很大。加了合金元素可使 Ld′相当稳定，加热 750℃，8h 才转变，这些铸铁的耐热性很好，但加工困难。

球墨铸铁可代含 Cr 铸铁用于玻璃模，其耐热性特别高，比灰铸铁抗氧化能力强，强度高，耐热冲击，制压模环效果很好。国外用于制造除吹气头和瓶钳以外的其他模具零件及压制模中底模、环、冲头。但其导热性差、操作温度高，仅限于小型瓶模。

蠕墨铸铁耐热性极优，近年已在玻璃模具中有所应用。

铸铁玻璃模具材料的成分及应用见表 6-2。

表 6-2　铸铁玻璃模具材料的成分及应用

成分（质量分数）/% \ 应用	C	石墨	Si	Mn	P	S	Cr	Ni	Cu	Mo	Ti	Al	V	Ce	Mg	Se	HB
Ⅰa. 口模 1	3.68	3.67	2.21	0.56	0.26	0.116	0.1	0.2	0.69	0.061	0.052	0.023	—			1.04	89
b. 口模 2	3.42	3.31	2.29	0.4	0.23	0.06	0.26	0.2	0.78	0.42	0.056	0.042				0.97	95
Ⅱ初形模	3.6	3.46	2.18	0.52	0.05	0.077	0.3	0.25	0.36	0.03	0.050	0.047	—			1.02	163
Ⅲ使用过的初形模	3.60	2.93	1.80	0.60	0.18	0.06	0.36	0.65	0.32	0.061	0.13	0.02	—			0.98	170
Ⅳ使用过的初形模	3.31	2.78	2.49	0.56	0.18	0.077	0.69	0.14	0.84	0.061	0.054	0.034	—			0.96	187
Ⅴ使用过的初形模	3.49	3.31	1.96	0.27	0.07	0.074	0.13	0.055	0.096	0.03	0.11	0.039				0.97	103
Ⅵ成型模	3.09	2.21	1.73	0.72	0.22	0.086	0.25	0.13	0.54	—	0.25	—	—			0.84	190
球墨铸铁Ⅶ压模环	1.94	—	2.86	0.41	0.06	0.08	0.016	1.86	0.12	0.061	0.14	—	0.033	0.12	0.18	0.60	156
Ⅷ压模环	2.20	—	2.68	0.34	0.03	0.016	0.062	0.136	0.22	—	0.07	—	—	—	—	0.65	156
Ⅸ使用过的初形模	2.88	—	3.27	0.38	0.032	0.012	0.07	0.1	0.11	0.06	0.02	—	0.16	—	0.035	0.90	162

6.2　硬质合金和钢结硬质合金模具材料

6.2.1　硬质合金模具材料

6.2.1.1　硬质合金概况

硬质合金是用难熔的高硬度碳化物粉末与少量黏结剂粉末混合后加压成型，再经烧结而成的粉末冶金材料。

高速钢的最高工作温度一般在 600℃左右，在更高的工作温度下会迅速软化，而硬质合金工作温度可达800～1000℃，它的硬度很高、耐磨性很好，具有很高的弹性模量、较小的热膨胀系数及良好的化学稳定性等特点。用它来制作某些模具，寿命甚至比工具钢高十倍以上。但不足之处是硬质合金较脆，抗弯强度和韧度差，且不能进行机械加工。

常用硬质合金有三种：

① 钨钴类（YG）硬质合金　由WC与Co粉末烧结制成的，Co起粘结作用。YG后的数字表明钴的含量。例如YG6表示Co的质量分数为6%，而其余为WC的硬质合金。含钴量越高，韧度越好，但硬度及耐磨性稍有降低。

② 钨钛钴类（YT）硬质合金　由WC、TiC和Co粉末烧结而制成的。Co起粘结作用。YT后的数字表示TiC的含量。例如，YT5表示含TiC为5%，钨钛钴类硬质合金有很高的硬度，热硬性，但抗弯强度与韧性较YG类低。

③ 钨钴钽类（YW）硬质合金　由TaC、TiC与WC三种粉末与Co黏接剂烧结而制成的。

YG合金的韧度较好，而YT合金的热硬性较高，且不黏接，YW合金的性能较全面，兼有二者之优点，适用多种用途，又称万能硬质合金。

6.2.1.2　硬质合金的性能

常见硬质合金的性能见表6-3、表6-4。

表6-3　国内钨钴类硬质合金成分及物理机械性能

合金牌号	化学成分(质量分数)/%			物理机械性能						
	WC	TaC (NbC)	Co	密度 /g/cm³	抗弯强度 /MPa	硬度 (HRA)	冲击韧度 /(J/cm²)	热导率 /[W/(m·K)]	线胀系数 /(10⁻⁶/℃)	抗压强度 /MPa
YG3X	96.5	0.5	3	15～15.3	1127	91.5			4.1	
YG3	97		3	15～15.3	1176	91				
TG4C	96		4	14.9～15.2	1421	89.5				
YG6X	93.5	0.5	6	14.6～15	1421	91		7950	4.4	
YG6A	92	2	6	14.9～15.1	1372	91.5				
TG6	94		6	14.6～15	1470	89.5	2.6	7950	4.5	4508
YG8N	91	2.2	8	14.5～14.9	1519	89.5				
YG8	92		8	14.5～14.9	1568	89	2.5	7540	4.5	4381
YG8C	92		8	14.5～14.9	1764	88	3.0	7540	4.8	3822
YG10C	90		10	14.3～14.9	1764	86				
YG15	85		15	13.9～14.2	2058	87	4.0	5860	5.3	3578
YG20	80		20	13.4～13.7	2548	85.5	4.8		5.7	3430
YG20C	80		20	13.4～13.7	2156	82	7.0	29300		
YG25	75		25	12.9～13.2	2646	84.5	5.5			3234
YG10H				14.5	2156	91.5				

表 6-4 国外（ISO）钨钴类硬质合金成分及物理机械性能

合金性能	合金代号	化学成分(质量分数)/%			物理机械性能				相当于中国牌号 GB 6883—85
		WC	TaC+TiC	Co	密度 /(g/cm³)	维氏硬度 (HV30)	抗弯强度 /MPa	抗压强度 /MPa	
K	K01	92	4	4	15	1800	1176	—	YG3X
	K05	91	3	6	14.5	1750	1323	5782	YG6A、YG6X
	K10	92	2	6	14.8	1650	1470	5582	YG6A
	K20	92	2	6	14.8	1550	1666	4900	YG8N
	K30	89	2	9	14.4	1400	1862	4606	YG8
	K40	88	—	12	14.3	1300	2058	4410	YG10H
G	G05	94	—	6	14.8	1600	1470	—	YG6X
	G10	94	—	6	14.8	1550	1568	—	YG6
	G15	91	—	9	14.5	1450	1862	—	YG8
	G20	88	—	12	14.0	1300	2058	—	YG11C
	G30	85	—	15	13.8	1200	2352	—	YG15
	G40	80	—	20	13.5	1100	2548	—	YG20
	G50	75	—	25	13.1	1000	2646	—	YG25
	G60	70	—	30	12.8	900	2744	—	YG30

硬质合金的耐磨性高，长时间工作无显著磨损（可大大提高拉丝模的加工质量，获得表面光洁和尺寸精确的线材），但是韧度较差，脆性高。

① 相对密度　一般在 6.0～16.0 之间波动。用它可以检查硬质合金的化学成分或牌号是否正确。

② 硬度　HRA 一般在 85～95 之间，随着 Co 的含量的增加其硬度降低。在钨钛钴合金中，硬度随 TiC 含量的增加而提高，在 Co 含量相同时，钨钛钴类硬度大于钨钴类。WC 晶粒越细，硬度越高。硬质合金热硬性很好，在 500℃时硬度值不变，当拉拔温度大于 500℃时，硬度稍有降低。

③ 抗弯强度 常温下 σ_{bb} 为 735～2450MPa。含钴量越高，抗弯强度越高。WC 含量增加，抗弯强度急剧下降。

④ 耐磨性　与硬度、强度、WC 晶粒及化学组成有关。

⑤ 冲击韧度　硬质合金脆性很大，几乎没有塑性，因此冲击韧度和抗拉强度都很小，而且与温度无关。在拉拔较大直径的硬钢丝时，应尽量避免冲击载荷，防止破裂。

⑥ 线膨胀系数　比碳钢低得多，但随 Co 含量的增加，系数增大。

⑦ 热导率　当 Co 含量增加时，无明显变化，随 TiC 含量的增加而降低。钨钴类合金比高速钢高 1～2 倍，它将拉拔过程中产生的拉拔热很快的传导出去，保证了模具的耐磨性能。

6.2.1.3 硬质合金的应用

硬质合金作为模具材料，主要用于拉丝模具、冷挤压模具等。

(1) 硬质合金拉丝模具

当前硬质合金拉丝模几乎全部代替了钢模，在加工各种钢材和有色金属中，使用硬质合金模具约占 95%以上。而作为拉丝模使用的硬质合金是 WC-Co 类合金。凡是制造孔径大于0.5mm的拉丝模，都是采用硬质合金模坯。我国硬质合金年生产总量约4000t以上，而拉丝模所用占硬质合金总产量的10%左右，占WC-Co类硬质合金总产量的30%。

拉丝行业常用硬质合金的牌号包括YG3、YG3X、YG6X、YG6、YG8、YG15（X表示细晶粒，C表示粗晶粒）。WC-Co类合金拉丝模坯使用范围见表6-5。

表6-5　WC-Co类合金拉丝模坯使用范围

合金牌号	主要特性					使用范围
	成分(质量分数)/%			硬度(HRC)	抗弯强度/MPa	
	WC	Co	TaC			
YG3X	96.5	3	0.5	91.5	1078	在WC-Co合金中硬度最高、耐磨性好、强度低冲击韧度差，适用于应力不大条件下，拉拔直径2.0mm以下细丝，拉拔<0.6mm的细丝效果更优
YG3	97	3	—	91.0	1176	耐磨性仅次于YG3X，使用强度及冲击韧度中等，适用于应力不大拉拔直径<6.0mm以下的钢丝、有色金属丝和其他合金线材、棒材
YG6X	93.5	6	0.5	91	1372	耐磨性优于YG6，使用强度和冲击韧度稍低，适用于要求耐磨较好的条件下拉拔钢丝、有色金属丝及其他合金线材、棒材
YG6	94	6	—	89.5	1421	耐磨性较高，使用强度及冲击韧度较好。适用于应力较大条件下拉拔直径<20mm的钢、有色金属线材及棒材、也适用于拉拔直径<10mm的管材
YG8	92	8	—	89	1470	耐磨性良好，使用强度及冲击韧度较YG6高，适用于应力大的条件下，拉制直径50mm以下的钢，有色金属及合金线材、棒材，以及直径<5mm的管材也适用于直径较小工作载荷不大的冲压模具和铆钉顶锻
YG15	85	15	—	87	2058	耐磨性较差，使用强度、冲击韧度较高，适用于应力很大的情况下，拉拔钢棒、钢管及合金钢螺栓和铆钉顶锻

(2) 硬质合金冷挤压模具

钨钴系硬质合金具有高硬度、耐磨性、热硬性以及很高的抗压强度和一定的抗弯强度。并随黏结剂Co含量的增加，韧度有所提高，且具有很好的抗急冷急热的能力。模具表面能抛光至$R_a<0.1\mu m$。实践证明，采用硬质合金作冷挤压凹模是完全可行的。常用的有YG15、YG20、YG25三种，其化学成分与性能如表6-6所示。

表6-6　冷挤压模具用钨钴系硬质合金的化学成分及性能

序号	化学成分(质量分数)/%		密度/(g/cm³)	硬度(HRA)	抗弯强度/MPa	冲击韧度/(kJ/m²)
	WC	Co				
YG15	85	15	13.9～14.2	87	2058	0.4
YG20	80	20	13.4～13.7	85.5	2548	0.48
YG25	75	25	12.9～13.2	84.5	2646	0.55

冷挤压模制造时选用硬质合金，必须注意以下问题。

① 必须根据冷挤压的具体工作条件，来选择不同种类的硬质合金。如当冷挤塑性较高、硬度较低的有色金属零件时，应选用含钴量较低的硬质合金YG15做模具材料；而冷挤压塑性较低、硬度较高的有色金属或黑色金属零件时，应选用含Co较高的YG20或YG25作模具材料。

② 硬质合金凹模内壁，应尽量做到不出现拉应力。因为硬质合金性脆、易开裂，所以硬质合金凹模都做成组合结构。施加的预压力最好完全抵消工作时产生在凹模内壁的切向拉应力。

③ 硬质合金主要适于制作简单形状的轴对称零件的凹模。这是因为硬质合金机加工性能差，只能采用压制、烧结或电加工成型，而形状复杂的凹模制造成本高，且在过渡部分易产生附加应力，易开裂，寿命短，不能充分发挥硬质合金的优越性。

④ 硬质合金模具主要适用于零件生产批量大和自动化生产的场合。因为它价贵、加工成本高，只有产品批量特别大，要求耐磨性好，使用寿命特别长，以及模具损坏的可能性较小的情况下，用硬质合金作模具材料才经济合理。

实际使用已充分显示硬质合金冷挤模具的优越性。例如 YG15 作凹模冷挤铝电容器外壳，寿命达 200 万件。用 YG20 作凹模冷挤 15 号的缝纫机螺丝，寿命超过 10 万件以上。

6.2.2 钢结硬质合金模具材料

6.2.2.1 钢结硬质合金概况

钢结硬质合金是以碳化物为硬质相，以钢为黏结相，用粉末冶金方法制成。它用铁及其他合金元素粉末或高速钢粉末代替钴粉做黏结剂，这种合金中碳化物粉末的比例比一般硬质合金中的少得多，大约为 30%左右。因此热硬性、耐磨性比一般硬质合金的差，但比高速钢的好，而韧度则比一般硬质合金的强。可像钢一样进行冷、热加工及热处理，是一种加工方便，性能介于高速钢和硬质合金之间的良好材料，用来制作冷作模具等，取得了显著效果。已在冷冲模、冷挤模、冷墩模、整形模上得到较广泛的应用。

目前国内研制的钢结硬质合金有十多种牌号，按硬质相可分为碳化钨系和碳化钛系；按黏结相区分有碳钢、合金工具钢、不锈钢和高速钢等。表 6-7 中 YE65 属碳化钛系列，黏结相为铬钼钢；YE50 合金属于碳化钨系列，黏结相为铬镍钼钢；GJW50 属于碳化钨系列，黏结相为中碳铬钢。

钢结硬质合金的牌号、成分与性能见表 6-7。除此之外，国内适用于冷作模具的钢结硬质合金还有：碳化钨系的 TLMW50、TLW50、GW50 以及碳化钛系的 GT35 等。与表 6-7 中所列牌号的成分相比，仅黏结相成分略有不同，性能相似。

表 6-7 钢结硬质合金的成分与性能

牌号	化学成分(质量分数)/%						性能				
	TiC	WC	Cr	Mo	C	Fe	密度/(g/cm³)	硬度(HRC) 退火	硬度(HRC) 淬火	抗弯强度 σ_{bb}/MPa	冲击韧度 α_K/(kJ/m²)
YE65	35	—	5	2	0.6	余量	6.4～6.6	39～46	69～73	130～230	—
YE50	0.3	50	1.1	0.3	0.8	余量	10.3～10.6	35～42	68～72	270～290	1.2
GJW50	—	50	0.50	0.25	0.25	余量	10.20	65～66	65～66	207	0.67
DT	—	40	—	—	—	余量	—	62～64	62～64	360～380	1.8～2.5

这类合金因为具有钢的某些特性，可以锻造、热处理、退火软化后可机加工。它可以在制造模具时通过焊接、粘接、机械连接、镶套等方法将合金与钢材牢固连接，制成组合式模具。

6.2.2.2 钢结硬质合金的锻造

对烧结态的钢结硬质合金必须经锻造成型，以提高合金的密度，又降低烧结中产生的严重的碳化物偏聚。始锻温度为1150～1200℃，终锻温度为900～950℃。其导热性能差，加热应缓慢均匀，预热要充分，并要防止氧化脱碳。应控制每次的变形量在10%～15%，不能太大，采用轻拍快打，以防锻打碎裂。锻后冷却应缓慢，必须在细石灰、草木灰、炉渣等材料覆盖下进行缓冷，严禁水冷、空冷，以防开裂。

6.2.2.3 钢结硬质合金的热处理

锻造后经过退火软化才能进行机械加工，之后又必须经过淬火、回火后才能投入使用。可以把整个合金看作硬质相颗粒填充钢基体中、或由钢的基体中析出一定量的碳化物颗粒，从而改变合金的性能。

(1) 退火

一般采用等温退火可消除内应力，使组织均匀化，降低硬度，以利机加工。退火最高温度为820～880℃，碳化钨系稍高于碳化钛系，等温处理的等温温度皆取720～740℃，退火后的硬度为35～45HRC。一般碳化钨系合金硬度稍低于碳化钛系的。

(2) 淬火

一般与合金工具钢相同，但粉末冶金烧结体，存在空隙及大量在钢基体上弥散分布的合金碳化物，导热性低于一般钢料，加热速度要缓慢。并且一次预热甚至二次预热，也可随炉升温达到预热目的。淬火加热温度可在较大的范围内选取，保温时间也可长一些，原因是碳化物能稳定晶界，可抑制奥氏体晶粒的长大，淬火过热敏感性比钢要小，因此不必担心奥氏体晶粒过分长大。由于作为硬质相的碳化物颗粒（WC或TiC）数量已经很多，退火冷却时黏结相（钢基体）中还会析出二次复合碳化物，如淬火温度偏低，过多的未溶碳化物将会引起碳化物聚集连结现象，使钢基体作为黏结相的黏结作用减弱，降低了合金的韧度。所以淬火加热温度一般不宜过低，也不宜过高，否则又会增大淬火时的热冲击，使其在淬火时形成裂纹的危险增大。一般以碳化钛系淬火温度区960～980℃，碳化钨系取1000～1050℃为宜。其保温时间，用盐浴炉加热时取0.3～1.0min/mm；用箱式电炉加热时时间加倍。

淬火的方法一般采用分级淬火，对于形状复杂或截面尺寸变化较大的坯料的淬火，为了减少热应力和相变应力，宜采用等温淬火。

(3) 回火

淬火后应尽快进行回火，特别是大型复杂件，以消除应力防止开裂。回火温度通常取180～200℃、保温时间1.0～1.5h，要求较高的韧度，可用较高的回火温度。在450～550℃出现二次硬化现象，但在高温回火时有大量的碳化物析出，并且发生连接现象，而使冲击韧度降低。在250～350℃左右回火，冲击韧度有明显的下降，说明有低温回火脆性，需予以注意。

6.2.2.4 机加工

经退火软化后，可进行车、铣、刨、钻、铰、攻丝等机械加工，加工特点类似于铸铁切削，采用低转速、大进刀量和中等的进给速度。不宜采用冷却润滑液，以免因激冷而硬化，甚至开裂，同时由于其导热差、硬度高、磨削困难，所以在淬火前将工件加工至最终尺寸或尽可能少留余量，以便淬火后不磨或少许研磨即可。

与普通硬质合金相比，钢结硬度合金的脆性大有改善，但比一般模具钢要脆，不能承受较大的冲击载荷，在用作凹模时，应尽量减少承受模具拉应力，或采用预应力套以改善受力状态。此外，它的断裂韧度也较低，模具使用时，因卡模等产生裂纹以至扩展、碎裂，这些使它的使用范围受到一定的限制。但它兼有硬质合金和钢材两方面的优点，即既有类似于钢材的加工性与热处理工艺性，又具有一般模具钢所无法比拟的高硬度及耐磨性，因而是比较理想的冷作模具材料。

钢结硬质合金中的DT合金具有良好的力学性能，该材料的最大特点是在高耐磨的基础上又有较高的强度、刚度和韧度，因此能承受较大的动载荷冲击，使用寿命长，显示较高的经济效益。例如DT合金制E型硅钢片冷冲模，使用寿命达3700万件，比YG20合金（寿命80万件）、GT35合金（寿命50万件）寿命大为提高。

6.3 有色金属及合金模具材料

有色金属及合金作为模具材料在模具制造中已日益增多，尤其应用在快速简易模具中更为突出，目前广泛应用于仪器仪表、电子通信、汽车、农机、轻工、塑料制品及工艺美术等行业的新产品试制和老产品更新换代的中小批量生产。

有色金属及合金模具材料主要包括锌基合金模具材料、低熔点合金模具材料、高温合金及难熔合金模具材料等。

6.3.1 锌基合金模具材料

6.3.1.1 锌基合金概况

锌基合金模具材料较多用于冷冲压模具，开始于第二次世界大战期间。目前，一些工业先进国家，如美、英、日、德国等国已被普遍采用，主要用于成型模具。铸造出来的模坯精度较高，稍加修饰加工即可使用。

为了满足技术经济指标和市场竞争能力的要求，我国从1965年就开始研制锌基合金模具技术，目前已有很大的发展与提高。

锌基合金模具材料在国内主要是Zn-Al4%-Cu3%合金，它的熔点很低，并有很好的铸造性能。作为模具使用，它还具有耐压、耐磨、自润滑性能。它主要通过铸造方法成型，可选用砂型、金属型和石膏型铸造方法，制造周期仅为钢模的1/2～1/5，成本相当于钢模的1/4～1/8左右。主要用于成型模、拉深模、弯曲模、塑料模等。模具使用的锌基合金具有如下特点。

① 熔点低（只有380℃），因此可以用比较简单的设备和一般技术进行熔化，浇铸温度为420～450℃，可用多种方法铸造成型。铸件的气孔、针孔少，模具复制性好，复杂形状也能很好复制。

② 锌基合金的强度接近低碳钢，加工性能类似于青铜铸件，并具有铝合金的易切割性、易机械加工和修饰加工的特点。

③ 具有独特的润滑性和耐烧结性，因此用锌基合金拉深模制造的零件表面不易出现缺陷。

④ 报废的锌基合金模具，可重熔再用，可降低成本。

⑤ 用经过修整的凸模作型蕊，可直接铸出精度好的凹模。这是模具用锌基合金很突出的一个优点。

⑥ 可用气焊进行修补，且焊接部位的组织和基体基本相同。

⑦ 铸造时，可将需要镶入的钢制零件直接镶入，也可以直接铸造出螺孔。

锌基合金模具的主要的不足之处如下。

① 它的硬度、耐磨性比钢模低很多，寿命比钢模低，最适合新产品的试制和小、中批量生产。为了提高使用寿命以便适应中、大批量生产，应采用锌钢复合模具。因为锌基合金

强度比较低，所以对复合冲裁模不太适用，对冷挤压模的应用也有些困难。若要采用，需采取工艺措施。锌合金模具也不能应用于橡胶模和热固性塑料模，这是由于它在200℃左右长期使用会产生热变形。

② 锌合金铸造成型时，线收缩系数为1.1%～1.2%。很大的收缩系数使得铸造的成型模、弯曲模的精度不高。如欲提高大型和精密零件的成型模、弯曲模以及复杂型面的注塑模的制造精度，需要增加机加工和钳工的工作量。

今后需要进一步提高锌合金的性能，提高制模精度，并使锌合金模具标准化、系列化，将会进一步推动锌合金模具的发展和应用。

6.3.1.2 锌基合金模具材料的成分、性能和应用

锌基合金模具材料是无铋的中熔点合金材料，性能比低熔点的铋锡合金明显提高。按成分可分为：锌铝共晶合金、锌铝共析合金和其他成分的锌铝合金三种。

(1) 锌铝共晶合金

合金含Al（质量分数）4%，偏离共晶成分1%，为了方便起见，把它们看成是共晶型合金。合金的成分和性能见表6-8。主要用于冲压模具。

表6-8 锌铝共晶合金的成分和性能

合金	Al(质量分数)/%	Cu(质量分数)/%	Mg(质量分数)/%	Zn(质量分数)/%	σ_b/MPa	α_K/(kJ/m²)	δ/%	HBS	密度/(kg/cm³)	熔点/℃	凝固收缩率/%
Zn-Al4-Cu3	4	3	0.03～0.08	余量	240～280	60～80	1.3～2	120～130	6.7	380	1～1.2
Zn-Al4-Cu1	4	1	0.03～0.08	余量	240～280	—	—	110	6.7	380	1～1.2

锌铝共晶合金的力学性能比较好，接近灰口铸铁的性能。锌是质硬而脆、塑性较低的金属，加入铝能细化晶粒，提高锌的强度和冲击韧度，能提高液态合金的流动性。以Al（质量分数）4%～5%时综合性能最好。铜在锌中提高硬度和冲击韧度，并防止晶间腐蚀，但铜降低了塑性和流动性，以加入Cu（质量分数）1%～3%量为好。镁可细化晶粒，并且明显提高强度和硬度。一般加入微量（0.03%～0.08%）为宜，Mg（质量分数）超过0.1%时，热塑倾向性增加。

(2) 锌铝共析合金

Al（质量分数）22%、Cu（质量分数）0.2%～0.5%，能明显提高力学性能。锌铝共析合金直接作为锌合金铸造模具较少，多为利用其超塑性成型比较复杂的或精度要求比较高的塑料模具行腔，以及挤压成型零件和气压成型罩壳零件。

(3) 其他成分的锌铝合金（表6-9）

表6-9 其他成分的锌铝合金

合金	Al(质量分数)/%	Cu(质量分数)/%	Mg(质量分数)/%	Zn(质量分数)/%	σ_b/MPa	δ_s/MPa	δ/%	HBS	密度/(g/cm³)	熔点/℃
Zn-Al12-Cu1	10.5～11.5	0.5～1.25	0.015～0.03	余量	280～350	210～220	1～3	105～125	6.03	377～432
Zn-Al27-Cu2	25～28	2.0～2.5	0.01～0.02	余量	400～450	260～370	3～6	110～125	5.01	376～493

这类合金的特点是强度高，比上述共晶型和共析型的强度都高。因此，可作高强度锌合金模具材料使用。模具的使用寿命长、成本低，合金还有一定的抗腐蚀性能。在正常大气压条件下，在水溶液中及石油产品中均有很好的耐蚀性，但对铅、锡、镉等元素特别敏感，上述元素会降低其抗腐蚀性。这类合金有很好的流动性，对较薄的截面及模具花纹形状等都容易清晰的浇铸出来。

锌基合金是一种软质材料，它作冲裁模刃口来冲裁比其模具本身的强度、硬度高的钢板，其原理不同于钢模冲裁。在钢模冲裁过程中，凸、凹模之间有一个合理的间隙值，以取得冲裁力最小，冲裁件断面质量符合工艺要求及使模具使用寿命长等为标准，过程分为弹性变形、塑性变形、剪裂和分离四个阶段。锌基合金冲裁模的间隙值很小，其初始间隙为零，称为无间隙冲裁模，其过程可看成是光洁冲裁与挤压冲裁的复合形式。其冲裁机理为“单向裂纹扩层分离”。

对落料工序，凹模使用锌基合金，凸模使用钢模。对冲孔工序，凸模使用锌基合金，凹模用钢模。冲裁厚度范围为 0.1～0.5mm，最大轮廓尺寸达 7000mm。冲裁材质有金属、非金属达 20 多种。应用于简单的落料模、冲孔模、修边模、多冲头冲孔模、冲孔-落料复合模等，锌基合金也可用于制造弯曲模、便于产品试制和更新换代。

锌基合金拉延成型模的凸、凹模、压边圈、顶料板等成型件采用锌合金制造，其他零件可用钢或铸铁制造。1mm 的钢板可成型万件、精度可达 5 级。

锌基合金还可做成锌合金钢皮（做刃口）导板冲裁模和钢带（做刃口）冲裁模等。锌基合金也可做注塑模、吹塑模、吸塑模等塑料模具，可满足快速、低成本、有花纹、曲面艺术造型等复杂型腔的要求。

6.3.2 低熔点合金模具材料

6.3.2.1 低熔点合金模具概况

用熔点较低的锡铋合金作为铸模材料制造的模具称为低熔点合金模具。可用标准件来制作铸模的模型，这是用铸造的方法（或其他方法）制造模具的一种新技术，特别适用于薄板冲压件，尤其有不规则曲面的。铸模时工艺简单，周期短，这类模具还有以下应用特点。

① 适用于新产品的试制和多品种、小批量生产。

② 可对新产品进行冲压工艺性实验，即可验证产品设计的冲压工艺性是否合理，又为制模提供技术数据。

③ 用低熔点合金进行小批量试制生产，可以缓和钢模制造周期长的矛盾，便于新产品的修订。

④ 铸模时凸模和凹模可以利用同一个样模，一次同时铸成、不需研配，模具调整方便，可在机床上直接对模具进行修整。

⑤ 成本低，合金可重熔再用。

6.3.2.2 低熔点合金模具材料的成分与性能

作为简易模具，国内外最早使用的是低熔点合金模具。这种模具材料有锡铋二元、四元共晶和非晶型合金。铋是稀有金属，通过向铋合金加入微量其他元素来降低铋含量，以改善其性能，可使合金胀缩性接近于零，（铅、锡、镉在冷凝时体积收缩、而铋在冷凝时体积膨胀）。精度明显提高。具体成分见表 6-10。

表 6-10 低熔点合金成分（质量分数）

序号	Bi/%	Pb/%	Sn/%	Cd/%	In/%	熔点/℃
1	45	23	8	5	19	47
2	49	18	12	—	21	58
3	48	25	13	10	4	65
4	50	27	13	10	—	70
5	57	17	—	—	26	79
6	42	38	11	8	—	88
7	55.5	44.5	—	—	—	124
8	48	28.5	14.5	—	—	227
9	52.5	32	15.5	—	—	95
10	46	20	34	—	—	100
11	58	—	42	—	—	138

低熔点合金元素的主要特性如下。

① 铋（Bi） 颜色白而带红，结晶成六面斜方体，质硬而脆。常温下化学性质稳定，当烧到红热状态时，表面形成氧化铋薄膜；到 183℃时，开始氧化不能再用。液体铋凝固时，其体积将膨胀 1/32。铋的密度为 9.8g/cm³，熔点为 271℃。

② 铅（Pb） 呈蓝灰色，无光泽。塑性好，极易碾成薄片，铅的稳定性较好，只有硝酸能将其溶解。铅的密度为 11.24～11.39g/cm³，熔点为 327℃。

③ 锡（Sn） 呈银白色，略有光泽，比铅稍硬。在常温下也可碾成薄片，但随温度的升高，其塑性反而降低，温度升高到 200℃时就开始变脆。密度：电锡为 7.14～7.18g/cm³；铸锡为 7.28g/cm³，轧锡为 7.30g/cm³，熔点为 232℃。

④ 镉（Cd） 呈银白色结晶体状，多与锌矿共存，塑性好，且与其纯度成正比，商品镉的纯度（质量分数）为 99.5%，极易碾成薄片，相对密度为 8.6g/cm³，熔点为 316℃。

低熔点合金在用做模具材料时，具体性能见表 6-11。

表 6-11 铋基低熔点合金成分（质量分数）与性能

项目 \ 合金	成分(质量分数)/%					熔点/℃	力学性能			凝固胀缩率/%
	Bi	Sn	Pb	Cd	其他		抗拉强度/MPa	延伸率/%	布氏硬度(HBS)	
铋锡二元共晶合金	58	42	—	—	—	138	56	200	22	+0.05
铋锡二元非共晶合金	40	60	—	—	—	138～170	56	200	22	−0.01
铋基四元合金	50	13.3	26	7.10	—	70	42	200	9.2	+0.51

低熔点合金模具材料一般要求如下性能。

① 容易熔化，便于制模。

② 有一定强度。

③ 流动性好，合金熔化后流动填充能力好，成型清晰。

④ 胀缩率小、模具型腔间隙和制模精度高。对复合结构的低熔点合金模具，要求合金

具有一定的冷凝胀性，以便固定模具的镶块及其他部件。

⑤ 与样件不粘连，以便分模。

6.3.2.3 新型低熔点模具合金

传统的板料冲压工件中，一般采用钢模来生产大型薄板件、覆盖件，但钢模制造周期长、难度大、成本高，这些不足在中小批量生产和新产品试制时更显突出。低熔点合金由于熔点低、流动性好，可以采用铸造的方法制模，其模具制造简单、周期短、机加工工时少、成本低、改型快，且模具材料可以反复使用，从而为大型薄板冲压件的生产开辟了一条新的途径。尤其是形状复杂的拉延模，其优越性更加明显。可用于加工铜、铝及其合金板、冷和热轧钢板、不锈钢板、钛钢板等厚度低于 2.5mm 的板材，可用作拉深、胀形、冲孔、切边、翻边等多工序的复合成型。据统计，对于像汽车、拖拉机覆盖件及飞机蒙皮等换型较快且形状复杂的冲压件，采用低熔点合金模具，制造周期可缩短 80%，节省钢材 70%～80%。一般常用低熔点材料中都含有铅元素，铅是有毒物质，对人体的造血系统、神经系统、内分泌等系统造成严重危害。含铅产品不但直接危害制造者，而且污染空气和水源，进而造成动、植物污染。由于低熔点模具材料中常用元素铋的来源比较困难，目前，低熔点模具材料都倾向于采用少铋或无铋的低熔点合金。此外，由于铋的主要特征是冷凝时体积可以膨胀，采用完全无铋的低熔点合金则会导致冷凝时收缩增大，降低模具的尺寸和形状精度，因此为了解决金属铋价格高的同时保证模具的尺寸与形状精度。以下简要介绍一种新型无铅低铋低熔点合金的研制。

(1) 新型低熔点合金系统的选用原则

低熔点合金模具的制模材料需具备以下条件：①冷凝时膨胀率尽量大于零或接近零；②熔点低，便于制模；③具有一定的硬度、强度与韧度，模具使用寿命长；④具有良好的充填性与流动性，合金熔化后流动能力强，成模清晰；⑤少含或不含毒性大较的金属元素，忌用放射性金属元素；⑥合金元素来源容易，价格便宜。

低熔点合金成型模通常采用的低熔点合金元素主要有铋、锡、锑、镉、锌、铅、铝、铟、汞、铜以及镁等，表 6-12 列出了低熔点合金元素对组成的低熔点合金性能的影响。

表 6-12 各种金属元素对低熔点合金性能的影响

金属元素	对低熔点合金性能的影响	毒性程度
铋(Bi)	提高强度;降低熔点;提高充填性与流动性	微毒类
锡(Sn)	提高伸长率;降低熔点;提高流动性	低毒类
镉(Cd)	提高强度与伸长率;降低熔点;提高充填性	有毒类
锑(Sb)	提高强度与硬度;降低冲击韧度;降低熔点	有毒类
铅(Pb)	提高伸长率	有毒类
锌(Zn)		低毒类
铝(Al)	提高强度;提高流动性	
铜(Cu)	提高强度;提高抗腐蚀性能	
镁(Mg)	细化晶粒;提高抗腐蚀性能	

根据上述低熔点模具材料的性能要求，本试验选区的合金系统为 Sn-Zn-Bi。

(2) 试验所用原材料及试验方法

① 原材料　本试验所用的材料分别为纯度大于99.9%的化学分析纯锡、纯度为99.8%的化学分析纯锌和纯度为大于99%的化学分析纯铋。

② 合金的熔炼　合金的熔炼在坩埚熔炼炉内进行，用热电偶和炉温测控仪器控制合金熔炼温度，为了防止锌的氧化，熔炼过程中采用了适量的防氧化剂。合金熔炼好后，从炉中取出，缓慢倒进自制模具中，待合金块温度下降到室温，即可从模具中取出。合金的化学成分分别为Sn-Zn8、Sn-Zn7.2-Bi4.76和Sn-Zn7.2-Bi8.26。

③ 合金的金相组织与刻痕硬度　对熔炼好的合金进行金相组织分析和硬度试验，金相分析所用仪器为4XC金相显微镜，Sn-Zn8合金和Sn-Zn7.2-Bi4.76合金的金相组织分别如图6-1和图6-2所示。硬度试验所用仪器为HR-150A型洛氏硬度计，由于合金本身很软，所以试验采用了刻痕硬度，三种合金的刻痕硬度分别为457、489和493。

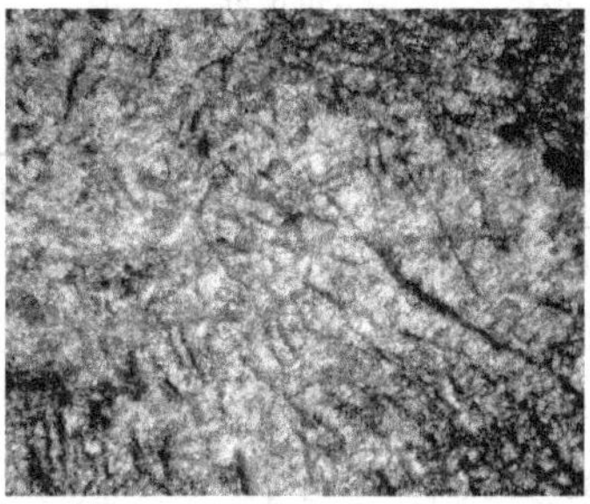

图6-1　Sn-Zn合金的金相组织（400×）

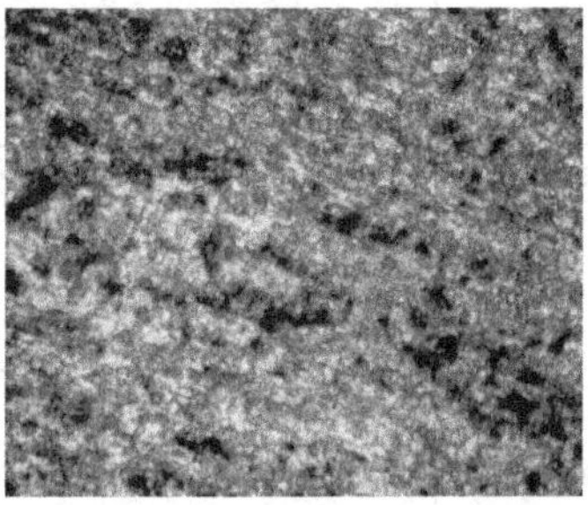

图6-2　Sn-Zn7.2-Bi4.26合金的金相组织（400×）

④ 合金的耐磨性试验　对熔炼好的Sn-Zn合金和Sn-Zn-Bi合金用钼丝切割机切出7mm×7mm×26mm的试样各3块，作为磨损试验上试样。磨损试验下试样的材料为GCr15钢，经淬火+低温回火热处理硬度为61HRC。试样形状和尺寸如图6-3所示。

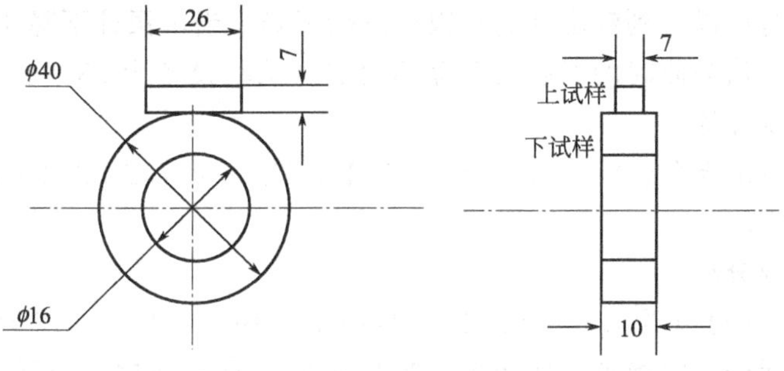

图6-3　磨损试样形状及尺寸示意图（图中单位均为mm）

磨损试验在M-2000型磨损试验机上进行，采用纯滑动干摩擦，加载为190N，下试样转速为200r/min，每组试样先进行10min预磨损，使试样进入稳定磨损阶段后，取下试样用丙酮清洗干净，在感量为万分之一的ESJ200-4型分析天平上称出上试样和下试样的质量。然后重复磨损试验20min，取下试样清洗并称重，根据金属磨损率可比较两种合金的耐磨性能。试验结果如表6-13所示。

⑤ 合金的收缩性试验　首先用千分卡尺测量模具型腔的长度和宽度。为了提高试验的准确性，在本试验中，共采用了三组模具，每一组模具分别测量三次长度和宽度并求出其平均值，同样在测量两种合金试样时也采用了每组测量三次长度和宽度，并求出平均值的办法作为本次试验的最终结果。试验测量结果如表6-14所示。

表 6-13　两种合金的耐磨性能比较

合金种类	编号	磨合前/g	磨损后/g	磨损量/g	平均值/g
Sn-Zn 合金	1	26.6575	26.6296	0.0279	0.0221
	2	27.7832	27.7643	0.0189	
	3	27.4325	27.4130	0.0195	
Sn-Zn7.2-Bi4.76 合金	1	27.0206	27.0093	0.0113	0.0168
	2	26.3548	26.3335	0.0213	
	3	25.6539	25.6360	0.0179	
Sn-Zn7.2-Bi9.26 合金	1	27.0318	27.0171	0.0147	0.0128
	2	27.3685	27.3582	0.0103	
	3	27.4129	27.3994	0.0135	

表 6-14　两种合金的收缩性能比较

合金种类	测量位置	模具尺寸/mm	试样尺寸/mm	收缩率/%	平均值收缩率/%
Sn-Zn 合金	长度方向	22.28	21.61	3.000	3.4685
	宽度方向	6.35	6.10	3.937	
Sn-Zn7.2-Bi4.76 合金	长度方向	21.72	21.47	1.149	1.1675
	宽度方向	6.45	6.33	1.186	
Sn-Zn7.2-Bi8.26 合金	长度方向	21.94	21.53	1.028	1.0350
	宽度方向	6.43	6.32	1.042	

⑥ 合金的熔点试验　将准备好的合金块放入刚玉坩埚内，并在井式熔炉内加热，加热时不断搅拌，一段时间后取出，在取出之前将温度计放入合金熔融液中，并保温一段时间，在空气中冷却，这时可以看到温度计的水银柱不断下降，当水银柱下降非常缓慢时，读出此时的温度值，即可以认为此时的温度为合金的熔点。试验设备为 38-3-10 型井式电炉、刚玉坩埚、坩埚夹、温度计等。

经过测定，Sn-Zn 合金、Sn-Zn7.2-Bi4.76 合金和 Sn-Zn7.2-Bi8.26 合金的熔点分别为 202℃、194℃和 185℃。

（3）试验结果及分析

从图 6-1 和图 6-2 可以看出，在 Sn-Zn 合金中添加 Bi 后，Sn-Zn-Bi 合金的组织变细，组织也比较致密，三元合金的熔点有所降低，当加入量（质量分数）分别为 4.76%和 8.26%时，原来锡锌合金的熔点从 202℃分别下降到了 194℃和 185℃，可能与 Sn-Zn-Bi 形成三元共晶有关，因为 Bi 的加入可以提高材料强度，降低熔点。添加 Bi 后，合金的刻痕硬度增高，当添加 Bi 的量（质量分数）分别为 4.76%和 8.26%，合金硬度分别提高了 7%和 8%，与 Sn-Zn-Bi 之间形成金属间化合物有一定的关系。添加 Bi 后，合金的收缩率有了较大幅度的降低，由原来的 3.4685%下降到了 1.1675%和 1.0350%，这与元素 Bi 的特性有密切关系，在大多数低熔点元素中只有 Bi 元素在冷却过程中体积是膨胀的。此外，Sn-Zn 添加 Bi 后，合金的耐磨性有较大的提高，在本实验条件下，当添加 Bi 的量（质量分数）分别为 4.76%和 8.26%，合金的耐磨性分别提高了 24%和 42%，与 Sn-Zn-Bi 之间形成金属间化合物也有一定的关系。本试验为无铅简易模具材料的选择提供了依据。

（4）结论

① Sn-Zn 合金加入铋以后，Sn-Zn-Bi 合金显微组织与 Sn-Zn 二元合金组织有着明显的不同，铋的加入对原来锡锌的二元合金的相区、相变温度等都产生影响。

② 铋的加入使合金的熔点降低，当加入量（质量分数）分别为 4.76％和 8.26％时，原来锡锌合金的熔点由 202℃分别下降到了 194℃和 185℃。

③ Sn-Zn 合金加入铋以后，Sn-Zn-Bi 合金的耐磨性有较大幅度的提高。当添加 Bi 的量（质量分数）分别为 4.76％和 8.26％时，合金的耐磨性分别提高了 24％和 42％。

④ 锡锌铋合金的收缩率远小于锡锌合金的收缩率，添加 Bi 的量（质量分数）分别为 4.76％和 8.26％时，合金的收缩率由原来的 3.4685％下降到了 1.1675％和 1.0350％。

思考题

1. 试述玻璃模具失效的主要表现形式及其原因。
2. 玻璃模具经常使用的材料有哪些？试作简要的分析。
3. 试论述影响玻璃模具质量的关键因素及提高其使用寿命的途径。
4. 与普通灰铸铁和球墨铸铁相比，采用蠕墨铸铁制造玻璃模具有哪些特点？试分析其原因。
5. 试论述铸铁玻璃模具的热处理工艺规范及其原理。
6. 与其他模具材料相比，硬质模具材料有何特点？应用场合如何？
7. 试述常见低熔点模具材料的特点及应用场合。

第二篇　模具表面强化技术

模具材料是模具工业的基础。模具成型技术的不断发展，对模具材料提出的要求越来越高，而模具制造加工的专门化与产业化又要求尽量地降低模具材料及其加工的费用。尽管多年来，由于工程技术人员和科研人员的不断努力，研制开发了系列新型模具材料，并对原有模具钢的热处理工艺进行了改进与优化，但在许多场合，仍难以满足模具的高性能、低成本的要求。表面工程技术是当前材料科学与工程领域中表现较为活跃、发展较为迅速的分支。表面工程技术在模具加工与制造领域中的应用，在很大程度上弥补了模具材料的不足。

可应用于模具加工与制造的表面工程技术非常广泛，不仅包括传统的表面淬火技术（如感应淬火、火焰淬火等）、热扩渗技术（如渗碳、渗氮、碳氮共渗、渗金属等）、堆焊技术和电镀硬铬技术外，还有近20年来迅速发展起来的激光表面强化技术、物理气相沉积技术(PVD)、化学气相沉积技术（CVD)、离子注入技术、热喷涂技术、电刷镀技术和化学镀技术等。而且，传统的表面工程技术也在不断完善与发展中。如热扩渗技术正由渗单一元素向多元共渗的方向发展，而熔盐渗金属法的出现与完善，为模具表面的强化提供了廉价而优质的工艺途径。又如，传统的电镀技术已发展到复合电镀工艺，不仅可以完成高硬度的金属陶瓷涂层的电镀，而且可以电镀自润滑涂层，将其镀于模具内腔表面，可大大改善模具的脱模性能。

总之，表面工程技术应用于模具表面，可达到如下目的。

① 提高模具表面硬度、耐磨性、耐蚀性和抗高温氧化性能，大幅度提高模具的使用寿命；

② 提高模具表面抗擦伤能力和脱模能力，提高生产率；

③ 采用碳素工具钢或合金钢，经表面涂层或合金化处理后，可达到甚至超过高合金化模具材料甚至硬质合金的性能指标，不仅可以大幅度降低材料成本，而且可以简化模具制造加工工艺和热处理工艺，降低生产成本；

④ 可用于模具的修复，尤其是电刷镀技术可在不拆卸模具的前提下完成对模具的修复，且能保证修复后的工作面仍有足够的粗糙度，因而备受工程技术人员的重视；

⑤ 可用于模具表面的纹饰，以提高其塑料制品的档次和附加值。

表面改性技术是指采用某种工艺手段使材料表面获得与其基体材料的组织结构和性能不同的具体措施。材料经表面改性处理后，既能发挥基体材料的力学性能，又能使材料表面获得各种特殊性能，除上述提到的表面具有很高的强度、硬度、耐磨性和疲劳极限外，有时还需要表面具有高耐腐蚀性，耐高温性，合适的射线吸收、辐射和反射能力，超导性能，润滑，绝缘，储氢等。

表面改性技术可以掩盖基体材料表面的缺陷，延长材料和构件的使用寿命，节约稀贵材料，节约能源，改善环境，并对各种高新技术的发展具有重要作用。表面改性技术的研究和应用已有多年历史。20世纪70年代中期以来，我国国防上出现了表面改性热处理，表面改性技术越来越受到人们的重视。

随着科学技术的快速发展，纳米材料与纳米技术的应用越来越广，纳米技术打破了宏观和微观世界之间难以逾越的界限，从而产生纳米技术与其他学科相互渗透和交叉，将纳米技术和纳米材料应用于模具领域，必将为模具工业的发展提供极为广阔的发展空间。纳米材料与纳米技术在模具工业中的应用主要包括以下几点：①新型纳米模具及由具有纳米晶粒组织的模具钢制造的模具；②表面层纳米化的模具，主要包括模具表面热喷涂纳米层，模具表面形变强化获得纳米组织层，用电镀与化学镀在模具表面制备纳米层等。

由于表面工程技术可应用于模具表面处理的种类繁多，本篇只简要介绍几种在工程中应用较为广泛的几类，并做综合分析对比。

7 金属构件的表层残余应力

金属结构或机器构件经过冷热加工后，会在其内部和表面产生残余应力，残余应力的峰值往往达到或接近材料的屈服极限 σ_s。当金属构件投入使用后，它们所受载荷引起的工件应力与其内部和表面的残余应力相叠加，将导致构件产生二次变形和残余应力重新分布，从而降低构件的刚性和尺寸稳定性，此外，残余应力、工作温度、工作介质共同作用还将严重影响构件的疲劳强度、抗脆断能力、抵抗应力腐蚀开裂和高温蠕变开裂的能力。通过对残余应力进行分析，可掌握其产生和存在的规律性、残余应力对构件强度和寿命的不利影响，以便采取各种技术措施，改善其分布特性，以提高构件的承载能力，延长使用寿命，预防失效事故。

7.1 残余应力的基本概念

残余应力是指在没有外力或其他外部因素的情况下，由于种种原因而存在于金属构件内部且处于平衡状态的应力。金属零件经过各种冷热加工都能产生分布各异的残余应力。

7.1.1 残余应力的性质及平衡条件

残余应力属于弹性应力性质，即只有弹性应变才能产生残余应力，塑性变形不产生残余应力。

存在于一个零件内的残余应力必须处于静态平衡，即该零件任一截面的合力和合力矩都为 0。

7.1.2 残余应力的分类

残余应力可根据它影响范围的大小分成三类。

① 宏观残余应力（第一类残余应力） 残余应力在全构件范围或者其中较大的区域内（二维空间内线性尺寸大于 0.1mm）处于平衡状态。

② 微观残余应力（第二类残余应力） 残余应力在金属晶粒范围内（线性尺寸在 0.01～0.1mm 之间）处于平衡状态。

③ 超微观残余应力（第三类残余应力） 指在存在于金属晶界滑移面，位错附近以及更微小尺寸（晶格尺寸）内的残余应力。

7.1.3 残余应力的极限

金属材料的残余应力极限值是该材料在应力形成时的屈服应力（下屈服点）。如果应力超过塑性变形则自动释放能量，使应力发生松弛，一直降到该材料的下屈服点为止。

7.2 残余应力的形成

7.2.1 不均匀塑性变形引起的残余应力

金属材料常由于加工的原因而引起不均匀塑性形变，而材料的两个相邻部分受力性质不相同，迫使它们之间产生相对的压缩或拉伸形变，而当变形过程结束后就留下永久的残余应变和应力。

7.2.2 温度差异引起的残余应力

7.2.2.1 整体加热和冷却后的残余应力

如果工件经过整体加热后冷却，则在冷却过程中由于表层和心部冷却速度不一致而出现温度差异，从而导致残余应力。这种残余应力不仅能在小零件快速冷却时形成也能在大尺寸的铸件和锻件冷却时形成。

铸件形状各异。它的冷却收缩可以分为液态收缩、凝固收缩和固态收缩三个时段。而铸件残余应力是在固态收缩时形成的。

铸件的残余应力来源于构件截面厚薄不均，或各部分在铸型内位置不同而引起的冷却速度的差异。以厚度不均的 T 形梁［图 7-1(a)］为例说明在不考虑相变条件下的铸件热应力演变残余应力的过程。

设铸件梁由杆Ⅰ和杆Ⅱ两部分组成，其中杆Ⅰ较厚，杆Ⅱ较薄，并假设两部分从同一温度开始冷却，然后达到同一温度。两部分之间没有热交换，图 7-1(b) 为杆Ⅰ和杆Ⅱ冷却曲线（t-τ 曲线）

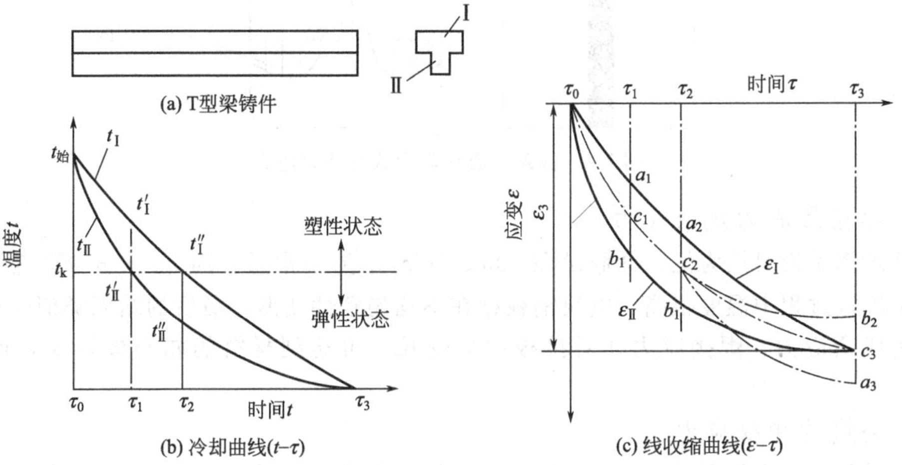

图 7-1　T 型梁铸件热应力的形成过程

铸件冷却时，由于杆Ⅱ比杆Ⅰ薄，冷却速率较大。它的温度将低于杆Ⅰ。因此，在铸件冷却的前期，由于杆Ⅱ温度低于杆Ⅰ，它将率先由塑性状态转入弹性状态。但两杆的终温相同，则在冷却的后期，杆Ⅰ冷却速率必大于杆Ⅱ。图 7-1(c) 为两杆的线收缩曲线（ε-τ 曲线），其中实线为杆Ⅰ和杆Ⅱ各自自由收缩曲线，虚线 $c_1c_2c_3$ 则为整个梁的实际收缩曲线。这里作了线胀系数 α 不随温度而变的假设，故收缩曲线与冷却曲线外形相似。

T 型梁的塑性态和弹性态可以简单地以温度 t_k 分界，并以杆Ⅱ和杆Ⅰ先后由塑性状态转为弹性状态的时间为准，将冷却过程大致分为三个阶段。

第一阶段（图中 τ_0—τ_1）：杆Ⅰ和杆Ⅱ都处于塑性状态。杆Ⅰ和杆Ⅱ自由收缩，并分别沿收缩曲线到达 a_1、b_1 点，而全梁实际收缩则到达 c_1 点，这一阶段的塑性变形不会引起很高的应力。

第二阶段（τ_1—τ_2）杆Ⅰ处于塑性状态，杆Ⅱ已处于弹性状态。由于杆Ⅱ处于塑性状态（$T>T_k$），基本无抵抗变形的能力，全梁的实际收缩曲线段 c_1c_2 近似于平行杆Ⅱ的收缩曲线段 b_1b_2，即实际收缩依从于杆Ⅱ。

第三阶段（τ_2—τ_3）杆Ⅰ和杆Ⅱ都进入了弹性状态。杆Ⅰ和杆Ⅱ的收缩应力分别沿 c_2a_3 和 c_2b_3 自由收缩，而全梁的实际收缩则为 c_2c_3。冷却结束后，杆Ⅰ由于弹性拉伸 a_3c_3 而留下残余拉应力。杆Ⅱ则由于弹性压缩 b_3c_3 而留下残余压应力。

7.2.2.2 局部加热和冷却后残余应力

以图 7-2 所示的长板条中心加热，随后缓冷来说明残余应力的形成过程（假定试样不发生相变）。

在板条的中心对称加热时，板条中产生温度应力，中心受压力，两边受拉，同时平板端面向外平移（伸长）。如果此时加热温度较低，中心不产生压缩塑性变形，即 $|\varepsilon|<\varepsilon_e$，当温度恢复到原始状态后，内应力消失，平板端面要恢复到原来的位置。当加热温度较高，使板中心产生压缩塑性变形，则冷却时心部的收缩会受到加热温度较低的板边缘的阻碍，最终形成如图 7-2 所示的中心受拉，两边受压的残余应力分布。

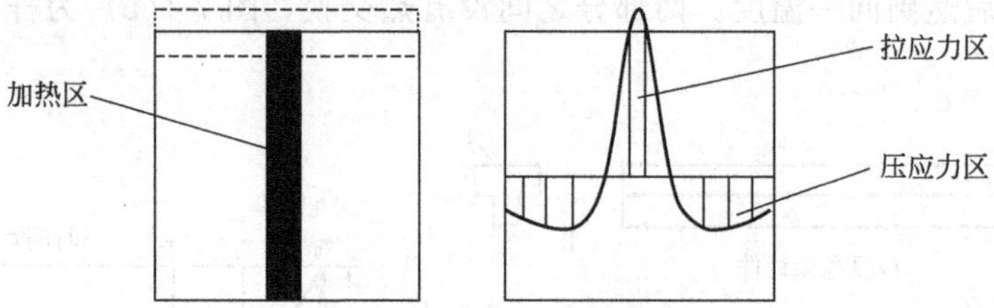

图 7-2　板条中心加热形成的残余应力

7.2.3　焊接形成的残余应力

以低碳钢平板对接为例，并假设在 500℃以下 σ_s 为一常量。而 500～600℃直线下降到零。由于焊接过程中温度很高，整块钢板存在不均匀塑性变形，最后的结果类似于局部加热和冷却后残余应力，焊接应力在对接板中央受拉，可达到材料的屈服极限 σ_s，而板两边受压。

7.2.4　金属的相变应力

金属材料在发生相变时，由于不同金相组织的密度不相同，相变区和非变相区之间会出现相对变形，从而产生残余应力。它包括不均匀相变引起的应力（称为组织应力）和不等时相变引起的应力（称为附加应力）。

金属材料在热处理、焊接、铸造等热加工及磨削等切削加工之后都可能会产生相变应力。

7.2.4.1 不均匀相变应力

齿轮、曲轴等零件常用渗碳、表面淬火处理，表面淬火时只将表面加热到奥氏体转变温度以上而形成马氏体，其密度小于心部的非马氏体组织，因而使表面出现残余压应力、心部则为与之相平衡的拉应力。表 7-1 为碳钢发生马氏体转变时的体积变化百分比。

表 7-1　碳钢马氏体转变时的体积变化

碳含量(质量分数)/%	0.1	0.3	0.6	0.85	1.0	1.3
体积变化百分比/%	+0.113	+0.404	+0.923	+1.227	+1.557	+2.376

金属材料整体淬火时，由于材料淬透性的限制，马氏体淬硬深度也只限于一定深度内，从而会引起不均匀相变应力。

7.2.4.2 不等时相变应力

碳钢零件整体淬火时，由于表层冷却速度较高，这部分材料先达到马氏体转变温度，使奥氏体转变为马氏体而体积膨胀。因此，表层在先膨胀的过程中受到心部的制约而形成压应力，心部则为拉应力。

在继续冷却的过程中，心部的奥氏体转变为马氏体而膨胀。这时心部将转变为马氏体，但由于相变存在时差，从而形成心部压应力而表层拉应力的应力分布状态。

7.3 残余应力对金属构件性能的影响

残余应力能在很大程度上影响构件的静载强度、疲劳强度等。此外，它影响构件的加工精度和以后的尺寸稳定性、刚度等。在设计和制造中充分利用残余应力是发挥材料潜在能力的有效途径。

7.3.1 残余应力对疲劳强度的影响

残余应力在构件中的分布对结构的疲劳强度有举足轻重的影响。金属构件表面拉应力能促使疲劳裂纹的生成，因而通过各种工艺手段使材料表面形成残余压应力，能大大提高材料的疲劳强度，避免过早地造成结构疲劳断裂。常用的表面加工方法有喷丸、辊压、渗碳、渗氮、表面淬火等。

图 7-3 为 SS-400 钢对接接头经高能喷丸处理后的 σ-N 曲线。材料经高能喷丸处理后，可使表层获得纳米晶体材料和表层残余应力。晶粒尺寸和残余应力如表 7-2 所示。

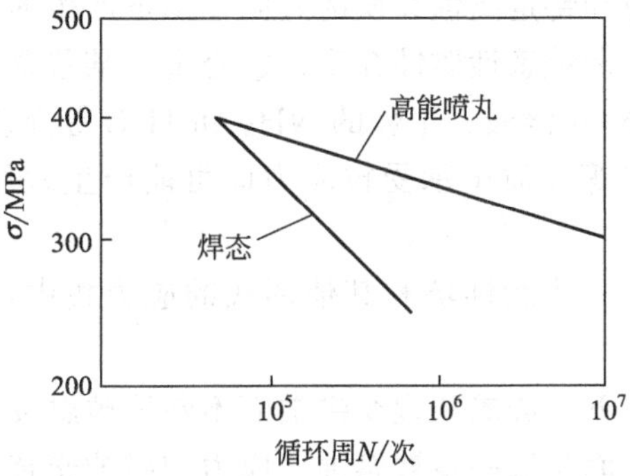

图 7-3 SS-400 钢对接接头 σ-N 曲线

表 7-2 SS-400 钢对接接头高能喷丸处理后的残余应力及晶粒尺寸

位　　置	残余应力(σ)/MPa	晶粒尺寸(D)/nm
基体金属	−391	34.2±3
热影响区	−354	39.2±3
焊缝	−438	30.0±3

高能喷丸在对接接头表面形成了性能优异的纳米强化层，消除了接头的残余拉应力，并在对接接头的表层形成了有利于提高疲劳性能的压应力层。

7.3.2 残余应力对静载强度的影响

只要材料有足够的延性、能进行塑性变形，残余应力的存在并不影响构件的承载能力。

对于脆性材料，由于材料不能进行塑性变形，随外加载荷的增加，应力不能均匀化，应力峰值不断增加，一直到达材料的强度极限 σ_b，发生局部破坏，最后导致整个构件断裂。因此，残余应力影响脆性材料的静载断裂强度。

7.3.3 残余应力对加工精度的影响

机械切削加工把一部分材料从工件上切去的同时，也把原先在那里的残余应力切掉，从而破坏了原来工件中残余应力的平衡，使工件产生变形。加工精度也受到了影响，例如在焊接 T 字形零件上加工一个平面，会引起工件的翘曲变形。但这种变形由于工件在加工过程中受到夹持，不能充分的表现出来，只有在加工完毕后松开夹具时才能充分地表现出来，这样它就破坏了已加工平面的精度。

保证加工精度的最有效的、最彻底的办法是采用人工时效、自然时效和振动法去应力。但有时也可在机加工工艺上做一些调整来达到目的，例如在加工零件时，可以分几次加工，每加工一次适当放松夹具，使工件的变形充分表示出来，再夹紧再加工，加工量逐次递减。又例如在加工几个轴孔时，避免将一个轴孔全部加工完毕后再加工另一个，而采用分几次交替加工的办法，每次加工量递减，这样可提高加工精度，但相对麻烦，只有非常必要时才采用。

7.3.4 残余应力对刚度的影响

若构件中存在着与外力方向一致的残余应力，而其极值又达到 σ_s，则在外力的作用下刚度将降低，而且在卸载后构件的原来尺寸也不能完全恢复。刚度的降低程度与 b/B（b 为拉伸应力作用的宽度，B 为构件的宽度）有关。b 所占的比例越大对刚度的影响越大。

7.3.5 残余应力对应力腐蚀的影响

应力腐蚀是在拉伸应力和特定腐蚀介质的共同作用下产生的一种腐蚀破坏现象。它产生的条件有 3 个，①拉应力；②敏感性腐蚀介质；③合金。某些金属在一定的介质里，例如低碳钢在 NaOH 溶液、NH_4NO_3 溶液、干燥的 NH_3 和 H_2S 等介质中，18-8 奥氏体不锈钢在 $MgCl_2$ 溶液和氯化物和水汽等介质中承受拉应力即可能产生裂纹。应力腐蚀过程大致可以分为三个阶段。

第一阶段，局部腐蚀造成小腐蚀坑和其他形式的应力集中，以后又逐渐发展成为微小裂纹；

第二阶段，在腐蚀作用下，金属从裂纹尖端面不断地被腐蚀掉，又在拉应力作用下，不断地产生新的表面，这些表面又进一步被腐蚀，应力和腐蚀交替作用下裂纹逐渐扩展；

第三阶段，当裂纹扩展到临界值时，裂纹就在拉应力作用下以极快的扩展速度造成脆性断裂，但有时因为应力下降而不产生脆性断裂，例如压力容器发生泄露。

由应力腐蚀引起断裂所需的时间与应力大小有关，且通常存在一个临界值，当拉应力低于临界值时不会造成应力腐蚀。图 7-4 是 Cr18Ni9Ti 和 Cr25Ni20 两种铬镍不锈钢的应力与断裂时间的关系图。在曲线下不会发生断裂，在曲线上发生断裂。由图可知，拉应力越大，发生断裂所需要的时间越短，应力越小，发生断裂所需要的时间越长。有些构件的工作应力比较低，本来不至于在规定使用年限内产生应力腐蚀，但是焊接或其他加工以后，由于结构

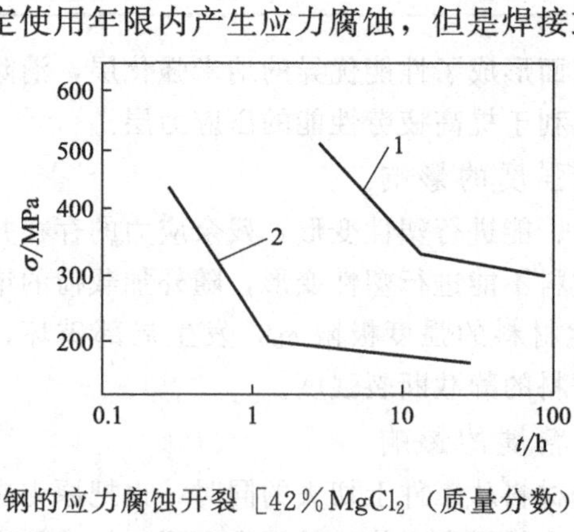

图 7-4 不锈钢的应力腐蚀开裂［42%$MgCl_2$（质量分数）沸腾溶液中］

1—Cr18Ni9Ti 不锈钢；2—Cr25Ni20 不锈钢

内部（如焊缝处）残余拉应力较大，残余应力和工作应力叠加促使焊缝附近产生应力腐蚀。对于这种结构，采取适当的消除残余应力的措施，是有利于提高抗应力腐蚀的能力。当然消除残余应力并不是唯一的方法，也可以采取其他措施来解决这个问题。例如，在结构与介质的接触面上涂保护涂层，在介质中加入缓蚀剂，选用防腐蚀能力较好的材料等。除此以外，残余应力还对尺寸稳定性、受压构件的稳定性都有一定的影响。

7.4 残余应力的测量

残余应力的测量方法可以概括为两大类，即具有一定的损伤性的机械释放测量和无损伤性的物理方法。目前，国内外有关学者仍在继续研究和开发新的测量方法，并对现有测量技术进行改进和完善。

7.4.1 应力释放法

7.4.1.1 切条法

将需要测定内应力的构件先划分成几个区域，在各区域的待测点上贴上应变片或加工机械引伸计所需的标距孔。然后测定它们的原始读数。对于焊接对接接头，在靠近测点处将构件沿垂直于焊缝方向切断，然后在各测点之间切出几个梳状切口，使残余应力得以释放。再测出释放后各应变片或各对标距孔的读数，求出应变量。按照公式：$\sigma_x = -E\varepsilon_x$ 可算出焊接纵向残余应力。

如果应力不只是单轴的，在已知主应力方向的情况下，在两个主应力方向上贴应变片或加工标距孔，按公式求内应力。

为了充分释放残余应力，窄条应切得尽可能窄。本法对板状构件可以获得精确的结果，但破坏性大。

7.4.1.2 小孔法

本法的原理是在应力场中钻小孔，应力的平衡受到破坏，则钻孔周围的应力将重新调整。测得孔附近的应变变化，就可以用弹性力学来推算出小孔处的应力。具体步骤如下：在离钻孔中心一定距离处粘贴几个应变片，应变片保持一定角度，然后钻孔测出各应变片的应变。一般用 3 个应变片（应变花），每个间隔 45°，主应力大小和它的方向可按公式推算出来。

本法在应力释放法中破坏性最小，可用 $\phi2\sim\phi3$ 盲孔，孔深达 $(0.8\sim1.0)D$（孔的直径）时各应变片的数值趋于稳定。钻孔法结果的精度取决于应变片的粘贴位置的准确性。孔径越小对相对位置的准确性要求越高。本法亦可用表面涂光弹性薄膜或脆性漆来测定应变，但后者往往是定性的。

7.4.1.3 逐层铣削法

当具有残余应力的物体被铣削一层后，则该物体将产生一定的变形。根据变形量的大小，可以推算出被铣削层内的残余应力。逐层往下铣削，根据每次铣削所得的变形差值，就可以算出各层在铣削前的残余应力。需要注意的是，这样算得的第 n 层的残余应力实际上只是已铣削的 $(n-1)$ 层的存在于该层的残余应力。而每切一层都要使该层的应力发生一次变化。要求出第 n 层的原始残余应力就必须排除在它前的 $(n-1)$ 层的影响。本方法有较大的加工量和计算量。且在铣削过程中会产生附加应力，近年来常在磨、铣后再用电解抛光方法消除这种附加应力。

本方法有一个很大的优点，它可以测定残余应力梯度较大的情况，例如经过堆焊的复合钢板中的残余应力分布。此外，还可以用来测定表面经热处理或其他处理的平面，柱面或棒形零件沿表面的单轴向残余应力，它能可靠地测定表面较大范围的平均应力。

7.4.2 物理方法

7.4.2.1 X 射线衍射法测定残余应力

金属材料是由按一定点阵排列的晶体组成的，而晶体内某一取向的晶面之间的距离是一定的。若能测量出自由状态（无应力状态）下的晶面间距与在某一应力作用下的晶面间距的差值，就能计算出残余应力的大小。X 射线衍射法就是以晶面间距作为应变测量的基长。通过测量晶面间距的变化来确定应力数值的。

根据布拉格定律（Bragg's law)，当入射 X 射线的角度 θ。晶面间距 d 及 X 射线的波长 λ 符合一定关系时，就会产生衍射，如图 7-5 所示。

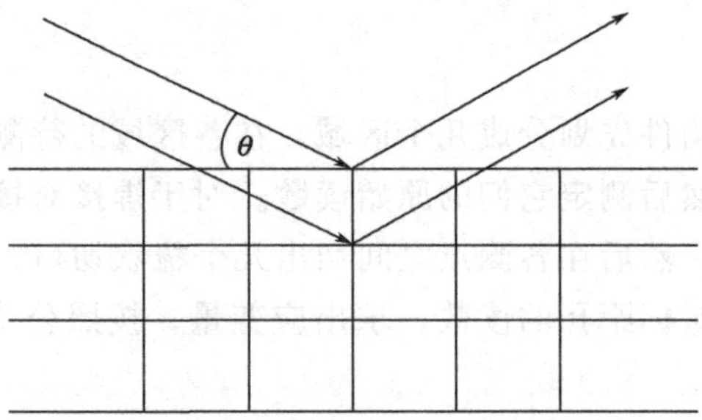

图 7-5　X 射线衍射法测定残余应力示意图

当 X 射线以倾角 θ 入射到晶体上时，满足公式 $2d\sin\theta=n\lambda$ 时，式中，n 为正整数，称为衍射级数；λ 为 X 射线的波长，则 X 射线在反射角方向将因干涉而加强。

相邻两晶面的反射线光程差为 $\delta=2d\sin\theta=n\lambda$；位差为 $\Phi=2\pi/\lambda$，$\delta=\frac{2\pi}{\lambda}\times n\lambda=2\pi n$。此时各晶面在该衍射方向上形成一条最大强度 I_{max} 的衍射线。根据最大峰值 I_{max} 的位置，即可确定与之对应的衍射角 2θ。当入射角 θ 刚好符合布拉格之线时，在 2θ 方向上衍射强度最大。因此，X 射线衍射法测应力时，实际上是通过测定 2θ 来计算应力的。2θ 的测定比测量晶面间距方便得多。

X 射线衍射法测量残余应力的最大优点是非破坏性，又由于 X 射线的有效穿透深度和照射面积都很小，所以能测定较小区域，通常可小至 2～3mm，深度一般为 10～25μm。主要用来测表层残余应力，缺点是测试设备昂贵，操作比较复杂，在现场测试不灵活，对被测试工件表面要求高。要求避免局部柔性变形所引起的干扰，晶粒特别细小或特别粗大的精度将下降。

7.4.2.2 磁性法测残余应力

铁磁体在磁场中磁化时，沿磁化方向上的长度会伸长或缩短，称之为磁致伸缩效应。不同材料的磁致伸缩效应是不同的。以铁而言，在磁化方向会伸长，而在垂直磁化方向上反而缩短。这种现象称为正磁致伸缩效应。在初始磁化阶段，当施以弹性变形（即有应力作用）时，沿拉伸方向磁化所需的能量要比垂直于拉伸方向小得多，即沿拉伸方向较易磁化。由于应力的作用，原来宏观上各方向导磁率相同的各向同性体，变为磁各向异性。磁性法测定残余应力就是通过测定某一个范围内各个方向的导磁率的变化来反映这一区域的应力状态的。用高导磁材料制成的传感器（探头）与受力物体表面接触，形成一闭合回路。当应力变化时，磁场发生变化，探头磁路中的磁通也发生变化。这样，通过探头中的感应线圈，可以将磁场变化转换为电流变化，并由电流变化测出应力变化。

用磁性法测定残余应力最为简便，成本低廉，更重要的是它是一种无损检测。缺点是只适合于铁磁性材料。由于机械工程中大多数构件是钢铁材料，所以这种测应力的方法仍具有很大的普遍意义。

7.4.2.3 超声波法测残余应力

用超声波法测定残余应力时，主要根据金属材料存在应力时，声波发生双折射，导致传播速度发生变化这一现象来测定残余应力的大小和方向。当超声波垂直于应力方向入射时就会发生折射现象，这时入射波在主应力 σ_1 和 σ_2 的方向分裂，振动面平行于拉伸方向的波速减小，而振动面垂直于拉伸方向的波速增大。

根据弹性理论，横波的两个分振动的波速差与主应力的差成正比。当超声纵波垂直于应力方向入射时，波速也有变化，其相对差与主应力的和成正比。如果设法测得上述两次波速之差，便可推算出主应力的值。测量超声波的波速差有多种方法，其中一种是直接测量超声脉冲，利用记数电路，让发射脉冲开启记数门，反射回波关闭记数门，从而测量出发射波和反射波之间的传播时间。

超声波测量残余应力属无损、快速、无公害测量方法。缺点是只能测得测定区域中的平均应力，而且测定结果除了要受材料本身性能和组织结构的影响外，还会受到外界温度、试件形状等因素的影响。该方法能够用来测定三维方向的残余应力。

7.4.2.4 硬度测残余应力法

硬度测应力法是根据金属材料处于应力状态时的硬度变化测定应力的一种方法。实验证明，材料在压应力状态下硬度稍有上升，在拉应力状态下硬度有所下降，且呈线性关系。硬度测应力方法可用于测定表面应力，但目前还只用于实验室。

思考题

1. 残余应力一般分几类？
2. 哪些因素能够引起构件内的残余应力？
3. 残余应力对零件的性能有哪些影响？
4. 如何消除残余应力？
5. 残余应力的测定一般分几类？简述其测试原理。

8 金属表面形变强化

8.1 金属表面形变强化的机理及主要方法

8.1.1 表面形变强化原理

表面形变强化是提高金属材料强度的重要工艺措施之一。基本原理是通过机械手段（滚压、喷丸等）在金属表面产生压缩变形，使表面形成形变硬化层，此形变硬化层的深度可达0.15～1.5mm。在此形变硬化层中产生两种变化，一是在组织结构上，亚晶粒极大地细化，位错密度增加，晶格畸变度增大；二是形成了高的宏观残余压应力。奥赫弗尔特以喷丸为例，对于残余应力的产生提出了两个方面的机制，一方面由于大量弹丸压入产生的切应力造成表面塑性延伸；另一方面由于弹丸的冲击产生的表面法向力引起了赫兹压应力与亚表面应力的结合。经喷丸和滚压后，金属表面产生的压应力的大小，不仅与强化方法、工艺参数有关，还与材料的晶体类型、强化水平以及材料在单调拉伸时的硬化率有关。具有高硬化率的面心立方晶体的镍基或铁基奥氏体热强合金，表面产生的压应力高，可达材料屈服ε的2～4倍。材料硬化率越高，产生残余应力越大。

8.1.2 表面形变强化的主要方法

表面形变强化是近年来国内外广泛研究应用的工艺之一。强化效果显著，成本低廉，常用的金属表面形变强化方法有：锤击、滚压、内滚压和喷丸等工艺，而尤以喷丸强化应用最为广泛，最近几年新兴起的超声冲击法，具有设备体积小，应用方便，效率高而受到广泛重视。图8-1是喷丸表面的塑性变形示意图。

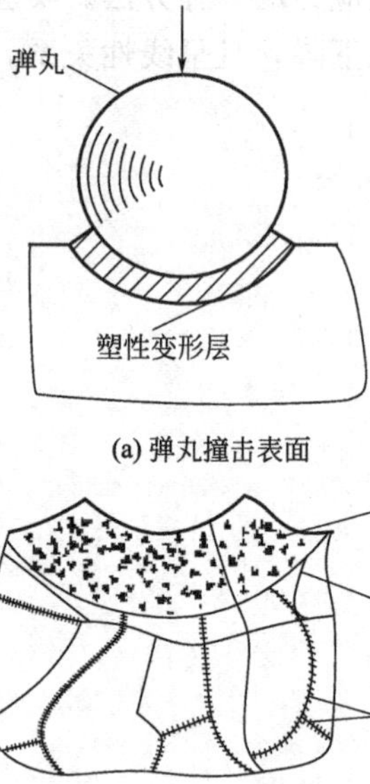

(a) 弹丸撞击表面

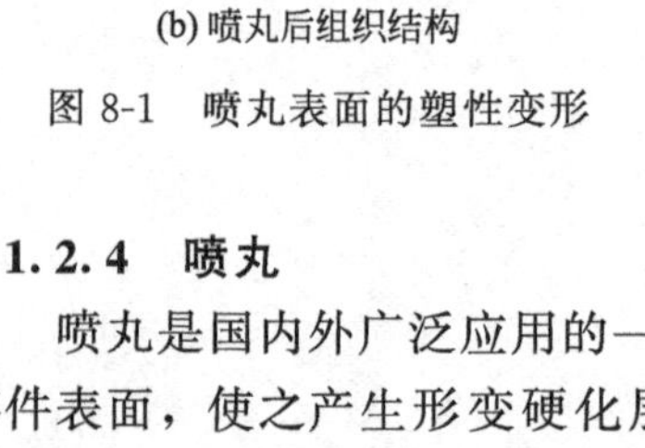

(b) 喷丸后组织结构

图8-1 喷丸表面的塑性变形

8.1.2.1 表面锤击

用小锤（手工或机械均可）锤击金属表面，特别是焊接后的焊缝表面及过渡区，小锤表面要带圆弧形曲面，使焊缝表面残余应力降低，而且使材料内部加工硬化，因而可提高疲劳强度。

8.1.2.2 表面滚压

图8-2为表面滚压示意图，目前滚压强化用的滚轮，滚压力大小等尚无标准。对于圆角、沟槽等通过滚压获得表面形变强化，并能在表面形成约5mm深的残余压应力。

8.1.2.3 内挤压

内孔挤压是使孔的内表面形成形变强化的工艺措施，效果明显，美国已发表专利。

8.1.2.4 喷丸

喷丸是国内外广泛应用的一种在结晶温度以下的表面强化方法。利用高速喷丸强烈冲击零件表面，使之产生形变硬化层并引入残余应力。该方法已广泛应用于弹簧、齿轮链条、轴、叶片、火车轮等零部件。可显著地提高抗弯曲疲劳，抗腐蚀疲劳，抗应力腐蚀，抗微动磨损，耐腐蚀，抗接触疲劳能力。

8.1.2.5 超声冲击

超声冲击的工作原理是通过超声波发生器将电网 50Hz 的交流电转换成超声频的 20kHz 交流电，用以激励声音系统将电能转成相同频率的机械振动，在自发及外界所提供的一定压力作用下，将这部分超声频的机械振动通过超声冲击针头传递给工件表面，使表面金属产生一定的塑性变形层，强化了金属并引入了残余压应力，目前该方法已成功地应用在焊接对接接头、十字接头。将超声频的机械振动通过针头传递到焊缝，使以焊趾为中心的一定区域的焊接接头表面产生足够深度的塑性变形层。从而有效地改善焊缝与母材过渡区（焊趾）的外表面形状，降低焊接接头的应力集中程度，使接头附近一定厚度的金属得以强化，从而重新调整了焊接残余应力场，形成较大数值的有利于疲劳强度提高的表面压应力，致使冲击后接头疲劳强度得到显著的改善。

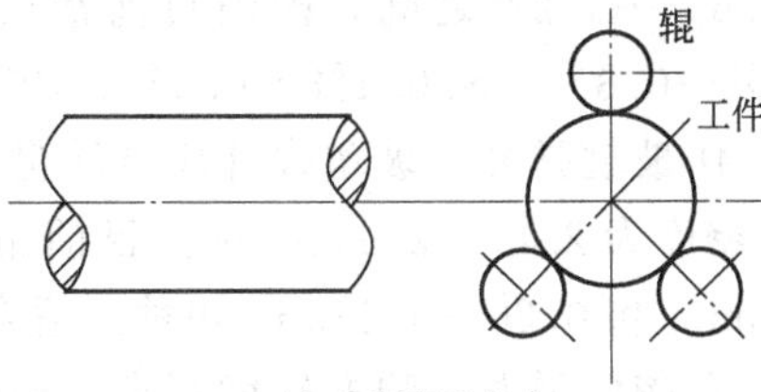

(a) 工件滚压方式

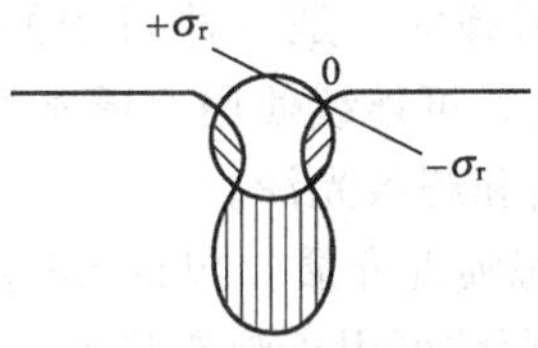

(b) 滚压后工件表面的残余应力

图 8-2 表面滚压示意图

8.2 喷丸强化

8.2.1 喷丸强化用的设备

喷丸采用的设备按驱动弹丸的方式可分为机械离心式喷丸机和气动式喷丸机两大类。喷丸机又有干喷和湿喷之分。干喷式工作条件差，湿喷式是将弹丸混合在液态中成悬浮状，然后喷丸，因此工作条件有所改善。

① 机械离心式喷丸机　工作的弹丸由高速旋转的叶片和叶轮离心力加速抛出。这种喷丸机功率小，制造成本高，主要适用于要求喷丸强度高、品种少、批量大、形状简单、尺寸较大的零件。

② 气动喷丸机　以压缩空气驱动弹丸达到高速后撞击工件的受喷表面。工作室内可安置多个喷嘴，且方位调整方便，能最大限度地适应受喷零件的几何形状。可通过调控气压来控制喷丸强度，操作灵活，一台机器可喷多个零件，适应于要求喷丸强度低、品种多、批量小、形状复杂、尺寸较小的零部件。缺点是功耗大，生产效率低。

8.2.2 喷丸材料

喷丸常用铸铁丸、铸钢丸、钢丝切割丸、不锈钢丸、玻璃丸等。与用于成型和清理的弹丸不同，强化用的弹丸几何形状必须呈圆球形，切忌带尖棱角。此外，为避免冲击过程中的大量破碎，必须具备一定的冲击韧度。在具备较高冲击韧度条件下，硬度越高越好。

① 钢丝切割丸　目前使用的钢丝切割丸是用含碳量（质量分数）为 0.7％的弹簧钢丝（或不锈钢丝）切割成段，再经磨圆加工制成的。常用钢丝直径 $d=0.4\sim1.2$mm，硬度 45～50HRC 最佳，钢弹丸的组织最好为回火 M 或 B，使用寿命比铸铁丸高 20 倍左右。

② 铸铁弹丸　一般使用的冷硬铸铁丸的含碳量为 2.75％～3.60％，硬度 58～65HRC，但冲击韧度较低。为提高弹丸的冲击韧度，采用退火热处理使硬度降低到 30～57HRC，使弹丸的韧性获得提高。喷丸强化常用弹丸的尺寸为 0.2～1.5mm。铸铁丸易破碎，耗损量大，如不及时严格地将破碎弹丸分离排除，则难以保证零件的喷丸强化质量，但铸铁丸的最大优点是便宜，所以目前有些单位还在使用铸铁丸。

③ 铸钢丸　铸钢丸的品质与含碳量有很大关系。其含碳量一般在 0.85％～1.2％，锰含

量 0.6%～1.2%之间，国内目前常用铸钢丸成分（质量分数）为 C 0.95%～1.05%；Mn 0.6%～0.8%；Si 0.4%～0.6%；P≤0.05%。

④ 玻璃弹丸　玻璃弹丸应含质量分数为 60%以上的 SiO_2，硬度在 46～50HRC，脆性较大，密度为 2.45～2.55g/cm^3。目前市场上按直径分为≤0.05mm；0.05～0.15mm；0.16～0.25mm 和 0.26～0.35mm 四种。适合于零件的硬度低于弹丸的硬度的场合。

⑤ 陶瓷弹丸　弹丸硬度很高，但脆性较大，喷丸后表层可获得较高的残余压应力。

⑥ 塑料弹丸　是一种新型的喷丸介质，以聚碳酸酯为原料，颗粒硬而耐磨，无粉尘，不污染环境，可连续使用，成本低，而且有棱边也不会损伤工件表面，常用于消除酚醛或金属零件毛刺和耀眼光泽。

⑦ 液态喷丸介质　包括 SiO_2 颗粒和 Al_2O_3 颗粒等。SiO_2 颗粒粒度为 40～1700μm。很细的 SiO_2 颗粒可用于液态喷丸，抛光模具或其他精密零件的表面。喷丸时用水混合 SiO_2 颗粒，利用压缩空气喷射。Al_2O_3 颗粒也是一种广泛应用的喷丸介质，电炉生产的 Al_2O_3 颗粒粒度为 53～1700μm，其中颗粒小于 180μm 的 Al_2O_3 颗粒可用于液态喷丸光整加工，但在喷丸工件中会产生切削。

一般来说，黑色金属制件可用铸铁丸、铸钢丸、钢丝切削丸、玻璃丸和陶瓷丸。有色金属如铝合金、镁合金、钛合金和不锈钢制件则采用不锈钢丸、玻璃丸和陶瓷丸。

8.3 喷丸强化工艺参数对材料疲劳强度的影响

8.3.1 喷丸表层的残余应力

喷丸后的残余应力来源于表层不均匀的塑性变形和金属的相变，其中以不均匀的塑性变形最重要。工件喷丸后，表层塑性变形量和由此导致的残余应力与受喷材料的强度、硬度关系密切。材料强度高，表层最大残余应力就相应增大。但在相同喷丸条件下，强度和硬度高的材料，压应力层深度较浅；硬度低的材料产生的压应力层则较深。在相同喷丸压力下，大直径弹丸喷丸后的压应力较低，压应力层较深；小直径弹丸喷丸后的压应力较高，压应力层较浅，且压应力值随深度下降很快。对于表面有凹坑、凸台、划痕等缺陷或表面脱碳的工件，通常选用较大的弹丸，以获得较深的压应力层，使表面缺陷造成的应力集中减小到最低程度。表 8-1 为钢弹丸尺寸对疲劳强度的影响。弹丸尺寸由直径 1.2mm 降至 0.8mm 时，虽然表面残余应力较小，但压应力层的深度增加，疲劳强度变化不很显著。

表 8-1　钢弹丸尺寸对 18CrNiWA 钢（厚度 3mm）疲劳强度的影响

钢弹丸直径/mm	工件表面状态	弯曲疲劳试验	
		应力幅 σ_a/MPa	断裂循环周数(N)/周
0.8	未喷	600	1.40×10^5
	喷丸	600	$>1.04\times10^7$
	喷丸	700	3.97×10^7
1.2	喷丸	700	$>1.04\times10^7$

根据零件的材料性能和几何尺寸恰当地选择弹丸，是获得适宜喷丸强度的重要条件。表 8-2为不同弹丸材料对残余应力的影响。可以发现，由于陶瓷丸和铸铁丸硬度较高，喷丸后残余应力也较高。

喷丸速度对表层残余应力有明显的影响，试验结果表明，当弹丸粒度和硬度不变，提高压缩空气的压力和喷射速度，不仅可以增大受喷表面的压应力，而且有利于增加变形层的深度。试验结果见表 8-3。

表 8-2 不同弹丸材料对残余应力的影响

弹丸材料	弹丸直径/mm	残余应力/MPa		
		表面	剥层(0.09mm)	剥层(0.12mm)
铸钢丸	0.5～1.0	−500	−900	−325
切割钢丸	0.5～1.0	−500	−1100	−400
铸铁丸	0.5～1.0	−600	−1150	−550
陶瓷丸	片状	−1000	—	—

表 8-3 压缩空气压力对喷丸强度和残余应力的影响

压缩空气压力/10^5Pa	1	2	3	4	5	6	7
喷丸强度(试片 A)/mm	0.06	0.08	0.15	0.16	0.18	0.19	0.20
表面残余应力/MPa	−573	−675	−950	−900	−850	−900	−875
剥层残余应力/MPa	−500	−500	−700	−1100	−1100	−1300	−1350

8.3.2 喷丸表面质量及影响因素

零件表面粗糙度对疲劳寿命影响很大，降低表面粗糙度可以增加零件的疲劳强度和疲劳寿命。零件喷丸后的表面质量受弹丸的形状、弹丸的尺寸、弹丸的粒度、弹丸硬度等因素的影响，但零件经喷丸强化以后，零件表面痕迹不同于切削加工表面，痕迹没有方向性，有利于增加零件的疲劳强度和疲劳寿命。

8.4 表面形变强化在模具表面强化工艺中的应用

表面形变强化可以使模具表面产生冷作硬化，改善模具表面的粗糙度，有效去除电火花加工产生的表面变质层，提高模具的疲劳强度，抗冲击磨损性能，从而达到提高模具使用寿命的目的。主要适用于落料模、冷冲模、冷镦模和热锻模等以疲劳失效形式为主的模具。模具经喷丸强化后使用寿命的提高见表 8-4。

表面喷丸对热作模具寿命的提高意义重大，热作模具钢 4Cr5MoSiV1 经表面喷丸后，能明显提高热作模具钢的疲劳性能。强力喷丸可引起细晶强化，使强度、塑性和韧性均有所提高。强力喷丸的强化作用能够经受相当次数的热循环而不致完全消退，部分强化作用仍能保留下来。强力喷丸能大幅度提高表面压应力，降低疲劳裂纹的扩展速率，显著提高热疲劳性能。

表 8-4 喷丸对模具寿命的影响

模具名称	模具材料	喷丸介质 Φ/mm	一次刃磨使用寿命/万次	
			喷丸前	喷丸后
电动机定、转子模	Cr12	铸钢丸 0.5	1.2～3.2	11.49
定子单槽冲模	Cr12	玻璃丸 0.25～0.35	52	70
一字槽光冲模	60Si2Mn	玻璃丸 0.25～0.35	0.96～1.35	2.0～2.3
活扳手热精压模	3Cr2W8V	铸钢丸 0.5	0.175	0.263
		玻璃丸 0.25～0.35	0.388	0.517

思考题

1. 简述表面形变强化的原理。
2. 表面形变强化有哪些方法？
3. 常用的喷丸材料有哪些？一般喷丸时对喷丸材料有哪些要求？
4. 材料表面经喷丸处理后形成怎样的残余应力？对材料的疲劳性能有什么影响？
5. 简述喷丸表面质量及影响因素。

9 表面淬火

表面淬火是通过对工件表面快速加热与淬火冷却相结合的方法来实现的。其目的是使工件表面被淬火为马氏体，而心部仍为原始组织。实践表明，表面淬火用钢的含碳量（质量分数）以0.40%～0.50%为宜。如果降低含碳量，则会降低零件表面的淬硬层的硬度和耐磨性。根据加热方式不同，表面淬火主要有感应加热表面淬火、火焰加热表面淬火、电接触加热表面淬火、电解液加热表面淬火和高能束加热表面淬火。

9.1 感应加热表面淬火

9.1.1 感应加热基本原理

感应加热一般有三种，高频感应加热，中频感应加热和工频感应加热。生产中常用高频、中频感应加热方法。近年来又发展了超音频、双频感应加热淬火工艺。

9.1.1.1 感应加热的物理过程

当感应线圈通过交流电后，置于线圈内的被加热零件引起感应电动势，零件内将产生闭合电流即涡流，涡流的方向与感应线圈中的电流方向相反，对于铁磁材料，除涡流外还有磁滞热效应，可以使零件的加热速度更快。感应加热的主要依据是电磁感应，“集肤效应”和热传导。

9.1.1.2 感应电流透入深度

电流透入深度是指从电流密度最大的表面测到电流值为表面电流值1/e处的距离，用δ表示。

$$\delta = 56.386\sqrt{\frac{\rho}{\mu f}} \quad (\mathrm{mm})$$

式中，f为电流频率，Hz；ρ为电阻率，$\Omega \cdot \mathrm{cm}$；μ为材料的磁导率，H/m。

温度超过磁性转变点的电流透入深度称为热态电流透入深度，用$\delta_{热}$表示；相反，温度低于磁性转变点的电流透入深度称为冷态电流透入深度，用$\delta_{冷}$表示。

$$\delta_{冷} \approx \frac{20}{\sqrt{f}}; \ \delta_{热} \approx \frac{500}{\sqrt{f}}$$

9.1.1.3 硬化层深度

硬化层深度取决于加热层深度，淬火加热温度，冷却速度和材料本身的淬透性。一般来说，由于热传导的影响，在电流透入深度处不一定达到奥氏体化温度，所以硬化层深度总是小于感应电流透入深度。如果延长加热时间，硬化层深度可以有所提高。

9.1.1.4 感应加热表面淬火后的组织与性能

感应加热表面淬火获得的组织是细小隐晶马氏体，碳化物呈弥散分布。表面硬度比普通淬火的高2～3HRC，耐磨性也提高。这是因为快速加热时在细小的奥氏体内有大量亚结构残留在淬火马氏体中所致，喷水冷却这种差别会更大，表层因相变体积膨胀而产生残余压应力。感应加热表面淬火工件表面氧化、脱碳倾向小，变形小，质量稳定。感应加热表面淬火加热速度快，热效率高，生产效率高，易实现机械化和自动化。

9.1.2 感应加热表面淬火工艺

9.1.2.1 感应加热的频率选择

钢在室温时，感应电流透入深度 δ 与电流频率 f 有如下关系：

$$\delta \approx \frac{20}{\sqrt{f}}$$

可见频率越高，电流透入深度越浅，淬透层（淬硬层）越薄。因此可以通过选取不同频率来达到不同的淬硬层深度。感应加热用交流电频率、一般淬硬层深度范围如表 9-1 所示。

表 9-1 感应加热电流频率与淬硬层深度范围

频率/kHz		250	70	35	8	2.5	1.0	0.5
淬硬层深度/mm	最小	0.3	0.5	0.7	1.3	2.4	3.6	5.5
	最佳	0.5	1.0	2.3	2.7	5	8	11
	最大	1.0	1.9	2.6	5.5	10	15	22

9.1.2.2 加热温度和加热时间的确定

工件表面的加热温度应根据钢材、原始组织和相变区间、加热速度来确定，如表 9-2 所示。在连续加热淬火时，可以通过改变工件与感应器的相对移动速度来改变加热时间。通常较高的加热温度和较长的加热时间获得较深的加热深度。

表 9-2 钢材表面感应淬火加热温度的确定

钢种	预先热处理	原始组织	加热温度/℃			
			整体淬火	感应加热 A_{c1} 以上的加热速度/(℃/s)		
				感应加热 A_{c1} 以上的加热时间/s		
				30～60	100～200	400～500
				2～4	1～1.5	0.5～0.6
40	正火或调质	细片 P+细 P	820～850	850～910	890～940	950～1020
		片状 P+F	820～850	890～940	940～960	960～1040
		S	820～850	840～890	870～920	920～1000
45,50	正火或调质	细片 P+细 P	810～830	850～890	880～920	930～1000
		片状 P+F	810～830	880～920	900～940	950～1020
		S	810～830	830～870	860～900	920～980
50Mn，50Mn2	正火或调质	细片 P+细 P	790～810	830～870	860～900	920～980
		片状 P+F	790～810	860～900	880～920	930～1000
		S	790～810	810～850	840～880	900～960
40Cr,45Cr,40CrNiMo	调质	S+F	830～850	860～890	880～920	940～1000
			830～850	920～960	940～980	980～1050
T8A,T12A	球化退火,正火或调质	粒状 P	760～780	820～860	840～880	900～960
			760～780	780～820	800～860	820～900

9.1.3 超高频感应加热表面淬火

9.1.3.1 超高频感应加热淬火

超高频感应加热淬火又称超高频冲击淬火或超高频脉冲淬火，是利用 27.12MHz 超高频率的极强趋肤效应，使零件0.05～0.5mm表层在极短时间内（1～500ms）加热至上千摄氏度（表面加热功率可达10～30kW/cm²，加热速度为10^4～10^6℃/s，自急冷速高达10^6℃/s）。加热停止后加热表层主要靠自身散热和传导迅速冷却，达到淬火目的。由于表层加热和冷却速度极快，畸变量较小，可不必回火，淬火表层与基体之间看不到过渡带。超高频感应加热淬火主要用于小、薄零件，如录音器材、照相机械、打印机、钟表、纺织钩针等部件，可明显提高产品质量，降低成本。

9.1.3.2 大功率高频脉冲淬火

大功率高频脉冲淬火所用频率一般为200～300kHz，振荡功率100kW以上，因为降低了电流频率，增加了电流透入深度（0.4～1.2mm），故可处理的工件较大。一般采用浸冷或喷冷，以提高冷却速度。普通高频、超高频冲击和大功率高频脉冲淬火技术特性的比较见表9-3。

表9-3 普通高频淬火、超高频冲击淬火和高频脉冲淬火技术特性

技术参数	普通高频淬火	超高频冲击淬火	大功率高频脉冲淬火
频率	200～300kHz	27.12MHz	200～1000kHz
发生器功率密度	200W/cm²	10～30kW/cm²	1.0～10kW/cm²
最短加热时间	0.1～5s	1～500ms	1～1000ms
稳定淬火最小表面电流穿透深度/mm	0.5	0.1	0.4～1.2
硬化层深度/mm	0.5～2.5	0.05～0.5	0.1～1
淬火面积	取决于连续步进距离	10～100mm²（最宽3mm/脉冲）	100～1000mm²（最宽10mm/脉冲）
感应器冷却介质	水	单脉冲加热无需冷却	通水或埋入水中冷却
工件冷却	喷水或其他冷却	自身冷却	埋入水中或自冷
淬火层组织	正常马氏体	极细针状马氏体	细马氏体
畸变	不可避免	极小	极小

9.1.4 双频感应加热淬火和超音频感应加热淬火

9.1.4.1 双频感应加热淬火

对于凹凸不平的工件，当间距较小时，无论用什么形状的感应器，都不能保持工件与感应器之间的间隙一致。因而，间隙小的地方电流透入深度就大，间隙大的地方电流透入深度就小，难免使凸出部过热，反之低凹处得不到硬化层。

双频感应加热淬火采用两种频率交替使用，较高频率加热时，凸出部温度较高；较低率加热时，则低凹处温度较高，这样凸凹处各点的加热温度趋于一致，达到了均匀硬化的目的。

9.1.4.2 超音频感应加热淬火

使用双频感应加热淬火虽然可以获得均匀的硬化层，但设备复杂，成本也较高，所需功率也大。而且对于低淬透性钢，高、中频淬火都难以获得凹凸零件均匀分布的硬化层。若采用20kHz～50kHz的频率可获得较理想的表面均匀硬化层。由于频率大于20kHz的波称为超音频波，故这种处理称为超音频感应热处理。

9.1.5 冷却方式和冷却介质的选择

冷却方式和冷却介质可根据工件材料、形状、尺寸及硬化层深度等综合考虑（见表 9-4）。

表 9-4 感应加热淬火常用的冷却介质

序 号	冷却介质	温度范围/℃	简 要 说 明
1	水	15～35	用于形状简单的碳钢件，冷速随水温、水压（流速）而变化。水压 0.10～0.4MPa 时，碳钢喷淋密度为 10～40cm³/(cm²·s)，低淬透性钢为 100cm³/(cm²·s)
2	聚乙烯醇水溶液	10～40	常用于低合金钢和形状复杂的碳钢件，常用的质量分数为 0.05%～0.3%，浸冷或喷射冷却
3	乳化液	<50	用切削油或特殊油配成乳化液，质量分数为 0.2%～24%，常用 5%～15%，现逐步淘汰
4	油	40～80	一般用于形状复杂的合金钢件。可浸冷、喷冷或埋油冷却。喷冷时，喷油压力为 0.2～0.6MPa，保证淬火零件不产生火焰

9.1.6 感应加热淬火件的质量检验

9.1.6.1 外观检验

表面不应有裂纹、锈蚀和影响使用的伤痕等缺陷。

9.1.6.2 表面硬度检验

表面淬火工件的表面硬度波动范围应根据要求符合表 9-5。

表 9-5 表面硬度（HRC）波动范围（不大于）

工件类型	单件		同一批件	
	≤50	>50	≤50	>50
重要件	5	4	6	5
一般件	6	5	7	6

9.1.6.3 金相组织检验

零件经淬火、低温回火（≤200℃）后，按显微组织分级图进行金相组织评定，如表9-6所示。图样规定硬度下限高于或等于 55HRC 时，3～7 级为合格；图样规定硬度下限低于 55HRC 时，3～9 级为合格。取样部位为在零件感应淬火区中部截取或按零件技术条件规定部位截取，取样时不应有回火现象。

表 9-6 零件经感应加热淬火的金相组织分级表

级别	组 织 特 征	晶粒平均面积/mm²	对应的晶粒度	晶粒平均直径/mm
1	粗马氏体	0.06	1	0.25
2	较粗马氏体	0.015	3	0.12
3	马氏体	0.001	6～7	0.026
4	较细马氏体	0.00026	8～9	0.016
5	细马氏体	0.00013	9～10	0.012
6	微细马氏体	0.0001	10	0.009
7	微细马氏体，其含碳量不均匀	0.0001	10	0.009
8	微细马氏体＋网络状极细珠光体（托氏体）＋少量铁素体（<5%）	0.0001	10	0.009
9	微细马氏体＋网络状极细珠光体（托氏体）＋未熔铁素体（<10%）	0.0001	10	0.009
10	微细马氏体＋网络状极细珠光体（托氏体）＋大块未熔铁素体（>10%）	0.0001	10	0.009

9.2 火焰加热表面淬火

火焰加热表面淬火是应用氧-乙炔（或其他可燃气）火焰对零件表面进行加热，随之淬火冷却的工艺。火焰加热表面淬火可使零件表面获得高的硬度和耐磨性，从而提高零件的力学性能，延长使用寿命。

9.2.1 火焰特性

氧-乙炔火焰有中性焰、碳化焰和氧化焰。火焰分焰心区、内焰区及外焰区三层，如图9-1所示，它们的特性比较见表9-7。

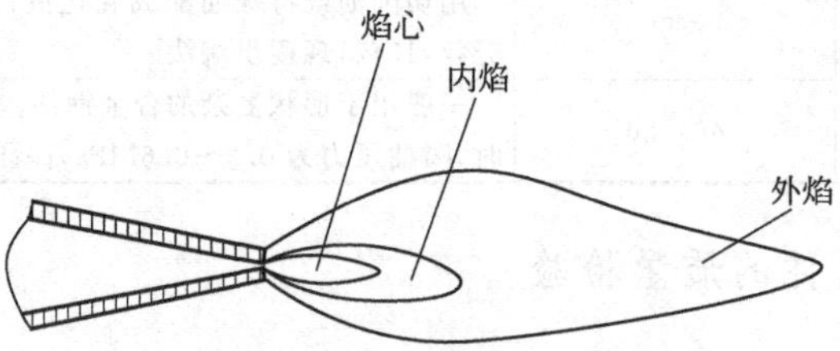

图 9-1 氧-乙炔火焰示意图

表 9-7 氧-乙炔火焰特性比较

焰别	混合比	焰 心	内 焰	外 焰	最高温度/℃	备 注
氧化焰	>1.2,一般1.3～1.7	淡紫蓝色	蓝紫色	蓝紫色	3100～3500	没有炭素微粒层,燃烧时带有噪声,氧的比例越大,火焰越短,噪声越大
中性焰	1.1～1.2	光亮的蓝白色圆锥形,流速快,焰心长	淡橘红色,具还原性长度10～20mm。距焰心末端2～4mm处温度最高为3150℃	呈淡蓝色,具氧化性,温度1200～2500℃	3050～3150	焰心外面分布着炭素微粒层
碳化焰	<1.1,一般0.8～0.95	呈蓝白色(较长)			2700～3000	也可能存在炭素微粒,三层火焰之间无明显轮廓

火焰淬火时，选择氧化焰（体积混合比为1.5）是最有效的。但根据不同零件、材料，选择上有一定的灵活性。选择氧化焰较中性焰有两个优点：①比较经济，当减少乙炔的消耗量20%时，温度仍然很高；②由于表面过热而产生废品的危险减少。

9.2.2 火焰加热表面淬火方法

火焰加热表面淬火方法的工艺特点和适用范围见表9-8。

9.2.3 工艺参数选择

工艺参数的选择应考率火焰特性，焰心至工件表面的距离，喷嘴或工件移动速度，淬火介质和回火温度等。

9.2.4 火焰淬火的质量检验

9.2.4.1 外观检验

表面不应有过烧、熔化、裂纹等缺陷。

9.2.4.2 硬度检验

表面硬度范围与感应淬火相同。

表 9-8 火焰加热表面淬火方法的工艺特点和适用范围

类别	序号	操作方法	特点	适用范围
同时加热	1	固定法（静止法）	工件、喷嘴均固定，当工件加热到淬火温度后喷射冷却或浸入冷却	适用于淬火部位不大的工件
	2	快速旋转法	用一个或几个固定的喷嘴，对急速旋转(75～150r/min)的工件表面作一定时间的加热，然后冷却(常用喷冷)	适用于处理直径和宽度不大的零件
连续加热	1	平面前进法	工件相对喷嘴以 50～300mm/min 的速度作直线运动，使工件淬火	可淬硬表面尺寸不限的平面形工件
	2	旋转前进法	工件以 50～300mm/min 的速度靠近固定喷嘴缓缓旋转，喷嘴上距火孔 10～30mm 处设有冷却介质喷射孔	适用于制造需淬硬直径较大而淬火表面不甚宽的工件
	3	螺旋前进法	工件以一定的圆周速度旋转，而喷嘴则以配合好的速度沿轴向前进，得螺旋状淬硬层	要求获得螺旋状淬硬层
	4	快速旋转前进法	用一个或数个喷嘴包围工件，以一定速度沿轴急速旋转(75～150r/min)的工件移动，加热与冷却在工件表面相随进行	多用于淬硬轴类零件

9.2.4.3 有效硬化层深度检验

有效硬化层深度的波动范围不允许超过表 9-9 的规定。

表 9-9 有效硬化层深度的波动范围

有效硬化层深度/mm	深度的波动范围/mm	
	单件	同一批件
≤1.5	0.2	0.4
1.5～2.5	0.4	0.6
2.5～3.5	0.6	0.8
3.5～5.0	0.8	1.0
>5.0	1.0	1.5

9.2.5 火焰淬火的安全技术要求

① 两瓶应与火源保持 10m 以上的距离，并避免暴晒、热辐射及电击；

② 应有防冻措施，当瓶口结冻时，可用热水解冻，严禁用火烤。不得用有油污的手套开启氧气瓶；

③ 应装有专用的气体减压器，乙炔的最高工作压力禁止超过 147kPa；

④ 瓶中的气体不得用尽，瓶内残余压力不得小于 98～196kPa；

⑤ 使用不同颜色的通气管，推荐氧气用黑色，乙炔用红色胶管，与乙炔接触的仪表、管子等零件，禁止使用紫铜或铜质量分数超过 70%的铜合金制造。

⑥ 设回火防止器，火焰淬火的每一淬火工位（即每一喷嘴）的乙炔管路中都必须设回火防止器，并定期检查。

9.3 其他表面淬火方法简介

9.3.1 电解液淬火

电解液淬火（电解淬火）是将工件欲淬火部位浸入电解液中，工件接阴极，电解槽接阳极，通电后由于阴极效应而将工件表面加热，到温后断电，工件表面则被电解液冷却硬化的淬火工艺。电解液可用酸、碱或盐类的水溶液，常用质量分数为5%～18%的Na_2CO_3水溶液。电解液的温度不超过60℃。常用电压160～260V，电流密度3～10A/cm²。电流密度过大时，加热速度快，硬化层浅。加热时间可通过试验测定。

电解液淬火工件质量与电解液的成分配比、电压、电流、浸入面积和时间有关系，必须考虑各因素，选择最佳工艺参数。

电解液淬火的缺点是工件棱角部分容易出现过热，工艺规范不易控制，形状较复杂的工件加热不易均匀。优点是设备简单，淬火变形小，适用于形状简单小件的批量生产。

9.3.2 接触电阻加热淬火

接触电阻加热淬火是利用触头（铜滚轮或碳棒）和工件间的接触电阻使工件表面加热，并依靠自身热传导来实现冷却淬火。这种方法设备简单，工件变形小，淬火后不需回火。接触电阻加热表面淬火能显著提高工件的耐磨性和抗擦伤能力，但淬硬层较薄（0.15～0.30mm），金相组织及硬度的均匀性都较差，多用于导轨表面的淬火。

9.3.3 浴炉加热表面淬火

将工件浸入高温盐浴（或金属浴）中，短时加热，使工件表面层达到规定的淬火温度，然后急冷的方法称为浴炉加热表面淬火。此方法不需添加特殊设备，操作简便，特别适合于单件小批量生产。所有可淬硬的钢种均可采用该方法淬火，但高合金钢由于导热性较差，加热前需预热。

浴炉加热表面淬火的加热速度比高频和火焰加热低，采用的浸液冷却效果没有喷射强烈，所以淬硬层较深，表面硬度较低。

9.4 表面淬火方法在模具表面强化工艺中的应用

随着社会的发展，产品结构更新换代日益加快，因此要求缩短模具的生产周期和简化热处理工艺。国外已开发了一系列适合火焰淬火工艺的专用冷作模具钢。我国也相应发展了一些表面淬火模具钢，较有代表性的是7CrSiMnMoV。表面淬火模具钢具有以下特性：

① 允许的淬火温度范围宽，在淬火温度左右150℃的变化范围内淬火，都能得到满意的效果；

② 淬透性好，加热空冷淬火后能获得高的表面硬度和心部硬度；

③ 淬火后模具变形小；

④ 具有较好的强度、韧性和耐磨性；

⑤ 具有好的可焊性，并能采用堆焊修复工艺，具有较好的机械加工性。

7CrSiMnMoV钢的热处理变形小，采用Φ25mm×50mm试样经火焰淬火和回火后测量其尺寸变化，不论是油冷还是空冷的试样，其热处理前后的变形率都小于0.05%。当用长250mm的镶块式模具经火焰加热淬火后，两镶块间隙变化小于0.02mm。

7CrSiMnMoV钢具有较好的淬透性，Φ80 mm的钢棒淬油时距表面30mm处的硬度还能达到60HRC，心部与表面的硬度差值为3HRC。空冷时硬度低些，其心部与表面的硬度差值为4HRC。该钢经火焰加热空冷后，表面淬火层一般形成残余压应力，这种残余应力对延长模具使用寿命是很有益处的。同时由于7CrSiMnMoV钢具有较高的强度和韧性，因此对某些小型模具可以不经回火而直接使用，但对于大型镶块式模具和大动载荷的冲模，仍需回火处理。用于冷冲压模具的适宜回火温度为150～200℃，当高于300℃回火时，钢的强度明显降低。7CrSiMnMoV 钢经适宜温度回火后，具有高的硬度和高的回火稳定性、强度和韧性，此外还具有较好的耐磨性。图 9-2 对该钢种与几种常用冷作模具钢的耐磨性进行了比较。

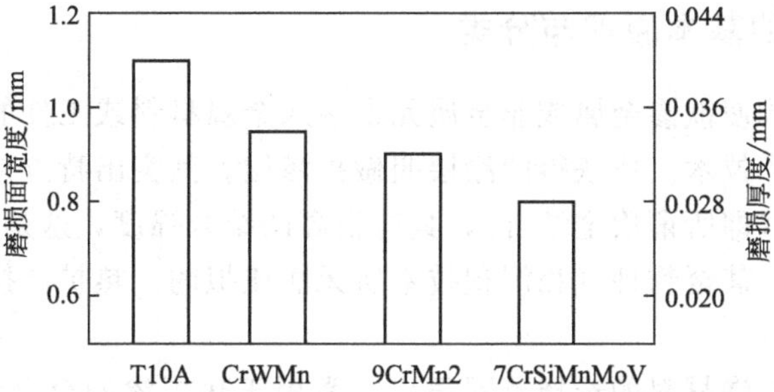

图 9-2　7CrSiMnMoV 钢与几种常用冷作模具钢的耐磨性比较

思考题

1. 感应加热一般分几种？简述感应加热基本原理。
2. 感应加热淬火件的质量检验包括哪些内容？
3. 试比较氧化焰、中性焰、碳化焰的特性。
4. 火焰淬火的安全技术要求有哪些？

10 热扩渗技术

10.1 热扩渗技术的基本原理与分类

用加热扩散的方式使欲渗金属或非金属元素渗入金属材料或工件的表面，形成表面合金层的工艺，叫做热扩渗技术。所获得的涂层叫做扩渗层。其突出特点是扩渗层与基材之间是靠形成合金来结合的（即所谓冶金结合），具有很高的结合强度，这是其他涂层方法如电镀、喷镀、包镀或化学镀、甚至物理气相沉积技术所无法比拟的。热扩渗技术又称为热渗镀技术或化学热处理技术。

热扩渗技术所用扩渗材料的选择范围很广。常用于热扩渗的合金元素包括碳、氮、硅、硼、锌、铝、钒、钛、钨、铌和硫等。上述元素除了锌外，都已在不同程度上应用于各类模具表面强化。而且，随着热扩渗技术的不断发展，二元乃至多元共渗工艺正在模具及其他工具的表面强化或改性中发挥越来越大的作用。

10.1.1 热扩渗技术的基本原理

热扩渗层形成的基本条件如下。

由于扩渗层是渗入元素的原子同基体金属原子相互扩散而形成的合金层，即金属固溶体层或金属间化合物层，或上述固溶体或化合物兼有的表面层。因此，渗入元素必须能够与基体金属形成固溶体或金属间化合物，是形成渗层的首要条件。要满足这一条件，由金属学原理可知，溶质原子与基材金属原子相对直径的大小、晶体结构的差异、电负性的大小等因素都必须符合一定条件。如直径之差的比值 $[(D_{溶质}-D_{基材})/D_{基材}]\times 100\%$ 不大于 14%～15%时，溶质在基材中有可观的固溶度。两者晶体结构相同时也易于形成固溶体。而溶质原子半径远小于基材金属原子时，可形成间隙固溶体与间隙化合物。

形成扩渗层的第二个基本条件是创造必要工艺条件来实现欲渗元素同基材之间的紧密接触。

形成扩渗层的第三个基本条件是被渗元素在基体金属中要有一定的渗入速度，否则在生产上就没有使用价值。为此，把工件加热到足够使溶质元素显著扩散的温度是必不可少的条件。

第四个基本条件是对于靠化学反应提供活性原子的热扩渗工艺（大多数属此类工艺），该反应必须满足热力学条件。

以气-固渗并以生成金属氯化物气体为例，在扩渗过程中可能生成活性原子的化学反应，不外乎以下三类。

置换反应 $A+BCl_2(气) \longrightarrow ACl_2(气)+[B]$ (10-1)

还原反应 $BCl_2(气)+H_2 \longrightarrow 2HCl\uparrow+[B]$ (10-2)

分解反应 $BCl_2(气) \longrightarrow Cl_2\uparrow+[B]$ (10-3)

式中，A 为基材金属，B 为渗剂元素，设其均为 2 价。

所谓满足热力学条件指在一定扩渗温度下，通过改变反应物浓度或者添加催化剂，或通过提高扩渗温度能够使上述产生活性原子 [B] 的反应向右进行。

对于渗碳、渗氮和碳氮共渗等间隙原子的热扩渗工艺而言，提供活性原子的化学反应主要是分解反应，而对于渗金属如渗铬、渗钛、渗钒等热扩渗工艺，则主要是以置换反应或还原反应或者两个反应同时发生来提供活性原子。

10.1.2 渗层形成机理

无论是何种扩渗工艺，扩渗层的形成机理都由下述三个过程构成。

① 产生渗剂元素的活性原子并提供给基体金属表面。活性原子的提供可由式(10-1)、式(10-2) 或式(10-3) 的置换反应、还原反应或分解反应提供，也可以直接由热激活提供，还可以由等离子体中处于电离态的原子提供（如离子氮化、离子渗碳等）。

② 渗剂元素的活性原子吸附在基体金属表面上，随后被基体金属吸附，形成最初的表面固溶体或金属间化合物。

③ 渗剂元素原子在高温下向基体金属内部扩散，基体金属原子也同时向渗层中扩散，使扩渗层增厚，即扩渗层成长过程，简称扩散过程。扩散的机理主要有三种：渗入原子半径小的非金属元素时的间隙式扩散机理（如渗碳、渗氮、碳氮共渗等)、置换式扩散机理、空位式扩散机理，后两种方式主要在渗金属时发生。

10.1.3 热扩渗速度的影响因素

热扩渗层的形成速度总是由上述三个过程中最慢的一个来控制。大量实践表明，过程①和③往往是扩渗速度的关键控制因素。一般情况下，在热扩渗的初始阶段，溶入元素原子的扩渗速度受产生并供给活性原子的化学反应速度控制。而当渗层达到一定厚度时，扩渗速度则主要取决于扩散过程的速度。

10.1.3.1 影响化学反应速度的主要因素

(1) 反应物浓度

随反应物浓度增加，可以加快反应速度。但活性原子过多，将使基体金属很快饱和，来不及被吸收的活性原子形成沉积层，反而使扩渗速度下降。

(2) 温度的影响

一般而言，增加扩渗温度，有利于提高化学反应速度。

(3) 催化剂的影响

催化剂又称触媒，它对反应速度的影响相当大，加入适当的催化剂可使化学反应速度成倍增加，此外，离子束对基材表面的轰击以及真空状态下也有利于基材表面活化，达到加快扩渗速度的目的。

10.1.3.2 影响扩散速度的主要因素

由金属学原理可知，渗入元素原子在基体金属中扩散距离 x 可描述为：

$$x=k'(Dt)^{1/2} \tag{10-4}$$

式中，t 为扩散时间；D 为扩散系数；k'为比例常数。它说明，渗层厚度与时间的平方根成正比。

对于扩散系数 D，有

$$D=D_0\exp(-Q/RT) \tag{10-5}$$

式中，Q 为扩散激活能；T 为扩渗温度；D_0 为常数；R 为气体普郎克常数。

上式说明，扩渗过程中升高温度较延长时间更为有效。而基体金属的晶体结构及合金化元素的加入以及晶体缺陷等，将在很大程度上影响扩散激活能的大小。

10.1.4 扩渗层的组织特征

渗入元素的原子在基体金属中的扩散可以分为两类：形成连续固溶体的扩散称为纯扩散，而随着溶质浓度增加而伴随新相形成（一般为某种化合物）的扩散称为反应扩散，反应扩散也可以一开始就形成某种化合物。扩渗完毕形成的合金层，其相组成和各相化学成分取决于组成该合金系的相图。对于二元合金而言，所得渗层一般不会出现两相共存区，渗层总是由浓度呈阶梯式跳跃分布，并且由相互毗邻的单相区所构成。

10.1.5 热扩渗工艺的分类

按基材表面化学成分变化的特点，热扩渗工艺包括：渗入非金属元素、渗入金属元素、渗入金属-非金属元素和通过扩散减少或消除某些杂质即均匀化退火。详细的渗入元素分类见表 10-1。

表 10-1 化学热处理的类型

渗入非金属元素		渗入金属元素		渗入金属-非金属元素	扩散消除某些元素杂质
单元	多元	单元	多元		
C	N+C	Al	Al+Cr	Ti+C	H
N	N+S	Cr	Al+Si	Ti+N	O
S	N+O	Si	Al+Cr+Si	Cr+C	C
B	N+C+S	Ti	Cr+Si	Ti+B	杂质
O	N+C+O	V			
	N+C+B	Zn			

除了均匀化退火以外，上述热扩渗各类元素或多元共渗都已在不同程度上应用于模具表面强化。图 10-1 给出了热扩渗工艺的分类方法。上述工艺结合具体元素的扩渗，都可应用

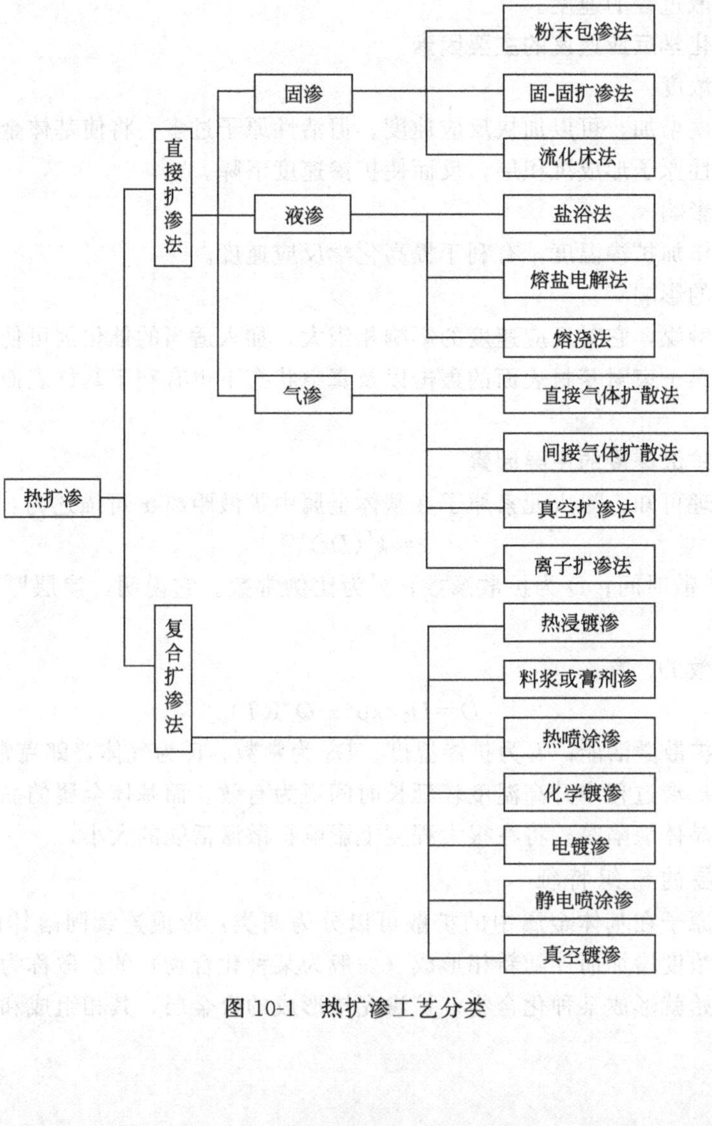

图 10-1 热扩渗工艺分类

于模具表面强化。但是，对不同的渗入元素或不同的模具种类而言，最佳渗入工艺也不同。限于篇幅，这里只介绍在模具表面强化中应用最多的几种热扩渗工艺。

10.2 渗碳

10.2.1 渗碳的目的及意义

渗碳使低碳（C的质量分数为0.15%～0.30%）钢件表面获得高碳（C的质量分数为1.0%左右）后继续适当的淬火和回火处理，以提高表面硬度、耐磨性及疲劳强度，同时心部保持良好的韧性及塑性。主要用于表面承受严重磨损并受较大冲击载荷的零件，如汽车、拖拉机齿轮，各种模具等。

10.2.2 渗碳方法

10.2.2.1 气体渗碳

将工件置入密封的加热炉内（如图10-2所示），加热到900～950℃，向炉内滴入易分解的有机液体（如煤油，甲醇＋丙酮等），或直接通入渗碳气体（煤气、丙烷、石油液化气等）。通过一系列气相反应生成活性碳原子，活性碳原子溶入高温奥氏体中，而后向钢中扩散，实现渗碳。此种方法目前应用最为广泛。渗碳时的化学反应如下：

$$2CO \longrightarrow CO_2 + [C]$$

$$CO_2 + 2H_2 \longrightarrow 2H_2O + [C]$$

$$C_nH_{2n} \longrightarrow nH_2 + n[C]$$

$$C_nH_{2n+2} \longrightarrow (n+1)H_2 + n[C]$$

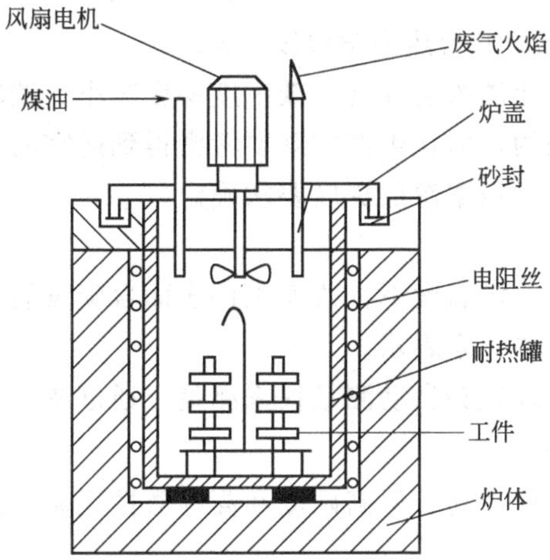

图10-2　气体渗碳法示意图

10.2.2.2 固体渗碳方法

把零件和固体渗碳剂装入渗碳箱中，用盖子和耐火泥封好，然后放入炉中加热至渗碳温度，保温足够长时间，获得一定厚度的渗碳层。固体渗碳剂通常是由一定粒度的木炭与质量分数为15%～20%的碳酸盐（$BaCO_3$和Na_2CO_3）组成，其反应如下：

$$C + O_2 \longrightarrow CO_2$$

$$BaCO_3 \longrightarrow BaO + CO_2$$

$$CO_2 + C \longrightarrow 2CO$$

$$2CO \longrightarrow CO_2 + [C]$$

该工艺方法简单，不需专用渗碳设备，容易实现。但生产效率低，劳动条件差，质量不易控制。但在单件或小批量生产时，固体渗碳仍不失为一种可取的工艺方法。

10.2.2.3　盐浴渗碳（液体渗碳）

盐浴渗碳是在熔融盐浴渗碳剂中进行渗碳的工艺，通过加热使渗碳剂分解出活性碳原子。

该方法所用设备简单，渗碳速度快，灵活性大，渗碳后便于直接淬火，适合于中、小型零件。但操作条件差，若零件清洗不干净，腐蚀严重。

10.2.3　渗碳工艺

不论采用何种炉型和气氛，气氛碳势、渗碳温度和渗碳时间是决定渗碳工艺质量的三个基本参数。

10.2.3.1　渗碳温度的选择

在渗碳过程中，随渗碳温度的升高，碳在奥氏体中的溶解度增加，使扩散初期工件的表层和内部碳浓度梯度加大，同时碳在奥氏体中的扩散系数也随着温度的升高而增加，因此扩散过程显著增加。但过高的渗碳温度会导致奥氏体晶粒显著长大，使渗碳件的组织和性能恶化，增加工件的变形，缩短设备使用寿命。所以通常采用的渗碳温度在900～950℃之间，对于较精密零件，渗碳温度可以降低至880～900℃。

10.2.3.2　渗碳时间的选择

碳在钢中的扩散速度是温度和时间的函数，哈里斯（F. E. Harris）给出了公式：

$$\delta = 802.6 \times \frac{\sqrt{\tau}}{10} \times \frac{3720}{T}$$

式中，τ 为保温时间，h；T 为热力学温度，K。

随时间的延长，工件表面碳浓度提高，碳浓度梯度减小。碳浓度平缓的渗层对提高工件承载能力，延长寿命是有利的，但在生产中既要考虑得到适宜的组织，又要提高生产率，通常保温时间在渗碳温度确定后根据渗层深度要求确定。

10.2.3.3　碳势控制

碳势是表征含碳气氛在一定温度下，改变工件表面含碳量能力的参数，通常可以用低碳钢箔在含碳气氛中的平均含碳量来表示。

实际生产中，采用红外线碳势自动测量仪来测量，通过调整渗碳气氛来改变碳势。

10.2.4　渗碳后的热处理

渗碳仅使工件表面含碳量增高，但高硬度和高耐磨性还需通过淬火来实现，常用的淬火方法有三种。

10.2.4.1　预冷直接淬火

零件渗碳后预冷至略高于心部 Ar_3 的温度，一般为840～860℃，保温一段时间，然后淬火＋低温回火。

该淬火工艺简单，生产效率高，节能，成本低，脱碳倾向小，但由于渗碳温度高，奥氏体晶粒可能长大，造成淬火后马氏体晶粒粗大，残余奥氏体数量增多，表面耐磨性变差，变形加大。因此该方法仅适用于奥氏体本质细晶粒钢。

10.2.4.2　一次淬火加低温回火

将零件渗碳后置于空气或冷却井内冷却到室温，然后再加热到心部 Ac_3 以上30～50℃进行淬火＋低温回火，其目的是细化心部晶粒，获得板条马氏体。但此淬火温度对于含碳量处于过共析的渗层，会造成先共析碳化物熔入奥氏体，造成淬火后残余奥氏体数量增加，耐磨性变差。将淬火温度稍高于 Ac_1 以上，使淬火后表层获得相当数量的未熔碳化物，马氏体及少量残余奥氏体的组织形态，来满足表层高硬度、高耐磨性要求。但心部会出现较多的先共析铁素体。

10.2.4.3 二次淬火加低温回火

为保证心部和表层都获得较高的力学性能，采用在 Ac_3 以上淬火一次，再重新加热到 Ac_1＋40～60℃淬火加低温回火。该工艺复杂，生产效率低，成本高，工件变形大，目前已较少采用。

10.2.5 渗碳热处理后的组织与性能

工件经渗碳热处理后，表层获得细针状马氏体＋少量残余奥氏体＋均匀分布的粒状碳化物组织，不允许有网状碳化物出现，硬度为 58～64HRC，残余奥氏体一般不超过 15%～20%。心部组织为低碳马氏体或下贝氏体，不允许有块状或沿晶界析出的铁素体存在，否则疲劳强度将急剧下降，冲击韧度也下降，硬度 30～50HRC。由于渗碳后表层为高碳马氏体，体积膨胀大，所以表层残余压应力大，有利于提高零件疲劳强度。

10.2.6 渗碳在模具表面强化工艺中的应用

渗碳是发展较为成熟的热扩渗工艺，具有渗速快、渗层深、渗层硬度梯度与成分梯度可方便控制、成本低等特点，能有效地提高材料的室温表面硬度、耐磨性和疲劳强度等。渗碳工艺应用于模具表面强化，主要体现在如下两个方面。

一方面是低、中碳钢的渗碳。例如，塑料制品模具的形状复杂，表面光洁度要求高，常用冷挤压反印法来制造模具的型腔。因此，选用含碳量较低、塑性冷变形性能好的塑料模具钢，如美国的 P2、P3、P4 和 P5 钢，我国则用 20、20Cr、12CrNi3A 钢等。先将退火态的模具钢冷挤压反印法成型，再进行渗碳或碳氮共渗处理。对压制含有矿物填料的塑料制品时，模具的渗碳层深度亦厚一些，为 1.3～1.5mm。压制软性塑料时，渗碳层为 0.8～1.2mm，对有尖齿、薄边的模具，则以 0.2～0.6mm 为佳。渗碳时，应控制表层碳含量在 0.7%～1.0%的范围内，过高的碳含量将使模具表面的抛光性能变差，影响塑料制品的质量。预硬化型塑料模具钢—P20 钢经渗碳淬火后，不仅可使钢的表面硬度大幅度提高，而且可以简化渗碳后模具抛光工艺，容易使模具达到镜面粗糙度。这主要是因为渗碳层过渡层的硬度较高。所以，对于压塑模，特别是在压制对模腔起磨粒磨损的塑料时，可采用 P20 钢粗加工成模，进行模腔表面渗碳，再经过精加工抛光后使用，除了可以提高表面粗糙度外，模具的耐磨性也会相应提高。

除了塑料模具钢外，渗碳应用于热作模具及冷作模具上，也能提高模具寿命。例如，3Cr2W8V 钢制热挤压模具，先渗碳再经 1140～1150℃淬火，550℃回火两次，表面硬度可达 58～61HRC，使热挤压有色金属及合金的凸模寿命提高 1.8～3.0 倍。

汽车软管锌合金接头是用四个铆接冲头从上、下、前、后四面同时铆接成八角形，并与中间的 35 钢带绕制的软管相结合。由于加工过程中软管有较大的回弹冲击力，模具要承受很大的冲击载荷，要求具有高的强度和抗脆裂性能，使用硬度为 58～62HRC。Cr12MoV 钢制的八角模寿命很短，往往不到 2000 件就断裂。把冲头材料换成 20 Cr 钢并经渗碳，在渗层深为 1.0～1.2mm，硬度为 60～62HRC 时，一次寿命可提高到 3 万件。

用 20Cr 钢渗碳制造的模具，具有如下特点。

① 20Cr 钢渗碳模具，可满足高硬度，高强度和高韧性相结合的要求，从表面到心部的

硬度梯度平缓，心部硬度为35～40HRC，基体强度高。

② 20Cr钢渗碳后表面不易形成网状碳化物，脆性小，而且二次加热淬火与直接淬火相比，在效果上基本相同。

③ 20Cr钢渗碳后油淬，变形小，可满足模具对变形的要求。

渗碳技术应用于模具表面强化的第二种方法叫做“碳化物弥散析出渗碳”，简称CD渗碳法。它是采用含有大量强碳化物形成元素（如Cr、Ti、Mo、V）的模具钢在渗碳气氛中加热，在碳原子自表面向内部扩散的同时，渗层中会沉淀出大量弥散合金碳化物，如 $(Cr, Fe)_7C_3$、$(FeCr)_3C$、V_4C_3、TiC，从而实现了CD渗碳。CD法渗碳层中，渗层表面含碳量（质量分数，下同）高达2%～3%，弥散碳化物含量高达50%以上，且碳化物呈细小均匀分布。CD渗碳件直接淬火或重新淬火回火后可获得很高的硬度和优异的耐磨性。经CD渗碳模具心部没有像Cr12型模具钢和高速钢中出现的粗大共晶碳化物和严重碳化物偏析，因而其心部韧性比Cr12 MoV钢提高3～5倍。实践表明，CD渗碳模具的使用寿命大大超过消耗量占冷作模具钢首位的Cr12型冷作模具钢和高速钢，如表10-2所示。

表10-2　CD渗碳钢在模具工业上的应用效果

模具类型	原工艺及寿命	CD渗碳钢及寿命
薄钢板的冲压或挤压模	SKD11,3.5万次(磨损失效)	ICS6钢CD渗碳,20万次(磨损)
金属粉末成型模	超硬材料,15万次(断裂,不稳定)	ICS6钢CD渗碳,15万次(磨损,稳定),但模具费用大幅度减少
钟表外壳成型模	SKD11,200次(断裂失效)	ICS6钢CD渗碳,18000次(磨损)
轴承用辊子的成型模	低C-SKH9,8千次	ICS6钢CD渗碳,21000次(磨损)
钢制产品成型模	SKD11,150次(断裂失效)	ICS6钢CD渗碳,11000次(断裂)

20世纪80年代中后期，日本相继开发出若干CD模具钢如ICS6、ICS22，但未公布其化学成分。近年来，我国学者与工程技术人员也在不断研究与开发类似CD渗碳法的模具钢种。如华中科技大学和大冶钢厂联合研制的LJ冷挤压成型塑料模具钢，采用微碳多元少量的合金化方案，降碳同时适当加入Cr、Ni、Mo、V等合金元素，以保证获得优良的工艺性能和使用性能，其化学成分（质量分数/%）为：C≤0.08、Mn<0.3、Si<0.2、Cr 3.60～4.20、Ni 0.30～0.70、Mo 0.20～0.60、V 0.08～0.15。该钢经925℃×6h渗碳后，表面碳浓度（质量分数）可达1.5%以上，层深达1.6mm。经淬火和低温回火后，表层组织是大量的碳化物分布在高硬度的回火马氏体与残余奥氏体基体上，碳化物呈粒状或短棒状，具有高耐磨性，心部为粒状贝氏体，过渡层为板条马氏体和贝氏体的混合组织，这样一方面增加了模具渗层的承载能力，同时也增加了表层和心部的结合强度，使模具在使用过程中不易塌陷与剥落。LJ钢已在上海无线电十二厂等单位的精密复杂塑料模具零件的冷挤压成型模具上得到了成功的应用。

在对各类模具进行渗碳处理时，主要的渗碳工艺方法有固体粉末渗碳、气体渗碳以及近二十年来迅速发展起来的真空渗碳及离子渗碳。其主要工艺规范及特点如表10-3所示。气体渗碳和固体渗碳应用广泛，但真空渗碳和离子渗碳技术由于渗速快、渗层均匀、碳浓度梯度平缓以及工件变形小等特点，在模具表面尤其是精密模具表面处理中发挥越来越重要的作用。

表 10-3　几种渗碳工艺规范及特点

扩渗工艺	渗剂组成	提供活性原子的化学反应	工艺规范		工艺特点
			温度/℃	时间/h	
气体渗碳	煤油、煤气、石油液化气等	$2CO \longrightarrow CO_2+[C]$ $CO_2+2H_2 \longrightarrow 2H_2O+[C]$ $C_nH_{2n} \longrightarrow nH_2+n[C]$	900～950	2～16	生产效率高，劳动条件好，渗碳过程可以控制，渗碳层质量和力学性能较好，易产生内氧化
固体渗碳	木炭＋15%～20%的碳酸盐	$BaCO_3 \longrightarrow BaO+CO_2$ $CO_2+C \longrightarrow 2CO$ $2CO \longrightarrow CO_2+[C]$	同上	同上	设备简单，生产效率低，质量不易控制，适用于单件或小批量生产，易产生内氧化
真空渗碳	甲烷、丙烷	$CH_4 \longrightarrow 2H_2+[C]$ $C_3H_8 \longrightarrow 4H_2+3[C]$	1030～1050	约1/2气体渗碳时间	渗碳与扩散过程间隙进行，渗速快，耗气少，操作环境好，渗碳层浓度均匀，不产生内氧化，成本较高，特别适合复杂零件
离子渗碳	甲烷、丙烷	离子轰击电离 $2e+CH_4 \longrightarrow C^++2H_2+2e^-$	900～950	约1/2气体渗碳时间	渗碳均匀、稳定、快速，工件变形小，渗碳效率高，不产生内氧化，质量高，工件表面清洁、耗电省、无公害，成本高，对极小狭窄处渗碳困难
		热致分解 $CH_4 \longrightarrow 2H_2+[C]$ 溅射出的 Fe 原子形成 FeC 后，沉积于表面并分解 $FeC \longrightarrow Fe+[C]$	1050	约1/4气体渗碳时间	

10.3 渗氮

10.3.1 渗氮的目的及意义

钢的渗氮也称氮化，是在一定温度（500～600℃）下，使活性氮原子渗入工件表面，形成表面富氮硬化层的工艺过程。氮化可使钢件获得比渗碳更高的表面硬度（1000～1200HV）、更高的耐磨性能和抗咬合性能、疲劳性能，低缺口敏感性。由于氮化钢件表面能形成致密且化学稳定性很高的化合物层，所以氮化还可以提高钢件的耐腐蚀性能。此外，由于渗氮过程在钢的相变点以下进行，而且氮化后通常随炉冷却，工件变形较小，因而这一工艺得到了广泛的应用。

10.3.2 渗氮方法

10.3.2.1 气体渗氮

该方法是向井式炉中通入氨气，利用氨气受热分解来提供活性氮原子，反应如下：

$$2NH_3 \longrightarrow 3H_2+2[N]$$

在渗氮温度下，氮原子自表面向心部扩散，在渗氮表层依次产生氮在铁素体（α-Fe）中的间隙固溶体 α 相，铁、氮化合物 γ' 相（Fe_4N）及 ε 相（$Fe_{2\sim3}N$），所以渗氮后，工件最外层是白色的 ε 相或 γ' 相，次外层是 γ' 相，再向内是 $\gamma'+\alpha$ 相。由于渗氮温度低，所以周期长（一般需要几十小时至上百小时）、成本较高、渗氮层较薄（一般在 0.5mm 左右）、脆性较高，故渗氮件不能承受高的接触应力和冲击载荷。

10.3.2.2 固体渗氮

该方法是将粒状渗氮剂与被渗工件同时装入箱中加热渗氮。渗氮剂由载体和供氮有机化合物组成。

载体常用的有蛭石、木炭粒和多孔陶瓷。这些载体对供氮剂有高的吸附能力和在渗氮时不参与化学反应的特点。

可用作供氮剂的有尿素、三聚氰酸（$(HCNO)_3$）、碳酸胍［$(NH_2)_2CNH]_2 \cdot H_2CO_3$、二聚氨基氰 $NHC(NH_2)NHCN$ 等。

使用时供氮剂溶入溶剂（例如尿素溶入水）后，喷洒在载体上并搅拌均匀，之后在100℃以下加热24～48h，经干燥的渗氮剂与工件同时装入箱中即可进行渗氮处理。

这种渗氮方法适用于小批量、多品种工件的渗氮处理。

10.3.2.3　离子渗氮

这种方法是在13.332～0.013332Pa的真空容器内，通入氨气或氮氢混合气体，保持气压为133.32～1333.2Pa，以真空容器为阳极，工件为阴极，在两极之间加400～700V直流电压，迫使电离后的氮正离子高速冲击工件（阴极），使其渗入工件表面，并向内扩散形成氮化层。离子渗氮的优点是渗氮时间短，仅为气体渗氮的1/2～1/5；氮化层质量高，脆性低、省电、省氨气、无公害、操作条件好。缺点是零件形状复杂或截面悬殊时很难同时达到统一的氮化硬度和深度。

10.3.2.4　QPQ盐浴渗氮

QPQ盐浴复合处理技术是世界最新金属盐浴表面强化改性技术，它是通过两种不同性质的盐浴中在金属表面渗入多种元素，使其耐磨性和抗蚀性比常规热处理和表面防护技术成十倍的提高。同时该技术还具有几乎不变形、无公害、节能等优点。该工艺具有以下显著特点。

① 良好的耐磨性、耐疲劳性　经QPQ盐浴复合处理之后，中碳钢的耐磨性可达到常规淬火的30倍，低碳钢渗碳淬火的14倍，疲劳强度可以提高40%以上。

② 极好的抗蚀性　中碳钢经QPQ盐浴复合处理后，在盐雾中的抗蚀性为镀硬铬的70倍，镀装饰铬的25倍。

③ 极小的变形　QPQ盐浴复合处理后工件几乎不变形，这项技术使大量产品的热处理变形技术难题得到圆满解决。

④ 可以同时代替多道热处理和防腐工序　由于该技术可以同时大幅度提高耐磨性和抗蚀性，因此它可以同时替代淬火-回火-发黑等多道工序，大大缩短生产周期，降低产品成本。

⑤ 无公害　水平高，不污染环境。该工艺适用材料为各种结构钢、工具钢、不锈钢、铸铁及铁基粉末冶金件。适用零件为汽车、机车、柴油机、纺机、工程机械、农机、轻化工机械、机床、齿轮、工具、模具等各种耐磨、耐蚀、耐疲劳件。

10.3.3　渗氮工艺

10.3.3.1　氮化温度

氮化温度常在480～560℃范围内选择。随着渗氮温度的提高，渗层深度增加，而硬度却显著降低。生产中常用的是气体渗氮工艺，分为一段渗氮、二段渗氮和三段渗氮。一段渗氮温度大多不超过530℃，二段渗氮或三段渗氮时，第二阶段的温度通常低于560℃。形状复杂、表面硬度要求高的工件应选下限。

10.3.3.2　氮化时间

渗氮层随时间延长而增厚，呈抛物线规律。随保温时间的延长，硬度下降。渗氮时间应根据钢材化学成分、渗氮温度与层深要求而定。

10.3.3.3 氨分解率

氨分解率对渗层深度及硬度有一定的影响。对于一定的工艺温度，氨分解率有一个比较适宜的范围。氨分解率的控制是通过调整氨的流量及炉内压力来实现的。炉内压力一般为400～600Pa。

10.3.4 渗氮工件的预处理

① 一般结构钢渗氮前采用调质处理，得到均匀细小分布的索氏体组织（不允许有大块状铁素体存在）。正火处理只适用于对冲击性能要求不高的零件。

② 工模具钢一般采用淬火＋低温回火处理，根据要求有时也可采用调质处理。

③ 对于经过变形（如冲压、锻造、机加工等）的零件，应进行去应力退火处理，以减少渗氮工件变形。冲压件需再结晶退火处理后才能进行渗氮。

10.3.5 渗氮后的组织与性能

正常情况下，氮化后模具表面应呈银白色，它由ε相（$Fe_{2\sim3}N$）或γ'相（Fe_4N）组成，中间是暗黑色含氮共析体（$\alpha+\gamma'$）层（α为氮在$\alpha-Fe$中的固溶体），心部为原始组织。氮化一般是模具在整个制造过程中的最后一道工序，以后至多精磨或研磨加工，故氮化前一般要先进行调质处理，以获得回火索氏体。

渗氮层具有优良的耐磨性和抗腐蚀性能，对冷热模具都适用。

10.3.6 渗氮在模具表面强化工艺中的应用

案例① 3Cr2W8V 钢压铸模具渗氮表面强化

3Cr2W8V 钢压铸模具、挤压模具等经调质处理并在 520～540℃氮化后，使用寿命较不氮化的模具寿命提高 2～3 倍。又如对从德国引进的压力机热冲模进行解剖分析，发现其表面约有 140μm 的渗氮层。美国用 H13 钢制作的压铸模具，不少都要进行氮化处理，且以渗氮代替一次回火，表面硬度高达 65～70HRC，而模具心部硬度较低，韧性好，从而获得了优良的综合力学性能，大大提高了模具的使用寿命。

案例② QPQ 盐浴复合处理对 5CrMnMo 钢的组织与性能影响

众所周知，QPQ 低温盐浴渗氮工艺是一种新的金属盐浴表面强化改性技术，对金属材料的组织及性能影响极大，是提高工模具钢表面硬度、耐磨性的有效途径之一。其原理是基于金属在两种不同性质的低温熔融盐熔液中作复合处理。先使多种元素同时渗入金属表面，形成由几种化合物组成的复合渗层，其实质是渗氮工序和氧化工序的复合；所得到的渗层组织是氮化物和氧化物的复合，以使金属表面得到强化改性，同时做到全工艺过程无公害。QPQ 低温盐浴渗氮技术主要用于要求高耐磨、高抗蚀、易疲劳、微变形的各种钢、铁及铁基粉末冶金零件。它常常用来代替渗碳淬火、高频淬火、离子渗氮、软氮化等热处理和表面强化技术，以提高耐磨、耐疲劳性能，特别是用来解决硬化变形难题。同样，也可用来代替发蓝、镀铬、镀镍等表面防护，以便大幅度提高零件的抗蚀性，大大降低生产成本。

(1) 实验设备、材料及方法

实验材料 5CrMnMo 钢，渗氮在外热式坩埚盐浴炉内进行。氧化在井式盐浴炉内进行，上下两点控温，内设普通盐浴坩埚。

(2) QPQ 处理工艺过程

5CrMnMo 钢 QPQ 处理的工艺过程为：清洗→预热→盐浴渗氰→盐浴氧化→冷却（水冷）＋抛光→二次氧化→冷却（水冷）。

图 10-3 为 5CrMnMo 钢 QPQ 工艺曲线。

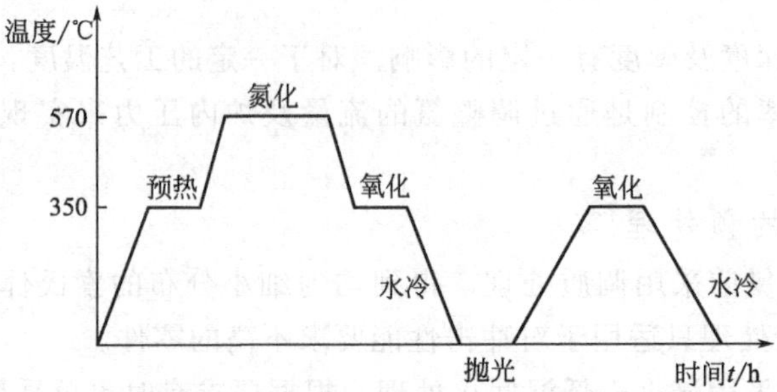

图 10-3　5CrMnMo 钢 QPQ 工艺曲线

（3）试验结果及分析

① 金相组织　经氮化处理后的 5CrMnMo 试样，用 4％硝酸酒精溶液腐蚀，利用 JSM-6360 LA 扫描电镜作表面渗层横截面的金相观察，图 10-4 所示分别为不同时间渗氮后的金相组织。可以看出试样的氮化层明显，深度均匀，整个渗氮层分为三层，由外向内分别为氧化膜及疏松层、化合物层（白亮层）、扩散层。

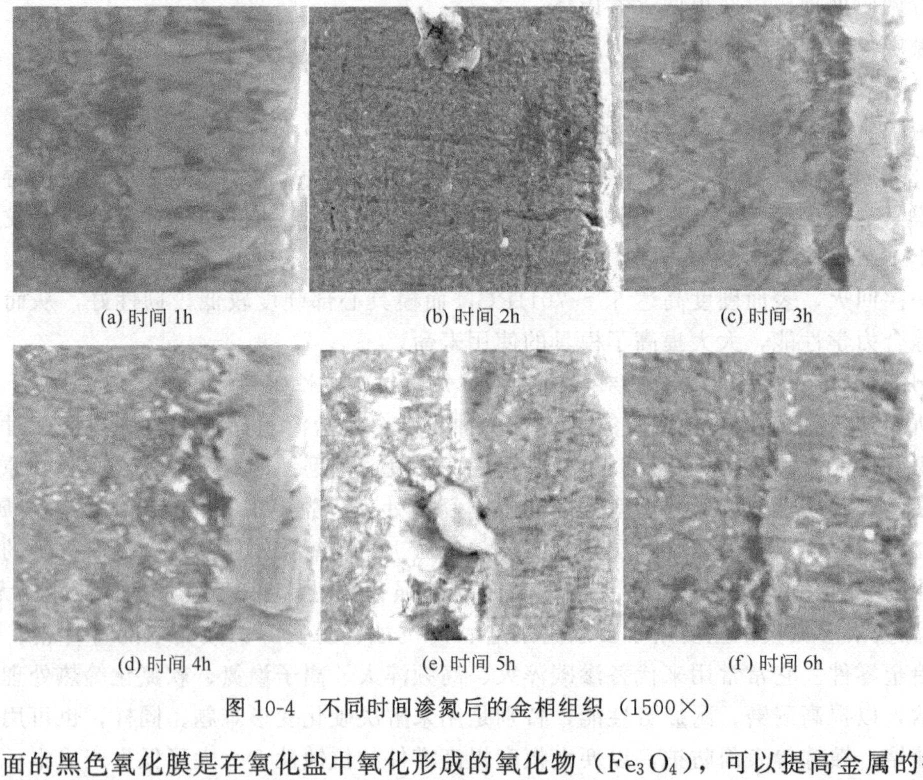

(a) 时间 1h　(b) 时间 2h　(c) 时间 3h

(d) 时间 4h　(e) 时间 5h　(f) 时间 6h

图 10-4　不同时间渗氮后的金相组织（1500×）

表面的黑色氧化膜是在氧化盐中氧化形成的氧化物（Fe_3O_4），可以提高金属的抗蚀性，美化工件的外观。它与化合物层一起构成了抗蚀性极高的综合抗蚀层。

② 硬度、耐磨性及耐腐蚀性　用 HX-1 型显微硬度计测量了表面渗层横截面的硬度。加载砝码 100g。渗层的硬度由表至里逐渐降低。化合物层致密，未见疏松孔洞，白亮层硬度 835～1032 $HV_{0.1}$，化合物的深度取决于氮化工艺参数，它随氮化时间的增加而增加，但化合物硬度变化不大。随着时间加长，当保温时间超过 3～4h 后，化合物层出现疏松和氮化物聚集长大，故表面硬度反而略有降低。但时间太短，渗层过薄也会影响硬度和工件寿命，

因此，最佳时间在3h左右。表面硬度为1032 $HV_{0.1}$。而心部硬度为521$HV_{0.1}$。

在M-2000型磨损试验机上进行滑动磨损试验。试验条件为配磨材料GCr15，摩擦速度200 r/min，压力450N，磨损时间1h。耐磨性能采用称量法评定。结果表明5CrMnMo钢经渗氮后，耐磨性大幅度提高。这主要是由于QPQ处理后工件表层形成了高硬度的ε相$Fe_{2\sim3}N$化合物组织，因此硬度提高幅度较大，从而大大提高了表面耐磨性与抗咬合性能。

试验条件为5%NaC1水溶液喷雾，相对湿度>95%，试验温度为室温（30℃±2℃）。结果表明：5CrMnMo钢经QPQ盐浴渗氮处理能大幅度提高金属表面的抗蚀性。这种高的抗蚀性主要依靠金属表面的Fe_3O_4氧化膜，使得工件在大气、盐雾、弱酸、浓碱等条件下都具有很高的抗腐蚀性能。

(4) 结论

5CrMnMo经570℃×(3～4)h QPQ处理，可获得20～25μm的渗层；渗层具有极高的硬度（920～1032$HV_{0.1}$），渗层与基体有明显清晰的界面，该渗层具有较高的耐磨性和较好的耐蚀性。

10.4 碳氮共渗

10.4.1 碳氮共渗的特点及分类

向工件表面同时渗入碳和氮的过程称为碳氮共渗。由于兼顾了渗碳和渗氮的优点，所以在模具制造上应用较广。碳氮共渗具有如下特点：①与渗碳相比，渗层表面具有比渗碳更高的硬度、耐磨性和疲劳强度，与渗氮相比，渗速较快，可以缩短工艺周期；②由于氮降低了奥氏体形成温度，因而碳氮共渗可以在较低的温度下进行，不会造成奥氏体晶粒长大，节约能源，工件不易过热，而且可以直接淬火，减小淬火变形；③由于碳氮共渗层较渗碳浅，故主要应用在承受中、低载荷的耐磨零件。

根据使用的介质不同，碳氮共渗可以分为固体碳氮共渗、液体碳氮共渗和气体碳氮共渗。固体碳氮共渗由于生产效率低、操作繁重、劳动条件差，所以目前很少采用。液体碳氮共渗曾得到广泛应用，但由于氰盐是一种剧毒物质，使用时会造成严重污染，而且价格昂贵，故逐渐被气体碳氮共渗所代替。而近年来，随着科学技术的发展，无毒盐浴软氮化又得到较为迅速的发展。目前在气体碳氮共渗工艺中，以中温气体碳氮共渗和低温气体碳氮共渗应用最为广泛。

10.4.2 碳氮共渗方法

10.4.2.1 中温气体碳氮共渗

中温气体碳氮共渗是将钢件放入密封炉内，加热至820～860℃，向炉内通入煤油或其他渗碳气体，同时通入氨气。在高温下共渗来完成。

碳氮共渗后一般都采用直接淬火，淬火后的表面组织为回火马氏体+粒状碳氮化合物+少量残余奥氏体。

中温气体碳氮共渗以渗碳为主。

10.4.2.2 低温气体碳氮共渗

低温气体碳氮共渗是将钢件放入密封炉内，加热至570℃，向炉内通入渗碳介质，同时通入氨气。在低温下共渗来完成。

当氮和碳原子同时渗入钢中时，很快在钢件表面形成很多细小的含氮渗碳体，这些碳、氮化合物构成铁的氮化物形成核心，从而加速氮化过程，缩短氮化时间。碳氮共渗一般采用甲酰胺、三乙醇胺、尿素、醇类加氨等，它们在低温碳氮共渗温度下发生分解，产物为[C]、[N] 原子。低温气体碳氮共渗一般选择在570℃，保温时间为2～3h，然后出炉空冷。工件表面获得Fe_2N、Fe_4N和Fe_3C组成的化合物白亮层。

与气体氮化相比，低温气体碳氮共渗所得的化合物层硬度低，但具有较好的韧性，不易发生剥落。低温气体碳氮共渗加热温度低，处理时间短，钢件变形小，又不受钢种限制，运用于碳钢、合金钢及铸铁材料，可用于处理各种工模具及一些轴类零件。

低温气体碳氮共渗以渗氮为主。

10.4.2.3　无毒盐浴碳氮共渗

盐浴软氮化于1929年首次用于工件的渗氮处理，至今，其发展分为三个阶段：第一阶段的盐浴氮碳共渗，其原料以剧毒的氰化物为主，氰化钠（NaCN）和氰化钾（KCN）占了盐浴成分（质量分数）中的40%～65%，故称为“有毒盐浴氮碳共渗”；经改进，第二阶段用无毒原料作盐浴，虽然这时的原料无毒，但制成盐浴后，仍然是有毒的，盐浴中的CN^-的含量仍较高，称为“有污染盐浴氮碳共渗”；第三阶段发展为用无毒原料盐、无反应物污染的“无污染盐浴氮碳共渗（软氮化）”，最著名的是法国HEF公司的Sursulf盐浴氮化法和德国Degussa公司的TF-1法，无污染盐浴软氮化已在欧、美、日、前苏联等国家和地区广泛应用，并逐渐部分替代镀铬、气体氮化或离子氮化工艺，在模具上应用前景广阔。近年来，国内汽车、内燃机、工模具等行业也逐渐采用这种新工艺。与其他表面处理工艺相比，此工艺具有以下主要特点。

① 具有更高的耐磨性、表面硬度和疲劳强度。

② 摩擦系数降低，抗咬合、抗擦伤能力提高。

③ 耐腐蚀性能、耐穴蚀性能提高。

④ 由于盐浴中加入了特定的元素，使渗氮能力大幅度提高，在达到相同渗层深度的条件下，其处理时间大大减少，一般处理时间为0.5～3h。而气体氮化或离子氮化处理时间一般在5～15h。

⑤ 由于工件浸入盐浴中处理，加热均匀，因此氮化层亦均匀致密，工件外观质量好。

⑥ 上海内燃机研究所氮化盐使用温度在510～580℃范围内，可在较低温度下氮化，因此工件变形小，可以满足高精度及部分表面淬火后需氮化的工件要求。而国内外其他氮化盐使用温度多数在570℃±10℃范围内。

⑦ 无公害。盐浴中氰根含量（质量分数）一般低于0.5%，作业点的空气和清洗工件的水中有害成分含量均低于国家规定的排放标准，实现了无污染作业。

⑧ 设备简单，处理综合成本低（基盐可长期循环使用），工艺操作简便，易于推广。

⑨ 应用面广。可处理各类碳素结构钢、高铬不锈钢、气门钢、铸铁工件、粉末冶金件、工模具和刀具。

⑩ 价格低。上海内燃机研究所氮化盐各项指标即可达到国外同类产品的水平，而价格仅为国外产品的40%左右，并且工件经氮化处理后，一般无需经氧化浴冷却，外观质量及有害成分指标即可达到国家规定的要求。

10.4.3　碳氮共渗在模具表面强化工艺中的应用

10.4.3.1　试验材料及设备

试验用材料为3Cr2W8V钢，气体氮碳共渗在RJJ-25-9TG井式渗碳炉中进行。

10.4.3.2 氮碳共渗工艺

试验采用滴注式气体氮碳共渗工艺，用工业纯甲酰胺做渗剂，渗剂滴量为 4mL/min，模具共渗后油冷。

10.4.3.3 渗层的组织

渗层由化合物层和过渡层组成，总厚度为 0.2mm，其中化合物层厚度为 12～15μm。

化合物层：化合物层由 ε 相组成，它是以 $Fe_{2\sim3}$ (C，N) 为基的固溶体，硬度为 800～900HV。此层具有高的耐磨性、抗摩擦性和耐腐蚀性。

过渡层：化合物层下面是过渡层，厚度为 0.185～0.188mm。它是碳、氮原子与合金元素形成的合金氮、碳化物，硬度从 $781HV_{0.5}$过渡到心部的 $460HV_{0.5}$。合金氮碳化合物呈弥散态分布于基体组织上，与基体保持共格关系，起到弥散硬化作用。

10.4.3.4 使用效果

表 10-4 为 3Cr2W8V 钢制铝合金热挤压模具两段氮碳共渗处理后使用情况统计表。可见，经氮碳共渗处理的模具一次可挤压 1～1.5 t 型材，模具修整后可继续使用 5～6 次，共挤压型材 6～7t。未经氮碳共渗处理的模具一次仅挤压 0.5t 型材，模具修整后可使用 3～4 次，共挤压型材 2～3t。由此可见，模具经氮碳共渗处理后，使用寿命提高 1～2 倍，具有良好的效果。

表 10-4 模具氮碳共渗处理后模具一次使用情况统计表

模具型号	热处理工艺	使用效果	失效形式
5011-1-5	620℃×6h+560℃×4h 氮碳共渗	1200 kg(60 根)	粘铝
5011-1-6		600 kg(30 根)	堵塞
5011-4-8		1360 kg(60 根)	粘铝
5011-4-10		1400 kg(70 根)	粘铝

10.5 渗硼

10.5.1 渗硼的特点及分类

渗硼主要是为了提高金属表面的硬度、耐磨性和耐腐蚀性，可用于钢铁、金属陶瓷和某些有色金属材料（钛、钽等）。渗硼就是将工件置于含活性硼原子的介质中，加热到一定温度，保温一定时间，在工件表面形成一层坚硬的渗硼层。金属表面渗硼层具有以下特点：①渗硼可获得比渗碳、渗氮更高的表面硬度（1400～2000HV），因而耐磨性高；②具有良好的抗腐蚀和氧化性能，能够抵抗盐酸、硫酸、磷酸、碱的腐蚀，但不耐硝酸，600℃以下具有较好的抗氧化性；③热硬性高，在 800℃时仍保持高的硬度。

渗硼根据所使用的渗剂不同分为固体渗硼、液体渗硼和气体渗硼。

10.5.2 渗硼方法

10.5.2.1 固体渗硼

固体渗硼分为粉末渗硼和膏剂渗硼两种。

(1) 粉末渗硼

该方法采用的渗剂原料为粉末状，是由供硼剂（硼铁、脱水硼砂、碳化硼等）、活性剂（氟硼酸钾、碳化硅、氯化物、氟化物等）、填充剂（木炭、三氧化铝或碳化硅等）组成。如配方（质量分数）：B_4C 或 Fe-B 58%、Al_2O_3 40%和 NH_4Cl 2%～3%。各成分所占比例与被渗硼的材料有关。

粉末渗硼操作简单，工艺过程与渗碳类似，工件装入渗箱（耐热钢板焊成、陶瓷或石墨制的箱子）中，充以渗硼剂（可不密封）。渗入温度一般为850～1050℃，保温3～5h，可得0.1～0.3mm厚的渗层。

在渗硼工件表面预涂硼砂（$Na_2B_4O_7$），可强化渗硼过程，得到质地优良的渗硼层。工件表面预涂硼砂的方法是：工件先加热到100℃左右，淬入硼砂甲醇溶液中并立即提出，甲醇挥发后工件表面即被均匀的涂覆一层硼砂。

(2) 膏剂渗硼

该方法是将膏剂涂覆在工件表面，干燥后放入盛有惰性填料的渗硼罐内，加热渗硼的工艺。所用膏剂的成分（质量分数）有下列数种：

① B_4C50%＋$CaF_2$35%＋$Na_2SiF_6$15%

以桃胶水溶液为黏结剂制成膏状，处理过程为920～950℃加热4～6h。

② B_4C50%＋$NaF_2$25%＋$Na_2SiF_6$25%

处理的工艺规程同①。

③ B_4C5%～50%＋$CaF_2$40%～49%＋$Na_3AlF_6$5%～50%

混合后用松香30%＋酒精70%调成糊状，涂在工件上，获得厚度＞2mm的涂层。晾干后密封装箱，然后装入加热炉中进行渗硼。

若采用高频感应加热渗硼，不仅可以得到与加热炉中渗硼相同的渗硼层，而且可以大大缩短加热时间，一般仅为几分钟。

10.5.2.2 液体渗硼

液体渗硼又称盐浴渗硼，包括盐浴渗硼和电解盐浴渗硼两种。

(1) 盐浴渗硼

该方法所用的渗剂中大都含有硼砂。硼砂在熔融状态下部分发生热分解，其反应式为：

$$Na_2B_4O_7 \longrightarrow Na_2O + 2B_2O_3$$

盐浴中产生的B_2O_3可以用活泼元素（如硅、铝、钛、镁、钙）或加入结构与碳化硼相似的物质（如碳化硅等）使其还原，产生活性硼原子即可进行渗硼。采用碳化硅作还原剂时，碳化硅和硼砂发生如下反应：

$$Na_2B_4O_7 + SiC \longrightarrow Na_2O \cdot SiO_2 + CO_2 + O_2 + 4[B]$$

新生的硼原子被工件表面吸附，与铁反应生成Fe_2B或FeB。

对于渗硼盐浴要求熔点低、流动性和稳定性好，工件上残盐容易被清洗掉，不产生有害气体，原料来源充足，价格便宜等。

(2) 电解盐浴渗硼

该方法是在渗硼盐浴中进行。工件为阴极，用耐热钢或不锈钢坩埚作阳极。电解盐浴渗硼在生产中应用较为方便。这种方法设备简单，渗速快，可利用便宜的渗剂。渗层厚度和组成可以通过调整电流密度进行控制，常用于工模具和要求耐磨性和耐腐蚀性高的零件。

10.5.2.3 气体渗硼

气体渗硼所用介质为乙硼烷或三氯化硼加氢气。如采用乙硼烷与氢气作为渗硼介质，500℃以上时乙硼烷（B_2H_6）完全分解。B_2H_6/H_2＝1/25～1/75时，850℃保温2～4h，停供渗硼气体，然后扩散2～3h。

气体渗硼速度最快，渗层均匀，操作也较方便。但是，由于乙硼烷不稳定且易爆炸，三氯化硼有毒且容易水解，因此气体渗硼在生产中还较少使用。

10.5.3 渗硼层的组织

硼原子在 α 相或 γ 相的溶解度很小，在渗硼过程中，硼原子渗入工件表面后，很快就达到 γ 固溶体的饱和溶解度，并形成楔状的硼化物 Fe_2B。随着硼原子的不断渗入，Fe_2B 不断长大，并逐渐连接成致密的硼化物层。若渗硼剂的活性大随着表层硼浓度的提高，当硼含量（质量分数）大于 8.83%时，在 Fe_2B 层的表面会出现第二种硼化物 FeB，当硼含量（质量分数）在 6%～16%时，会产生 FeB 与 Fe_2B 白色针状的混合物。一般希望得到单相的 Fe_2B 表层组织。

10.5.4 渗硼在模具表面强化工艺中的应用

渗硼工艺广泛用于各种冷作模具和热作模具。渗硼在模具表面强化工艺中的应用实例如表 10-5 所示。

表 10-5 模具渗硼工艺及使用寿命情况统计

模具名称	材 料	渗硼工艺参数	使用寿命	备 注
中间拉深凹模	CrWMn,9CrWMn	930～950℃,3～4h	7 万～10 万次	未渗硼的使用寿命约几千件
冷镦六角螺母用凹模	Cr12MoV	950～960℃,6h	5 万～10 万次	未渗硼的使用寿命 3～5 千件
落料拉深凹、凸模	CrWMn,9CrWMn	900～930℃,2～3h	7 万～10 万次	未渗硼的使用寿命约几千件
拉深模	T8A	930～950℃,3～5h	1 千～1 万次	未渗硼的使用寿命为几十至 1 千多件
拉深模	T10A	930～950℃,3～5h	5 千件后仍可使用	未渗硼的使用寿命约几百件
冷镦模	T8A	930～950℃,3～5h	10 万件后仍可使用	未渗硼的使用寿命 3～4 千件；未渗硼的 Cr12 钢使用寿命 3～4 万件
冷挤模	W18Cr4V	970～990℃,5h	4 千余件还未损坏	原用 Cr12MoV 钢未渗硼的使用寿命 500 件左右

10.6 渗金属

10.6.1 渗金属的特点及分类

模具表面渗金属技术是指在一定的温度和真空度条件下，被还原出的活性金属原子或电离、溅射出的金属元素原子扩散进入模具钢基体表层形成合金渗层，从而改变表层化学成分、组织和性能的方法。模具表面渗金属技术属于钢的化学热处理范畴，实质上是通过高温扩散，铬、钒、钛、钨、钼、铌、钴、镍、铝等活性原子在模具表面形成固溶体或碳化物渗层组织，它们的硬度高，耐磨损性好，还具有相当好的抗氧化性和耐腐蚀性，大大提高了模具表面的综合性能，从而有效地提高了模具使用寿命。采用表面渗金属技术对模具进行表面强化与其他模具表面强化技术相比，具有以下一些特点：①设备简单，易于操作；②能够实现铬、钒、钛、钨、钼、铌、钴、镍等高熔点金属元素的单元渗及多元共渗；③渗层与基体结合牢靠，不存在渗层剥落的问题；④渗层的金相组织主要是渗入金属的碳化物及金属间化合物；⑤处理温度较高，时间较长，工件内部组织中晶粒长大，力学性能降低，因此模具渗金属处理后，还需进行淬火＋回火热处理。

模具表面渗金属技术主要有粉末渗金属技术、涂覆剂渗金属技术、盐浴渗金属技术、等离子体渗金属技术、气体渗金属技术等，目前有些方法已进入工业化生产阶段，取得了很好的经济效益。

10.6.2 气体渗金属方法

气体渗金属法是在适当温度下，可挥发金属化合物中析出活性原子，并沉积在金属表面上与碳形成化合物。一般使用金属卤化物作为活性原子的来源。气体渗金属方法相对于其他渗金属方法用的相对较少，可进行气体渗钛、铬等。

10.6.3 液体渗金属方法

液体渗金属法包括盐浴渗金属法和熔融金属浴渗金属法两种。

10.6.3.1 盐浴渗金属法

把基盐（硼砂或中性盐）放入坩埚，并加热至800～1200℃，在熔化的基盐中，再加入一定比例的供渗剂（即渗入金属的氧化物或其铁合金粉末）以及活性剂形成熔盐，然后将模具工件浸入其中，保温1～10h。在此过程中被还原出的活性金属原子沉积在工件表面上，与由基体内扩散到表面的碳原子形成几微米至几十微米的渗入金属碳化物渗镀层。

盐浴渗金属技术特别适合在模具钢表面上渗钒，也可渗铌、铬 钛等，可批量处理模具工件，渗速快，不需保护气体，渗层质量稳定，且可渗后直接淬火，易实现复合处理。

20世纪70年代日本丰田汽车公司提出来的硼砂盐浴扩散表面强化工艺，在日本和其他许多国家都得到了工业应用，效果甚好。这个工艺的实质是在熔融的硼砂浴中，加入钒、铌、铬等碳化物形成元素或它们的氧化物及还原剂，含碳较高的钢在这种熔盐浸渍一定时间后，表面上可形成一层均匀的高硬度的碳化钒、碳化铌、碳化铬或铬的固溶体。丰田工艺形成的碳化物是由盐浴中的钒、铌、铬和工件本身含的碳结合而成的。它们具有很高的硬度，对盐酸、硫酸、硝酸和硝酸水溶液有良好的耐蚀性。丰田工艺处理后表面碳化物的硬度如下：

碳化钒：3000～3800HV
碳化铌：2400～3100HV
碳化铬：1400～2100HV
碳化铁：1200～1500HV
淬火钢：850～1000HV

对渗碳钢、结构钢与模具钢在渗钒之后的耐磨性的研究表明，SKD11由于基体能够保持高硬度，扩散层的性能得以发挥。如果基体太软则容易发生大的剥离，渗钒效果不好。在西原式滚动-滑动摩擦实验机上，以1.25m/s的滑动速度，20%的滑差，在20号机油的润滑条件下对SDK11钢渗钒后的耐磨性进行了不同接触压力下的磨损量测定。含碳（质量分数）1.5%的铬钼钒钢，在低载荷时渗钒的作用没显示出来。但是负荷在1400mN/cm^{2}以上，渗钒的作用就十分突出了。淬火回火试样的磨损剧增，摩擦表面划痕较多，并有点状磨坑，渗钒的试样仍处于稳定磨损阶段。并且在2200mN/cm^{2}之前渗钒试样的磨损量无明显变化。渗钒是丰田工艺的主要方法，它已被应用于强化各种模具和零件，寿命提高几十倍甚至几百倍。

真空渗碳、气体渗氮、离子氮化、渗硼及渗钒工艺中，综合性能以渗钒为最优。试验结果也证实了渗钒的耐磨性比渗硼、渗铬、渗铌都强。渗钒的另一个优点是硬度的保持性较好。在从20℃加热到800℃，然后再冷却至20℃，反复循环两次之后，渗钒表面的硬度变化无几，仍能保持在2500HV以上。

10.6.3.2 熔融金属浴渗金属法

熔融金属浴渗金属法可以用来渗铝、锌、锡等。

10.6.4 固体渗金属方法

固体渗金属方法包括粉末渗金属方法和膏剂渗金属方法两种。

10.6.4.1 粉末渗金属方法

粉末渗金属处理是把模具工件与渗剂一起装箱烘烤后封箱，继续加热到 800～1200℃，在保温过程中，渗剂发生化学反应，生成的活性原子吸附在工件表面，并扩散到工件基体中形成渗入金属-铁-碳合金表面层。渗层厚度可达 20～40μm。粉末渗金属技术常用在 Cr、Ti、Al 和 V 的单元渗以及多元共渗。处理温度和保温时间是粉末渗金属技术的两个重要工艺参数，要想得到较厚的渗层和较好的基体组织，处理温度和保温时间都必须控制在其最佳范围内。

渗剂一般由供渗剂（即渗入金属粉末或其氧化物或其铁合金粉)、填充剂（氧化铝）及催渗剂（卤化铵）组成。这些粉末的混合比没有统一规范。

(1) 粉末渗铝

工件和粉末状渗铝剂一同放入专用的渗罐中，渗罐口采用易熔合金密封，料罐由 3～6mm 厚的热稳定钢或碳钢钢板制造，在后一种情况下，料罐必须预先渗铝。料罐的外形尽可能制成与工件本身的外形相适应。加热温度为 850～1150℃，保温 3～12h。渗剂粉末由铝粉、铝铁粉、三氧化二铝、氯化铵等组成。其中铝粉或铝铁粉用来提供活性铝原子，渗剂中的氯化铵有催渗作用，三氧化二铝则是一种稀释填充剂又兼有防止金属粉末黏结的作用。粉末渗铝常用渗剂配方如表 10-6 所示。

表 10-6 粉末渗铝常用渗剂配方

序号	渗铝剂组成(质量分数)w/%			
	铝铁合金	铝	氧化铝	氯化铵
1	60		39～39.5	0.5～1
2	99～99.5			0.5～1
3		50		0.5～1
4		15		0.5(溴化铵)

渗铝前，工件的表面必须完全去除氧化铁皮、氧化物、脏物和油脂。氧化铝在使用前最好先经 800～900℃煅烧。混合剂在混合物使用前不久加入。混合物的各种组分需经仔细混合。

(2) 粉末渗铬

工件和粉末状渗铬剂一同放入专用的渗罐中，渗罐口采用耐火泥密封，加热至 850～1100℃，保温 8～15h。渗剂粉末由铬粉、铬铁粉、三氧化二铝、氯化铵等组成。其中铬粉或铬铁粉用来提供活性铬原子，渗剂中的氯化铵有催渗作用，三氧化二铝是一种稀释填充剂又兼有防止金属粉末粘结的作用。渗铬剂可多次使用，每次只需补充少量消耗的铬量和氯化铵，补充量分别为渗铬剂总量的 5%～15%和 2%左右。

我国渗铬常用配方（质量分数）为：铬粉 50 %＋氧化铝 48%～49%＋氯化铵1%～2%，使用温度 900～1100℃，保温 8～15h；铬铁粉 60%＋无釉陶土 38.8%＋氯化铵 0.2%。而英国配方为：铬铁粉（Cr65%＋Fe34.9%＋C0.1%)60%＋氧化铝 39.8%＋碘化铵0.2％。碳素工具钢制模具的渗铬层通常由外层和内层构成，外层是硬度很高的铬铁碳化物层，铬的质量分数达50％～60％，内层是扩散层。

渗铬剂在渗铬温度下发生如下化学反应：

$$NH_4Cl \longrightarrow NH_3 + HCl$$

$$2NH_3 \longrightarrow 2N + 3H_2$$

$$Cr + 2HCl \longrightarrow CrCl_2 + H_2$$

$$3CrCl_2 + 2Fe \longrightarrow 2FeCl_3 + 3[Cr]$$

反应所产生的活性铬原子易被工件表面所吸收，而后向工件内部渗入，最终在工件表面形成硬度极高的碳铬化合物层。

模具在渗铬过程中，由于在高温下长时间加热和保温，引起钢基体组织的严重粗化，造成基体的力学性能降低，特别对于高碳钢模具，其渗铬层很薄，就要求有强度较高的基体来支持渗铬层，否则会由于硬化层与基体强度的不匹配，导致模具在使用中渗铬层的脆性剥落。因此，渗铬后还须对模具进行热处理。其热处理工艺仍按照基体材料的钢牌号及要求进行，不必考虑渗铬层的组织，因为渗铬层的组织、硬度和耐磨性基本上不随热处理而变化。

(3) 粉末渗钛

渗钛是新发展起来的一种化学热处理工艺，钢及合金经渗钛后的耐腐蚀性、耐磨性能成倍、十几倍、几十倍的增长，因而得到广泛的重视。由于渗钛工艺简单易行，无需特种设备，在模具表面强化中的应用日益扩大，模具表面渗钛后，在表层形成 TiC，硬度高达2500～3000HV，这也正是渗钛后耐磨性急剧增长的原因。

工件和粉末状渗钛剂一同放入专用的渗罐中，渗罐口采用耐火泥密封，加热至950～1150℃，保温4～6h。渗剂粉末由钛粉、钛铁粉、三氧化二铝、氯化铵等组成。其中钛粉或钛铁粉用来提供活性钛原子，渗剂中的氯化铵有催渗作用，三氧化二铝是一种稀释填充剂又兼有防止金属粉末黏结的作用。

典型的渗剂配方（质量分数）为：Ti-Fe50％＋氯化铵5％＋过氯乙烯5％＋氧化铝40％，加热温度1000℃，保温6h，工件可获得10um的TiC化合物层。

粉末渗金属法设备简单，易于操作，适宜单件生产，是我国目前被广泛使用的一种模具表面强化方法。但存在渗入金属和辅助材料消耗大、劳动条件差、工艺周期长、污染环境等缺点，有文献报道在渗 Ti 剂中加入 Al 粉作还原剂，改用 AlF_3 或 $CaCl_2$ 作催渗剂，减少了有害气体的生成。

10.6.4.2　膏剂渗金属方法

在渗入金属细粉末中加入特殊合成树脂（质量分数8％左右、含防沉淀剂和分散剂）、耐热树脂（丙烯系列的有机复合体，质量分数5％左右）和溶剂制成涂覆剂，用一般涂刷方法涂刷在模具工件表面上，加热到1000～1200℃，则会在工件表面上形成渗入金属碳化物层。通过改变膏剂成分，便可控制碳化物层的厚度和相组成。由于这种膏剂不含卤素化合物，故不排放有害气体。膏剂法常用来渗 Al、Cr 和 Ti。

(1) 膏剂渗铝

膏剂渗铝采用铝粉、冰晶石和不同配比的其他组分的粉末混合剂，用水解乙醇乙酯作为黏结剂调成膏剂，手工涂在工件表面上，厚度3～5mm，在70～100℃温度下烘干20～30min。为防止氧化，可用特殊涂料覆盖层作为保护剂涂在活性膏剂层的外面。膏剂渗铝的最佳成分（质量分数）为 Al-Fe88％，石英粉10％，氯化铵2％。

（2）膏剂渗铬

膏剂渗铬采用铬粉或铬铁粉、溶剂以及不同配比的其他组分的粉末混合剂，用黏结剂调成膏剂，手工涂在工件表面上 3～4mm，加热温度为 900～1100℃。保温 6～12h。溶剂的主要作用是形成铬的卤化物，再与金属表面反应。常用冰晶石。黏结剂的品种较多，其中以水解硅酸乙酯效果较好。

（3）膏剂渗钛

膏剂渗钛采用钛粉或钛铁粉、冰晶石和不同配比的其他组分的粉末混合剂，用黏结剂调成膏剂，手工涂在工件表面上 3～4mm，加热温度为 1000～1100℃。保温 4～6h。加入冰晶石的作用主要是去除工件表面的氧化物，促使氟化钛的形成，而氟化钛是原子钛的供应源。实践证明，使用 Ti95%＋NaF5%或用（Ti-Fe）40%＋Ti55%＋NaF5%的膏剂成分效果最好。采用快速加热能缩短膏剂渗钛所需的时间。

渗 Ti 比渗 Cr 工艺要求严得多。渗 Ti 要求在高真空度（10^{-2}Pa 以下）的氩气介质中进行，并且在渗剂中需加入 30%以上的耐热树脂才能得到致密的 TiC 高硬度覆盖层，且在渗层中不生成 Ti-Fe 金属间化合物。

10.6.5 渗金属法在模具表面强化工艺中的应用

（1）试验材料及试验方法

试验材料为 W18Cr4V 钢。试样的准备：①将原材料球化退火后，在 1260℃加热淬火，560℃×1h 3 次回火，以得到回火马氏体＋碳化物组织；②将回火后的试样制成 10mm×10mm×10mm 的试块，表面磨光、清洁待用。

（2）渗铬工艺

试验分两组进行，一组直接盐浴渗铬，一组先进行离子氮碳共渗后再盐浴渗铬。离子氮碳共渗在罩式离子渗氮炉中进行，温度为 560℃±10℃。盐浴渗铬在 4kW 的井式电阻炉中进行。盐浴以氯化钠为主要熔剂，加上能产生铬离子的低熔点铬盐及铬的活化物。盐浴温度为 590℃，保温时间为 6h。

（3）渗铬层组织、硬度及耐磨性分析

图 10-5 和图 10-6 分别为 W18Cr4V 钢氮碳共渗的金相组织和氮碳共渗后盐浴渗铬的金相组织。直接渗铬的金相组织由于基本上看不到白亮层故未列出。从图 10-5 和图 10-6 可看出它们都是由白亮层、扩散层和心部组织组成。氮碳共渗的白亮层宽而单（图 10-5）。而氮碳共渗＋渗铬的白亮层（图 10-6）又可分为 3 层，最外较窄的为铬化合物，紧接着是一层黑色组织，然后是原来的氮碳共渗白亮层＋铬的扩散层，在原来氮碳共渗白亮层的里面出现了黑色相。这是因为渗铬属于反应扩散，反应扩散的过程是渗入元素首先溶于被渗金属中，当它超过溶解度时，就形成新相层。在渗铬过程中，铬、氮、碳等原子的扩散使得含铬的新相层形成，旧的相消失，原来氮碳共渗白亮层的地方出现了新相，这种相随着铬浓度的不同，其耐腐蚀性也不同，高铬化合物相耐腐蚀好，在金相照片上呈白色，而低铬区的耐腐蚀性相对较差，因此呈黑色。复合渗铬的扩散层中（图 10-6）脉状氮化物减少，是铬、氮、碳等原子扩散的结果。

W18Cr4V 钢复合渗铬层（白亮层）的表面显微硬度在 1400～1430HV，而一般 W18Cr4V 钢进行氮碳共渗所形成的白亮层的显微硬度在 1200HV 左右。复合渗层的白亮层能有这么高的硬度主要由于它是由 CrN 、$Cr_{23}C_6$ 和 Cr_7C_3 相组成，这些铬化合物相都具有很高的硬度。

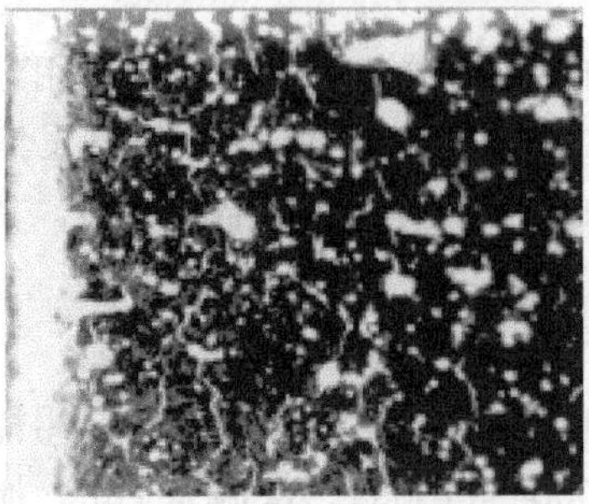

图 10-5　W18Cr4V 钢氮碳共渗的金相组织（硝酸酒精溶液腐蚀）（500×）

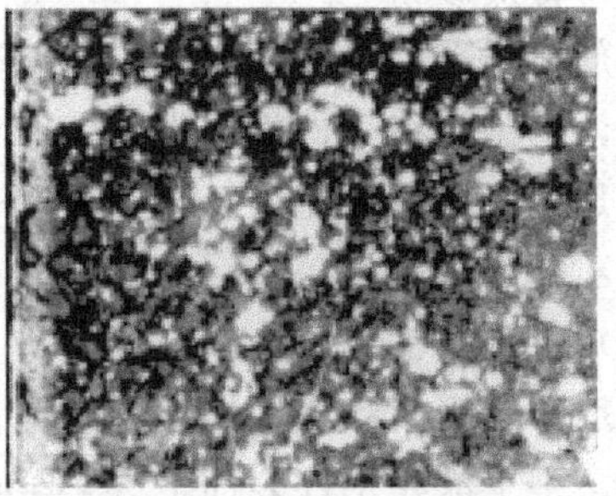

图 10-6　W18Cr4V 钢氮碳共渗后渗铬的金相组织（590℃×6h 渗铬空冷，3%硝酸酒精溶液腐蚀）（500×）

耐磨性试验结果表明，复合渗铬试样的耐磨性比只经过氮碳共渗试样的耐磨性得到了较大的提高，未经表面处理的淬回火试样的耐磨性最差。这说明高硬度，高耐磨性的渗铬层比单一的氮碳共渗层更好地提高了钢的耐磨性，这更加说明了低温盐浴渗铬具有很高的实用价值。

（4）结论

W18Cr4V 钢经氮碳共渗预处理后可在 600℃以下实现低温盐浴渗铬，并能获得与基体结合良好的铬化合物层；复合渗层主要由 CrN 、$Cr_{23}C_6$ 和 Cr_7C_3 相组成；W18Cr4V 钢的复合渗铬处理比单一的氮碳共渗处理更能提高其耐磨性。

思考题

1. 试述热扩渗技术的基本原理。
2. 解释下列名词术语：渗碳、渗氮、碳氮共渗、渗金属、多元共渗。
3. 碳氮共渗的原理是什么？碳氮共渗与渗碳相比有哪些特点？它们两者常用于什么场合？
4. 渗氮的目的是什么？常用的渗氮方法有哪些？
5. 渗金属有什么作用？工业上目前常用的渗金属方法有哪些？
6. 模具生产中渗硼方法有哪几种？渗硼法适用于哪些模具钢及哪几类模具？使用效果如何？

11 等离子体扩渗技术

等离子体化学热处理技术又称等离子体扩渗处理（PDT）、离子轰击渗扩技术。离子轰击热处理（辉光放电热处理、等离子热处理）指在低于0.1MPa（即1个大气压）在特定气氛中利用工件（阴极）和阳极之间产生的辉光放电进行热处理的工艺。

所谓等离子体是一种电离气体（电离度超过10%的气体），它由离子、电子和中性粒子（中性原子和分子）所组成的集体。它具有以下特点：①在宏观上是电中性的；②具有很高的电导率；③等离子体化学反应比热化学反应容易进行；④带电粒子在空间有三种运动形式——热运动、在电场作用下的迁移运动和沿带电粒子浓度梯度递减方向的扩散运动；⑤是一个光态的物理体系。

11.1 离子渗氮

11.1.1 离子渗氮的主要特点

离子渗氮的优点如下。

① 氮化速度快，比普通气体氮化快1/3～1/2，节省能源及气体消耗。

② 可控制氮化层的组织而获得更多优越性能。

③ 畸变小，离子渗氮的温度可以降至400℃甚至更低。

④ 可实现无公害处理，用N_2+H_2，分解氨气，无污染问题，即使采用氨气进行离子渗氮，由于压力很低（66.5～1330Pa）使用量极少，也不会产生大的公害。

⑤ 对于不锈钢、耐热钢等可直接离子氮化而不用事先进行任何消除钝化处理。

其缺点是设备费用大，调查维修比较复杂，对操作人员技术要求较高。

11.1.2 离子氮化原理

目前有很多种解释理论，但应用最多的还是溅射与沉积理论。辉光放电的正离子受到电场作用向阴极移动，当到达阴极附近时，被强电场突然加速而轰击工件表面。

首先，离子所具有的大的动能，一部分转变为热能加热工件，一部分使离子直接渗入工件及产生阴极溅射，从工件表面打出电子和原子（C、O、Fe），被击出来的Fe原子和带电的原子态氮相结合，生成FeN，FeN有附着作用而吸附在工件表面上，由于高温及离子的轰击作用，FeN又很快分解为低价氮化物（$Fe_{2\sim3}N$，Fe_4N）而放出氮，氮原子渗入工件表面并向内扩散形成氮化层。其次，离子轰击后的工件表面存在二、三类应力，点阵发生严重畸变，位错密度显著增加，并出现大小不等的坑洼，沿晶界处尤为显著。表面大量缺陷的存在，促进了氮化扩散，是氮化速度加快的主要原因。再者，由于被处理工件表面溅射，产生金属原子分离，C、O、N非金属元素从表面离开，表面完全消除氧化物、碳化物等而变得高度活化，因而促进了氮化反应，这是氮化速度加快的又一个原因，也是不锈钢容易氮化的原因。

11.1.3 离子渗氮设备

由供电和操作控制的电气系统，真空炉体，气体动态平衡的供气和抽气系统三大部分组成。

例型号LD2—25—WA，其中LD指离子渗氮炉；2指改型序号；25指工作电流；W指表示炉体结构形式，无代号指钟罩式，W指卧式，J指井式，L指堆放吊挂两用；A表示电源控制形式。A 指普通型，B 指半自动型，C 指全自动型。

11.1.4 离子渗氮工艺

离子渗氮工艺参数见表 11-1。

表 11-1 离子渗氮的工艺参数

工作参数	选择范围	说明
辉光电压	一般保温阶段保持在 500～700V	与气体电离电压、炉内真空度及工件与阳极间距离有关
电流密度	0.5～15mA/cm^2	电流密度大，加热速度快，但电流密度过大将使辉光不稳定，易打弧
炉内真空度	133.322～1333.22Pa，生产上常用 261～533Pa（辉光层厚度为 5～0.5mm）	当炉内压力低于 133.322Pa(1Torr)时达不到加热的目的，而当压力高于 1333.22Pa(10Torr)时，辉光将受到破坏，从产生打弧现象，造成工件局部烧损
渗氮气体	液氮挥发气，热分离氨式氮氢混合气	液氮虽然使用简单，但渗层脆性大；体积比 1∶3 的氮氢混合气可改善渗层性能；可调整炉气氮势，从而控制渗层和组成
渗氮温度	通常 450～650℃	一般不含 Al 钢采用 500～550℃的一段渗氮工艺，含 Al 钢采用 520～530℃；560～580℃的两段渗氮法（为减少畸变也可采用）
渗氮时间	渗层为 0.2～0.6mm 时，渗氮时间通常在 8～30h	渗层深度与时间存在以下关系：$\delta=k\sqrt{D\tau}$（δ—渗层深度；τ—渗氮时间；D—扩散系数；k—常数）

11.2 离子渗碳、离子碳氮共渗

离子渗碳在低于 0.1MPa（即 1 个大气压）的渗碳气氛中，利用工件（阴极）和阳极之间产生的辉光放电进行渗碳的工艺。离子碳氮共渗在低于 0.1MPa（即 1 个大气压）的含碳、氮气氛中，利用工件（阴极）和阳极之间产生的辉光放电同时进行渗碳、渗氮的工艺，并以渗碳为主的化学热处理工艺。

11.2.1 离子渗碳原理及优点

工件渗碳所需的活性碳原子或离子不仅可通过热分解反应，还可以通过工件气体的电离获得。以丙炔气为例：

$$C_3H_8 \xrightarrow[900\sim1000℃]{\text{辉光放电}} [C]+C_2H_6+H_2$$

$$C_2H_6 \xrightarrow[900\sim1000℃]{\text{辉光放电}} [C]+CH_4+H_2$$

$$CH_4 \xrightarrow[900\sim1000℃]{\text{辉光放电}} [C]+2H_2$$

离子渗碳的优点如下。

① 渗碳速度快，可缩短 30%～50%的时间；

② 渗层容易控制，通过调节气氛压力与辉光放电电流来实现；

③ 渗层均匀性好，渗碳件硬度波动小，工件的狭缝、小孔等部位，也能获得均匀的渗碳层；

④ 渗剂的渗碳效率高，可达 55%；

⑤ 渗碳件质量好，表面清洁光亮，无晶界氧化，处理后的工件耐磨性及疲劳强度较常规渗碳的高；

⑥ 可以对难渗件进行渗碳处理。

11.2.2 离子碳氮共渗、离子氮碳共渗

基本原理与离子渗碳、渗氮相似，只是通入的气体有可分解氮原子和可分解碳原子，渗速比普通碳氮共渗快2～4倍。采用的介质可以是N_2、H_2和甲烷或丙烷的混合气，也可为氨气和乙醇或丙酮挥发的混合气。

11.3 等离子体扩渗技术在模具表面强化工艺中的应用

案例 离子氮化-PECVD TiN膜复合处理提高切边模具寿命研究

(1) 试验材料及方法

试验材料为W18Cr4V和W6Mo5Cr4V2Al高速钢，经常规热处理后硬度分别为63～64HRC和65～67HRC。采用ZD-450型直流PECVD设备进行复合处理。处理介质为高纯度N_2、H_2、Ar、$TiCl_4$，沉积前采用超声波将试样在丙酮等清洗剂中清洗。试样入炉后预抽真空＜10Pa，然后通入适量H_2、Ar，起辉与辅助热源一起将试样加热至氮化温度。氮化保温完毕后立刻进行TiN的沉积。

(2) 耐磨性

离子渗氮提高高速钢的耐磨性；单一PECVD TiN的耐磨性比离子氮化的高得多，而复合处理层的耐磨性比单一PECVD TiN的还要高。复合处理较单一PECVD TiN具有更高耐磨性，这可能是由于常规沉积膜层并不完全只是TiN，还存在一定Ti_2N，Ti_2N的硬度较TiN低；复合处理沉积TiN时，预氮化基体中的氮可能从基体扩散进膜层，与Ti_2N反应，生成TiN，提高膜层的硬度，从而有助于提高膜层的耐磨性。

(3) 模具实用结果

M10不锈钢六角螺栓切边模采用W6Mo5Cr4V2Al制造，经常规处理后，对其进行复合处理。使用结果表明，常规热处理的模具，使用寿命约8000次，此时模具刃口的垂直磨损量为0.023mm，磨损方式主要为犁削。复合处理的模具，使用8000次时模具刃口磨损仅0.011mm，16000次时刃口磨损0.020mm，最后是以模具刃口出现剥落坑方式失效，使用寿命约16800次。由此可见，复合处理使膜与基体有良好的结合，较之常规热处理，模具表面由于沉积了高硬度的TiN，使其抗犁削磨损性能提高，模具的失效方式从犁削磨损转变为表面疲劳。

(4) 结论

高速钢离子渗氮-PECVD TiN复合处理改善膜基结合条件，显著提高膜基结合强度与耐磨性；较常规热处理，采用优化的复合处理可提高冷挤压不锈钢六角螺栓切边模使用寿命一倍以上。

思考题

1. 简述离子渗氮的主要特点。
2. 简述离子氮化原理。
3. 离子渗氮工艺包括哪些工艺参数？
4. 简述离子渗碳原理及其特点。

12 激光表面处理技术

激光表面处理的目的是改变表层化学成分或显微结构，激光表面处理工艺包括激光相变硬化、激光熔覆、激光合金化、激光非晶化和激光冲击硬化。产生用其他表面淬火达不到的表面成分、组织、性能的改变。经激光处理后，铸铁表面硬度可以达到60HRC以上，中碳及高碳的碳钢，表面硬度可达70HRC以上，从而提高零件抗磨性、抗疲劳、耐腐蚀、抗氧化等性能，延长其使用寿命。目前，激光表面处理技术已用于汽车、冶金、石油、机车、军工、工具等领域，并显示出越来越广泛的应用前景。激光的特点如下。

① 高功率密度（高亮度）。激光光源发射激光束的功率密度较大，经过光学透镜聚焦后可获得极高的能量密度或功率密度，可达10^{14} W/cm^2，焦斑中心温度可达几千到几万度，只有电子束的功率密度才能和激光相比拟。

② 方向性好。激光束可认为是近似平行光束，它的发散角小到0.1毫弧度到几个毫弧度。传输过程中的能量损失小。

③ 高单色性。激光源发出的激光束具有相同的位向与波长，光谱线宽可调到10^{-7} Å，比其他单色性最好的光源的谱线宽度小几个数量级。

激光束表面处理的特点如下。

① 激光束处理后材料表面化学均匀性很高，晶粒细小，因而表面硬度高，耐磨性好。在不损失韧性的情况下获得了高的表面性能。

② 输入热量少，热变形小。

③ 能量密度高，加工时间短。

④ 处理部位可任意选择，如深孔、沟槽等特殊部位均可采用激光进行处理。

⑤ 工艺过程无需真空，无化学污染。

⑥ 激光处理过程中，表层发生马氏体转变而存在残余压应力，提高疲劳强度。

12.1 激光表面处理设备

激光表面处理设备包括激光器、功率计、导光聚焦系统、工作台、数控系统和软件编程等系统。

12.1.1 激光的产生

处于热平衡物体的原子和分子中各粒子是按统计规律分布的，且大都处于低能级状态。电子可以通过吸收或释放能量从一个能阶跃迁至另一个能阶。例如当电子吸收了一个光子时，它便可能从一个较低的能阶跃迁至一个较高的能阶［图12-1(a)］。同样地，一个位于高能阶的电子也会通过发射一个光子而跃迁至较低的能阶［图12-1(b)］。在这些过程中，电子吸收或释放的光子能量总是与这两能阶的能量差相等。由于光子能量决定了光的波长，因此，吸收或释放的光具有固定的颜色。

当原子内所有电子处于可能的最低能阶时，整个原子的能量最低，称原子处于基态。当一个或多个电子处于较高的能阶时，称原子处于受激态。电子可通过吸收或释放在能阶之间跃迁。跃迁又可分为三种形式。

① 自发吸收——电子通过吸收光子从低能阶跃迁到高能阶［图12-1(a)］。

② 自发辐射——电子自发地通过释放光子从高能阶跃迁到较低能阶［图12-1(b)］。

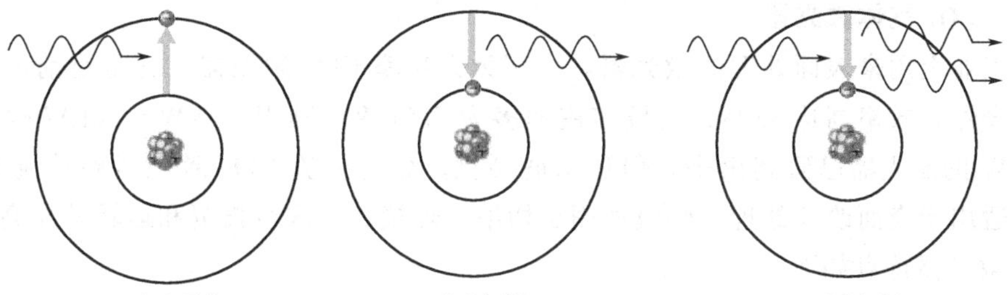

图 12-1　原子内电子的跃迁过程

③ 受激辐射——光子射入物质诱发电子从高能阶跃迁到低能阶，并释放光子。入射光子与释放的光子有相同的波长和相，此波长对应于两个能阶的能量差。一个光子诱发一个原子发射一个光子，最后就变成两个相同的光子［图 12-1(c)］。

原子受激发到高能级后，会很快自发跃迁到低能级态。通常处于激发态的原子平均寿命极短，对于平均寿命较长的能级称为亚稳态能级。某些具有亚稳态能级结构的物质（如氦、氖、二氧化碳）受到外界能量激发时，使其处于亚稳态能级的原子数目大于处于低能级的原子数目，具有这种特性的物质称为激活介质。要产生激光，必须使受激辐射占优势，使发光系统的自发辐射和受激吸收都比受激辐射弱得多。因此，要得到激光，必须具备两个条件：①实现“粒子数反转”的非平衡状态，使处于高能级的粒子数大于处于低能级的粒子数，以造成原子受激辐射的概率大于原子受激吸收的概率，实现光放大；②要建立一个光学谐振腔，以造成受激辐射概率大于原子自发辐射的概率，使其产生激光震荡，并控制方向和频率，输出强烈的激光。光学谐振腔由两块分放在激活介质两端的反射镜 M1 和 M2 组成，如图 12-2 所示。

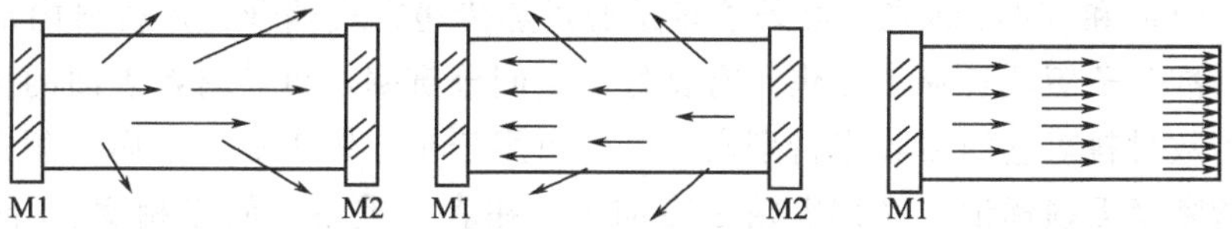

图 12-2　激光的产生

M1 为全反射镜（100%反射），M2 为部分反射镜（10%～90%）。在光学谐振腔内，激活介质受到激发而产生光子辐射。在辐射过程中，传播方向与谐振腔轴向相同的光子将引起其他激活介质产生连锁性的受激辐射，使辐射不断加强。由于反射镜的存在，光子在两个反射镜间不断传播、反射，沿轴线方向不断连锁地进行下去，形成光振荡，最后由部分反射镜的输出端反射出来的频率、位向、传播和振动方向完全相同的光子称为激光。

12.1.2　激光器

目前激光表面改性常用的有 CO_2 激光器和 YAG 激光器（钕-钇铝石榴石激光器），前者多用在黑色金属大面积零件表面改性方面；后者多用于有色金属或小面积零件改性方面。此外由于准分子激光器的波长是 YAG 激光器波长的 1/5，是 CO_2 激光器波长的 1/50，大多数材料对其的吸收率特别高，能有效地利用激光，是继 CO_2、YAG 之后的第三代材料表面改性激光器。

12.1.2.1 CO_2 气体激光器

目前工业上用来表面处理的激光器，大多为大功率 CO_2 激光器，它是目前可输入功率最大的激光器，效率高达 33%，比较实用的多为 2.5kW～5kW，6kW～20kW 仅在实验应用，100kW 的激光器已研制出来，但还未商品化。分为横流 CO_2 激光器和轴流 CO_2 激光器。横流适用于表面改性处理，轴流适用于切削、焊接。一次性投资和运转费用高。

CO_2 激光器特点如下。

① 电-光转换功率高，理论值可达 40%，一般为 20%～40%，其他类型的激光器仅为 2%左右。

② 单位输出功率的投资低。

③ 能在工业环境下，长时间连续稳定工作。

④ 易于控制，有利于自动化。

12.1.2.2 YAG 激光器

自 1964 年 YAG 激光器和 CO_2 激光器同时问世以来，YAG 激光器作为第二类最重要的工业激光器，一直受到重视。全球销售的 YAG 激光器已达 454 种，市场占有率和销售额仅次于 CO_2 激光器，尤其是高功率工业 YAG 激光器，已成为当今研究开发的热点。

工作物质是钇铝石榴石（$Y_3Al_5O_{12}$）晶体中掺入质量分数为 1.5%左右的钕制成。其激光是近红外不可见光，保密性好，工作方式可以是连续的，也可以是脉冲的，激光波长为 1.06μm，对不易变形零件的表面处理应选用 YAG 激光器，否则应选用脉冲输出的激光器。

12.1.2.3 准分子激光器

准分子激光器的单光子能量高达 7.9eV，比大部分分子的键能高，因此能深入材料的内部进行加工。CO_2 和 YAG 激光的红外能量是通过热传递方式耦合进入材料内部的，而准分子激光不同，准分子短波长易于变焦，有良好的空间分辨率，可使材料表面的化学键发生变化，而且大多数材料对它的吸收率特别高，所以可用于半导体工业、金属、陶瓷、玻璃和天然铬石的高清晰度无损标记，光刻等精密冷加工。在表面重熔、固态相度、合金化、熔覆、化学气相沉积和物理气相沉积等方面也有应用。

12.1.3 激光处理用的外围设备

12.1.3.1 光学系统

① 转折反射镜　激光器输出的激光大多是水平的，为将激光传输到工作台，至少需要 1 个平面反射镜使它转折 90°，有时则需要数个才能达到目的。一般都使用铜合金镀金的反射镜。短时间使用可不必水冷，长时间工作则必须强制水冷。

② 聚焦镜　聚焦镜可分为透射型和反射型两种。透射型的材料目前多为 ZnSe 和 GaAs，形状为平凸型或新月型，双面镀增透膜。GaAs 可承受 2kW 左右，只能透过 10.6μm 的激光。ZnSe 可承受 5kW 左右，除能透过 10.6μm 的激光外，还能通过可见光。对附加的 He-Ne 激光（红色）对准光路较方便。焦距多为 50～500mm。短焦距多用于小功率及切割、焊接用，中长焦距则用于焊接及表面强化。反射型聚焦镜简单的用铜合金镀金凹面镜即可。焦距多为 1000～2000mm，光斑较大，可用于激光表面强化。

③ 光学系统　为充分发挥激光束的效用，必须采用合适的光学系统，如振动光学系统，集成光学系统，转镜光学系统等。

12.1.3.2 机械系统

① 光束不动（包括焦点位置不动），零件按要求移动的机械系统。

② 零件不动，光束按要求移动（包括焦点位置移动）的机械系统。

③ 光束和零件同时按要求移动的机械系统。

12.1.3.3 辅助系统

辅助系统包括的范围很广。有遮蔽连续激光工作间断式的遮光装置，防止激光造成人身伤害的屏蔽装置、喷气和排气装置、冷却水加强装置、激光功率和模式的监控装置和激光对准装置等。

12.2 激光表面改性工艺

12.2.1 激光表面相变硬化

12.2.1.1 激光相变硬化的特点

激光以 10^5～10^6℃/s 加热速度作用在金属表面，使其温度迅速上升至相变点以上，并通过基体的传热，以 10^5℃/s 冷却速度实现自冷淬火，这种处理方法称为激光相变硬化（淬火），其优点如下。

① 淬硬层组织细化，硬度比常规高 10%～20%，耐磨性提高 1～10 倍。

② 加热速度快，生产效率高，成本低，自动化程度高。

③ 适用任何形状、任何部位（槽、孔、长筒内壁等），只要光束能照到的部位均可进行处理。

④ 变形量小，几乎可忽略，淬硬层深度可精确控制。

⑤ 可实现自冷淬火，不需油、水等淬火介质。

其缺点如下。

① 硬化层一般＜1mm，采用特殊措施可达 3mm。

② 金属表面对波长 10.6μm 激光反射严重，一般 90%以上的激光被反射，为增大材料对激光的吸收，需作表面涂层或其他处理。

12.2.1.2 工件表面的预处理

常用的预处理方法有磷化、黑化和涂覆 SiO_2 等。磷化可吸收约 88%的 CO_2 激光，但工序繁，不易清除。由上海光机所研制的黑化溶液（86-Ⅰ型），处理方法简单，可直接刷涂或喷涂在零件表面，吸收率高达 90%以上。大规模生产厂家多采用黑化溶液。

12.2.1.3 激光淬火的组织特性

激光淬火区的组织常为两层结构：第一层为相变硬化区，第二层为过渡区。表层在金相显微镜下观察常呈单一的亮白色，它是奥氏体急冷后形成的马氏体和残余奥氏体。次表层加热时的 A 和未溶相急冷后形成的 M 和 F（亚共析钢）或 M＋碳化物（过共析钢）。在过渡区组织是 M 和未转变的原始组织。

各类金属材料激光表面改性后的组织与硬度见表 12-1。

工业纯铁和 0.3%C 以下的碳钢，激光熔化区急冷后形成细针组织，为低碳马氏体，显微硬度高，20 钢为 500～600HV_{50}。

铸铁激光淬火的重要特征表现在激光作用区内的石墨与相邻基体之间。当温度足够高时，由于界面反应，使石墨溶解并发生扩散，相邻固溶体含碳量升高。熔点下降而发生局部熔化，冷凝后获得了很细的共晶莱氏体。随着层深的增加，在靠近铸铁冷基体的热影响区，由于温度较低，界面反应充分，石墨溶解量小，碳的扩散距离短，因而可能在石墨周围形成

"马氏体壳"。

表 12-1 金属材料表面改性后的组织与性能

材料	激光淬火后组织结构及特性	表面硬度(HV_{50})
亚共析钢	粗晶 F+细针状低碳 M,钢中固相淬火区组织很不均匀	20 钢 500～600,5000～6000
共析和过共析钢	高碳 M+残余 A+未熔碳化物	700～1200
合金钢 ①低碳合金钢(12CrNi13A) ②中碳钢(40Cr,4Cr13) ③高碳合金钢	高碳合金 M+未熔碳化物,高碳 M+未熔碳化物+残余 A,组织极不均匀	40Cr 1140,4Cr13 1000～1200
灰铸铁(亚共晶) 球墨铸铁(过共晶) 可锻铸铁	片状 M 和共晶莱氏体中的渗碳体和共晶奥氏体呈与热流方向平行的柱状生长特征	QT600-3 800～1100,HT250 740～1000,KTT350-10 600～800
钛合金	形成针状 α'和 α''相的 M	α'的硬度比 α''高很多
锆合金	生成具有针状结构的马氏体 α'相	同上
纯铝及单相铝合金	细化晶粒、增加晶体缺陷、提高硬度	提高硬度幅度较小 650
硬铝合金	通过时效前的第二相固溶体的过饱和及晶粒细化提高硬度	2200(激光淬火前已时效处理的除外)
铝青铜合金	组织特征与硬铝合金相同。如原始组织为时效状态,激光处理后可使单向固溶体变成两相组织,可达到软化的目的	由 220 降至 120
锡青铜合金	激光处理后由于枝晶间的偏析,析出了亚稳相	由 $860HV_{20}$～$1070\ HV_{20}$ 提高至 $1200HV_{20}$～$1650HV_{20}$

激光淬火硬化带的深度与材料的相变温度和材料内部的温度分布有关，而内部温度分布又于材料的热学性质有关。热扩散率是反映材料热学性质的综合指标，石墨的热扩散系数 $\alpha=0.45cm^2/s$，而钢的 $\alpha=0.077cm^2/s$，可见石墨的热扩散率比基体大得多。对灰铸铁而言，其含碳量的不同基本上只反映在石墨数量上的不同。灰铸铁中石墨越多，石墨的连续性越好，它的导热性能也越好，硬化带深度随之增加，如表 12-2 所示。

表 12-2 不同含碳量灰铸铁的石墨数量和硬化带深度

编号	A	B	C	D	E	F
碳的质量分数/%	2.43	2.81	3.21	3.48	3.53	3.73
石墨面积百分数/%	6.4	9.7	12.7	13.0	13.7	14.7
石墨个数/(个/mm^2)	202	315	408	439	571	622
硬化带深度/$\times10^{-2}$mm	8	14	24	27	25	22

如果灰铸铁原始组织均匀，珠光体含量高，石墨形态短小且均匀，则激光改性后，硬化带沿深度方向的硬度值比较高，硬度曲线较平缓；反之，激光改性后组织不均匀，硬度曲线峰谷起伏大。各类铸铁采用激光淬火可使其硬度值达到 50～62HRC。

12.2.1.4 激光淬火的残余应力

激光相变处理时，金属表面将经历加热和冷却的过程，该过程极其短暂，因而必导致应力的形成。激光淬火后，在无熔化的条件下，表面一般是压应力状态。从材料因超越应力承受极限而损坏的角度来看，根据工件的服役环境特征，工件的残余应力存在一种优化的分布方式。如果能用激光热处理在工件表层人为设计一种有利于延长工件使用寿命的应力分布，将具有十分重要的工程意义。

12.2.1.5 激光相变工艺参数

工艺参数包括激光输出功率 P、作用在工件表面的光斑直径 D、激光束在工件表面的扫描速度 V，以及表面预处理状况等。激光处理后硬化深度 H 与工艺参数的关系可表示为

$$H \propto \frac{P}{DV}$$

激光功率密度：$W=P/S$ （S——光斑面积）

在确定工艺参数时，应考虑被加工零件的材料特性，使用条件，服役工况，要求淬硬层深度、宽度、硬度等因素。在上述诸因素确定后，只需调整激光功率、扫描速度和焦点位置即可达到表面改性的目的。

12.2.1.6 激光淬火应用实例

激光淬火应用实例如表 12-3 所示。

表 12-3 激光淬火应用实例

材料或零件名称	采用的激光设备	应用效果	应用单位
轴承圈	1 套 kW 级 CO_2 激光处理机	生产线，淬 12 个/min	美国通用汽车
渗碳钢工具	2.5kW CO_2 激光处理设备	寿命比原来提高 2.5 倍	美国通用汽车
操纵器外壳	CO_2 激光器	耐磨性提高 10 倍	美国通用汽车
齿轮转向器箱体内孔(F可锻铸铁)	5 台 500W 和 12 台 1000W CO_2 激光器	每件处理 18s，耐磨性提高 9 倍，操作费用仅为渗碳的 1/5	美国通用汽车
汽车缸套	3.5kW 激光处理设备	处理 1 件 21s	意大利菲亚特汽车公司研究中心
手锯条(T10 钢)	国产 2kW CO_2 激光处理器	寿命比国家标准提高了 61%，使用中无脆断	重庆机械厂
东风 4 型内燃机缸套	2kW CO_2 激光器	寿命提高 50 万千米	大连机车车辆厂
硅钢片模具激光淬火	美国 820 型横流 1.5kW CO_2 激光器	变形小，模具耐磨性和使用寿命提高约 10 倍	天津渤海无线电厂
转向器壳体	2kW 横流 CO_2 激光器	耐磨性比未处理提高 4 倍	江西转向器厂

12.2.2 激光表面熔覆与合金化

12.2.2.1 发展概况

激光熔覆英文原名 laser cladding，又称 laser hardfacing，或称激光涂覆，从 1984 年开始被统称为激光熔覆。

激光熔覆是用激光将按需要配制的合金粉末熔化，成为熔覆层的主体合金。同时基体金属有一薄层熔化，与之构成冶金结合的一种表面处理技术。

激光合金化是用激光将基体表面熔化，同时加入合金元素，在以基体为溶剂，合金元素为溶质的基础上构成所需合金层的一种表面处理技术。

早在 1964 年国外已开始用固体激光器研究了激光合金化。1983 年英国 Rolls-Royce 公司将激光熔覆技术用于 RB211 型燃气轮机叶片连锁肩的修复。我国起步虽晚，但也结合具

体零件开展了激光熔覆与合金化的实验研究，许多技术成果正在推广应用中。

12.2.2.2　合金粉末与合金化元素

一般均以合金粉末为原料，目前尚无专用于激光熔覆的合金粉末，常采用热喷涂的粉末。而激光合金化所需的合金元素是根据工件的性能要求选定的。常用的有铬、锰、铝等元素。

激光熔覆一般采用 0.045～0.154mm 的粉末。粉末使用前应烘干以免影响流动性和避免气泡的产生。粉末的热膨胀系数，导热性能应尽量与工件材料相近，以减少熔覆层中的残余应力。合金粉末的熔点尽量选低的，因熔点愈低，愈容易控制熔覆层的稀释率。此外，还应有良好的造渣、除气、隔气性能。

常用的合金粉有 Ni 基、Co 基、Fe 基、WC 合金粉、复合粉末等。

12.2.2.3　激光熔覆与合金化元素的供给方式及特点

激光熔覆与合金化元素粉末的供给方式分两大类：第一类是预引入式，即合金化材料或熔覆材料在激光辐射作用之前已预引入到了基材表面上；另一类是同步引入式，这种供料方式是在激光辐射作用在基材表面的同时，将合金化材料或熔覆材料引入激光作用区内。

当采用脉冲激光时，其熔化层极薄，一般采用预引入方式引入极薄的合金层。引入方式可用真空蒸发、离子注入或物理气相沉积等。

对于较厚的预引入层，可采用电镀法、喷涂法或轧制法，甚至还可采用人工或机械涂刷。

机械或人工涂刷法采用各种黏合剂在常温或低温下将合金粉末调和在一起，然后以膏状或糊状涂刷到待处理金属表面上。常用的黏合剂有清漆、水玻璃、含氧纤维素乙醚、醋酸纤维素、酒精松香溶液、水泥胶、环氧树脂、丙酮硼砂溶液、异丙基醇，甚至胶水或浆糊等。用黏合剂预引入合金粉末是最经济和方便的。但这种预涂层的导热性不佳，需额外的激光能量。

在激光加热过程中，硅酸盐胶和水玻璃容易膨胀，其结果是导致预涂层与基体间的剥落。含氧纤维素乙醚没有上述缺点，且由于在低温下可以燃烧，因此不影响激光合金化的组织和性能，还能保证预引入层对辐射激光有良好的吸收率。

大多数黏合剂将燃烧或发生分解，并形成碳化产物，这将导致引入区内的合金粉末溅出和对激光辐射产生周期性屏蔽，其结果将是熔化层深度不均匀。若采用以硝化纤维素为基的黏合剂，例如氧乙烷基纤维素，这类黏合剂在激光辐射作用下，其燃烧产物为气态物质。它们对合金化层或熔覆层的形成无副作用。激光熔覆与合金化元素供给方式及特点如表 12-4 所示。

表 12-4　激光熔覆与合金化元素供给方式及特点

供料方式	特　点
预沉积式 ①电镀法 ②喷涂(火焰式等离子体) ③机械或人工	1. 引入简单，但有大量氢存在，易形成气泡； 2. 沉积厚度可控，但成本较高； 3. 最经济方便，但导热性差，要求激光功率大
同步沉积法(用送粉器将合金元素送入熔池)	可降低熔覆或合金化层的不均匀性，并可减少激光功率的消耗，但需控制好混合系数及粉末利用率

12.2.2.4　激光熔覆与合金化工艺

激光熔覆与合金化工艺参数及特点如表 12-5 所示。

表 12-5　激光熔覆与合金化工艺参数及特点

种　类	需控制的主要工艺参数	特　点
脉冲激光熔覆与合金化	激光束的能量、脉冲亮度、频率、光斑的几何形状以及工件移动速度	1. 可以在相当大的范围内调节合金元素在基体中的饱和程度 2. 生产效率低，表面易出现鳞片状宏观组织
连续激光熔覆与合金化	光束形状、扫描速度、功率密度、气体种类、气流流向、引入材料的成分、精度、供给方式、供给量及稀释度	1. 生产效率高 2. 容易处理任何形状的表面 3. 层深均匀一致
激光固态合金化（被渗入合金元素的物质形态在激光作用时是固态）	需控制的工艺参数同上。工艺可分为：非金属合金化（C、N、B），金属元素合金化（Cr、Al、W、Co 等），化合物的合金化（TiC、NbC、VC 等）	根据合金化目的和工艺条件可以选择不同的合金化物质，具有广泛的可选择性
激光液态和气态合金化	渗入液态或气态物质中的元素或化合物成分、密度以及工件在其中被照射的功率密度、作用时间等	1. 利用相应的液体、气体与金属表面发生反应形成难熔的硬质相 2. 通过熔池对流可使金属间化合物均匀分布，提高耐蚀、耐磨性

12.2.2.5　有色金属激光合金化与熔覆工艺

由于激光熔化处理只能对铸造铝合金进行有限强化，而对变形铝合金及其他有色金属根本不能强化。因此，人们把改善有色合金表面多种性能的任务寄希望于激光合金化与熔覆来完成。

（1）有色金属激光合金化

Ti 基合金广泛应用于化学工业中的结构材料。为提高 Ti 合金零件的表面硬度和耐磨性，尤其是提高耐腐蚀性能，可用激光产生 Ti 基合金强化层。如表 12-6 所示。

表 12-6　钛基激光合金层实验效果

合金元素	钛合金原始硬度	激光合金层效果
N_2	316～349HV	839～876HV，耐磨性比纯 Ti 提高 1.5 数量级
C-Si	—	在体积分数为 40% H_2SO_4 中耐蚀性提高 0.4～0.8 倍
C-B	—	耐蚀性提高 0.6 倍

通过激光气态合金化，在 Ag 表面形成 Ag-MeO 合金层。如用 93%～97% Sn（质量百分数）作为基体，在激光作用区吹氧，可在 Ag-Sn 合金表面形成 SnO_2。它是良好的电接触材料，常用于电气开关。

铝具有极强的化学活性。铝合金的激光表面合金化，不仅可以提高其表面硬度、强度等性能。还可以在结构铝合金表面制备出与基材冶金结合的，具有各种优良性能的新型合金层。目前铝合金激光合金化中氧化烧损和消除氧化膜等难题已初步攻克，其合金化的工艺及实验结果如表 12-7 所示。

表 12-7　铝合金激光合金化实验结果

合 金 元 素	功率/kW	扫描速度/mm·s^{-1}	光斑直径/mm	表面硬度(HV)
Si(0.3mm 厚)	2.8	3	3	150～230
Ni(75%)+Cr(25%)	7	30	6	260～600
Mn(6～7%)+Si(17.4%)+Al(72.6%)	6	20	10	200～250
CuO(2.5%)+Si+熔剂 IV(0.5%)，其余为 Fe	5	20	6	220～260
Ni_2O_3+10%熔剂 IV	2.8	10	4	220～300

(2) 有色金属激光熔覆

激光表面熔覆可以从根本上改善工件上表面性能，而很少受基体材料的限制。这对于表面耐磨、耐蚀和抗疲劳性能都很差的铝合金来说意义尤为突出。但是要在有色金属特别是铝合金表面实现激光熔覆，远不如钢铁材料那么容易。因为铝合金与熔覆合金之间熔点相差很大，加上铝表面又有一层致密的、高熔点、表面张力大的 Al_2O_3 氧化膜，因此激光熔覆常出现要么是熔覆层与基体未浸润而脱落，要么是熔覆元素被铝熔体混合而成合金化。此外，还常出现裂纹、气孔等缺陷。对上述问题系统研究的实验结果如表 12-8～表 12-12 所示。

表 12-8 Cr+Co 铝合金熔覆层

部位	化学成分(质量分数)/%				显微硬度(HV_{50})
	Cr	Co	Al	Si	
表面	12.72	2.47	70.11	12.72	222～408
中心	14.35	3.05	67.12	12.67	250～408
激光熔覆工艺参数			功率 2.8kW;扫描速度 15mm/s;光斑 6mm×1.5mm		

表 12-9 Cr+MoS_2 铝合金熔覆层

部位	化学成分(质量分数)/%					显微硬度(HV_{50})
	Cr	Mo	S	Al	Si	
表面(块状物)	32.22	13.48	4.79	17.72	38.84	900～1100
表面(基底)	2.27	4.56	1.60	75.32	11.47	200～300
激光熔覆参数		功率 4kW;扫描速度 20mm/s;光斑尺寸 6mm×1.5mm				

表 12-10 Metco12c (镍基自熔合金) 铝合金熔覆层

部位	化学成分(质量分数)/%					显微硬度(HV_{50})
	Ni	Cr	Al	Si	Fe	
表面	28.5	3.0	56.5	12.0	—	190～318
过渡区	1.37	0	81.27	17.33	0.03	140～160
激光熔覆工艺参数		功率 2.8kW;扫描速度 3mm/s;光斑直径 3mm				

表 12-11 Metco45C (钴基自熔合金) 铝合金熔覆层

部位	化学成分(质量分数)/%					显微硬度(HV_{50})
	Co	Ni	Cr	Al	Si	
表面	8.9	2.72	11.2	65.2	12	3000～800
基底	1.3	1.8	1.0	78.7	17.2	1500～180
激光熔覆工艺			功率 2.8kW;扫描速度 3mm/s;光斑直径 4.0mm			

表 12-12 KF-36 (Ni 包 MoS_2) 铝合金熔覆层

激光熔覆工艺	部位	化学成分(质量分数)/%						显微硬度(HV_{100})
		Ni	Mo	S	Al	Si	Fe	
功率 2kW 扫描速度 5mm/s;光斑直径 4mm	表面	28.4	2.1	0.8	55.7	11.9	1.1	400～680
	底部	31.0	0.6	0.3	56.0	11.1	1.0	400～680
功率 7kW;扫描速度 10mm/s;光斑直径 4.0mm	表面	41.3	5.5	1.9	39.9	17.5	2.3	600～880
	底部	36.0	8.9	3.2	39.5	10.0	1.9	550～700

有色金属激光合金化与熔覆工艺最突出的问题是如何避免硬化层开裂。解决开裂的方法很多，其中基体预热法最简单易行。预热温度与材料性质及工件大小有关，一般铝合金化或熔覆的预热温度为 300～500℃，钛合金预热温度为 400～700℃。

(3) 有色金属激光合金化及熔覆技术的应用前景

有色金属激光合金化及熔覆技术目前用在生产上实例还不多，大部分应用结果还停留在实验室或中试生产阶段。如美国西屋研究开发中心 G. J. Bruck 在激光熔覆实验中，在铜基材上激光熔覆银粉，引起人们较大的关注。因为它可以用在各类电气开关的触头上节约大量的贵金属。又如长春光机所在卷烟生产线上的铜铬铁（H62 黄铜）表面熔覆一层 Co 基或 Ni 基合金，可提高高温耐磨性。西安交通大学在 ZL101 铝合金发动机缸体内壁激光熔覆一层硅粉及 MoS_2，获得 0.1～0.2mm 硬化层，其硬度为基体硬度的 1.5 倍。

从上述实例可看出有色金属合金化与熔覆技术有广阔的应用前景。

12.2.2.6　激光熔覆与合金化质量控制

(1) 开裂、气孔和孔隙

在激光合金化或激光熔覆之后，由于表面合金或表面熔覆层与基体之间存在物理特性的差异，加之快速加热冷却的作用，使激光作用层内存在极大的内应力。因此在激光作用层内存在较大热应力和开裂倾向是激光合金化或激光熔覆的主要缺点。特别是在合金化层或熔覆层与基体交界处的开裂，常常导致表面改性层的剥落。这是目前激光合金化和熔覆技术工业实用化的主要障碍之一。

在激光合金化时，有时会在合金化层中出现微孔或孔隙，它们的存在主要是由于激光作用下熔池表面处于过热状态，以致在熔池中形成气泡。因此，在选择工艺参数时，应尽量避免熔池表面过热。此外，在采用膏状合金涂料法时，由于黏合剂在燃烧，也会在表面形成气孔。相对裂纹而言，合金化层中的孔洞相对安全得多。

对于激光熔覆也存在裂纹问题。一般激光功率越低，裂纹数目越多。这可能与熔覆材料熔化不充分有关。研究表明，激光扫描速度对裂纹数目的影响极大，而且涂覆层的硬度越高，其开裂倾向越大。不过总体上来讲，熔覆层的裂纹数目受许多工艺参数的影响，对这种影响的规律尚有待进一步深入研究。

防止裂纹最简单的办法是预热基体和缓冷表面合金或熔覆层。当预热基体到 300～500℃，可以有效地减轻激光作用下的热应力作用，从而减小开裂倾向。但预热和缓冷恰恰削弱了激光快速加热和快速冷却的技术优势。从断裂力学的角度出发，尽量降低表面改性层的厚度，以平面应力状态代替平面应变状态也是一个解决问题的途径。

(2) 氧化与烧损

在激光熔覆与合金化过程中，各种合金元素将不同程度地被烧损。主要原因在于提供保护气氛的方法不适当。这是一个值得重视的问题，到目前为止，尚未见这方面的系统研究报告。避免合金元素烧损，实质上是避免氢介入激光与合金熔体交互作用的过程。

(3) 表面粗糙度

经激光熔化处理后的工件，其表面常有凹凸不平的现象，即一种折皱。由于折皱的产生必然导致表面粗糙度增大。为克服这一问题，建议采用高功率密度（$10^7 W/cm^2$）和短的作用时间（0.1～2ms）的工艺原则。在此条件下，表面粗糙度随激光功率的增加和扫描速度的减小而下降。

降低表面粗糙度有以下方法，首先可采用激光合金化的后续处理方法。通过低功率密度激光的作用或快速扫描进行激光二次重熔处理，这种方法简便易行。在用激光合金化的同步送料法时，可将粉末送料管的轴线中心向激光束斑的运动方向上的熔池前端移动，使合金粉末在熔池的“着陆点”处于熔池前端。不过这不适用于在高熔点基体上进行低熔点材料的合金化。当然，也可采用增大束斑直径的方法，不过在激光功率一定的情况下，束斑直径越大，合金化速度越慢。这对表面粗糙度的改善固然有利，但是，由于相应地传入基体的合金量增多，可能会导致合金的凝固速度下降，从而使凝固组织粗大。这将牺牲激光合金化的主要优点之一。

12.2.2.7 激光熔覆与合金化应用实例

激光熔覆与合金化应用实例见表 12-13。

表 12-13 激光熔覆与合金化应用实例

工件名称	处理方法	优点
电接触开关	在铜基体上用激光熔覆银	①可节约大量贵金属； ②可避免原化学镀银工艺的污染
发动机涡轮叶片	在 Ni 合金基体上熔覆 Co 基合金	①耐热、耐磨性好； ②生产周期短； ③质量稳定
灰铸铁阀座	用 6.5kw CO_2 激光使 Cr、Co、W 粉末与灰铸铁表面形成 0.75mm 厚的合金层	①耐磨、耐热、耐蚀性好； ②使用寿命比原工艺提高 1～3 倍

12.2.3 激光表面非晶化与熔凝

12.2.3.1 激光非晶化

（1）非晶化技术的发展状况

1973 年 J. Bedell 研制出能获得 5mm 宽非晶带装置。1982 年日本已能生产厚 25μm 宽 100mm 的非晶金属带，年产一万吨。1978 年国外采用 YAG 倍频激光，在硅单晶上首次获得非晶。

（2）非晶态合金的性能特点

非晶态合金具有晶态合金无法比拟的优越性。表面非晶态合金具有高的耐磨性，特殊的电学、磁学和化学性质，材料实现非晶化是工业界广泛关注的一项新技术，非晶态合金的性能特点如表 12-14 所示。

表 12-14 非晶态合金的特征

特性		非晶态特点
力学性能	强度	比常用材料高 2000～5000MPa
	弹性	比晶态金属低 20%～30%
	硬度	高，一般为 600～1200HV
	加工硬化	几乎没有
	加工性	冷压延性达 30%
	耐疲劳性	比金属晶体差
	韧性	大
磁学性能	导磁性	可与 Supermalloy（铁镍钼超级导磁合金）相匹敌
	磁致伸缩	可与金属晶体相同
电学性能	电阻	为金属晶体的 2～3 倍
	温度变化	霍尔系数温度变化小
其他	密度	比晶体金属约小 1%
	耐磨损性	比不锈钢高

(3) 激光表面非晶化原理

加热金属表面使其熔化，并以大于一定临界冷却速度急冷到低于某一特征温度，以控制晶体形核和生长，是获得非晶态金属的基本原理。材料非晶态的基本特征是其原子在空间的排序是长程无序而短程有序。通常，短程有序区的尺寸为1.3～1.8nm时是非晶态，而当尺寸为2～10nm时则为细晶粒晶体。在激光快速熔凝时，短程有序区的尺寸Z与激光作用参数的关系有下式确定：

$$Z=0.94\lambda/(\beta_0\cos\theta)$$

式中，λ为激光波长，μm；β_0为X光像和电子衍射像第一个最大值的宽度；θ为光的反射角。

在激光加热表面形成熔体后，其冷凝后的结构是非晶态还是晶态取决于凝固过程中的热力学和动力学条件。从热力学看，只有过冷熔体的温度低于晶化温度T_g，非晶态的自由能值最低，此时原子扩散能力接近于零，最可能形成非晶，故T_g也称熔体的非晶化温度。实际上，熔体的凝固温度与冷却速度有关。当冷却速度较低时，熔体的过冷度小，原子有足够的扩散能力，因而实际的结晶温度T_n远高于T_g，此时将获得稳定相的晶体。当冷却速度很高时，凝固在T_n温度附近发生，此时与非晶态共存的是单相微晶，微晶可以在液-固界面间的过冷熔体中自发成核生长，也可在基体晶体上外延成核生长。当合金是过共晶成分，在T_g温度附近凝固时，与形成非晶的竞争相不是平衡相，而是共晶组织。形成共晶的必要条件是必须在成分均匀熔体中，通过扩散再分布来完成生成共晶组成相的重构，这就是结晶动力学障碍，使过共晶成分的合金，容易形成非晶态。因此，激光非晶化时，其热力学判断的温度应该是T_{gn}，$T_{gn}=T_g/T_n$。

实际上熔体合金急冷时形成非晶态更为严格的判据应在动力学方面，即取决于冷凝过程的固-液界面移动速度$V_{界}$（凝固速度R）和热量转移速度$V_{热}$（冷却速度$V_{冷}$、过冷度ΔT）。当$V_{界}>V_{热}$，凝固过程受热流控制，过冷度小，很难得到非晶，而是进行常规的金属凝固。当$V_{界}\ll V_{热}$，凝固过程受界面移动控制，过冷度大，易形成非晶。

(4) 影响激光非晶化的因素

① 合金成分不均匀性对非晶形成的影响　激光非晶化时，合金表面熔化与随后的冷却过程有密切的关系，在能量密度不高时，提高扫描速度减少了熔池的寿命，即减少了熔体成分均匀化所需的时间，成分均匀的熔体过冷到很低温度时，将可能在偏离共晶成分的单元液区形成晶体，这些先形成的晶体随之即成为相邻熔体的结晶条件，从而降低了相邻熔体形成非晶的能力。

另外在高冷却速度下，当固-液界面动力学受成分扩散重构控制时，熔体内液区成分不均匀将有利于扩散和形成所需的成分起伏，从而有利于晶体生长，而降低形成非晶的能力。

② 晶态基体和熔池中未熔晶体对形成非晶的影响　晶态基体和熔池中未熔晶体为过冷熔体提供了非均匀形核和晶体外延生长的条件，也提高了熔体形成非晶的临界冷却速度。

当扫描速度过大，熔池中将保留未熔晶体，这时由增加扫描速度而增加的冷却速度的作用将显著小于未熔晶体增大形成非晶临界冷速的作用，从而有利于形成非晶。

(5) 激光非晶化的开发和应用

虽然激光非晶化始于20世纪70年代中期，并且有诱人的应用前景，但近30年来，其开发和应用尚未取得突破性的进展。

目前脉冲激光非晶化主要用来研究现有非晶合金系成分范围的扩展以及研究新的非晶合

金系和相关的基础理论，而要用它实现大面积非晶化是非常困难的。

在研究连续激光非晶化时，如何获得大面积非晶至今仍然是人们最关心的问题。为此，必须深入研究有实际应用前景的表面非晶化合金成分，以及避免在扫描带搭接热影响区非晶的晶化问题。

12.2.3.2　激光熔凝

激光熔凝也称激光熔化淬火，所用激光束将工件表面加热熔化到一定深度，然后自冷使熔层凝固，获得较为细化均匀的组织和所需性质的表面改性技术。主要特点如下。

① 一般不添加任何合金元素，熔凝层与基体是天然的冶金结合。

② 在激光熔凝过程中，可以排除杂质和气体，同时急冷重结晶获得的组织有较高的硬度、耐磨性和抗蚀性。

③ 其熔层薄，热作用区小，对表面粗糙度和工件尺寸影响较小，有时可以不再进行后续磨光而直接使用。

④ 表面熔层深度远大于激光非晶化。

鉴于激光熔凝处理后的工件通常不再经后续磨光加工就可直接使用。因此，对激光熔凝处理后的表面形貌质量有所要求。实验表明，激光熔凝参数中，对表面形貌显微起伏（凹凸）影响最大的是激光功率密度。对连续激光熔凝处理，其功率密度宜采用 $5\times10^3\sim5\times10^4\,W/cm^2$。同时，为了有最好的表面形貌，激光扫描速度应较低。

此外，由设计的预留加工余量来补偿激光熔凝表面原始显微起伏的下降量。激光熔凝时，在熔池中加入能减小流体动力学速度的专用添加剂，可能是改善表面显微起伏的途径。例如在金属表面涂硫，其熔体运动方向与表面涂碳的运动方向相反。显然，同时添加硫和碳的混合物，可以在熔池中产生细小的涡流，从而改善激光熔凝表面的显微起伏。

激光熔凝技术目前开发应用对象主要是各种铸铁制品，并且通常出现裂纹问题，对裂纹问题已有不少研究工作有了一些初步的认识，但至今尚未认清其规律并掌握完全有效控制裂纹的方法。

12.2.4　激光冲击硬化

12.2.4.1　发展动态及其原理

1960 年发现脉冲激光作用在材料表面能产生高强冲击波式的应力波，该冲击波产生压力的幅度大约为 $10^4\,Pa$，它足以使金属表面产生强烈的塑性变形，使激光冲击区的显微组织呈现位错的缠结网络，该结构能明显提高材料表面硬度、σ_s、疲劳寿命。当激光功率密度为 $10^9\,W/cm^2$，脉冲持续时间为 20～40ns 时，激光使材料表面薄层迅速气化，在表面原子逸出期间发生动量脉冲，产生冲击波。

由激光冲击波作用产生的材料表面硬度及强度的提高统称为激光冲击硬化。

12.2.4.2　对硬度的影响

冲击硬化处理多采用光开关钕玻璃激光器，功率密度为 $10^9\,W/cm^2$，脉冲宽度为 20～100ns。为提高应力波峰值，往往要在样品上涂黑色涂料后再覆盖约束层，如石英、水或塑料等。可使峰压从无约束的 1GPa 提高到 10GPa，考虑到应力波在材料内传播、反射和叠加作用，往往用两束激光同时冲击样品的两相对表面。

对于欠时效状态 Al 合金表面硬度随峰压增加而提高。当峰压超过 5MPa 时，硬化作用达到饱和。对于峰值时效状态 Al 合金在峰压 5GPa 时无硬化作用。原因可能是应变硬化率不同，如欠时效铝合金 σ_s 是 375MPa，而峰值时效状态为 $\sigma_s=445MPa$，所以后者屈服所需峰压更高。

12.2.4.3 对强度的影响

激光冲击引起的强度变化因材料及其状态而异。欠时效和过时效状态铝合金经激光冲击处理后，前者最多提高 6%，后者提高 15%～30%，而峰值时效状态铝合金处理后强度无变化。

12.2.4.4 对残余应力和疲劳的影响

冲击可以带来冲击区，处理后具有残余压应力，从而提高疲劳寿命。如在硬铝合金板的紧固连接件上用激光冲击后，摩擦疲劳寿命比未处理提高 30～100 倍。裂纹扩展率仅为未处理材料的 0.1%。

12.2.4.5 冲击硬化的应用前景

冲击硬化是正在开发中的一种材料表面改性技术。由于冲击硬化可在空气中进行，而且几乎不产生畸变，因此极有实用价值，可用来冲击强化精加工零件的曲面，如齿轮、轴承等表面。它增强了冲击区的裂纹扩展抗力。

这种技术最重要的应用是局部强化焊接件及精加工后的工件，尤其适用于铝合金，可大幅度提高飞机紧固件周围的疲劳寿命。但是在它成为一种实用的生产方法前，还需进行大量的应用研究。该技术在汽车、飞机、机械及其许多工业领域将有很大的发展前景。

12.3 复合表面改性技术

激光表面改性技术可以很方便地与其他表面改性技术结合起来，不仅可以发挥各种表面强化技术的各自特点，而且更能显示组合使用的突出效果。

12.3.1 黑色金属复合表面改性技术

这类金属采用复合表面改性技术的目的有二，一是复杂易变形的零件不能用整体淬火提高硬度，而采用激光表面改性，提高工件次表面的强度，然后再进行普通渗氮处理，既提高了强度，又减少了变形。另一种目的是改善传统表面处理的质量，减少缺陷（气孔、裂纹、结合强度低等）提高性能。

例如，低碳钢表面等离子喷涂 Cr_3C2/80NiCr 和 WC/17Co，然后再 CO_2 激光熔化处理，改善了喷涂层的耐磨性，WC/Co 表面硬度为 1000HV。

12.3.2 有色金属复合表面改性处理

有色金属的致命弱点是不耐磨，易腐蚀。解决这一弱点的最佳方法需采用复合表面改性技术。采用单一表面改性的硬化层，由于基体塑性变形，削弱了改性层的结合强度及其对基体的粘着力，而使改性表面塌陷并全脱落形成磨粒，从而导致灾难性失效。因此，可先采用激光合金化增加基体负载能力，再复合一层所需硬化层，提高耐磨性或抗腐蚀性。复合表面改性处理改善有色金属的耐磨和耐蚀性能如表 12-15 所示。

表 12-15 有色金属激光复合表面改性结果

合　金	复合表面改性工艺	实验结果
0.2%钛合金	激光表面改性后再离子渗氮	硬化层从单纯渗氮的 600HV 提高到 700HV
0.1%钛合金	激光表面改性后再离子渗氮	硬化层从单纯渗氮的 645HV 提高到 790HV
Zn109 合金	激光熔覆 Ni 基粉，再熔覆 WC 或 Si	由基体硬度 80HV 提高到 1079HV
Ti 合金	激光气相沉积 TiN 及 Ti(C、N)复合膜层	激光处理 TiN 层深 1～3mm，离子渗氮后达 10μm，硬度可达 2750HV

思考题

1. 简述激光束表面处理的特点。
2. 简述激光相变硬化的特点。
3. 激光束表面处理前对工件表面的预处理有什么作用？常用的处理方法有哪些？
4. 激光相变硬化的工艺参数包括哪些？
5. 解释下列名词：激光熔覆、激光合金化、激光冲击硬化、激光熔凝、激光非晶化。

13 电子束表面处理技术

利用高能电子束轰击材料表面，使其温度升高并发生成分、组织结构变化，从而达到所需性能的工艺方法，称为电子束表面处理。

电子束表面处理技术是以在电场中高速移动的电子作为载能体，电子束的能量密度最高可达 10^9 W/cm^2。除所使用的热源不同外，电子束表面处理技术与激光束表面处理技术的原理和工艺基本类似。凡激光束可进行的处理，电子束也都可进行。

与激光束表面改性技术相比，电子束表面改性技术还具有以下特点：①由于电子束具有更高的能量密度，所以加热的尺寸范围和深度更大；②设备投资较低，操作较方便（无需像激光束处理那样在处理之前进行“黑化”）；③因需要真空条件，故零件的尺寸受到限制。

常用的电子束表面处理工艺有电子束表面相变强化、电子束表面合金化、电子束表面熔凝、电子束表面非晶化等。它们具有一些共同的特点：①凡是视线可以观察到且电子束流不受阻挡的部位，无论是深孔还是斜面，均能实现电子束表面改性处理；②设备功率大，能量利用率高，目前电子束设备的功率最大可达 100～200kW，能量利用率是激光束的 8～9 倍，能耗为高频感应加热的 1/2；③加热和冷却速度快，热影响区小，工件变形小，加工可在真空状态下进行，减少了氧化、脱碳，表面质量高，节省了后续机加工量；④电子束加工定位准确，参数易于调节，可严格控制表面改性位置、深度及性能。

13.1 电子束表面处理原理与设备

13.1.1 电子束表面处理原理

电子束就是高能电子流。这些电子是用电流加热电子枪里的阴极灯丝产生的。带负电荷的电子束高速飞向高电位正极的过程中，经过加速极加速，又通过电磁透镜聚焦，电子束的功率加大，再经二次聚焦，其能量密度高度集中，并以极高的速度冲击到工件表面极小的面积上，其能量大部分转变为热能，从而获得高达 10^9 W/cm^2 左右的能量密度。使被冲击部位的材料在几分之一微秒内温度升高到几千摄氏度。并使材料瞬时熔化甚至气化，从而完成电子束表面处理需要。

13.1.2 电子束表面处理设备

电子束表面处理设备由五个系统组成。

① 电子枪系统　发射高速电子流。

② 真空系统　保证系统所需的真空度。

③ 控制系统　控制电子束的大小、形状和方向。

④ 电流系统　供给高低压稳压电流。

⑤ 传动系统　控制工作台移动。

电子束表面处理设备示意图如图 13-1 所示。

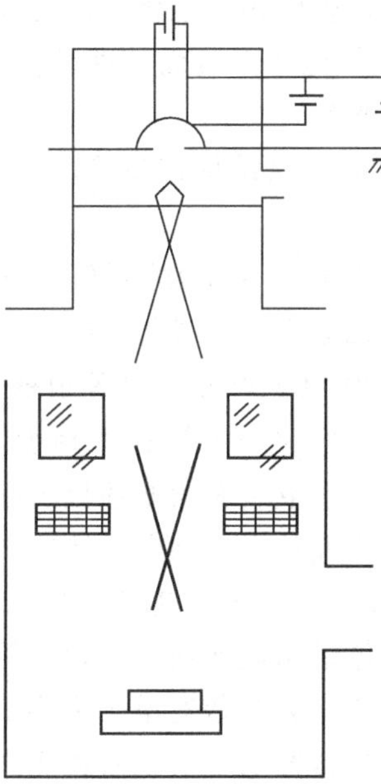

图 13-1　电子束表面处理设备示意图

电子束表面处理设备的工作室有高真空、低真空和常压三种类型。高真空工作室工作压力保持在 1.33×10^{-4}～1.33×10^{-1} Pa 的范围内，可与电子枪共用一套真空系统，加速电压范围一般为15～175kV，电子束在工作室的最大传输距离高达1000mm，调解范围宽、电子散射小、功率密度高，可用大束斑对工件进行处理（可达20mm×20mm）。低真空工作室工作压力保持在13.3～1.33Pa的范围内，灯丝发射的电子束聚焦后通过特殊设计的气阻喷管进入低真空室，加速电压范围为40～150kV，电子束在工作室的最大传输距离小于700mm，电子束有一定的散射，束斑尺寸相对减小，这是电子束表面改性设备用得较多的系统。常压工作室处于非真空状态，电子束通过一组存在压差的喷管引入大气中，其加速电压为150～175kV，电子束散射严重，到工件的最大距离不超过25mm，但这种工作室结构简单、操作方便。

20世纪80年代后期，强流脉冲电子束（HCPEB）开始用于金属、绝缘体及高聚物等的表面处理研究。这种技术与激光束相比，它的能量利用率更高，具有更为均匀的沉积能量-深度分布，处理表面更光洁，处理区域更灵活更广泛；而与强脉冲离子束相比，由于其载能束是电子，没有质量的传输过程，能量注入更深，表面溅射效应及辐照损伤效应更小，相同尺度下，表面光洁度更好。

13.2 电子束表面处理工艺

13.2.1 电子束表面处理工艺的特点

电子束表面处理工艺具有下列特点。

① 电子束表面处理是将工件置于真空室中加热，没有氧化脱碳，表面相变强化不需冷却介质，完全靠基体自行冷却，对周围环境无污染。可实现“绿色表面强化”，表面相变强化后工件表面为银白色，美观光洁。

② 电子束加热能量的转换率约为80%～90%，能量集中，热效率高，可以实现局部相变强化和表面合金化，避免整体加热，大大节约能源。

③ 由于热量集中，热作用点小，在加热时形成的热应力小，又由于硬化层浅，组织应力小，表面相变强化处理的畸变也小。

④ 电子束表面处理设备一次性投入比激光少（约为激光的1/3），电子束使用成本也只有激光的一半。

⑤ 设备结构较简单，电子束靠磁偏转动、扫描，不需要工件的转动、移动和光传输机构。

⑥ 电子束加热不仅适用材料范围宽，可应用于各种钢材、铸铁和其他材料的表面处理，而且也适用于形状复杂的零件。

⑦ 电子束易激发X射线，使用过程中应注意防护。

13.2.2 电子束表面相变强化

电子束表面相变强化与激光表面相变强化一样，通过高功率能量束加热工件表面，工件表面升温并发生相变，然后自急冷却实现马氏体转变。电子束表面相变强化的功率为10^4～10^5W/cm^2，加热速度约为10^3～10^5℃/s。电子束表面相变强化加热和冷却速度很快，表面马氏体组织显著细化，硬度得到提高。同时，表面输入能量对硬化层深度产生明显影响，表13-1为工艺参数对电子束表面相变强化结果的影响。

材料经电子束表面相变强化后，组织细化，硬度升高，表面呈残余压应力状态，对提高材料的疲劳性能和耐磨性能具有重要作用。图13-2为几种钢材在不同状态下的耐磨性能对比。

表 13-1　42CrMo 钢电子束表面相变强化工艺参数与结果

序号	加速电压/kV	束流/mA	聚焦电流/ mA	电子束功率/W	硬化带宽/mm	硬化层深度/mm	表面硬化(HV)
1	60	15	500	900	2.4	0.35	614.5
2	60	16	500	960	2.5	0.35	676.2
3	60	18	500	1080	2.9	0.45	643.9
4	60	20	500	1200	3.0	0.48	616.2
5	60	25	500	1500	3.6	0.80	629.2
6	60	30	500	1800	5.0	1.55	593.9

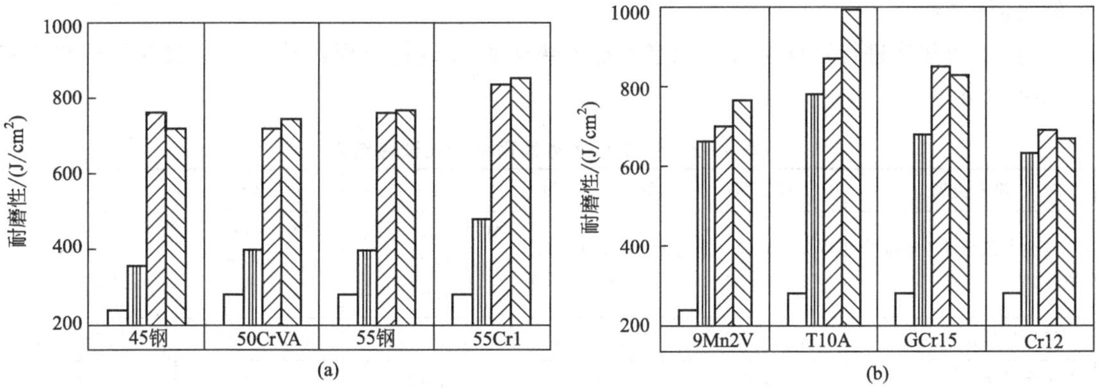

图 13-2　不同材料电子束表面相变强化前后的耐磨性对比

13.2.3　电子束表面熔凝

借助于电子束高能量密度的特性使材料表面重新熔化，并在电子束移开后借助于冷基体的作用，快速冷却到室温，从而形成与基体组织结构和性能不同但成分相同且具有细化晶粒的表面层，提高其表面硬度、耐磨性和韧性。电子束表面熔凝处理可以扩大合金的固溶度，获得超细晶粒，并可抑制元素的偏析，具有真空脱气的作用。该工艺目前主要集中在工模具的应用上。电子束表面熔凝处理主要达到以下目的。

① 通过重新熔化，使铸态合金中可能存在的氧化物、硫化物等夹杂物溶解，在随后的快速冷却过程中获得细化的枝晶和细小的夹杂，并能消除原铸态合金中存在的疏松组织，从而提高工件的疲劳强度、耐磨性和耐蚀性。

② 金属材料快速凝固处理后，表层组织可以得到明显细化和强化，对 W6Mo5Cr4V2 高速钢电子束表面快速熔凝处理可以达到高速钢整体淬火硬化的效果。采用低能强束流的脉冲电子束表面改性装置对模具钢进行电子束表面熔凝处理，材料的表面碳化物大部分溶解，快速凝固后使原来呈较大颗粒分布的碳化物变得细小均匀，而基体转变为细小的隐针状马氏体。经该工艺处理后，表面几百微米范围内均出现硬度升高的现象，其峰值硬度超过基体平均硬度值的 15%左右，材料的摩擦学特性得到明显提高。

13.2.4　电子束表面合金化

高能束表面合金化是近年来发展起来的技术。采用高能密度的电子束能将涂覆在表面的合金元素熔入基体中形成过饱和固溶体，并形成一种新的合金化表面层。与离子束和激光束相比，电子束具有其自身的优点。

电子束表面合金化的预涂覆方法与激光表面合金化类似，但黏结剂应有较好的高温粘接性能，在加热熔化过程中，不能出现剥落、飞溅。常用的黏结剂有硅酸钠、硅酸胶、聚乙烯醇等。

材料进行高能束表面合金化处理的目的是提高工件表面的耐磨性和耐蚀性，因此，在合金化材料的选择上应有所侧重。一般以耐磨为主要目的时，应选择W、Ti、B、Mo等合金元素及其碳化物作为合金化材料；以耐蚀为主要目的时，应选择Ni、Cr等元素；Co、Ni、Si等可作为改善合金化工艺性的元素；对于铝合金，则选择Fe、Ni、Cr、B、Si等元素进行电子束表面合金化处理。

强流脉冲电子束（HCPEB）主要特点是，能在真空条件下把表面层在μs级脉冲下瞬时加热到高温，同时靠金属基体的良好导热性实现快速冷却，并且脉冲电子束在基体表面还会产生冲击波及冲击振动效应。因此，依靠强流脉冲电子束可以得到普通表面处理手段无法获得的表面性能。

对45钢基体进行不同合金化元素的电子束表面合金化处理，其工艺参数及处理结果如表13-2所示。

表13-2 45钢电子束表面合金化试验结果

粉末类型		WC/Co	WC/Co+TiC	WC/Co+Ti/Ni	NiCr/Cr_3C_2	Cr_3C_2
合金元素含量(质量分数)/%		W82.55,C5.45,Co12.00	W68.52,C7.92,Co9.96,Ti13.60	W68.52,C4.52,Co9.96,Ti7.65,Ni9.35	Ni20.00,Cr 70.00,C10.00	Cr86.70,C13.30
预涂覆层厚度/mm		0.11～0.12	0.10～0.13	0.13～0.15	0.16～0.22	0.15～0.17
电子束功率/W		1820	2030	1890	1240	1240
束斑尺寸(长×宽)/mm		7×9	7×9	7×9	6×6	6×6
扫描速度/(mm/s)		5	5	5	5	5
合金化层深度/mm		0.50	0.55	0.50	0.45	0.36
表面硬度(HV)		895～961	998	927	546	546～629
合金组织	基体相	α′Fe	α′Fe	α′Fe	γ′Fe	γ′Fe
	强化相	$(Fe,W)_6C$,WC	$(Fe,W)_6C$,WC,TiC	$(Fe,W)_6C$,WC,TiC	$(Fe,Cr)_7C_3$,$(Fe,Cr)_{23}C_6$	$(Fe,Cr)_7C_3$,$(Fe,Cr)_{23}C_6$
	碳化物量(体积分数)/%	14.4	14.5	20.9	10.6	19.3

13.2.5 电子束表面非晶化

电子束表面非晶化处理与激光表面非晶化处理相似，只是所用的热源不同而已。将电子束能量密度提高，从而增加基体表面的能量，使表面层快速熔化以形成细小的熔池，而其他部分受热较小。因此，在冷基体的作用下，可以获得较快的冷却速度，在基体和熔化的表面之间产生很大的温度梯度，表层的冷却速度高达10^4～10^8℃/s，这样可以在材料的表面形成良好的非晶态表层，该组织具有很好的耐磨性、耐腐蚀性能和疲劳性能。该表层可直接使用，也可以进一步处理以获得所需性能。

13.3 电子束表面改性技术在模具表面强化工艺中的应用

案例1 Cr12Mo1V1(D2)模具钢电子束表面改性研究

(1) 试验材料及试验方法

试验材料为Cr12Mo1V1（D2）退火态钢材。加工成7mm×7mm×20mm块，在进行电子束表面处理之前，对该材料进行了常规淬火处理，即 1020℃下淬火 30min，200℃回火 3h。热处理好的试样经过磨光抛光之后在俄罗斯制“Nadezh2”型强流脉冲电子束（HCPEB）设备上进行表面电子束轰击处理。

（2）试验工艺参数

试验处理参数如表 13-3 所示。

表 13-3　D2 钢电子束处理工艺参数

试样		电子束能量/keV	能量密度/$J\cdot cm^{-2}$	靶源距离/mm	轰击次数/次
D2	A1	26.78	4.6	160	10
	A2	26.78	6.0	140	20

（3）试验结果及分析

脉冲电子束轰击后微观组织变化，图 13-3 是电子束处理试样表面组织形貌。可以观察到在能量密度、轰击次数不同条件下试样表面结构的差异。A1 试样注入中心区域呈快速熔凝的凸缘状结构［图 13-3(a)］，靠近中心处出现无特征的网络状物相，中心以外形成致密的不规则胞状晶粒，界面明显。A2 试样与 A1 试样表面形貌特征变化不大，但注入中心出现了特大的黑斑点，斑点中央有带状物相，黑带周围有大小不一的胞状颗粒。中心区域外沿的白亮区细丝状物相构成网络，似是针状马氏体首尾相连。这种结构的出现很可能是由于电子束注入区的熔化层处于过热状态，导致气泡形成，在随后的快速冷凝中气泡被“冻结”在注入区表层。

比较图 13-3(c) 和 13-3(d)，可以看出，原始试样的表面分布着大量颗粒较大的碳化物，而电子束处理后表面碳化物很大部分都已溶解，分布更为均匀，颗粒更细小，而基体组织也转变为细小的隐针马氏体组织。

（4）处理后表面硬度及摩擦磨损性能分析

经强流脉冲电子束处理后试样的显微硬度值在深度方向的分布具有以下特点：①试样次

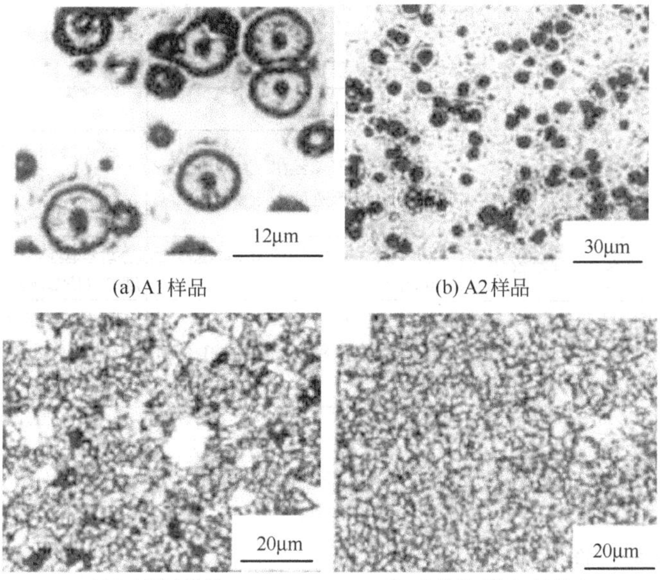

(a) A1样品　(b) A2样品

(c) D2原始样品　(d) A2样品(轰击20次)

图 13-3　电子束处理试样表面组织形貌像

表层几百微米范围内出现显微硬度值升高的现象，峰值显微硬度值超过基体平均显微硬度约15%左右（从955.2HK增加到1169HK）；②样品表层若发生熔化，则其最表层显微硬度比基体表面显微硬度低，而表层未发生熔化时试样最表层显微硬度要比基体的高；③截面显微硬度呈现出一种特殊的曲线分布，研究认为这种特殊的硬度分布是由于热冲击波（热应力波）在试样中的特殊分布引起的。

试样的表面摩擦磨损性能见表13-4。由表13-4可以看出，模具钢在经过强流脉冲电子束表面改性处理后试样的磨损率及摩擦系数比未经处理试样的要低得多，从而使得相对耐磨性明显提高。初步分析相对耐磨性的提高，是由于D2钢在强流脉冲电子束的轰击下使得试样表面的晶粒明显细化，表面颗粒物 $(Fe\cdot Cr)_3C$ 等溶解，原碳化物颗粒位置形成了区域较大的富铬区，其含铬量（质量分数）为4.0%～5.44%左右，靠近富铬区的基体含铬量明显高于常规淬火回火组织中基体的铬含量，富铬区内为极细小的隐针马氏体。加上次表层内的特殊应力分布状态，这些因素是使得硬度和相对耐磨性提高的关键所在。

表13-4　D2钢热处理后的摩擦磨损性能

试样处理状态	摩擦因数	磨损率/$\times10^{-14}m^3\cdot m^{-1}$	相对耐磨性
处理前	0.68	1.03	1
处理后	0.4	0.183	5.63

（5）结论

D2模具钢经电子束表面改性处理后，电子束轰击处理后试样的最表层发生熔化，表面重熔层厚度最厚处达到了10μm左右，熔化造成其表层显微硬度降低；表面碳化物颗粒溶解，基体固溶铬含量增加，造成过饱和固溶强化，并形成超细化马氏体，试样显微硬度从955.2HK提高到1169HK，相对耐磨性提高了5.63倍；轰击次数越多，影响区越深，显微硬度提高幅度越大。

案例2　几种典型电子束表面改性处理实例与效果

几种典型电子束表面改性处理实例与效果如表13-5所示。

表13-5　电子束表面改性实例与效果

名　称	材　料	工　艺	效　果
电子束表面相变处理	铸铁	功率2kW（温度为1000～1050℃），冷却速度大于2200℃/s	硬化层深0.6mm，表面团絮状石墨溶解，碳扩散到奥氏体中，获得细粒状石墨包围的马氏体
	高碳、中碳钢	功率3.2kW，冷却速度3000～5000℃/s	获得隐针状马氏体组织，T7钢表面硬度66HRC，45钢表面硬度62HRC
熔化、熔凝与合金化	模具钢和碳钢	表面预先涂覆硼粉、WC、TiC粉	可获得Fe-B、Fe-WC等合金层，Fe-B层硬度1266～1890HV，Fe-WC层硬度1000HV左右

思考题

1. 简述电子束表面处理的特点。
2. 简述电子束表面处理的基本原理。
3. 解释下列名词：电子束熔覆、电子束合金化、电子束熔凝、电子束非晶化。

14 电镀与化学镀

14.1 电镀

电镀是指在含有欲镀金属的导电溶液中，在直流电的作用下，以被镀基体金属为阴极，以欲镀金属或其他惰性导体为阳极，通过电解作用，使欲镀金属的离子在基体表面沉积出来，从而获得牢固镀层的表面技术。

电镀的目的是为获得不同于基体材料，且具有特殊性能的表面，既可以用作耐腐蚀防护性镀层，也可以作为装饰性镀层和耐磨、减摩等功能性镀层。

该方法具有设备简单、易于操作、成本低等一系列优点，在国民经济的各个生产领域得到广泛的应用。但电镀整个工艺过程或电镀废液、废物，若控制不当将会对环境造成污染，必须严格按国标或行业标准执行。

14.1.1 电镀基本知识

14.1.1.1 电镀装置

电镀设备主要包括电气设备、机械设备和镀槽设备三部分。被镀基体为阴极，与直流电源的负极相连。阳极可分为可熔性阳极和不可熔性阳极，与直流电源的正极相连，阳极和阴极均浸入电解液中。

14.1.1.2 电镀液

电镀液的成分随电镀的金属不同而不同，即使同一金属的电镀，电镀液的含量也不一定相同，但大部分电镀液由以下几种组分构成：

(1) 主盐

主盐是指镀液中能在欲镀基体上沉积出所要求镀层金属的盐，用以提高金属离子含量。在其他条件不变时，变化主盐浓度将会对电镀过程及形成镀层组织有一定影响。例如，主盐浓度降低，电流效率降低，金属沉积速度减慢，镀层晶粒较细，镀液分散能力上升。

(2) 导电盐

导电盐是电镀液中除主盐外的某些碱金属或碱二价金属盐类，其主要作用是提高电镀溶液的导电能力，提高电镀过程中的电流密度。

(3) 络合剂

络合剂是为在电镀液中获得结合离子而加入的一些添加剂，其主要作用是克服主盐的金属粒子为简单离子时易形成粗大晶粒镀层的缺点。络合离子在电镀液中离解程度不大，仅部分离解，它比简单离子稳定，在电解液中有较大的阴极极化作用。影响电镀效果的主要因素是主盐与络合剂的相对含量，即络合剂的游离含量，而不是络合剂的绝对含量。络合剂的游离含量升高，阴极极化作用升高，有利于镀层结晶细化，镀层分散能力和覆盖能力的改善，降低阴极电流效率，从而降低沉积速率。但使阳极极化降低，从而提高阳极开始钝化电流密度，有利于阳极的正常溶解。

(4) 缓冲剂

缓冲剂是指能够在电镀液中自行调节溶液的 pH 值的物质。缓冲剂能够使电镀液遇到碱或酸时，溶液的 pH 值变化幅度缩小，即可保持溶液的酸碱稳定性。任何缓冲剂都只在一定的 pH 值范围内才有较好的缓冲作用，超过范围后，其缓冲作用较弱，甚至没有缓冲作用。

(5) 阳极活化剂

阳极活化剂是指能够保证阳极不发生钝化，溶液正常的物质。其作用是提高阳极开始钝化的电流密度，以保证在阴极析出的金属量与阳极溶解的金属量相等。保持镀液成分平衡。

(6) 添加剂

添加剂是指能够显著改善镀层质量而不明显改善镀层导电性的添加物质，有细化晶粒、光亮镀层、整平、润湿、提高镀层硬度、降低涂层应力等作用。根据在镀液中所起的作用，添加剂可分为：光亮剂、整平剂、润湿剂和拟雾剂等。

14.1.1.3 电极反应

图 14-1 为电镀基本原理图。被镀金属为阴极，与直流电源的负极相连。阳极可分为可溶性阳极和不可溶性阳极，与直流电源的正极相连，阳极和阴极均浸入电解液中。

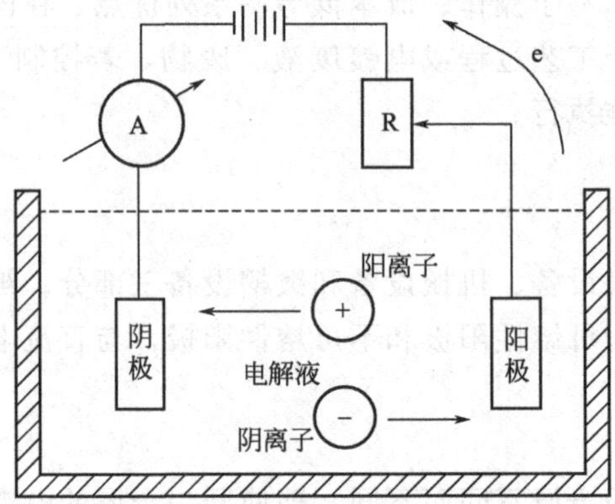

图 14-1 电镀基本原理示意图

(1) 阴极反应

在外加电流作用下，从镀液内部扩散到阴极和镀液界面的金属离子 M^{n+}，从阴极上获得 n 个电子而被还原成金属并沉积于基材表面的过程，其电化学反应如下：

$$M^{n+} + ne \longrightarrow M$$

(2) 阳极反应

为补充在阴极不断消耗的金属正离子，大多数情况下，电镀都采用可溶性阳极。阳极上金属原子失去电子变为金属粒子，其电化学反应式如下：

$$M - ne \longrightarrow M^{n+}$$

14.1.1.4 金属电沉积过程

金属电沉积是一个非常复杂的过程，它一般由以下几个步骤组成。

(1) 液相传质

溶液中的反应离子，如金属水化离子或络合离子在溶液中以电迁移扩散方式向电极表面迁移。该过程主要是因为电极反应在阴极和阳极之间形成了金属离子浓度差所造成的。

(2) 电化学还原步骤

水化金属离子或络离子通过双电层到达阴极表面后，不能直接参与放电生成金属原子，而必须通过前置转化过程，如金属水化离子降低水化度或重排，金属络离子降低配位数等。然后，金属离子再以此形式在阴极表面得到电子，还原为金属原子，该过程称为电荷转移步骤。

(3) 电结晶

指在金属原子到达金属表面后，按一定规律形成新晶体的过程。金属离子放电后形成的新生吸附态金属原子沿电极表面扩散到一个能量较低的位置进入金属晶格，或与其他新生原子集聚形成晶粒，生长成为金属晶体。

上述各步骤进行的速度各不相同，其中反应阻力最大，速度最慢的步骤控制了电镀的速度，成为电沉积的控制步骤。不同工艺，因沉积条件和参数不同，其控制步骤而不相同。

当外加电场使阴极电位偏离了平衡状态，电极电位将向负方向移动，即产生了一定的过电位时，还原速率将大于氧化速率，金属就要在阴极沉积出来。过电位越大，成核速率越大，结晶就更加细致。在生产中使用的镀液，都会有适当的结合剂或添加剂，以提高镀液的阳极极化。电镀时，随着电流密度升高（过电位加大），镀层晶粒由粗变细。

14.1.1.5 影响电镀质量的因素

（1）pH 值的影响

溶液中的 pH 值主要影响氢的放电、碱性夹杂物的沉淀、络合物或水化物以及添加剂的吸附程度。pH 值对各种因素的影响程度一般不可预知，太高或太低的 pH 值都不利于电镀，最佳的 pH 值必须通过实验测定。

（2）电流密度的影响

任何镀液都有一个与之相应的获得良好镀层的电流密度范围。一般来说，电流密度过低时，阴极极化作用小，镀层晶粒粗大，生产率低，所以生产上力求在允许的限度内采用较高的电流密度。但过高的电流密度常因浓差极化而受到限制，否则在工件的尖角区和凸出处出现枝晶状镀层或在整个镀面上产生海绵状疏松镀层，且会在工件的边缘区发生“烧焦”现象。

（3）添加剂的影响

添加剂的主要作用是能够吸附在阴极表面阻碍阴极析出，提高阴极极化作用，从而细化镀层晶粒，提高镀层质量。

（4）电流波形的影响

电流的波形对镀层的组织、光亮度、镀液的分散与覆盖能力、合金成分和添加剂的耗量都有影响。因此恰当选用电源非常重要，一般来说，三相全波整流和稳压直流相当，对镀层组织几乎没有什么影响，而其他波形则影响较大。

（5）搅拌的影响

搅拌会加速溶液对流，加快补充电极表面镀层的金属离子，降低浓差极化。但另一方面，搅拌提高了允许使用的阴极电流密度上限值，可以克服因搅拌降低阴极极化作用而导致晶粒粗化的现象，提高电流效率，获得致密细化的结晶镀层。此外，搅拌还可以提高镀层的整平性，消除条纹状，棒皮状镀层。

但搅拌会泛起沉渣，从而必须对镀液定期或连续过滤，以消除镀液中的固体杂质。

（6）温度的影响

一方面提高镀液温度，会增加盐类的溶解度，提高镀液的导电率，提高允许电流密度的上限值，增大阳极极化作用，提高生产效率，减少针孔，降低镀层内应力；另一方面，提高镀液温度，会加快阴极反应速度和离子扩散速度，降低阴极极化作用，使晶粒变粗。

14.1.2 常用金属及合金电镀

14.1.2.1 电镀的基本工艺过程

金属电镀的基本工艺过程包括镀前处理、电镀及镀后处理三个步骤，可以用下面的流程来表示：

磨光→抛光→去油脱脂→除锈→活化处理→电镀→钝化→除氢→浸膜

使用的目的不同，电镀的工艺过程也不完全相同。镀前处理包括磨光和抛光、脱脂、除锈、活化处理等多道工序，镀前处理质量直接影响到镀层与基体间的结合力和镀层的完整性。镀后处理包括钝化处理和除氢、浸膜，所谓钝化处理是指在一定的溶液中进行化学处理，在镀层上形成一层坚实致密的、稳定性高的薄膜的表面处理方法。钝化使镀层耐蚀性大大提高并能增加表面光泽和抗污染能力。在电沉积过程中，除自身沉积出来外，还会析出一部分氢并渗入镀层，使镀件产生脆性，称为氢脆。为了除氢，在电镀后，使镀件在一定的温度下热处理几个小时，称为除氢处理。浸膜是在镀层表面浸涂一层有机或无机高分子膜，以提高镀层的防护性和装饰性。

14.1.2.2 常用金属电镀

电镀可以制备很多种单金属膜，这里简单介绍与模具及零件有关的金属电镀。

(1) 镀铬

铬是一种银白色金属，原子量为 51.996，密度为 7.2g/cm³，熔点 1900℃，硬度 750～1050HV，标准电极电位 Cr^{+3}/Cr 为 0.74V。铬在潮湿的大气中很稳定，能长期保持其颜色。铬在碱、硝酸、硫化物、硫酸盐的溶液中以及有机酸中非常稳定，易溶于盐酸及热浓的硫酸。

铬层具有较高的耐蚀性，在 480℃以下不变色，在 500℃以下加热对镀铬层的硬度无影响，但加热到 700℃则硬度显著降低。铬的优点是硬度高，耐磨性好，缺点是脆，容易脱落。铬与铁比较，其标准电极电位比铁负，但铬在空气中表面极易钝化，钝化后的电位为 +1.36V。因此，对钢铁基体而言，镀铬层属阴极性镀层，仅能起到机械保护作用而不起电化保护作用。

① 装饰镀铬　一般是经多层电镀（即镀铜、镀镍、镀铬）才能达到防锈、装饰的目的，装饰镀铬层广泛应用于仪器、仪表、飞机、汽车、自行车、钟表、日用五金等。

② 功能性镀铬　包括镀硬铬、松孔铬、黑铬、乳白铬等。镀硬铬具有高的硬度和低的摩擦系数，主要用于模具、量具、刀具。松孔铬主要应用于内燃机气缸内腔、活塞环上等，该镀层可提高储油能力。黑铬用于需要消光而又耐磨的零件上，如航空仪表、光学仪器、照相器材等。乳白铬则主要用在各种量具上。

(2) 镀镍

镍是微黄的银白色金属，具有铁磁性。镍的密度为 8.9g/cm³，原子量为 58.69，熔点 1457℃，标准电极电位为 −0.25V。在大气和碱液中化学稳定性极好，不易变色。在 600℃以上时其表面才被氧化，常温下镍能很好地防止大气、水、碱液的侵蚀；易溶于稀硝酸中，在浓硝酸中易钝化，在盐酸和硫酸中溶解缓慢。

镍的电位比钢铁正，其表面钝化后的电极电位更正，因而对钢铁来说，镀镍层属阴极性保护层，对底金属仅能起到机械的保护作用，而不能起电化保护作用。一般镀镍层是多孔的，所以镀镍层常常与其他金属镀层组成多层组合体系，用作底层或中间层，如 Cu/Ni/Cr，Ni/Cu/Ni/Cr 等。

14.1.2.3 合金电镀

在阴极上同时沉积出两种以上金属，形成均匀细致和性能符合要求的镀层的工艺过程，称为合金电镀。合金电镀在结晶致密性、镀层孔隙率、外观色泽、硬度、耐蚀性、耐磨性和抗高温性等方面都远远优于单金属电镀。此外，通过合金电镀还可以制取高熔点和低熔点金属组成的合金，以及具有优异耐磨、耐蚀性能的非晶态合金镀层。所以一般来说，合金镀层最少组分的质量分数应在1%以上。自该方法问世以来，不论在科研方面还是在生产方面，都受到人们的广泛关注和高度重视。但研究两种或两种以上金属的共沉积要比单金属沉积复杂得多，影响因素也非常多。因此，合金电镀工艺比单金属电镀工艺发展的缓慢。

14.1.2.4 复合电镀

在电镀溶液中加入非溶性的固体颗粒，使其与欲沉积金属共同沉积在工件表面，形成一层金属基的表面复合材料的过程称为复合电镀。

复合电镀层由两类物质组成，一类是黏结金属，是均匀的连接相；另一类是具有特殊功能的不溶性固体颗粒。它们不连续低分散在黏结金属中。不溶性固体颗粒主要包括两大类：一类是提高镀层耐磨性的高硬度、高熔点微粒，如Al_2O_3、ZrO_2、SiC、WC等；另一类是提供自润滑特性的固体颗粒，如MoS_2、石墨、聚四氟乙烯等。复合电镀的过程包括微粒向阴极表面附近输送，微粒吸附于被镀金属表面，金属离子在阴极表面放电沉积，形成晶格并将固体颗粒裹入金属层中几个步骤。要制备理想的复合电镀层，除颗粒自身要稳定外，还应不使镀液分解。颗粒的粒径通常为0.1～10μm，最佳值为0.5～3μm。为增强颗粒的运动，电镀时搅拌是必须的。

14.1.3 电镀技术在模具表面强化工艺中的应用

案例① 锌基合金模具的表面强化

锌基合金模具广泛地应用于制造金属板材拉深模以及吹塑和吸塑模具，但其寿命较短，主要由于锌和铝均属两性金属，化学活性很强，在有腐蚀介质存在的情况下很容易遭到腐蚀。锌基合金的硬度较低，硬度约为120～130HBS，所以耐磨性较差。

(1) 锌基合金模具表面镀硬铬分析

如果在锌基合金模具表面镀一层硬铬，其表面将得到强化，性能会得到改善。但在锌基合金模具表面电镀硬铬是很困难的，锌基合金模具一般是铸造成型的，其表面粗糙度较大，有时还有缩孔、疏松等缺陷。在这种情况下进行电镀，其结合强度较低，此外，带有腐蚀性的气体残存在模具表面的凹坑或缝隙中，这些酸碱电解液必然会造成合金缺陷部位的腐蚀。因此，在锌基合金模具表面镀硬铬不宜采用中间层，而应该直接镀硬铬，以避免增大其表面粗糙度值和降低结合力。

(2) 锌基合金模具表面镀硬铬工艺

提高镀层的结合强度，关键在于改进镀前处理工艺。常规的化学活化不适用于锌基合金的镀前处理，改为物理活化，使表面粗糙度值明显下降，镀层结合强度提高，其电镀工艺如下。

① 机械抛光模具型腔表面。

② 用有机溶剂脱脂。

③ 物理活化使之露出新鲜基体。

④ 清洗，预热。

⑤ 下镀槽，采用如下镀铬配方和工艺参数：

CrO_3	200g/L
H_2SO_4	2.1g/L
Cr^{+3}	4.5g/L

温度　57℃

电流密度　$55A/dm^2$

⑥ 待镀到所需厚度（一般10～20μm）时出槽清洗。电镀时如果模具的初始温度与镀液的温度相差过大，必然会造成镀层与基体结合处的应力叠加，从而影响镀层的结合力。为减少这一影响，模具镀前必须预热。

由于锌基合金的化学活性很强，模具不能在镀铬电解液中浸泡。铬酸是强氧化性酸，很容易与锌铝合金作用形成钝化膜，因此镀铬操作必须动作迅速，模具必须带电下槽，初始电流不宜过大，对于型腔复杂的模具可以给短暂的阴极冲击电流。

一般钢制模具电镀后，寿命可以提高3～5倍，对于锌基合金电镀后表面质量提高得更多，相应寿命也可以提高更多。在塑料果筐锌基合金注射模具上作了试验，未镀铬时生产产品10万多件，表面划伤严重，经电镀处理后，在几十万次内无明显划伤。

案例②　模具电镀镍钨合金

许多模具（如压铸模）的表面必须进行电镀，以提高其耐蚀性、耐磨性、抗氧化性及硬度等性能。传统的镀铬技术尽管工艺成熟，质量比较稳定，但因为六价铬是一种有毒的物质，严重污染环境。因此，电镀镍钨合金是提高模具质量、延长模具寿命、清洁生产的良好选择。镍、钨金属硬度高、耐磨性好，与熔融态基体黏附温度高。镍钨合金镀层结晶细致光亮、耐磨性好，与基体结合力强、硬度高，高温下维氏硬度达到1000以上。该技术近年来受到各方的关注，将逐步取代模具电镀铬，但是，该技术目前普遍存在镀层粗糙、不均、麻点等缺陷，严重制约其应用发展。

(1) 镀液配方及工艺流程

镀液主要由钨酸钠、硫酸镍和柠檬酸钠组成，其含量分别为40～45g/L、20～30g/L、40～50g/L。

工艺流程：

喷砂→检查→除油→清洗→电镀→检验

(2) 镀层质量缺陷及其原因分析

常见镍钨镀层质量缺陷是麻点较多，侧面及球面的镀层粗糙有白色颗粒，中央镀层与侧面、角部和R处严重不均，甚至角部、R处出现微细裂纹等。

① 麻点　麻点是镀层上的微小白色、黑色点状缺陷，形状多样，有些明显而规则，易发现，相对好控制；少量的肉眼“看不见”的，只能用仪器检查。

原因分析：模具基体的砂眼、气孔、点蚀、黏附物等引起；模具在喷砂时黏附砂粒，或砂质不良，或砂质被杂质、油、异物、尘埃等污染；模具在除油时黏附的乳化物、清洗时水中的杂质等；配液时使用的压缩空气、纯水及其管路、工具及环境中的杂质等污染；镀液、活化液中的未溶化的盐颗粒、酸化的电极金属物等均可引起麻点。

上述麻点直观可见，而模具表面的有些薄层黏附物，经分析主要为镀前污染砂质中的碳类化合物。它牢固，黏附力强逐渐会变成耐酸碱、抗振动的高黏度胶状物。在除油、清洗时不易去除，一旦疏忽，流入电镀工序，必然被镀层覆盖，肉眼不易发现，也无法弥补。

② 镀层粗糙的原因分析　镀液基本组成是硫酸镍、柠檬酸钠、钨酸钠等，还有盐类、有机络合物等。试验发现：模具电镀的缺陷主要与镀液中的杂质含量有关。化学药品的纯度不高，镀液中的异物，镀液的频繁使用，使镀液中金属杂质Cu、Fe、Cr、Co含量超出了允许范围等，均可导致镀层粗糙、麻点增加及白色颗粒。

③ 镀层厚度严重不均　中央与侧面、角部、R 处镀层严重不均，甚至角部、R 处出现微细裂纹。

原因分析：镀液使用较长时间后，镀层出现缺陷的概率增加，侧面及球面的白色颗粒，角部、R 处的微细裂纹尤为明显。试验发现当镀液中的杂质 Cu、Fe、Cr、Co 含量分别显著增加到 20mg/L、20mg/L、20mg/L、50mg/L 时，电镀质量明显下降。

试验还发现电镀电流的分布情况直接影响镀层的均匀度。模具的边缘、角部、R 处电流密度明显比其他部位的高，相应金属沉积量多，镀层厚度大。正常情况下，中央与侧面、角部、R 处的镀层厚度差为 4μm 左右。电流分布不均会导致镀层厚度差达到 15μm 以上，严重时镀层因为局部金属沉积量过多而脱落。另外，模具的形状、结构、材料等也影响镀层的质量。

(3) 对策

① 喷砂前，检查、消除模具基体的砂眼、气孔、点蚀、黏附物等。

② 喷砂时先检验砂质，若有杂质、异物、油污等污染，应立即彻底更换。喷砂后及时清扫模具表面残存的砂粒及其他黏附物。

③ 除油前先检验除油液表面，若有油状乳化剂聚集，应及时喷淋冲散；除油后模具表面若有油状乳化物黏附，必须清洗干净。

④ 酸活化时要严格控制时间，避免模具过腐蚀；同时，控制好模具下槽深度，防止电极板、连接件等腐蚀。其腐蚀物会污染镀液，导致电镀不良。

⑤ 镀液配制时化学药品尽量纯度高，并及时分析杂质含量。另外，镀液要定时分析，过滤，并定期更换。

⑥ 根据模具结构形状，科学地设计合理的电流均衡板，可以有效抑制金属局部沉积过厚，保证镀层质量。

⑦ 在保证模具满足生产工艺的前提下，优化模具设计，特别有利于提高镀层质量。

⑧ 及时补充阳极，修理附件，定期清理镀槽泥渣，并进行“三废”综合治理。

⑨ 净化、保护工作环境，遵守工艺规程，加强操作人员责任心，避免环境、机械杂质进入镀液。

(4) 结束语

电镀镍钨合金新技术，有着广阔的应用前景。但提高电镀质量，必须从工艺技术、生产管理等方面综合控制和管理。

14.2 电刷镀

电刷镀是用裹有包套浸渍特种镀液的镀笔（阳极）贴合在工件（阴极）的被镀部位并作相对运动，使镀液中的金属离子在被镀工件表面放电结晶形成所需镀层的工艺。

电刷镀技术源于电镀技术，是特种电镀之一，又不同于常规电镀工艺，是一种极具特色的实用技术，与槽镀相比，电刷镀具有以下特点。

(1) 设备简单、便于操作

电刷镀设备体积小，重量轻，便于携带，便于操作。一套设备可完成多种镀液的刷镀，不用将镀件浸入液中，从而无需镀槽和模具，设备数量减少，对场地设施的要求低。特别适宜实现快速、低成本修复。

(2) 刷镀层与基体结合牢固

在正常条件下，常用刷镀层的结合强度均大于 70MPa，用钎焊刷镀层方法定量测量刷镀层与基体的结合强度可达 240～300MPa，远远大于热喷涂的结合强度。特别是有些用槽镀方法难于获得良好结合的基体材料，如铝及其合金、铸铁、不锈钢及难熔金属，利用刷镀方法均可获得良好结合的镀层。在相同镀层厚度条件下，刷镀层致密、孔隙率低，一般比槽镀层的孔隙率少 75%，比热喷涂的金属涂层的孔隙率少 95%。

(3) 可实现高效快速沉积且镀层质量高

镀液能随镀笔及时送到工件表面，能及时的补充阴极表面镀层中消耗的金属离子，不易产生金属贫乏的现象；电刷镀溶液大多数是金属有机结合物水溶液，金属离子含量通常比槽镀高几倍以上。可以采用大电流进行快速沉积镀层操作；由于刷镀过程中浓差极化效用的降低，允许使用比槽镀大几倍到几十倍的电流密度，其沉积速率为槽镀的 5～50 倍，仍然能够得到均匀、致密、结合良好的镀层；由于允许使用的阴极上限电流密度的提高过电压增大，提高了晶粒的形核速率，降低了有效临界尺寸，从而形成细晶粒的刷镀层。一般认为晶粒越细，刷镀层的硬度愈高。

(4) 操作灵活方便

无需套件净化。凡是镀笔能够触及的地方均可镀上，特别适合用于大件，复杂部位的在线应急局部修复等领域。

14.2.1 电刷镀基本原理

14.2.1.1 电刷镀设备

电刷镀设备包括镀笔（阳极）、工件（阴极）、专用刷镀直流电源串接于两极之间，此外还有供液、集液装置。如图 14-2 所示。

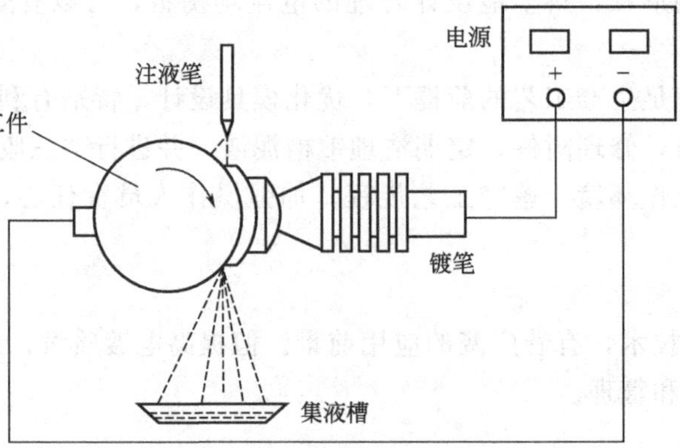

图 14-2 电刷镀原理示意图

(1) 专用直流电源

电刷镀专用直流电源不同于其他种类电镀使用的电源，由整流电路、正负极性转换装置、过载保护电路及安培计（或镀层厚度仪）等几部分组成。

(2) 镀笔

刷镀笔是刷镀的主要工具，由导电柄和阳极组成，阳极与阳极包套配合使用，阳极和导电柄用螺纹连接。目前供货的阳极全部是采用不溶性材料制成。不论镀何种金属，都可以采用石墨作阳极。在刷镀过程中，阳极的组分不参与沉积，阳极上被腐蚀下来的粒子可以被过滤掉，不会影响和改变该溶液的化学成分，应用不溶性材料作阳极是刷镀技术的重要特点之一。阳极包套必须具有较好的吸湿性、耐酸性、耐碱性、耐磨性和抗氧化性，常用的包套材料有涤纶编织包套、腈纶毛绒包套、涤纶毛绒包套和丙纶（聚丙烯）布包套。

（3）供液、集液装置

由于刷镀时无电镀槽，要刷镀的零件多种多样。因此如何保证刷镀液的连续供应和流淌镀液的收集就成为关键。一般可采用蘸取式、浇淋式和泵液式供给镀液，流淌的刷镀液用塑料桶、塑料盘等收集，以供循环使用。

14.2.1.2　刷镀液

电刷镀溶液大部分是有机络合物的水溶液，或是饱和状态的无机盐混合溶液。可用大电流密度进行刷镀快速沉积。刷镀时对镀液有以下要求：溶液所含金属离子浓度尽可能高；对工艺温度变化不敏感；对电流密度变化不敏感；对吸湿材料应有较好的稳定性。不同镀液有不同的颜色，透明清晰，没有浑浊或沉淀现象，便于控制。

电刷镀溶液按金属离子在溶液中的存在形式可分为单盐溶液和络合盐溶液。按用途划分为表面前处理溶液、金属刷镀溶液、后处理溶液（包括镀层后处理溶液和退镀液）。如表14-1所示。

表14-1　电刷镀溶液分类

类　别	品　种	名　称
表面前处理溶液	电解洗净液，活化液	1#、2#去油液，1#～7#活化液、铬活化液
单质金属溶液	镍溶液	高浓度镍、特种快速镍、快速镍、细密快速镍、特殊镍、光泽镍、高厚度镍、黑镍、碱性镍、酸性镍、高温镍
	铜溶液	高浓度铜、高厚度铜、碱性铜、光泽铜、酸性铜、细密、碱性铜
	铁溶液	碱性铁、中性铁、酸性铁
	钴溶液	碱性钴、酸性钴、光泽钴
	锡溶液	碱性锡、中性锡、酸性锡
	铅溶液	碱性铅、酸性铅
	镉溶液	碱性镉、酸性镉、低氢脆性镉
	锌溶液	碱性锌、中性锌、酸性锌
	铬溶液	中性铬、高效铬
合金溶液	二元合金	钴镍、钨镍(50)、磷镍、铁镍、锌锡、锡铅、镍锌、镉锌、镉镍、铟铜
	三元合金	磷钴镍、锑铜锡
退镀液	剥离各种金属镀层	镍、铜、铬、镉、锌、银、铅、锡
后处理液	钝化液	锌钝化液
	着色液	银、铜、锡、镉等着色液

（1）预处理溶液

预处理的目的是为了消除零件表面的油污、氧化膜和锈斑等污物，以增强刷镀层与基体的结合强度。表面预处理溶液包括电解液和活化液。电解液的作用是用电化学方法去除被镀零件表面油污；活化液的作用是用化学腐蚀和电解腐蚀方法去除被镀零件表面的氧化膜和锈斑或疲劳层，使工件露出金属光泽。

（2）电刷镀溶液

目前电刷镀溶液由专门厂家生产，可以长期有效。在特殊情况下，操作者也可根据溶液的配方自己配制。

刷镀溶液可分为酸性和碱性两大类。酸性溶液的沉积速率比碱性溶液快约1.5～3倍。但大多数酸性溶液不能用于疏松基材（如铸铁），也不能用于易受酸侵蚀的基材金属，如锌、锡等。相反碱性溶液虽然沉积速度较慢，但所得镀层晶粒细，致密度高，在边角，狭缝和盲孔等处都有较好的均镀能力。广泛适用于各种基材金属且不会损坏或破坏邻近的旧镀层。

目前电刷镀溶液的种类已经超过了一百种，可根据工件的不同需求来选择。

（3）后处理溶液

后处理溶液包括钝化液和退镀溶液。钝化液是能够在镀层表面形成钝态氧化膜的溶液，可明显提高镀层的耐腐蚀性。常用的有铬酸盐、硫酸盐和磷酸盐等。退镀液是用来去除不合格镀层的溶液，可选用化学退镀或电化学退镀。化学退镀液能使镀层迅速溶解而基体金属不发生溶解或处于钝化状态；电化学退镀液则采用反向电流操作，即要求镀层金属在电解液中是可溶性阳极，而基体金属则处于阳极钝化状态或溶解速度很慢。

14.2.1.3 影响沉积速度的因素

（1）电流密度的影响

通过阴极的电流大小是影响沉积速度的主要因素。在阴阳极接触面积相同和电流效率相同的条件下，提高电流密度，增加通过阴极的总电流，可以提高沉积速率。

（2）阴阳极接触面积对沉积速率的影响

在电流效率和电流密度相同的条件下，阴阳极接触面积越大，通过阴极的总电流越大，沉积速率越高。阴阳极接触面积在刷镀中又称为有效面积，为提高有效面积，在制作阳极时，阳极必须与被镀工件相吻合，称之为仿形阳极。

（3）电流效率对沉积速率的影响

在总电流不变的条件下，电流效率越高，沉积速率越高。对绝大部分溶液来说，提高金属离子的浓度和溶液的温度可以提高电流效率。新溶液的电流效率比旧溶液的高，因此，为提高沉积速度，在刷镀过程中要不断补加新溶液。

（4）沉积金属离子的价态对沉积速率的影响

在电流、电流效率相同的情况下，离子价态越低的金属，沉积速率越快。例如，刷镀锡有2价锡和4价锡，前者比后者快。

（5）其他影响沉积速度的因素

① 镀液中金属离子的浓度　工艺允许电流密度的上限与金属离子浓度成正比。因此采用高浓度的金属离子溶液是提高沉积速度的有效手段。

② 镀液的温度　镀液的温度越高，其扩散系数越大，运动黏度系数越小，从而导致金属离子的活度增加，阴极表面的浓度极化减小，从而提高电流密度的上限。

③ 溶液的流量　在高电流密度的情况下，若溶液流动差，会造成阳极局部过热，把溶液蒸干，形成固体金属盐黏附在阳极表面，使阳极的有效面积减小，从而降低沉积速度。

④ 阳极材料的选择　目前常用的阳极包括石墨、不锈钢、铂或铂-铱等。石墨阳极强度较低，有时会发生阳极粉末脱落，影响导电性；不锈钢阳极当工作电压超过15V时，电流密度处于恒值，即达到了沉积极限；采用铂或铂-铱电极，可以克服上述缺点，获得较高的沉积速度。但铂或铂-铱电极价格昂贵，只能做一些小型阳极。

⑤ 阳极包套材料的选择　若阳极包套材料吸水性差，电阻大，则工作电压太高，热损失大，从而影响沉积速度。此外，包套厚薄也会影响沉积速度，太薄溶液少，不利于沉积；太厚阴阳极距离远，也不利于沉积，一般情况下，包套厚度为2～5mm较适宜。

14.2.1.4 影响刷镀层质量的因素

（1）温度的影响

在其他条件相同的情况下，升高溶液的温度会改变阴极的极化状态，提高沉积速度，变化包括以下两点：

① 温度的升高增加离子的扩散速度，导致浓差极化降低；

② 由于温度升高使沉积金属离子活性增大，因而增大了阴极的电化学极化。

以上二者的综合作用会明显改变极化曲线的状态。提高温度，可以减小镀层的内应力、降低脆性，提高镀层与基体的结合强度。因此，提高温度利多于弊。

（2）基体表面状态的影响

① 材料的含碳量对镀层的影响　被镀表面含碳量越高，镀层的氢脆越严重，镀层与基体材料结合力越差。

② 材料的表面强度对镀层的影响　一般来说基体材料的硬度越高，内应力越高。基体材料的内应力会延伸到镀层，使镀层的内应力增大，导致镀层与基体结合强度降低，所以基体材料的硬度越高，与其镀层的结合强度越差。

③ 表面的疲劳层的影响　有些零件经过长期使用后，表面形成一层疲劳层。它是机械附着在零件表面上的，在刷镀之前必须清除疲劳层，否则结合强度很差。

④ 处于钝态或氧化状态的表面的影响　有些材料表面极易处于钝态或氧化状态，如铝是很活泼的金属，用常规的工艺活化表面后，极易再生成氧化膜，影响镀层与基体的结合强度；钛材表面处于钝态，电化学方法作阳极活化不起作用，必须用化学方法进行处理，才能活化钛基表面。

（3）电流密度对镀层的影响

一般来说，电流密度越高，沉积速度越快，镀层越容易粗化，反之，电流密度越低，沉积速度越慢，镀层越光亮平滑。但镀层太光滑，表面不易吸附溶液，容易出现局部干斑，使镀层局部脱落，不易得到厚刷镀层，尤其是作为过渡的镍层，应该有一定的粗化为好，若太粗糙可以采用边打磨边刷镀的方法来获得高速镀层。

（4）阴阳极相对运动的影响

在刷镀操作时，为提高电流密度，加快沉积速度，阴阳极之间必须在一定速度范围内作相对运动。在同一电流密度下，相对运动速度越快，镀层越细致；反之，速度太慢时，镀层表面会粗糙。对大部分溶液来说，相对运动速度越高越好，但运动速度太快时，镀液飞溅造成浪费。

（5）阳极压力的影响

在刷镀过程中，阳极在工件表面上来回摩擦，并施加一定的压力。一般来说，压力越大，镀层越细；压力越小，镀层越粗。对于软质刷镀层更为显著，但并不是压力越大越好，太大时容易造成阳极包套磨损。

（6）镀液流量的影响

在刷镀过程中，溶液的供给由磁力泵来实现自动循环，连续供给，流量可调。为了能提高金属离子的沉积速度，必须保证足够的流量，因增加流量有利于消除浓差极化，有利于热量的散发，使镀液在整个刷镀过程中，维持 pH 值、温度基本不变。

镀液流量的大小，在保证有足够的金属离子沉积时，对沉积速率影响不大，流量的大小根据被镀的面积及电流密度大小来决定。太大时，造成镀液飞溅；太小时，沉积速率慢，镀层质量差。

(7) 阳极包套的影响

阳极包套对镀层的影响鲜为人知，有些包套材料（如腈纶）在溶液中有微量溶解，使镀液增加了添加剂，这种添加剂使镀层发亮发脆，不能获得厚刷镀层。此外，包套表面对镀层光洁度也有影响，包套表面越粗，镀层越粗，反之亦然。

14.2.2 常用金属电刷镀

14.2.2.1 电刷镀的基本工艺过程

刷镀一般分表面前处理、刷镀和镀后处理三大部分。

表面修整→表面清理→电净处理→活化处理→刷镀打底层→刷镀过渡层(中间层)→刷镀工作层→镀后处理。

(1) 表面修整

用锉刀、油石、砂轮、砂纸等工具将刷镀部位的毛刺、飞边、氧化皮、疲劳层、污物清除干净，使基体金属露出金属光泽。一般在修整后的镀件表面粗糙度 R_a 应在 6.4μm 以下。对于有划痕，凹坑时应将其根部拓宽，使划痕或凹坑与基体表面平滑过渡，一般拓宽后的宽深比应大于 2。

(2) 表面清理

用汽油、煤油、乙醇或丙酮等有机溶剂擦拭待镀工件表面及附近区域，除去大部分油污，然后用化学脱脂溶液除去残留油污。对于表面存在严重锈蚀的表面可用喷砂、砂纸打磨、钢丝刷处理，以除去锈蚀物。

(3) 电净处理

用电净液对被镀工件及附近区域进行认真清洗，达到彻底除油的目的。电净的效果应以电净后水冲润湿性良好，无水珠出现为宜。电净时一般采用正向电流（镀件接负极），对有色金属和对氢脆特别敏感的超高强度钢，采用反向电流（镀件接正极）。

(4) 活化处理

活化处理用以去除镀件在脱脂后的氧化膜并使镀件表面受到轻微刻蚀和化学腐蚀，使得镀件表面暴露出基体金属光泽。以确保金属离子能在新鲜的基体表面上还原并与基体牢固结合。活化时，一般采用阳极活化（镀笔接负极）。

(5) 刷镀打底层

打底层的主要目的是提高镀层与基材的结合强度，选择刷镀底层的溶液时，要考虑基材与镀层金属各自的物理化学性能，以及它们相互接触的腐蚀情况。一般选用特殊镍、碱铜或低氢脆镉溶液刷镀底层。打底层的刷镀厚度一般为 0.001～0.02mm。

(6) 刷镀中间层

根据刷镀层的作用，中间层可分为填补尺寸中间层和标志性中间层。一般来说，单一镀层都有一个允许刷镀的厚度称之为安全厚度，超出安全厚度后，由于内应力的增大，会引起裂纹增多，附着强度下降，甚至产生自然脱落。而基体的表面磨损深度往往高于单一镀层所允许的安全厚度，因此在磨损量较大时，往往需要在工作层与打底层之间刷镀一层或几层其他性质的填补尺寸中间层，以调整单一镀层的应力状态，增加镀层与基体的整体结合强度。

标志中间层是指其颜色与工作层之间有明显的区别。其作用是在工作层磨损后，可明显地确定该基体需重新刷镀工作层。

(7) 刷镀工作层

刷镀工作层主要是为了满足工件表面不同的力学、物理、化学性能等特殊要求。主要有耐磨和减磨镀层、防腐蚀镀层、抗氧化镀层、装饰性镀层等。

（8）镀后处理

刷镀完毕后要对镀层表面进行清理。例如用水冲洗工件表面上的残留镀液，吹干或烘干工件，根据需要可进行打磨、抛光、低温回火、涂油等处理。

14.2.2.2 常用金属电刷镀

刷镀层种类很多，但铜、镍、铬三种刷镀层实际应用领域最宽广，是刷镀技术应用中最基础的镀层。

（1）刷镀铜

铜是导电、导热性极好的金属且具有较好的延展性，刷镀层具有较低的内应力，是一种重要的预镀层（打底层和中间层）。对修复尺寸超差较大的工件常采用铜-镍或铬，若要求较高强度、厚尺寸层，也可用铜-镍-铜-镍……多层刷镀层。此外，还可作为标志性中间层，用于磨损极限的标志或研磨加工限度标志。刷镀铜层还用于局部防渗碳、印刷油墨辊的表面层、印刷镀铬水辊的底层等。

刷镀铜层的种类很多，主要包括碱性刷镀铜、酸性刷镀铜和高堆积碱铜。

碱性刷镀铜溶液对钢铁件不会发生“置换反应”。因此，对钢件刷镀酸性铜可以采用碱性铜作打底层，防止酸性铜溶液在钢铁上发生置换反应，可大大提高铜层与钢基体的结合强度。此外，在铝、锌、锡或铸铁等基体上刷镀时常用碱铜作打底层。酸性刷镀铜溶液的铜离子是微离且饱和状态，刷镀对允许的电流密度较高，沉积速度较快。酸性铜刷镀铜层表面光洁平滑，延展性好，一次可获约数毫米镀层，溶液成本比其他任一铜刷镀液都低，应用广泛。

高堆积碱铜溶液沉积速度快，形成的镀层厚而无腐蚀性。镀层硬度与碱性铜刷镀层基本一致，230～240HV，比酸性镀铜高，耐磨性也比酸性镀铜好，镀层的结合强度比酸性刷镀铜高，但镀层表面没有酸性刷镀铜光滑平整，且脆性增大。一般可通过150～300℃高温烘烤来降低脆性。

（2）刷镀镍

镍刷镀层是应用最为广泛的一种镀层，主要用于修复被磨损或加工超差的零部件。在不需拆卸或很少拆卸的情况下进行在线刷镀，常用的有特殊镍镀液、酸性镍镀液、中性镍镀液、快速镍镀液、低应力镍镀液和半光亮镍镀液、高温镍镀液、高堆积酸性镍镀液、黑镍镀液等多种。

（3）刷镀铬

刷镀铬是指在各种基体材料上刷镀较厚的铬层，镀层厚度一般从几微米到几百微米，一般在250μm以下。由于镀的比较厚，能抵抗较大的外力作用而不会塌陷，具有硬度高，耐磨性好的特点，故称为刷镀硬铬。刷镀硬铬后，经抛光还可获得装饰铬的外观，故应用广泛。

刷镀硬铬主要用于一些易损工件用铜或镍修复后的表面工作层。一些无法进行精镀的特大工件或特长工件对硬铬层的修复，以及对一些复杂的塑料模具表面进行刷镀修复。

14.2.3 电刷镀技术在模具表面强化工艺中的应用

案例① 粉末冶金压铸模的表面强化

模具材料为2Cr12，内腔压铸1万只产品，磨损0.1mm，超差，为使模具型腔合格，强度提高，首先镀打底层（特殊镍），然后镀工作层（快速镍）。

① 用油石、水砂纸蘸水打磨模具表面。

② 用有机溶液（丙酮）擦拭脱脂。

③ 用清水彻底冲洗。

④ 用铬活化液活化，先电源反接，工作电压12～15V，时间10～30s；后电源正接，工作电压10～12V，时间10～20s，使模具表面呈银灰色。

⑤ 用特殊镍镀液打底层，无电擦拭3～5s，电源正接，工作电压18～20V，闪镀3～5s，然后工作电压降至15V，阴阳极相对运动速度10～15m/min，底层厚度2μm。

⑥ 用快速镍镀液镀工作层，无电擦拭3～5s，电源正接，工作电压15V，阴阳极相对运动速度12～15m/min，镀层厚度0.1mm。

经生产验证，模具使用寿命提高4倍。

案例② 发泡模具的电刷镀表面强化

模具材料为铝合金，为了提高其表面强度，镀底层用特殊镍，工作层用光亮镍。

① 模具表面精加工，用水砂纸蘸水打磨待镀表面，至表面无亮点。

② 用有机溶液（丙酮）擦拭脱脂。

③ 用电净液脱脂，电源正接，工作电压10～15V，时间15～30s。

④ 用清水彻底冲洗。

⑤ 用2号活化液活化，电源反接，工作电压10～15V，时间10～30s。

⑥ 用清水彻底冲洗。

⑦ 用特殊镍镀液打底层，无电擦拭3～5s，电源正接，工作电压15V，阴阳极相对运动速度10～15m/min，底层厚度4μm。

⑧ 用光亮镍镀液镀工作层，电源正接，工作电压4～10V，阴阳极相对运动速度13～15m/min，镀层厚度＜0.01mm。

经生产验证，镀层质量合格，模具寿命提高10倍。

表14-2列出模具表面应用电刷镀修复模具的多个例子。

表14-2 模具表面应用电刷镀修复模具实例

模具种类	修复原因	修复方案	备注
制烟用模具	异形面局部磨损腐蚀，脱模困难	刷镀Cu、Cr	室温条件下工作
塑料模具	模具原有镀铬层脱落并出现坑蚀，难于脱模	刷镀硬Cr层，容易脱模	模具底材为45钢调质，工作温度60～260℃
汽车地板革成型模具	模具原有镀铬层经使用1～2年后表面腐蚀脱落	刷镀Ni-P合金，经使用2年后，性能良好	Ni-P刷镀层，不适用于橡胶模具，易黏附。橡胶模具较适用Ni-Cr合金刷镀层
玻璃成型模具	表面强化	刷镀Ni-Fe-W合金镀层，镀层光亮，700～800HV	工作温度600～800℃
65Mn和65SiMn钢旋转叶片滚锻模	表面强化	$Co-Ni-ZrO_2$复合刷镀，600～700HV，与未强化模具比较，寿命提高1倍	模具基材3Cr2W8V，锻造温度1000～1100℃
4MM、40Cr钢板轿车前梁架冷压成型模具	模具经长期使用约有30%的模具表面产生剥落、划痕、气孔等缺陷	储能焊修补模具表面缺陷+低氢脆Cd打底+工作层（半光亮Ni）。修复模具已正常使用3年，仍在使用，每台班产量3000件	模具材料为Cr、Mo、Ni、Mn、V多组合合金铸模，56HRC，承压1500t

14.3 化学镀

化学镀是指在无外加电流的条件下，利用还原剂使镀液中的金属离子还原为金属，并沉积到工件表面上，形成具有特殊性能镀层的一种表面加工方法。化学镀不仅可以在金属表面形成镀层，而且还可以在非金属表面形成镀层。化学镀方法具有以下一些特点：均镀能力强，无论工件形状如何复杂，其镀层厚度都很均匀；基体材料可以多种多样，既可以是金属，也可以是非金属（塑料、陶瓷等）；无需电源，设备简单；镀层外观良好、晶粒细、无孔、耐蚀性好；化学镀中金属离子的还原作用仅仅发生在催化表面，一旦基材表面开始有金属沉积，则沉积的金属为了能够继续沉积下去，沉积金属自身必须具备自催化作用；目前只有镍、钴、铜、银等金属可以进行化学镀；化学镀溶液稳定性差，使用温度高、寿命短、效率低、成本较高；化学镀液污染严重。因此在工业上的应用受到了一定的限制，但在机械、化学、电子、石油等领域得到广泛应用。

14.3.1 化学镀的基本原理

与电镀不同的是，化学镀溶液内的金属离子是依靠得到由还原剂提供的电子而还原成相应金属的。其反应过程可表达为 $Me^{n+}+ne \rightarrow Me$。

这是一个带催化作用的还原反应过程。它只是在具有催化作用的表面上发生。如果沉积金属（如镍、铜、银等）本身就是反应的催化剂，该化学镀过程就称为自催化化学镀。一般可以得到比较厚的镀层。如果在催化表面上沉积的金属本身不具备催化作用，一旦催化表面被沉积金属覆盖，沉积过程就会停止，只能获得很薄的镀层。

14.3.2 常用金属化学镀

14.3.2.1 化学镀镍

化学镀镍层因具有细晶细、孔隙率低、硬度高、磁性好等特点而广泛应用在电子、航空、航天、化工等工业领域。如用非金属材料制成的零件经化学镀镍后电镀一层装饰层，已在汽车、家电、日用工业品中大规模应用；化学镀镍层的高耐腐蚀性、耐磨性和化学稳定性使其在化工领域应用越来越广。此外，化学镀镍层优异的磁性能使其在计算机光盘生产中也得到大规模的应用。

化学镀镍使用的还原剂有次磷酸盐、肼、硼氢化钠和二甲基硼烷等。采用次磷酸盐作还原剂的化学镀镍层一般含质量分数为4%～12%的磷，故又称之为化学镀镍-磷合金。国内生产大多采用次磷酸钠作还原剂。化学镀镍-磷的沉积过程如下：

$$H_2PO_2^- + H_2O \longrightarrow H^+ + HPO_3^{2-} + 2H$$

溶液中的次磷酸根离子在基体表面脱氢，生成亚磷酸根离子。

$$Ni^{2+} + 2H \longrightarrow Ni + 2H^+$$

吸附在催化表面上的活泼氢原子使镍离子还原成金属镍，而本身则氢化成为氢离子。

$$H_2PO_2^- + H \longrightarrow P + H_2O + OH^-$$

部分次磷酸根离子被氢所还原成单质磷。

以上反应均在同体催化剂表面进行，并需加热到60～95℃之间，同时伴有氢气析出。

为了使化学镀能够顺利进行，镀液中还需加入缓冲剂、络合剂、加速剂和稳定剂等。化学沉积的反应速率取决于镀液成分，pH值和温度以及其他因素。一般镀液的pH值增高（氢离子浓度降低），对于酸性溶液能够使镀层沉积速度大大加快。反之则沉积速度减慢，当pH<3时，沉积不进行。镀液在较高pH值范围内时，必须加入适当的络合剂和缓冲剂，以

防止因亚磷酸镍沉淀而导致降低次磷酸盐还原剂的利用率、镀液自然分解现象。

在化学镀镍-磷的工作范围内，一般升高温度将增加离子的活泼性和其扩散进行的速度，因而使沉积反应的速度加快。在化学镀过程中的温度要保持在±2℃以内。因为温度波动的幅度过大，会使镀层质量变坏，因为不同温度条件下获得的镀层组织中含磷量不同，将会形成不同含磷量的层状组织，而使镀层易于脱落。

化学镀镍磷合金具有较高的硬度。在常温下镍磷镀层的硬度在600HV左右，镀层经合适温度热处理后（一般为400℃），硬度最高可达1000HV左右。镀层和基体如果处理得当，结合力可达1200MPa，镀层均匀，经热处理后抛光即可使用。由于化学镀镍-磷沉积层具有非晶态组织，即长程无序、短程有序，使得镀层除具有比一般合金高得多的硬度、强度、耐磨性和很小的摩擦系数外，还具有优异的耐腐蚀性能。与镀铬相比，脱模更加容易，极少发生黏模、拉伤等现象。镀层在各种腐蚀性介质中的耐腐蚀性能力优于不锈钢，特别适合于有腐蚀性气体放出的塑料模具。几种化学镀镍磷溶液的配方和化学镀镍磷合金的镀层性能如表14-3和表14-4所示。

表 14-3 化学镀镍磷溶液的配方

配方	1	2	3	4	5
硫酸镍/(g/L)	21	20～25	30	—	20
氯化镍/(g/L)	—	—	—	26	18
次磷酸钠/(g/L)	24	25～30	24	12～48	20
乙酸钠/(g/L)	—	10～12	—	—	10
柠檬酸钠/(g/L)	—	—	—	—	—
乙酸/(g/L)	—	7～10	—	—	—
氟化钠/(g/L)	2.2	—	—	—	—
醋酸铵/(g/L)	12	—	—	—	—
乳酸/(mL/L)	30	—	27	27	—
丙酸/(g/L)	2.2	—	2	2.2	—
稳定剂	2mg/L(Pb)	—	—	150mg/L(MoS_2)	—
硫脲/(g/L)	—	0.002～0.003	—	—	—
温度/℃	93	80～90	90～93	—	85～90
pH	4.5	5～6	4.5～4.7	2～5	4.2～5.6
磷的质量分数/%	9.1～9.8	10	—	—	10

表 14-4 化学镀镍磷合金镀层的性能

综合性能	热处理前	400℃热处理后
镀层硬度(HV)	500	1000
镀层/($g \cdot cm^{-3}$)	7.9	7.9
电阻率/($\times 10^{-6}\Omega \cdot m$)	60～75	20～30
熔点/℃	890	890
热导率/($W \cdot m^{-1} \cdot K^{-1}$)	5.02	—
矫顽磁力/($A \cdot m^{-1}$)	100～180	>1000

14.3.2.2 化学镀铜

化学镀铜主要用于非导电材料表面导电化。故主要应用在电子工业中，如印刷电路板层间电路的连接孔金属化，使得电子产品可以向小型化发展，并大大提高了可靠性。此外，塑料电镀之前的化学镀铜已广泛应用。

化学镀铜的主盐通常采用硫酸铜。使用的还原剂有甲醛、肼、次磷酸钠、硼氢化钠等，但工业生产上广泛应用的是甲醛。

14.3.2.3 化学镀银

化学镀银是工业上应用最早的化学镀工艺，最普通的例子是玻璃上镀银制造玻璃镜和热水瓶内胆镀银。目前可以在塑料上镀银，获得反射率高达 92%的塑料反光镜。此外，非导体的表面导体化，激光测距机上的聚光腔镀覆等也是采用该技术。

化学镀银一般以二甲氨基硼烷作为还原剂。

14.3.3 化学镀技术在模具表面强化工艺中的应用

案例① 拉深模化学镀镍磷合金

(1) 拉深模的预处理

① 工件材料 退火状态的 20 钢。

② 模具材料 圆筒拉深件模具材料为 Cr12MoV 钢。

③ 模具的基本情况 模具材料经锻造加工后进行球化退火，然后经淬火低温回火，回火后的硬度为 60～63HRC，随后用线切割机床加工成型。

(2) 化学镀镍磷合金强化处理

拉深模化学镀镍磷合金层的镀覆在酸性镀液中进行，其基本成分及参数如下：

氯化镍	28g/L
乙酸钠	5g/L
次磷酸钠	10g/L
柠檬酸钠	102g/L
pH 值	5.5
镀液温度	85℃
沉积时间	6h

镀后在 380～400℃加热保温 2～3h 进行时效处理。

(3) 镀层摩擦磨损试验

在 MM-200 型磨损试验机上进行滑动磨损试验，上试样固定，下试样转速 400r/min，间隔适当时间滴油润滑。在 TG-328A 型电光分析天平上称量磨损重量。

(4) 试验结果

拉深模的凸凹模化学镀镍磷合金层满足设计要求，硬度为 60～64HRC，未实施化学镀镍磷合金的模具寿命为 2 万次，而实施化学镀镍磷合金的模具寿命为 9 万次。磨损量的测定结果如图 14-3 所示。

案例② 铝合金模具表面化学镀镍强化处理

湖北省黄石东贝集团铸造公司引进丹麦 DISA 垂直分型无箱射压造型生产线，其上所用铸造模具由球墨铸铁或铸钢制造。因其成本高、能耗高、加工难度大、制造周期长、易生锈等不利因素，而改用铝合金材料，但铝合金硬度低，耐磨性差，使用寿命不长。对铝合金进行化学镀镍，克服了原材料的缺点，提高了模具使用寿命。

(1) 化学镀工艺

① 材料预处理 清理模具表面毛刺，用中性金属清洗剂清洗，预浸中间层后化学镀镍。为提高结合力，对化学镀镍后的模具再进行除氢处理。

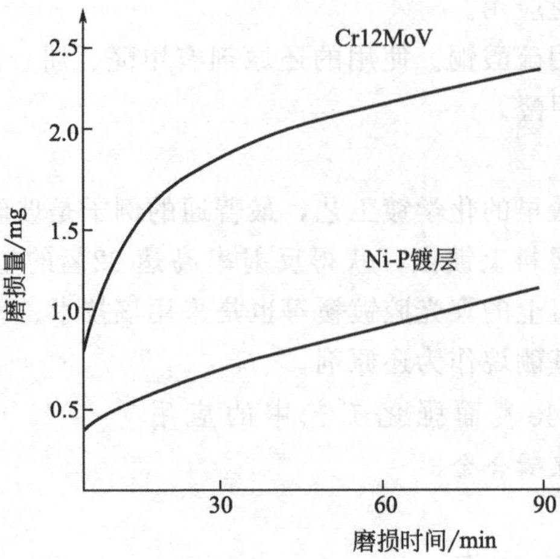

图 14-3 耐磨性曲线

② 化学镀镍工艺

其镀液基本成分及工艺参数如下：

$NiSO_4 \cdot 6H_2O$	28～32g/L
$NaH_2PO_4 \cdot H_2O$	25～30g/L
配位剂	40～42g/L
十二烷基硫酸钠	5mg/L
硼酸	1g/L
去离子水	余量
pH 值	4.4～5.0
温度	86～90℃
槽负载	$0.5dm^2/L$
沉积速度	12μm/h

(2) 镀层状况

镀层中的磷含量（质量分数）为 10.20%，镍含量（质量分数）为 89.80%。对 4 套 CD6 锻铝合金模具化学镀镍，厚度大于 50μm，610HV。依照 GB/T 13913—1992 进行热震试验，镀层未脱落，也未见裂纹。

(3) 应用情况

铝合金模具表面镀镍磷合金层后，提高了表面硬度、耐磨性能，缩短了 50%的加工周期。新模具在 DISA 生产线已完成 8000 多台套汽车制动器卡钳体的生产，产品外观平整光滑，精度达到要求，模具表面无明显变化，无磨损，预期可以完成超过 10000 台套。

思考题

1. 简述电镀的基本原理。
2. 简述影响电镀质量的因素。
3. 电刷镀有何特点？它与电镀有何区别？
4. 简述影响电刷镀沉积速率的因素。
5. 化学镀有何特点？化学镀的原理是什么？其镀层有何特点？它适用哪些种类模具？

15 气相沉积技术

气相沉积技术是一种发展迅速，应用广泛的表面技术。它利用气相之间的反应，在各种材料或制品表面沉积以制备各种特殊力学性能（如超硬、高耐腐蚀、耐热和抗氧化性等）的薄膜涂层，而且还可用来制备各种功能薄膜材料和涂层等。

气相沉积按照成膜机理可分为物理气相沉积（Physical Vapor Deposition，以下简称PVD）和化学气相沉积（Chemical Vapor Deposition，以下简称 CVD）。

沉积层的主要类别包括碳化物、氮化物、氧化物、碳氮化合物、硼化物、金属及非金属元素、硅化物等。主要应用的沉积层 TiC、TiN 涂层具有以下特点：

① 涂层有很高的硬度（TiC：2980～3800HV，TiN：2400HV）、低的摩擦系数和自润滑性能，所以抗磨粒磨损性能良好；

② 涂层具有很高的熔点（TiC：3800℃，TiN：2950℃），化学稳定性好，基体金属在涂层中的溶解度小，摩擦系数较低，因而具有很高的抗粘着磨损能力，使用中发生冷焊和咬合的倾向也很小，而且 TiN 比 TiC 更好；

③ 涂层有较强的抗蚀能力，TiC 涂层在硫酸、盐酸、氯化钠水溶液中的耐蚀性能良好，而且 TiN 的抗蚀能力一般都比 TiC 更好一些；

④ 涂层在高温下也具有良好的抗大气氧化能力（TiC 大约可达 400℃，TiN 大约可达 500℃），高于以上温度，在空气中的 TiC 、TiN 将被氧化成 TiO_2 而失去其原来的性能。

15.1 化学气相沉积（CVD）

15.1.1 化学气相沉积设备

CVD 是用化学方法使反应气体在基体表面发生化学反应形成覆盖层的方法。通常 CVD 是在高温（800～1000℃）和常压或低压下进行的，沉积装置如图 15-1 所示。

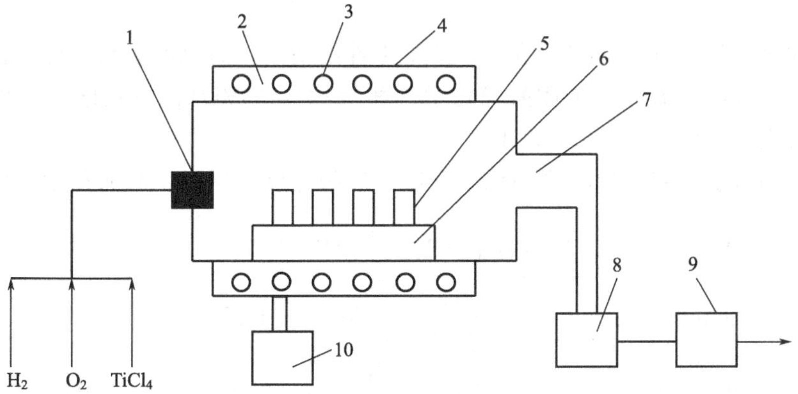

图 15-1 化学气相沉积装置示意图

1—进气系统；2—反应器；3—加热炉丝；4—加热炉体；5—工件；6—卡具；7—排气管；8—机械泵；9—废气处理系统；10—加热炉电源及测温装置

15.1.2 沉积过程

化学气相沉积过程如下：

① 反应气体向工件表面扩散并被吸附；

② 吸附于工件表面的各种物质发生表面化学反应；

③ 生成的物质点聚集成晶核并长大；

④ 表面化学反应中产生的气体产物脱离工件表面返回气相；

⑤ 沉积层与基体的界面发生元素的互扩散形成镀层。

CVD装置中，反应器是最基本的部件。处理的工件放入反应器内，反应器装夹在加热炉内，然后加热至沉积反应所需要的工作温度，并保温一定时间。送入反应器的气体根据工艺要求而不同，以一定的流量比分别供给 N_2、H_2、$TiCl_4$、CH_4、Ar气，其中 $TiCl_4$ 是通过加热液态四氯化钛得到的。反应后的废气经机械泵排出。为了防止发生爆炸事故，反应器在沉积过程结束后至开启前要充入氩气。为了去除气体中对反应有害的成分，如氧、水分等，管路还应配备必要的干燥净化装置。

15.1.3 工艺要求

① 沉积温度一般在950～1050℃，温度过高，可使TiC层厚度增加，但晶粒变粗，性能较差；温度过低，$TiCl_4$ 还原出来钛的沉积速度大于碳化物的形成速度，沉积物是多孔性的，而且与基体结合不牢。

② 气体流量必须很好控制，Ti和C的比例最好在1∶(0.85～0.97)之间，以防游离钛沉积，使TiC覆盖层无法形成。

③ 沉积速率通常为每小时几 μm（包括加热时间和冷却时间），总的沉积时间为8～13h。沉积时间由所需镀层厚度决定，沉积时间越长，所得TiC层越厚；反之镀层越薄。沉积TiC的最佳厚度为3～10μm，沉积TiN的最佳厚度为5～15μm，太薄不耐磨，太厚结合力差。

化学气相沉积涂层的反应温度高，在基体与涂层之间易形成扩散层，因此结合力好，而且容易实现设备的大型化，可以大量处理。但是在高温下进行处理，基体变形较大，高温时间长必然导致组织变化，进而导致基体力学性能降低，所以化学气相沉积处理后必须重新进行热处理。

为了扩大化学气相沉积的应用范围，减少工件的变形，简化后续热处理工艺，通常采用降低沉积温度的方法，如等离子体激发化学气相沉积（PCVD）、中温化学气相沉积等，这些方法可使反应温度降低到500℃以下。

沉积不同的涂层，将选择不同的化学反应。三种超硬涂层沉积时的化学反应如下。

沉积TiC：$$TiCl_4 + CH_4 \xrightarrow[900\sim1050℃]{H_2} TiC\downarrow + 4HCl\uparrow$$

沉积TiN：$$TiCl_4 + NH_3 + \frac{1}{2}H_2 \xrightarrow[850\sim950℃]{H_2} TiN\downarrow + 4HCl\uparrow$$

沉积Ti(C、N)：$$2TiCl_4 + 2CH_4 + N_2 \xrightarrow[900\sim1050℃]{H_2} 2Ti(C,N)\downarrow + 8HCl\uparrow$$

其中 $TiCl_4$ 为供Ti气体，CH_4、NH_3、N_2 分别为供C、N气体，H_2 为载气和稀释剂。

15.1.4 化学气相沉积在模具表面强化工艺中的应用

模具基体中的含碳量对初期沉积速度有一定的影响，含碳量越高，初期沉积速度越快，为了获得良好的沉积层，一般多选用高碳合金钢。用化学气相沉积技术可以在模具表面上沉积TiN、TiC、Ti(C，N)薄膜，表15-1为TiN、TiC、Ti(C，N)在工件上的应用效果。

表 15-1 化学气相沉积法沉积 TiN、TiC、Ti(C，N) 的应用效果

镀　层	模具名称	钢　号	无镀层寿命	沉积后寿命	提高倍数
TiN	模圈	Cr12	150～200 次	1100～1900 次	6～8 倍
TiN	修整模	M2	10000 次	40000 次	3 倍
TiN	冲模	Cr12MoV	25000 次	10 万次	3 倍
TiN	环形模具	D2	5000 次	40000 次	7 倍
TiN	液铣刀	M2	1500 次	4500 次	2 倍
TiC	搓螺纹模	D2	50 万次	200 万次	3 倍
TiC	成型工具	T10	4950 次	23000 次	3 倍
Ti(C,N)	自行车碗下模	Cr12	5 万次	30 万次	5 倍
Ti(C,N)	锯片轧辊	Cr12MoV	3 个月	21 个月	6 倍
Ti(C,N)	冲孔模	Cr12	3 天	15 天	4 倍

在 Cr12MoV 钢和 9SiCr 钢模具上用化学气相沉积方法沉积的 TiN 都是比较细密均匀的，镀层厚度都大于 3μm，经生产实际验证，模具寿命可以提高 1～20 倍。化学气相沉积方法沉积 TiN 的优点是：①TiN 的硬度高达 1500HV 以上；②TiN 与钢的摩擦系数只有 0.14，仅为钢与钢之间摩擦系数的 1/5；③TiN 具有很高的抗黏着性能；④TiN 的熔点为 2950℃，抗氧化性好；⑤TiN 镀层耐腐蚀性好，并与模具基体粘接性好，结合强度高。因此，利用化学气相沉积方法获得超硬耐磨镀层是提高模具使用寿命的有效途径。

15.2 物理气相沉积（PVD）

15.2.1 物理气相沉积的分类

物理气相沉积包括真空蒸发镀膜（Vapor Evaporation）、真空溅射镀膜（Vapor Sputtering）、离子镀膜（Ion Plating）三种基本方法。后两者属于离子气相沉积。由于加热方法不同和控制离子运动的方法不同，PVD 的种类也就很多，PVD 的种类如图 15-2 所示。

PVD 法和 CVD 法相比，总的来说，形成涂层的成分相差不大。由于 CVD 法处理温度太高，模具基体需受相当高的沉积温度，易产生变形和基体组织变化，导致其力学性能降低，需在 CVD 沉积后进行热处理，增大了生产成本，因此在应用上受到一定的限制。PVD

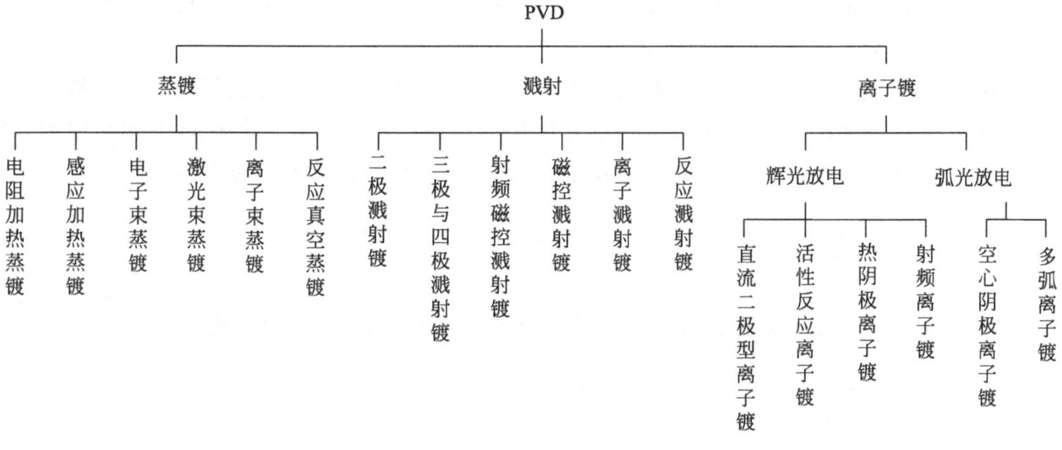

图 15-2 物理气相沉积的分类

法工件的温度较低，可减少工件的变形，而 PVD 法形成的涂层比 CVD 法要薄，且涂层与基体的结合强度要低于 CVD 涂层。

15.2.2 真空蒸发镀膜

在真空环境下将待蒸发材料加热熔化后蒸发（或升华），使大量的原子、分子或原子团离开熔体表面，凝聚在具有一定温度的基片或工件表面，形成镀膜，简称蒸镀。蒸发材料可以是金属、合金或化合物。在高真空环境下蒸发可以使镀膜免受氧化和污染，得到干净、致密符合预定要求的薄膜。

15.2.2.1 真空蒸发镀膜设备

图 15-3 所示为采用电阻蒸发源的真空蒸镀示意图。真空蒸发镀膜设备一般由真空室、排气系统、蒸发源、加热系统等几部分组成。镀膜室内为真空状态，真空抽气机可使镀膜室内的压强达到 $10^{-2}\sim10^{-4}$Pa 范围。被蒸镀的工件处于基板的位置，用卡具固定。真空蒸镀的基本过程为：

基材表面清洁→蒸发源加热镀膜材料→镀膜材料蒸发（或升华）→真空室内形成饱和蒸气→蒸气在工件表面凝聚、沉积成膜。

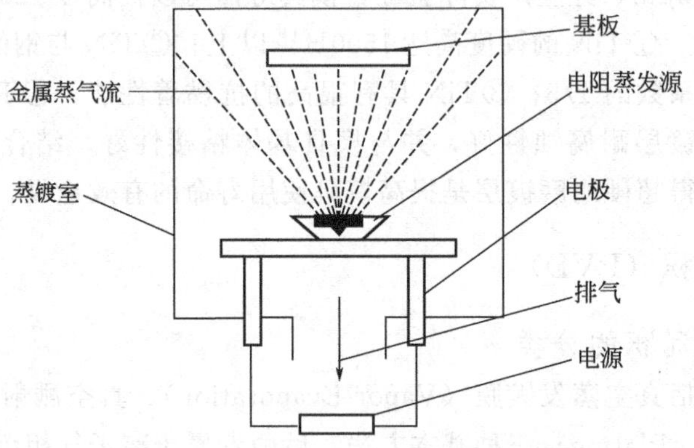

图 15-3 电阻蒸发源的真空蒸镀示意图

基板入槽前要进行充分的清洗，在蒸镀时，一般在基板背面设置一个加热器，使基板保持适当温度，使镀层和基层之间形成薄的扩散层，以增大结合力。

15.2.2.2 成膜机理

真空蒸镀膜也是形核与长大的过程。其形成机理有核生长型、单层生长型和混合生长型三种基本生长类型，如图 15-4 所示。

核生长型蒸发原子是在基片上形核并生长，合并成膜的过程。沉积开始时，晶核在平行衬底（或基材）表面的二维尺寸大于垂直方向尺寸。继续沉积时，晶核密度不明显增大，沉积原子主要通过表面扩散与已形成的晶核结合并长大。大多数膜沉积属于这种类型。

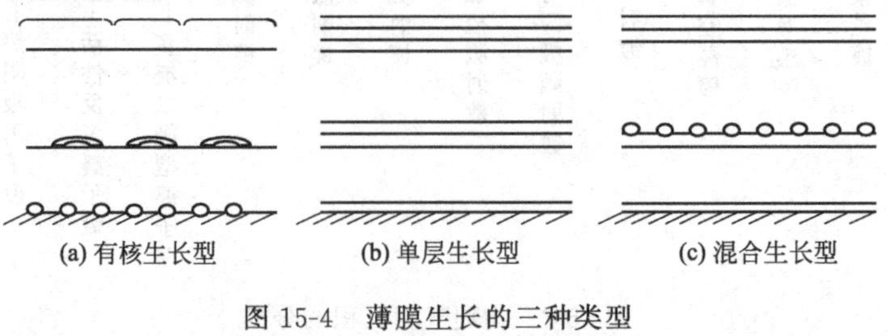

图 15-4 薄膜生长的三种类型

单层生长型是沉积原子在基片上均匀覆盖，以单原子层的形式逐次形成，在 PbSe/PbS、Au/Pd 等系统中可以见到。

混合生长型是在最初的一两个原子沉积后，再次形核与长大的方式进行，一般在清洁的金属表面上沉积金属时容易产生，例如，Cd/W、Cd/Ge 等就属于这种模式。

沉积到基材表面的蒸气原子能否凝结、成核并生长成连续膜，取决于基材的温度。当基材的温度较高时，沉积的原子不仅不能成核，还会被重新蒸发掉。当单位时间内沉积到基材表面的原子于从基材表面重新蒸发掉的原子数目相等时，此时所对应的温度称为沉积临界温度。因此，对于真空蒸镀，只有当基材的温度低于沉积临界温度时，蒸镀才容易成膜。基材的温度一般为室温或稍高温度。

15.2.2.3　真空蒸镀膜质量的影响因素

（1）基材表面状态

① 表面清洁　油膜、乙醇类物质会污染膜且使其结合力显著下降。

② 表面温度　基材温度低有利于膜的凝聚形成，但不利于提高膜与基材间的结合力。基材表面温度适当升高时，使膜与基材间形成一薄的扩散层，以增大膜对基材的附着力，同时也将提高膜的密度。

③ 基材表面的晶体结构　基材为单晶体时，镀膜也会沿原晶面成长为单晶膜。

（2）真空度

① 蒸气原子与气体分子间的碰撞　高真空条件下，蒸镀时蒸气原子几乎不与任何气体分子发生碰撞而损失能量，故它们到达到基材表面后有足够的能量进行扩散、迁移，形成致密的高纯膜，提高成膜质量。否则，蒸气原子与气体分子间发生碰撞而损失能量，降低镀膜质量。一般真空蒸镀中真空度要达到 $10^{-2} \sim 10^{-4}$ Pa。

② 蒸气原子间的碰撞　真空度降低时，蒸气原子与气体分子碰撞，能量下降，运动速度减小，蒸气原子间易发生相互碰撞，在空间形成低能量的原子团，到达基材后易形成粗大的岛状晶核，使镀膜组织粗大，致密度下降，膜的表面粗糙，成膜质量降低。

（3）基材表面与蒸发源的空间关系

蒸镀膜的厚度分布由蒸发源与基材表面相互位置以及蒸发源的分布特性所决定。以点蒸发源为例，基材表面为一平面时，由于平面上各点距蒸发源的距离不同，各点成膜会出现厚度不均的现象。如图 15-5 所示，故一般都应使工件进行旋转，尽可能使工件表面各点与点蒸发源的距离相等或相近。

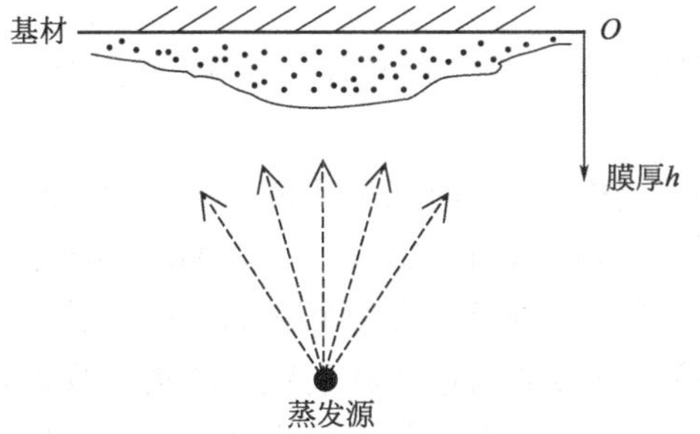

图 15-5　固定基材平面上沉积膜厚度的分布

15.2.2.4　蒸发源

蒸发用热源主要分三类：电阻加热源、电子束加热源、高频感应加热源。最近还采用了激光蒸镀法、离子蒸镀法。

蒸镀过程如下。

① 首先对真空装置及被镀模具进行处理，去掉污物、灰尘、油渍等；

② 把清洗过的模具装入镀槽的支架上；

③ 补足蒸发物质；

④ 抽真空，先用回转泵抽至13.3Pa，再用扩散泵抽至1.33×10^{-3}Pa；

⑤ 在高真空下对模具加热，加热的目的是去除水分（150～200℃）和增加结合力（300～400℃）；

⑥ 对蒸镀通电加热，达到厚度后停电；

⑦ 停镀后，需在真空条件下放置15～30min，使之冷却到100℃左右；

⑧ 关闭真空阀，导入空气，取出模具。

15.2.3 阴极溅射

阴极溅射即用荷能粒子轰击某一靶材（阴极），使靶材表面原子以一定能量逸出，然后在表面沉积的过程。

溅射过程如下，用沉积的材料（如TiC）作阴极靶，并接入1～3kV的直流负高压，在真空室内通入压力为0.133～13.3Pa的氩气（作为工作气体）。在电场的作用下，氩气电离后产生的氩离子轰击阴极靶面，溅射出的靶材原子或分子以一定的速度落在工件表面产生沉积，并使工件受热。溅射时工件的温度可达500℃左右。图15-6是阴极溅射系统简图。

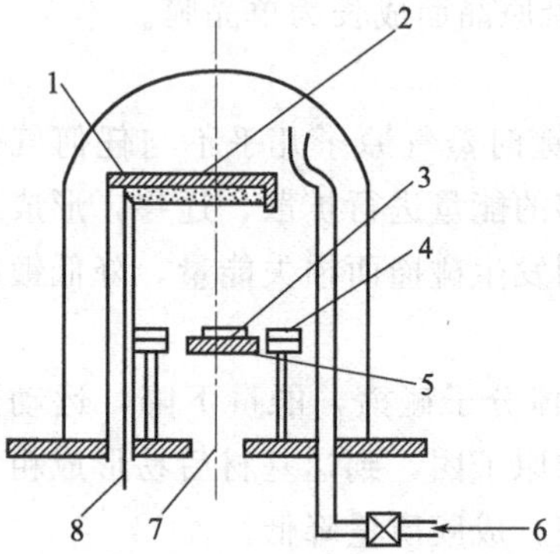

图15-6　阴极溅射系统简图

1—阴极屏蔽；2—阴极（靶）；3—工件；4—阳极；5—固定装置；6—气体入口；7—抽真空；8—高压线

当接通高压电源时，阴极发出的电子在电场的作用下会跑向阳极，速度在电场中不断增加。刚离开阴极的电子能量很低，不足以引起气体原子的变化，所以附近为暗区。在稍远的位置，当电子的能力足以使气体原子激发时就产生辉光，形成阴极辉光区。越过这一区域，电子能量进一步增加，就会引起气体原子电离，从而产生大量的离子与低速电子，此过程不发光，这一区域为阴极暗区。低速电子在此后向阳极的运动过程中，也会被加速，激发气体原子而发光，形成负辉光区。在负辉光区和阳极之间，还有几个阴暗相间的区域，但它们与溅射离子产生的关系不大。

溅射下来的材料原子具有10～35eV的功能，比蒸镀时的原子动能大得多，因而溅射模的结合力也比蒸镀模大。

溅射性能取决于所用的气体、离子的能量及轰击所用的材料等。离子轰击所产生的溅射作用可用于任何类型的材料，难熔材料W、Ta、C、Mo、WC、TiC、TiN也能像低熔点材料一样容易被沉积。溅射出的合金组成常常与靶的成分相当。

溅射的工艺很多，如果按电极的构造及其配置方法进行分类，代表性的有二极溅射、三极溅射、磁控溅射、对置溅射、离子束溅射、吸收溅射等。常用的是磁控溅射，目前已开发了多种磁控溅射装置。

常用的磁控高速溅射方法的工作原理为用氩气作为工作气体，充氩气后反应室内压力为1.3～2.6Pa，以欲沉积的金属和化合物为靶（如Ti、TiC、TiN），在靶附近设置与靶平面平行的磁场，另在靶和工件之间设置阳极以防工件过热。磁场导致靶附近等离子密度（亦即金属离化率）提高，从而提高溅射与沉积速率。

磁控溅射效率高，成膜速度快（可达 2μm/min），而且基板温度低。因此，此法适应性广，可沉积纯金属、合金或化合物，例如以钛为靶，引入氮或碳氢化合物气体可分别沉积 TiN、TiC 等。

15.2.4 离子镀

近年来研究开发的离子镀在模具表面强化方面获得应用，效果较显著。所谓离子镀是蒸镀和溅射镀相结合的技术。它既保留了 CVD 的本质，又具有 PVD 的优点。离子镀模具有结合力强、均镀能力好、被镀基体材料和镀层材料可以广泛搭配等优点，因此获得较广泛的应用。图 15-7 是离子镀系统示意图。

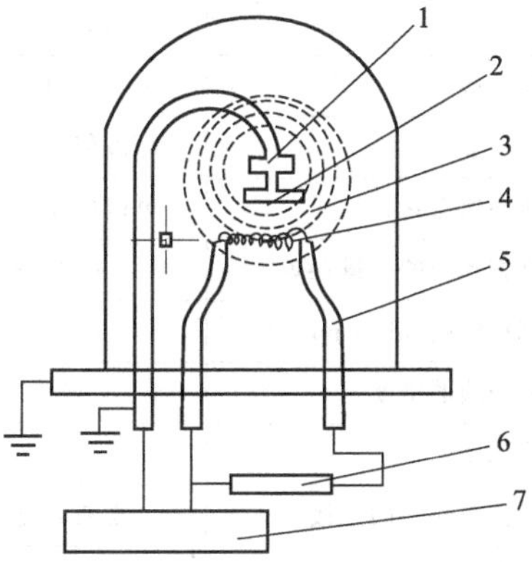

图 15-7 离子镀系统示意图

1—基板（阴极）；2—阴极暗部；3—辉光放电区；4—蒸发灯丝；5—绝缘管；6—灯丝电源；7—高压电源

离子镀的基本原理是借助于一种惰性气体的辉光放电使金属或合金蒸气离子化。离子经电场加速而沉积在带负电荷的基体上。惰性气体一般采用氩气，压力为 0.133～13.3Pa，两极电压在 500～2000V 之间。离子镀包括镀膜材料（如 TiC、TiN）的受热、蒸发、沉积过程。蒸发的镀膜材料原子在经过辉光区时，一小部分发生电离，并在电场的作用下飞向工件，以几千 eV 的能量射到工件（模具）表面上，可以打入基体约几 nm 的深度，从而大大提高镀层的结合力。而未经电离的蒸发材料原子直接在工件上沉积成膜。惰性气体离子与镀膜材料离子在基板表面上发生的溅射还可以清除工件表面的污染物，从而改善结合力。

如果提高金属蒸气原子的离子化程度，可以增加镀层的结合力，为此发展了一系列的离子镀设备和方法，如高频离子镀、空心阴极放电离子镀、热阴极离子镀、感应加热离子镀、活性化蒸发离子镀、低压等离子镀等。近年来多弧离子镀由于设备结构简单、操作方便、镀层均匀、生产效率高，而受到人们的重视。其工作原理和特点如下。

① 将被蒸发膜材料制成阴极靶即弧蒸发源，该蒸发源为固态，可在真空内任意方位布置，也可多源联合工作，有利大件镀膜。

② 弧蒸发源接电源负极，真空室外壳接正极，调整工作电流，靶材表面进行弧光放电，同时蒸发出大量阴极金属蒸气，其中部分发生电离并在基板负偏压的吸引下轰击工件表面，从而起到洁净工件表面和使工件的温度升高达到沉积所需温度。此后，逐渐降低基板负压，汽化了的靶粒子飞向基板形成镀膜。如果同时通入适当流量的反应气体，即可在工件表面沉积得到化合物膜层。从以上镀膜过程看，弧蒸发源既是蒸发器又是离化源，无需增加辅助离化源，也无需通入惰性气体轰击清洗工件，并且不需要烘烤装置，设备简单，工艺稳定。

③ 多弧离子镀离化率高达 60%～90%，有利于改善膜层的质量，特别适用于活性反应沉积化合物膜层。

④ 多弧蒸发源在蒸发阴极材料时，往往有液滴沉积在工件表面，造成工件表面具有较高的表面粗糙度。所以减少和细化蒸发材料液滴是当前多弧离子镀工艺的关键问题。

离子镀除了具有镀层结合力强的特点之外，还具有如下优点：离子绕射性强，没有明显的方向性沉积，工件的各个表面都能镀上；镀层均匀性好，并且具有较高的致密度和细的晶粒度，即使经镜面研磨过的工件，进行离子镀后，表面依然光洁致密，无需再作研磨。

用于冲压和挤压黏性材料的冷作模具，采用PVD法处理后，其使用寿命大为提高，从发展趋势来看，PVD法将成为模具表面处理的主要技术方法之一。表15-2列出了三种PVD法与CVD法的特性比较，供选用时参考。

表15-2 三种PVD法与CVD法的特性比较

项目	PVD法			CVD法
	真空蒸镀	阴极溅射	离子镀	
镀金属	可以	可以	可以	可以
镀合金	可以但工艺复杂	可以	可以但工艺复杂	可以
镀高熔点化合物	可以但工艺复杂	可以	可以但工艺复杂	可以
沉积粒子的能量/eV	0.1～1	1～10	30～1000	—
沉积速度/$\mu m \cdot min^{-1}$	0.1～75	0.01～2	0.1～50	较快
沉积膜的密度	较低	高	高	高
孔隙度	中	小	小	极小
基体与镀层的连接	没有合金相	没有合金相	有合金相	有合金相
结合力	差	好	最好	最好
均镀能力	不好	好	好	好
镀覆机理	真空蒸发	辉光放电、溅射	辉光放电	气相化学反应

目前应用PVD法沉积TiC、TiN等镀层已在生产中得到推广应用，同时在TiN基础上发展起来的多元膜，如（Ti，Al）N、（Ti，Cr）N等，性能优于TiN，是一种更有前途的新型薄膜。

15.2.5 物理气相沉积在模具表面强化工艺中的应用

案例 物理气相沉积Ti/TiN提高冷冲模具寿命

（1）试验材料及方法

以Cr12MoV为基体材料，加工成30mm×3mm×7mm规格的试样，经高淬高回热处理(1100℃真空淬火和520℃×1.5h两次回火)，硬度为61HRC。再经砂纸研磨、抛光。试样在涂层前经严格的清洗、除锈和除油。

单一处理涂层制备工艺为：用非平衡磁控溅射（Teer 450/4UDP）沉积Ti/TiN涂层，沉积前，试样在－500V偏压下用Ar离子清洗，然后用Ti靶在－60V偏压下沉积0.1μmTi底层和3μmTiN涂层。

双重处理涂层的制备工艺为：试样先在LD-8100型离子氮化炉中进行离子氮化，氮化温度500℃，氮化时间5h，真空度480～520Pa，工作电流30～40A。随后沉积Ti/TiN涂层(工艺同单一处理)。

（2）涂层表面性能测试

① 表面显微硬度 用HX-1000显微硬度计，测定一系列载荷（10g，25g，50g，100g，300g，500g和1000g）作用下的表面显微硬度值。未表面处理（高淬高回）试样的硬度值基本是不随载荷的变化而变化，而单一处理和双重处理试样的表面硬度则是随载荷的增加而减小，而且，在同样载荷下双重处理试样的硬度要比单一处理的高。

② 磨损试验　磨损试验在 MM-200 型国产磨损试验机上进行，以矩形涂层试样（30mm×3mm×7mm）为上试样，表面等离子氮化的 Cr12MoV 钢（1200Hv）滚轮（Φ40mm×10mm）为对磨试样。磨损试验条件为：冲击式磨损（17 次/min），转速 200r/min（线速度为 0.42m/s），20＃机油润滑，载荷 15kg。本实验采用高淬高回（未表面处理）Cr12MoV 钢作为对比材料。表 15-3 是三种试样不同磨损时间下的磨损体积。从表 15-3 中可以清楚地看到，单一处理和双重处理后试样的磨损量明显低于未表面处理试样。当磨损 9h 时，未表面处理试样的磨损量是单一处理试样的 14 倍左右，是双重处理试样的 23 倍左右。很明显，经表面处理后试样耐磨性都得到了提高，特别是经过双重处理的耐磨性更好。

表 15-3　不同磨损时间下各类试样的磨损体积

试样状态	磨损时间/h				
	0.5	1	3	6	9
	磨损体积/$\times 10^{-3}mm^3$				
未表面处理	5.2	7.5	9.0	17.4	26.3
PVD Ti/TiN	—	—	0.4	1.0	1.9
LTPN+PVDTi/TiN	—	—	0.3	0.7	1.2

图 15-8～图 15-10 是三种试样磨损形貌的低倍照片及 SEM 细节，可以看出未表面处理试样磨损形貌为典型的犁沟［见图 15-8(a)］，而且高倍的 SEM 照片也显示了严重的犁沟［见图 15-8(b)］，而经表面处理的试样磨损形貌都为非常光滑的表面，即无明显的塑性流动、微裂纹和脆性的迹象（见图 15-9 和图 15-10）。

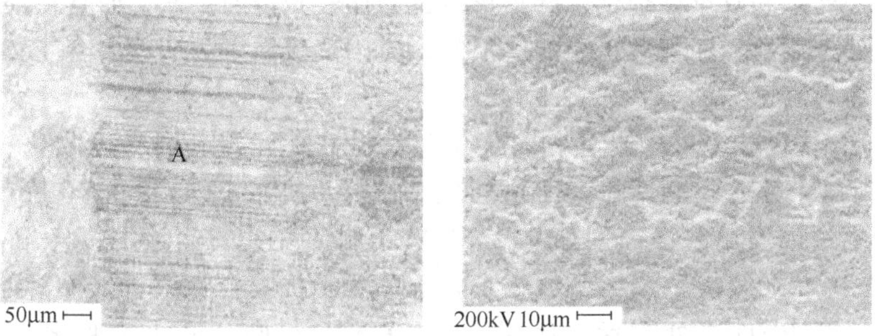

(a) 磨损形貌低倍照片　　(b) A 区域 SEM 细节

图 15-8　未表面处理试样磨损 6h 形貌（滑动方向为从左至右）

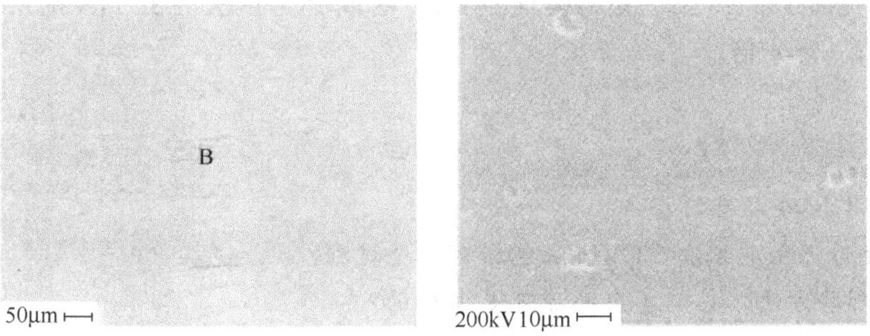

(a) 磨损形貌低倍照片　　(b) B 区域 SEM 细节

图 15-9　PVD Ti/TiN 涂层试样磨损 6h 形貌

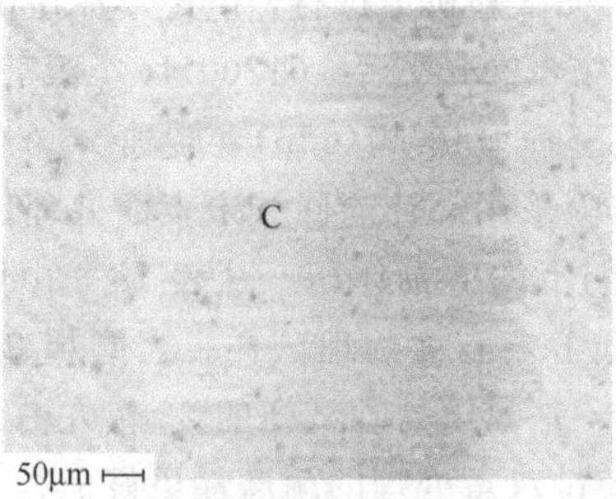

(a) 磨损形貌低倍照片

(b) C 区域 SEM 细节

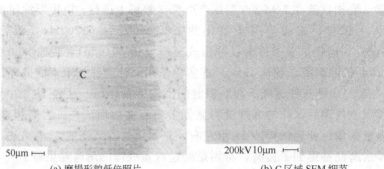

图 15-10　LTPN＋PVDTi/TiN 涂层试样磨损 6h 形貌

(3) 应用试验

对经 PVD Ti/TiN 单一处理的模具进行了实际应用试验，该冷冲模具实际使用寿命由原来的约 2500 次增加到 6650 次，即模具实际使用寿命提高了 2 倍多，而且从模具磨损后的失效形貌发现磨损部位为光滑的表面，属于逐渐磨损，没有出现涂层剥落的痕迹，这与试样的磨损试验结果相一致。

(4) 结论

在 Cr12MoV 钢上沉积 Ti/TiN 涂层能显著地提高 Cr12MoV 钢的表面硬度及承载能力。而且，先进行低温等离子氮化处理的双重处理更能改善涂层-基体结合条件，显著提高涂层与基体的结合强度，这归因于 Ti/TiN 涂层强化和韧化的作用以及中间氮化层的强化作用。硬、韧和低摩擦系数的 Ti/TiN 涂层大大地提高了 Cr12MoV 钢的耐磨性，与未经表面处理试样比较，单一处理和双重处理试样磨损形貌都为比较光滑的表面，而且在磨损时间相同的条件下，双重处理比单一处理有更少的磨损量。应用试验结果表明模具经 PVDTi/TiN 涂层后，其使用寿命提高了 2 倍多。

总之，采用 PVD 技术可以在各种材料上沉积致密、光滑、高精度的化合物（如 TiC、TiN）镀层，所以十分适合模具的表面热处理。目前，应用 PVD 法沉积 TiC、TiN 等镀层已在模具生产中进入实用阶段。例如 Cr12MoV 钢制油开关精制冲模，经 PVD 法沉积后，表面硬度为 2500～3000HV，摩擦系数减小，抗黏着和抗咬合性改善，模具原使用 1 万～3 万次即要刃磨，经 PVD 法处理后，使用 10 万次不需刃磨，尺寸无变化，仍可使用；由 Cr12MoV 钢制作的电表壳拉深模，常规热处理后低温 PVD 法沉积 TiN 强化处理，使用寿命由原来的 2000 件提高到 2 万件以上。由 H13 钢制作的铝型材挤压模经 PCVD 法沉积 TiN 后，模具寿命提高了 3～5 倍。塑料模具经 PVD 法或 PCVD 法沉积 TiN 涂层强化处理，使用寿命也能提高 2～4 倍。

思考题

1. 简述 TiC、TiN 涂层有何特点。
2. 气相沉积分为哪几类方法？CVD 法包括哪几个过程？
3. PVD 法有哪些方法，它们各自的原理是怎样的？
4. CVD 和 PVD 法分别用于哪些模具的强化处理？

16 堆焊技术

16.1 概述

堆焊是机械制造行业中的一个重要制造手段和维修手段。是用不同的焊接方法（如焊条电弧焊、气焊、埋弧焊、电渣焊及等离子焊等）和焊接工艺将填充金属熔覆在金属材料或零件表面的技术，通过堆焊可以获得特定的表面性能和表面尺寸。这种工艺过程主要是实现异种金属的冶金结合，其目的是为了增加零件的耐磨、耐热及耐腐蚀等性能。采用该方法除了可以显著提高工件的使用寿命，节省制造及维修费用外，还可以减少修理和更换零件的时间，减少停机停产的损失，从而提高生产效率，降低生产成本。

研究和应用堆焊技术时需关注以下几个问题，这也是综合评价堆焊技术选择是否得当，堆焊工艺是否正确，以及堆焊质量是否符合工况要求的重要指标。

16.1.1 稀释率

稀释率是表示堆焊焊缝中含有基材金属的百分率，如图 16-1 所示。

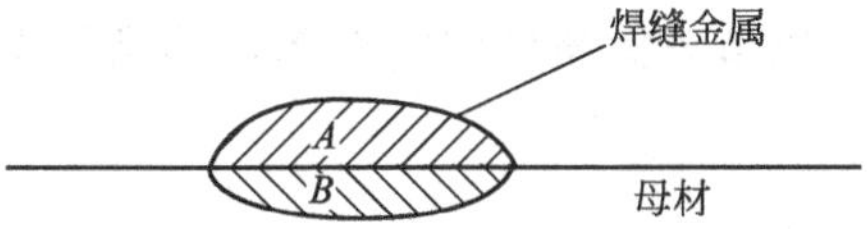

图 16-1 堆焊的稀释率示意图

$$稀释率=[B/(A+B)]\times 100\%$$

式中 A——堆焊合金的熔化面积；

B——基材的熔化面积。

堆焊材料中含有较多的合金元素，而被堆焊零件往往是碳钢和低合金钢。为了获得设计的表面堆焊成分，节省合金元素，必须尽量减少母材向焊缝的熔入量，即降低稀释率。

堆焊层以及熔合区的成分和性能都受到稀释率的重要影响。不同堆焊方法的稀释率不同，在堆焊方法和设备已选定的情况下，应从堆焊材料成分上补偿稀释率的影响，并从严格的堆焊工艺参数上来控制稀释率。

16.1.2 熔合比

熔合比是母材在焊缝中所占的比例。设熔合比为 η，堆焊填充金属原始成分为 C_0，堆焊一层后堆焊金属层含 C_0 的比例为 C_1，则

$$C_1=(1-\eta)C_0$$

在第 n 层堆焊金属中含 C_0 为

$$C_n=(1-\eta^n)C_0$$

尽量减小母材在堆焊金属中的熔入，降低熔合比，是堆焊工艺中的一个特殊要求。

16.1.3 熔合区的成分、组织与性能

堆焊金属和基材热影响区之间存在一个熔合区（见图 16-1 中的 B 区），其化学成分介于基材和堆焊层之间，性能也不同于基材。而且当工件在高温环境长期工作或堆焊后热处理时，元素的迁移还会使熔合区的成分和性能发生变化。熔合区的成分与性能通常通过选择正确的堆焊工艺来控制，必要时可在工作层堆焊前先在基材上堆焊隔离层。

16.1.4 热循环的影响

堆焊层的化学成分除了受到基材稀释的影响外，由于堆焊往往是多焊道或多焊层，后续焊道使先期的焊道反复多次的加热。另外，由于堆焊工艺的需要，有时还需对工件进行预热、层间保温或焊后缓冷等措施，在这种复杂的热循环下，堆焊层和熔合区的成分组织以及内应力变得很不均匀。

16.1.5 热应力

堆焊应用的成功与否有时取决于内应力的大小和载荷应力的类型（剪切、拉伸或压缩应力）。堆焊件的残余应力将加大或减小服役载荷产生的应力，因而加大或减小堆焊层开裂的倾向。减小残余应力，除对堆焊工艺采取必要的预热、缓冷措施外，还可以从减小堆焊金属与基材的线膨胀系数差、增设过渡层以及改进堆焊金属的塑性来控制。

16.1.6 堆焊工艺的主要应用

堆焊的冶金特点、物理本质和热循环过程等，与一般的熔焊工艺基本相同。但堆焊本身又具有一些特殊意义。堆焊工艺的主要应用如下。

（1）节省贵重金属

如在基体为碳素钢或铸钢的表面上，堆焊一层具有特殊性能的表面层，使其达到耐磨、耐热或耐腐蚀的目的，这样可以节省大量的贵重金属，提高材料的使用寿命，具有很大的经济效益。

（2）制造双金属结构

如冷冲模刃口等部位，必须在刃口部分堆覆一层特殊材料做成双金属结构，才能具有耐磨、耐腐蚀、耐冲击的性能。双金属模具能满足不同技术的要求，也能充分发挥材料的潜力。

（3）修复破旧零件

一些经常在特殊环境下工作的模具零件，其表面磨损很严重，有的甚至破碎或断裂。这时采用堆焊工艺进行修复，既能节省大量的材料，也能获得许多使用寿命往往比新零件还高的零件，这是一举两得的好事。

（4）提高零件的使用寿命

如轧辊磨损后，通过堆焊耐磨合金，使堆焊后的轧辊轧制金属量能比新轧辊提高3～5倍。在模具基体上堆焊镍铬硼硅等粉末，使模具的使用寿命提高4～6倍。

堆焊的设备简单、易移动、作业方便等优点很适合于单件和形状复杂的模具零件。堆焊时可根据不同的要求，选用不同的堆焊材料和方法，制造出符合制模所需的高硬度、耐磨、耐热、耐腐蚀材料。

在冲模制造中，以普通灰铸铁为基体，在刃口部位堆焊高硬度的合金钢，以代替模具钢镶块，这是一项节省制造工时，节省昂贵模具钢材，缩短模具制造周期的快速经济制模技术。目前世界各国模具行业已广泛采用，取得了良好的经济效益。

16.2 堆焊合金的种类及选择

堆焊合金的化学成分和金相组织对其性能都有很大的影响，所以堆焊合金的分类必须同时考虑这两种因素。常见的堆焊材料按其成分分为铁基、钴基、镍基、铜基合金和碳化物等几大类。

16.2.1 铁基堆焊合金

铁基合金是应用最广泛的一种堆焊合金。这不仅仅是因为其价格低廉，经济性好，而更是因为经过成分、组织的调整，铁基合金可以在很大范围内改变堆焊层的强度、硬度、韧性、耐磨性、耐蚀性和抗冲击性。由于合金含量和冷却速度的不同，铁基合金堆焊层的组织可以是珠光体、马氏体、奥氏体或莱氏体等。

16.2.1.1 珠光体钢堆焊金属

这类合金含碳量（质量分数）通常低于0.5%，含合金元素总量（质量分数）不超过5%，以Mn、Cr、Mo、Si为主要合金元素。这种合金焊后得到珠光体组织（亦包括索氏体和屈氏体），其硬度小于38HRC。

该类合金的特点是焊接性能良好，具有中等的硬度和一定的耐磨性，冲击韧度好，易切削加工，价格便宜，对稀释率的要求也不严。

珠光体堆焊层由于硬度低，耐腐蚀性亦不佳，故常用于机械零件恢复尺寸时的打底层，意在提高堆焊的经济性或形成底层基体金属与顶层高合金在成分和性能上的良好过渡层。在少数情况下，珠光体堆焊层可以用于对耐磨性要求不高的工作表面。焊接方法以焊条电弧焊和熔化极自动堆焊为主。焊条电弧焊常用的珠光体堆焊焊条有D102、D107、D122和D127等。

焊条电弧堆焊的工艺为：低氢型焊条焊前应在300℃左右烘干1h，钛钙型焊条可不烘干或在100℃左右烘干1h；工件堆焊前应清理油、锈；当母材为低碳钢时，焊前不预热，当母材为中碳钢或低合金高强度钢时应焊前预热150～250℃；低氢型焊条用直流反接，钛钙型焊条多用交流电源或直流正接。

16.2.1.2 马氏体钢堆焊金属

在正常的焊接条件下，马氏体钢堆焊层的焊态组织为马氏体。其含碳量在0.1%～1.7%之间，同时含有Mn、Mo、Ni、Cr、W、V、Si等元素，合金元素总量为5%～15%。使其具有“自淬硬”性能。有时也有少量珠光体、屈氏体、贝氏体和残余奥氏体。加入合金元素Mn、Ni、Mo可以提高淬透性，促使马氏体、贝氏体形成，加入Cr、Mo、W、V可以形成抗磨的碳化物，加入Mn和Si可以改善焊接性。

马氏体钢堆焊层又可按其含碳量分为低碳、中碳和高碳马氏体三种堆焊层。其中含碳量≤0.3%的为低碳马氏体，0.3%～0.6%的为中碳马氏体，0.6%～1.0%的为高碳马氏体。其硬度也随含碳量和含合金量的变化在30～60HRC之间变化。

马氏体钢堆焊金属的耐磨性较高，而且由于屈服强度高，能经受中等冲击。特别是当堆焊层的韧性、强度、耐磨性都有要求时，马氏体钢堆焊金属是最好的、最经济的堆焊材料。它也经常在堆焊更脆、更耐磨的材料前，作为高强度的过渡层材料。随着含碳量和含铬量的增加，耐磨性增高。它对金属间磨损和低应力磨料磨损有很好的抵抗力，但耐高应力磨料磨损的性能一般。

马氏体钢堆焊层的硬度和耐磨性比珠光体高，而韧性和抗冲击性则要低，而且随着含碳量的增加，这种趋势越来越明显。大部分马氏体钢堆焊金属的耐热和耐腐蚀性都不好。

马氏体钢堆焊层的焊接性比珠光体钢差。因此，焊前对母材表面要除锈除油，对裂纹敏感性比较强的母材还要考虑焊前预热和焊后热处理。马氏体钢的主要堆焊工艺是焊条电弧堆焊和熔化极自动堆焊。焊条电弧堆焊常用的焊条为D167、D172、D207、D212、D227、D237等。堆焊前务必注意对焊条的烘干。低氢型焊条的烘干温度为300～350℃。熔化极自动堆焊根据工艺不同，可以选择不同供应形式的堆焊材料（如药芯焊丝，带材、丝材等），然后再确定用低碳、中碳或高碳及合金的不同成分。由于产品种类繁多，这里不一一赘述。

16.2.1.3　高速钢及工具钢堆焊金属

为满足较高淬硬性的要求，高速钢堆焊层中填有大量的W、Mo、V和较多的C，例如典型的18-4-1型焊条（D307），堆焊层中含18%W，4%Cr，1%V和0.8%C，可用于金属切削刀具的堆焊，其淬火后组织为马氏体加碳化钨，还有残余奥氏体；热锻模和冷冲模的堆焊则要求表面层具有较好的抗冲击性，同时还要有足够的硬度，常有的焊条有D337、D397、D322、D327、D027和D036等。

有相当一部分模具使用一段时间后需要进行局部堆焊修复，根据模具钢的不同，焊前应在300～500℃预热，并在不低于预热温度下进行堆焊，堆焊后进行回火处理。回火可使马氏体软化，并使堆焊件韧性提高和部分消除残余应力。对于堆焊厚度较大的裂损部位可先用Cr19Ni8Mn7焊条堆焊一层缓冲层，以减少裂纹倾向。

各种热工具钢，冷工具钢堆焊焊条的常用电流值见表16-1。其中，低氢型焊条采用直流电源反接，钛钙型电焊条采用交流电源。电焊条使用前必须烘干，烘干温度及时间分别为：低氢型焊条350℃×1h，钛钙型电焊条250℃×1h。

表16-1　工具钢常用的堆焊电流值

焊条直径/mm	焊接电流/A
3.2	90～110
4.0	150～180
5.0	180～210

16.2.1.4　奥氏体堆焊金属

奥氏体堆焊金属有三种，分别为奥氏体锰钢、铬锰奥氏体钢和铬镍奥氏体钢。

① 奥氏体高锰钢堆焊金属　含碳量1.0%～1.4%，Mn 10%～14%，强度高，韧性好，但易产生热裂纹。焊后硬度约200HB，经冷作硬化后硬度可达450～550HB，是强烈冲击条件下抗磨料磨损的良好材料。

② 铬锰奥氏体钢堆焊金属　分为低铬和高铬两类，低铬锰奥氏体钢通常含铬不超过4%，含Mn 12%～15%，还含有少量Ni和Mo。性能与奥氏体高锰钢相似，但焊接性好。适合严重冲击条件下抗磨料磨损的场合。高铬锰奥氏体钢堆焊金属含铬12%～17%，含Mn约15%，它除具有奥氏体高锰钢堆焊金属的优点外，还有较好的耐腐蚀性，耐热性和抗热裂性。

奥氏体高锰钢堆焊金属和铬锰奥氏体钢堆焊金属在堆焊后具有相同的组织结构，均为奥氏体组织。且焊态的硬度也相似，均在200HB左右。它们最显著的特点是加工硬化性能非常强。在受到较大的冲击载荷以后，表面硬度可达450～550HB。因此，耐磨奥氏体堆焊层的抗低应力磨粒磨损效果并不出众，但特别适合于有冲击的高应力磨粒磨损的场合。

常用的高锰钢堆焊焊条是D256和D266；低铬锰钢焊条暂时无国标牌号；高铬锰钢焊条有D276、D567和D577等。

③ 18-8、25-20等铬镍奥氏体钢堆焊金属　其耐腐蚀性、耐高温氧化、热强性都好，但耐磨性较差。

16.2.1.5　耐腐蚀合金

耐腐蚀合金以铬镍奥氏体不锈钢和高铬马氏体不锈钢为主。由于其耐腐蚀和抗氧化性好，不锈钢的使用非常广泛。不锈钢能在表面生成稳定致密的氧化铬膜，这种膜能使表面免受进一步的氧化和阻止腐蚀介质的进一步作用。但在某些条件下，由于氧化膜不稳定，不锈钢也会产生点蚀、晶间腐蚀或总体腐蚀。高铬马氏体不锈钢除具有耐腐蚀性外，还有一定的热强性，可用于抗中温（300～600℃）的金属间磨损。

耐腐蚀不锈钢堆焊材料的品种繁多，其中带材、丝材的牌号选择可参考同质钢材的牌号，焊条电弧焊焊条可以选择以A（奥氏体）和D（堆焊）等字母开头的系列焊条。

16.2.1.6 高合金铸铁

按相结构，高合金铸铁可分为含有马氏体、残余奥氏体和莱氏体的马氏体合金铸铁，以及由奥氏体加莱氏体共晶的奥氏体合金铸铁。马氏体合金铸铁堆焊层的宏观硬度为50～60HRC，耐磨、耐蚀、耐热和抗氧化性能较好，但不耐冲击。奥氏体合金铸铁堆焊层的宏观硬度为45～55HRC，虽然硬度相对较低，但由于其在奥氏体基体上分布着大量的高硬度碳化物，其抗低应力磨粒磨损能力较强，抗高应力磨粒磨损能力不佳，但可以抗一定程度的冲击，可磨削加工。

高合金铸铁堆焊层在工业中应用很广。马氏体合金铸铁常用于堆焊矿山和农业机械上与矿石、泥沙接触的零件，奥氏体合金铸铁则常用于粉碎机辊、挖掘机齿等有中度冲击磨粒磨损的场合。

常用的马氏体合金铸铁焊条有D608、D678和D698等；高铬合金铸铁焊条有D618、D628、D642、D667、D687等。

16.2.2 镍基堆焊合金

镍基堆焊合金按其强化相的不同可分成三大类，即含硼化物合金、含碳化物合金和含金属间化合物的合金。其中以含硼化物的镍铬硼硅合金应用最广。

镍铬硼硅合金系含B 1.5%～4.5%、Cr 0～18%。堆焊层的金相组织是奥氏体+碳化物+硼化物。一般含铬高的合金含硼也高，形成极硬的硼化物。堆焊层常温硬度62HRC，有很高的耐应力磨料磨损的能力，但抗冲击能力下降。由于在540℃仍保持较高硬度（48HRC）且有很好的抗氧化、耐腐蚀性，可用于阀门密封面堆焊。

含碳化物的镍基合金使用较少。但由于和钴基合金相比价格较低，作为钴基堆焊金属的代用品近来在国外得到较多应用。尤以含碳化物（M7C3型、M6C型）的Ni-Cr-Mo-Co-Fe-W-C系列合金，较易用氧-乙炔焰堆焊，使用更普遍。

含金属间化合物的镍基合金如Ni-32Mo-15Cr-3Si，高温硬度好，具有很好的耐金属间磨损的能力和中等的耐磨料磨损的能力，但抗冲击性不好，常用来堆焊在严重腐蚀介质中工作的阀门密封面。

16.2.3 钴基堆焊合金

钴基堆焊合金主要指钴铬钨合金。该类合金含C 0.7%～3.3%、W 3%～21%、Cr 26%～32%。堆焊层的金相组织是奥氏体+共晶组织。而含碳高的合金是过共晶组织，出现大块的M_7C_3和M_7C型的合金碳化物。钴铬钨合金的主要特点是在650℃以上温度仍保持较高的强度和硬度。同时在540～650℃时保持的高温蠕变强度比任何其他堆焊金属的都高。此外该合金具有一定的抗腐蚀性、优良的抗粘着磨损性能，随着含碳量的提高还具有高的硬度和优良的抗磨料磨损性能。因此，虽然这类合金价格昂贵，在要求耐高温磨损、高温腐蚀的场合仍得到较多应用。

钴基堆焊金属随着含碳量、含钨量的增加耐磨料磨损性能大大增加。如含C 1%的钴铬钨合金，虽然抗磨料磨损性能很一般，但由于有高的抗氧化性、抗腐蚀性、耐热性和低的摩擦系数，故可用于内燃机排气阀的密封面的堆焊。而含 C 2.5%的钴铬钨合金虽有很好的抗磨料磨损的能力，但抗冲击能力、焊接性和机加工性能下降，只能磨削加工，堆焊时易出现裂纹。它适于高温工作条件下高应力磨料磨损和工具刃部的堆焊，如牙轮钻头、热冲头、热剪刃等零件的堆焊。

国外新近发展的两种含 Laves 相的钴基堆焊合金，即 Co-28Mo-8Cr-2Si 和 Co-28Mo-17Cr-3Si，由于 Laves 相的硬度比 M_7C_3 低，对匹配的材料的磨蚀作用小，更适合于高温环境中工作的阀门密封面的堆焊。

铜基堆焊金属、碳化钨堆焊金属在此不再赘述，可参看其他文献。

16.2.4 堆焊合金的选取原则

由于堆焊工件的工作条件十分复杂，用材各异，因此，选择堆焊合金除需具备一定的焊接材料基础理论知识外，还需要具有丰富的实践经验。堆焊合金的选择一般应遵循以下基本原则。

16.2.4.1 满足工件的使用条件

工件的工作条件及工作环境十分复杂，必须首先对零件进行失效分析，明确被堆焊工件的失效模式与失效机理，然后选取适合于抵抗该失效类型的堆焊合金。例如，在铸铁基体上堆焊制造冷冲模的选材，目前使用的冷冲模堆焊焊条中，D322 焊条具有较高的堆焊层硬度和耐磨性，但堆焊工艺性较差，堆焊层金属易产生裂纹，且在生产应用中，堆焊的模块易产生崩块；D017 和 D027 焊条具有较好的焊接工艺性能且焊缝金属具有较好的抗裂性能，但堆焊层金属的硬度偏低，致使镶块模具使用寿命偏低。以上焊条在实际使用前均需要在 250～300℃下烘焙 1h，被焊工件需预热到 300℃以上，堆焊工艺复杂且操作人员劳动强度较高。采用编者研制的新型冷冲模堆焊焊条，不论是制造新模具，还是修复旧模具都取得了很好的效果。

16.2.4.2 考虑工件堆焊的经济性

当有几种堆焊合金都能够满足工件的使用要求时，应尽量选用价格便宜的堆焊合金，以尽量降低工件的堆焊成本。一般情况下，合金元素含量高的合金虽然价格高，但用其堆焊后工件的使用寿命长，考虑到更换零部件的时间及耽误的工期，应该综合考虑合金的成本和工件的寿命，合理的选出具有最佳性价比的堆焊合金。

16.2.4.3 考虑堆焊工件的可焊性

在满足使用条件和经济指标的前提下，应尽量选用可焊性好、堆焊工艺简单的堆焊合金。可焊性较差的材料容易产生焊接缺陷，如焊接裂纹等。一般焊前需要进行预热和焊后缓冷，使堆焊工艺复杂化，因此应该尽量选用抗裂性好的堆焊合金，尽量采用不用预热或预热温度较低的堆焊合金。

16.2.4.4 考虑我国的合金化资源

选用堆焊合金时，应尽量选择我国富有的合金资源，如 W、B、Mn、Si、Mo、V、Ti 等，少选用 Ni、Cr、Co。

16.3 堆焊方法的分类及选择

16.3.1 堆焊方法的分类及特点

16.3.1.1 焊条电弧堆焊

焊条电弧堆焊的特点是设备简单，工艺灵活，不受焊接位置及工件表面形状的限制。它因此成为最常见的一种堆焊方法。

由于工件的工作条件十分复杂，堆焊时必须根据工件的材质及工作条件选择合适的焊条，通常要根据表面的硬度选择具有相同硬度等级的焊条；堆焊耐热钢、不锈钢零件时，要选择和基体金属化学成分相近的焊条，其目的是保证堆焊金属和基体有相近的性质。在保证焊缝成型的前提下，堆焊电流的选择应以偏小为原则。这样做的好处是既可获得较好的堆焊层，又可以保证堆焊金属不会被母材过度地稀释。

16.3.1.2 埋弧自动堆焊

埋弧自动堆焊的电弧在焊剂下形成。由于电弧的高温作用，熔化了的金属形成金属蒸汽与焊剂蒸发形成的焊剂蒸汽在焊剂层下形成了一个封闭的空腔，电弧就在此空腔内燃烧。空腔上部的熔融态焊剂隔绝了外部的大气。液态金属在腔内气体压力和电弧力的共同作用下被排挤到熔池的后部，并在那里结晶。随金属一起流向后部的熔渣，由于密度较轻，在流动的过程中逐渐上浮并与液态金属相分离，最后形成覆盖在焊道表面的焊渣。埋弧自动堆焊具有以下特点。

① 埋弧自动堆焊焊层质量好　由于熔渣的保护，减少了空气中 N_2、H_2、O_2 对熔池的侵入，大大降低了堆焊金属中的含氮量、含氢量和含氧量；由于熔渣的保温作用，液态金属与熔渣、气体的冶金反应比较充分；堆焊层的化学成分均匀，成型美观，力学性能较好。埋弧焊还可以根据工作条件选择焊剂，向焊缝中过渡合金元素。例如在堆焊耐磨层时，可选用高硅锰合金。

② 埋弧焊的生产效率高　由于焊丝导电长度缩短，电流和电流密度提高，焊丝熔覆率大大提高，适用于自动化生产，一般堆焊生产效率比焊条电弧堆焊高 10 倍左右。

③ 工人的劳动条件好　由于没有弧光辐射，有害气体少，粉尘量低，从而大大改善了工人的劳动条件。

④ 堆焊应用场合受限制　埋弧自动堆焊的设备较为复杂，且焊接电流大，工件的热影响区也大。故不适于体积小，容易变形的零件的堆焊，特别适合于大平面的堆焊。

埋弧自动堆焊一般有单丝埋弧自动堆焊、多丝埋弧自动堆焊、带极埋弧自动堆焊和串联电弧埋弧自动堆焊四种形式。

16.3.1.3 CO_2 气体保护堆焊

CO_2 气体保护堆焊是采用 CO_2 气体作为保护介质的一种堆焊工艺。堆焊时 CO_2 气体以一定的速度从喷嘴中吹向电弧区形成一个可靠的保护区，把熔池与空气隔开，阻止 N_2、H_2、O_2 等有害气体侵入熔池，从而提高了堆焊层的质量。

16.3.1.4 振动电弧堆焊

振动电弧堆焊是一种复合技术。它在普通电弧堆焊的基础上，给焊丝端部加上振动。其特点是熔深浅，堆焊层薄而均匀，工件受热小，堆焊层耐磨性好、生产率高、成本较低。

振动电弧堆焊的主要保护方法有：向电弧区喷射水蒸气、二氧化碳，或用焊剂作为保护介质。

16.3.1.5 等离子弧堆焊

等离子弧堆焊是以联合型或转移型等离子弧作为热源，以合金粉末或焊丝作为填充金属的一种熔化焊工艺。

与其他的堆焊工艺相比，等离子弧堆焊的弧柱稳定，温度高，热量集中，工艺参数可调性好，熔池平静，可控制熔深和熔合比（熔合比可控制在5%～15%）；熔覆效率高，堆焊焊道宽；堆焊零件变形小，外形美观，易于实现自动化；粉末等离子堆焊还有堆焊材料来源广的特点。其缺点是设备成本高，噪声和紫外线强，产生臭氧污染等。

按照填充材料的方式不同，等离子堆焊又可分为：冷丝等离子堆焊、热丝等离子堆焊和粉末等离子堆焊三种形式。

16.3.1.6 激光堆焊

激光堆焊包括激光表面合金化、激光熔覆等工艺。激光表面合金化是在高能束激光作用下，将一种或多种合金元素于基材表面快速熔凝，从而使廉价材料表层获得具有预定高合金特性的技术。激光熔覆是采用激光加热，使基材仅表面一极薄层熔化，同时加入另外的合金成分并一起熔化后迅速凝固形成新的合金层，涂覆材料受到基材极小的稀释，基本保持其原有成分及性质不变，从而提供良好的耐磨损、抗腐蚀能力。

16.3.1.7 电渣堆焊

电渣堆焊的熔覆率最高，板极电渣堆焊的熔覆率可达150kg/h，而且一次可以堆焊很大的厚度，因而稀释率并不高。熔覆速度很高而焊剂的消耗比埋弧自动焊少得多。除通过电极外，还可通过将合金粉末加到熔渣池中或者作为电极的涂料进行渗合金，因而堆焊层的成分较易调整。由于接头严重过热，所以堆焊后需进行热处理。另外，堆焊层不能太薄（一般应大于14～16mm），否则不能建立稳定的电渣过程。因此，电渣堆焊主要用于需要较厚的堆焊层、堆焊表面形状比较简单的大中型工件。

电渣堆焊可采用实心焊丝、管状焊丝、板极或带极等进行堆焊。

16.3.2 堆焊方法的选择

选择堆焊方法时需要考虑以下因素。

16.3.2.1 堆焊层的性能要求

堆焊应用范围很广，因而对堆焊层性能要求差别大。堆焊层的性能受成分和金相组织的影响。多数堆焊层是在焊后状态使用的，结构上是铸造组织，成分和组织都很不均匀，成分的变化主要受母材稀释的影响；氧-乙炔焰堆焊时的增碳、电弧堆焊时元素的烧损也有影响。各种堆焊方法稀释率差别很大（见表16-2）。保证堆焊层性能时，稀释率是主要考虑因素之一。不同堆焊方法堆焊层凝固速度差别很大，因而产生不同的金相组织，这对性能也有很大影响。此外，由于工艺原理和机械化、自动化水平的不同，堆焊层性能的稳定性也有很大差别。如氧-乙炔焰堆焊，只要操作得当，堆焊层质量很高。各种自动化堆焊与焊条电弧堆焊相比，堆焊层质量稳定得多。

除了性能外，对堆焊层质量的要求差别也很大。例如，阀门表面堆焊钴铬钨合金时，对堆焊层的完整性要求很高。为保证质量常采用氧-乙炔焰堆焊或粉末等离子弧堆焊，而且对堆焊材料的质量和焊工的操作技能提出严格要求。又如对于抗腐蚀的堆焊层，必须保证完整无缺陷，因为裂纹、针眼孔、夹渣等小缺陷都可能产生快速的局部腐蚀而引起灾难性的破坏，还必须严格控制稀释率，因为成分的变化对腐蚀性能影响也很大，所以常用带极埋弧堆焊及改进型的熔化极气体保护电弧堆焊。此外，挖土机铲斗等工件的堆焊，只要求耐磨损，延长使用寿命，对堆焊层中的气孔，裂纹等缺陷的限制不严格，稀释率的影响也小些。因此可以在现场焊条电弧堆焊。

表 16-2 几种堆焊方法特点比较

堆焊方法	稀释率 /%	熔覆速度 /(kg/h)	最小堆焊厚度 /mm	熔覆效率 /%	
氧-乙炔焰堆焊	手工送丝	1～10	0.5～1.8	0.8	100
	自动送丝	1～10	0.5～6.8	0.8	100
	粉末堆焊	1～10	0.5～1.8	0.8	85～95
手工电弧堆焊		10～20	0.5～5.4	3.2	65
钨极氩弧堆焊		10～20	0.5～4.5	2.4	98～100
熔化极气体保护电弧堆焊 其中,自保护电弧堆焊		10～40 15～40	0.9～5.4 2.3～11.3	3.2 3.2	90～95 80～85
埋弧堆焊	单丝	30～60	4.5～11.3	3.2	95
	多丝	15～25	11.3～27.2	4.8	95
	串联电弧	10～25	11.3～15.9	4.8	95
	单带极	10～20	12～36	3.0	95
	多带极	8～15	22～68	4.0	95
等离子弧堆焊	自动送粉	5～15	0.5～6.8	0.8	85～95
	手工送丝	5～15	0.5～3.6	2.4	98～100
	自动送丝	5～15	0.5～3.6	2.4	98～100
	双热丝	5～15	13～27	2.4	98～100
电渣堆焊		10～14	15～75	15	95～100

16.3.2.2 堆焊件的结构特点、冶金特点

对于小工件，只要堆焊位置合适，一般堆焊方法都能用。但如果要求堆焊层薄，堆焊部位准确，则必须采用氧-乙炔焰堆焊或钨极氩弧堆焊。对于大型的、难以运输和翻转的工件，推荐用焊条电弧堆焊或半自动熔化极气体保护电弧堆焊。

堆焊时是否需要采用加热、保温等措施，除和堆焊材料有关外，还和堆焊件材质和结构有关，不同的堆焊方法也有影响。各种堆焊方法传给工件的热量差别很大。对于小线能量的堆焊方法可能要预热，而大线能量的就不一定需要。

当基材和堆焊层线胀系数差别大需要过渡层时，稀释层有时能起过渡层的作用。选择堆焊方法时这一因素也必须考虑。

16.3.2.3 经济性

堆焊的目的是延长部件工作区的寿命以获取最大的经济效益。所以经济的合理性是选择堆焊方法决定性因素。

堆焊成本包括人工费用、堆焊材料的成本、设备和运输费用。人工费用主要决定于对焊工技能的要求和堆焊方法的熔覆速度，也包括焊前的准备如堆焊材料和工件的清理、加工以及预热、缓冷等的费用。熔覆速度是决定生产率的重要因素，理想的堆焊方法是保证稀释率满足要求的情况下尽量提高熔覆速度。堆焊材料的价格决定于原料价格和堆焊材料的形状。在钴基、镍基和碳化钨等材料中，原料价格起主导作用，而在铁基材料中，材料的形状是决定价格的主要因素。一般说，管状材料最便宜，冷拔的焊丝最贵，特别是所需批量小时更明显。铸棒和粉粒状的价格介于两者之间。从价格看，粉粒状比铸棒更价廉，但粉粒堆焊材料的熔覆效率低的多（见表 16-2）。另外，堆焊材料的形状又限制着堆焊方法的选择，从表

16-3可看到堆焊材料形状与堆焊方法的关系。堆焊设备的费用取决于工件的批量，批量小时宜采用现有的通用设备。批量很大时，设计一个自动化程度高的专业设备一般更合理。

表 16-3　堆焊材料的形状及适用的堆焊方法

堆焊材料的形状	适用的堆焊方法
丝（dw=0.5～5.8mm）	氧-乙炔焰堆焊、熔化极气体保护电弧堆焊、振动堆焊、等离子弧堆焊、埋弧堆焊
带（t=0.4～0.8mm，B=30～300mm）	埋弧堆焊、电渣堆焊
铸棒（dw=2.2～8.0mm）①	氧-乙炔焰堆焊、等离子弧堆焊、钨极氩弧堆焊
粉（粒）	等离子弧堆焊、氧-乙炔焰堆焊
管状焊丝	自保护电弧堆焊、氧-乙炔焰堆焊、埋弧堆焊、钨极氩弧堆焊
堆焊用焊条（钢芯、铸芯、药芯）	手工电弧堆焊

① 除常规棒料外，我国已能用水平联系法生产优质的高合金铸棒。

16.4　堆焊技术在模具表面强化工艺中的应用

案例1　电渣堆焊锤锻模

（1）铸钢堆焊锤锻模的模体材料及堆焊材料的选择

由于锻模工作条件比较恶劣，堆焊金属材料除应具有整体锻模材料的性能外，还应具备下列特点：两种金属的热处理规范应当接近；相变温度、抗回火性能不应当相差太远；热膨胀率接近；比较好的焊接性。

① 铸造模体金属　生产实践表明，采用45Mn2钢做铸造模体可以满足要求，而且来源方便。

② 堆焊层金属　堆焊层相当于5Cr2MnMo钢，其化学成分如表16-4所示。它有良好的可焊性，有良好的物理及力学性能，采用880℃淬火、620℃回火，硬度为354～388HB，$a_k \geqslant 30/cm^2$，σ_b为1350MPa，与5CrNiMo钢的性能接近，并比5CrNiMo钢的高温性能优越。

表 16-4　5Cr2MnMo 钢的化学成分（质量分数）　单位：%

C	Si	Mn	Mo	Cr	S,P
0.43～0.53	≤0.4	0.6～0.9	0.8～1.2	1.8～2.2	≤0.035

（2）锤锻模的堆焊工艺参数

为了保证焊缝金属有足够的抗热裂性能和边缘有足够的熔透，适当地选择较高的电压是合理的。但是，板极截面积不同或所用板极相数不同时，选择的电压也应不同。

为了获得抗裂性好的优良焊缝，对焊接电流的选择一般要求是很严格的。电流选择过小易出现焊不透的现象。电流选择过大对熔池形状是极不利的，它明显地增加熔池深度，恶化焊缝的抗裂性能。具体工艺参数见表16-5所示。

表 16-5　电渣堆焊工艺参数

工艺参数 / 模具名称	电压 /V	电流 /A	渣深 /mm	堆焊槽宽 /mm	焊接时间 /h	焊后情况
前轴模	52.4～43.5	1300～1400	50～55	250×120	2.5～3	不裂

(3) 焊接裂缝及其防治

铸钢堆焊大型锻模较易出现裂缝，裂缝产生的部位绝大部分在焊缝的下半部，距焊缝表面 40mm 左右处。这种裂缝多数在焊后进行粗加工时就可看到。但有的经热处理后才出现。这种裂缝产生的原因主要是焊接规范选择不当，造成焊缝熔池过深，致使焊缝结晶时的脆弱区域在应力作用下产生裂缝。

为了防止上述裂缝的产生，可采取下列措施。

① 改变堆焊槽的尺寸　在解决曲轴模的裂缝时，将原来堆焊槽宽 180mm，改成 250mm。得到了非常满意的焊缝。这是因为堆焊槽宽度的增大，使母体刚度变小。另一方面，在其他规范不变的情况下，由于堆焊槽的加宽，使熔池的宽度加宽，使熔池的形状系数增大，提高了焊缝的抗裂性能。

② 改变工艺参数　在不允许改变堆焊槽宽度的情况下，可通过选用高电压、低电流的工艺参数，来获得优质焊缝。

(4) 堆焊锻模的热处理

① 退火工艺　由于电渣焊工艺的特点，焊缝的热影响区大，堆焊金属及附近模体金属晶粒粗大，树枝状结晶非常明显，而且化学成分的偏析也较为严重。为了消除这些缺陷，细化晶粒，改善切削性能，并为淬火处理做好准备，焊后应及时进行等温退火。

② 堆焊锻模的淬火及回火　铸钢堆焊锻模的淬火及回火可在箱式炉内进行，为了使模块加热均匀，装炉时应使模块之间留有 150～200mm 的间隙，模块与炉壁间亦应留 150～200mm 的距离。模块的装炉方式应尽量平装，使模面朝上。如立装时，应使型腔面对着电炉丝。为了防止淬火加热时模面氧化，可采用保护气氛。淬火时为了防止变形，可采用预冷措施。模块淬火后应立即进行回火，以防变形和开裂。铸钢堆焊锻模的淬火及回火工艺如表 16-6 所示。

表 16-6　铸钢堆焊模块淬火及回火工艺

铸钢堆焊锻模类型及高度(H)/mm		小型 H≤275	中型 H≤325	大型 H≤375	特大型 H≤500
硬度(HB)		444～398	388～325	363～321	341～309
淬火	加热时间/h	3～3.5	4～4.5	5～5.5	5～6
	加热温度/℃	880			
	保温时间/h	3～3.5	4～4.5	5～5.5	5～6
	出炉预冷时间/min	3～4	4～5	5～6	6～7
	冷却	将模子全部淬入循环油内			
	油冷时间/min	30～35	45～50	60～80	90～100
	出油温度/℃	150～180			
回火	回火温度/℃	580	600	620	630～640
	回火时间/h	3～3.5	3.5～4	4～4.5	4.5～5

(5) 堆焊锤锻模的寿命

堆焊锻模与 5CrNiMo 钢锻模使用寿命如表 16-7 所示。

不难看出，堆焊锻模的寿命与 5CrNiMo 钢锻模使用寿命相当，有的还高于 5CrNiMo 钢锻模。

表 16-7 堆焊锻模与5CrNiMo钢锻模使用寿命比较

序 号	锻件名称	5CrNiMo 钢锻模平均寿命/件	堆焊模平均寿命/件
1	连杆	4640	5100
2	曲轴	2494	3191
3	齿轮	7126	7299
4	变速操纵杆	10448	10443
5	花键轴	3506	3874
6	十字头	8757	13097
7	差速器	2782	3671
8	前轴	1070	1542
9	拖拽钩	3958	11465
10	左右前拖钩	5900	9901
11	右转向节臂	8350	12441

案例 2 大型镶块式修边模具的堆焊

随着汽车、拖拉机工业的迅猛发展，大型覆盖件冲模的加工制造越来越普遍。由于这类模具的尺寸比较大，结构又比较复杂，尤其是修边模具，其刃口形状很不规则，并且受到制件形状及尺寸的限制，若采用整体制造，一般需要复杂的机加工和热处理，工艺复杂、周期长、成本高，一般用于大批量、相对稳定的产品。而堆焊镶块模具只需在镶块刃口部位堆焊，不仅大大节省了优质合金工具钢，而且加工工艺简化、周期短、成本低，因而应用越来越广。

(1) 修边模的模体材料及堆焊材料的选择

根据大型修边模的工作条件，刃口堆焊层金属应具有较高的硬度及合理的硬度梯度分布；良好的冲击韧度；较高的强度；高的耐磨性能和抗疲劳性能。堆焊层金属应具备“马氏体（或马氏体＋下贝氏体）＋弥散分布的碳化物＋少量残余奥氏体”的组织；合金需具备良好的空冷淬透性，并且能在基体组织上形成一定数量和合理分布的碳化物，以保证堆焊层有足够的硬度和耐磨性能；同时还应有强、韧化元素，以保证堆焊层有良好的综合力学性能。选用新型冷冲模镶块堆焊焊条（该堆焊焊条的合金系为 CrSiMnMoV），镶块基体材料为普通灰铸铁。

(2) 堆焊铸铁镶块刃口的结构

大型修边模具的结构比较复杂，凸凹模刃口的形状很不规则。因此，在设计模具时，要根据具体情况，正确处理各部位的结构。采用堆焊刃口的模具，一般是将凸模（兼起制件在模具中的定位作用）设计成整体型式，凹模设计成镶块式。这样处理对模具的设计及制造过程非常有利。堆焊刃口部位的结构形式如图 16-2 所示。图中黑色部分为堆焊刃口，基体材料为普通铸铁。坡口的形式为倒 45°，当冲切板料的厚度 $t<1mm$ 时，堆焊刃口边长 $t'=6mm$；当 $1\leqslant t\leqslant 4mm$ 时，堆焊刃口边长 $t'=8mm$。

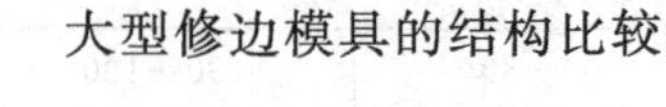

(a) 凸模韧口 (b) 凹模韧口

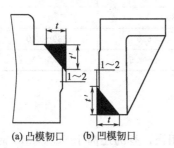

图 16-2 堆焊刃口部位的结构形式

(3) 修边模的堆焊工艺参数及工艺措施

堆焊工艺如表16-8所示。

表16-8 堆焊工艺规范参数

焊接电流/A	电弧电压/V	焊接速度/(mm/min)	堆焊层数	层间温度/℃
120	20	100	4	≤100

堆焊过程中采取的具体措施如下。

① 彻底清除基体上待施焊部位的杂质及油污；

② 堆焊时，采用直流电源反接，电流不能太大，否则母材熔化过多而导致堆焊层金属的韧性下降，一般焊接电流控制在120A；

③ 焊接速度控制在100mm/min，施短弧，弧长控制在5mm左右，不要采用多层连续焊，不宜摆动，以免产生气孔等缺陷；

④ 控制焊层温度不超过100℃，否则会使堆焊层的硬度降低；

⑤ 堆焊原则是一次堆满，不能出现刃口打磨后由于没有焊满而导致的补焊现象；堆焊层不能过高，否则，即浪费焊条和工时，又造成焊接变形过大；

⑥ 收弧时注意弧坑填满，每焊完一道趁红热状态用榔头锤击焊缝，锤打不宜重但要密集，以清渣和消除应力；

⑦ 焊接后在室温自然冷却。

(4) 堆焊后的加工

堆焊完成后，用风动或电动砂轮对堆焊刃口进行初步打磨。然后，借助于样板精修凸模，当认为凸模达到理想状态后，按凸模配修凹模，并保证要求的冲裁间隙。如果具备条件，可以在数控坐标磨床上，靠程序控制精修凸、凹模。这样可以大大的提高模具的精度。

(5) 堆焊模具的寿命

采用上述堆焊工艺在普通铸铁基体上进行了实际模具的堆焊制造和损坏模具的堆焊修复。为与传统堆焊焊条D322进行比较，分别选用了新型冷冲模堆焊焊条和D322焊条，结果表明，选用的新型冷冲模镶块焊条的堆焊工艺简单，堆焊过程中未出现堆焊层剥落和开裂现象，而D322焊条对堆焊工艺要求较高，在采用相同堆焊工艺的堆焊过程中出现了堆焊层开裂现象。用新型焊条堆焊制造的镶块切边模的使用时间可达6400h，加工零件25000件。

这些表明用新型冷冲模堆焊焊条在灰铁毛坯上堆焊制造修边模镶块是可行的，镶块的使用寿命与工具钢镶块的使用寿命相当，比用D322焊条修复的冷冲模的使用寿命提高30%～50%。

思考题

1. 堆焊合金包含几大类？堆焊合金的选取原则是什么？
2. 堆焊方法有哪些？各有什么特点？
3. 如何减小堆焊热应力？
4. 堆焊与一般焊接相比，焊接工艺参数的选取有何不同？

17　热喷涂与热喷焊

17.1　热喷涂概述

热喷涂是将喷涂材料经特定热源加热至熔融或半熔融状态，通过高速气流使其雾化并喷射到工件表面，形成耐磨、耐腐蚀，以及抗高温等特殊性能涂层的一种表面加工方法。根据是否将喷涂层重新熔化，可分为喷涂和喷焊两种工艺方法。热喷涂的基本过程如图 17-1 所示。

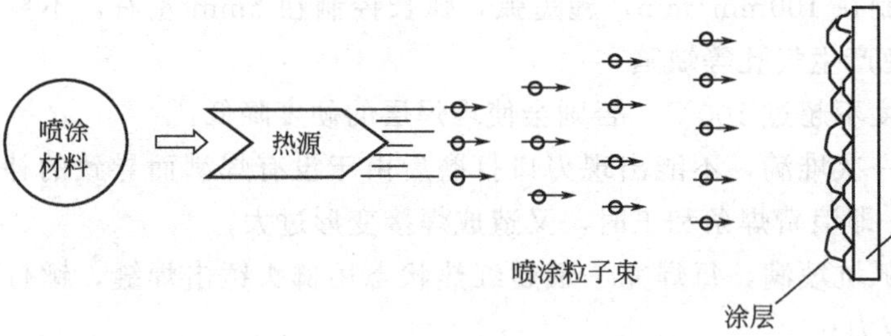

图 17-1　热喷涂的基本过程

17.1.1　热喷涂的基本原理

热喷涂时，被加热至熔融或半熔融状态的喷涂材料粒子在喷涂到工件表面后，由于同工件表面发生撞击而产生变形，互相镶嵌并迅速冷却凝固，大量的变形粒子依次堆叠，便形成了以叠层状结构为特征的喷涂层组织。喷涂粒子由于冷却收缩而导致喷涂层内部存在着拉应力和压应力。喷涂过程中，喷涂材料与周围空气相互作用而发生氧化和氮化，使喷涂层中含有氧化物或氮化物。喷涂粒子的堆叠，在喷涂层中形成了各种封闭的、表面的和穿透的孔隙。

17.1.2　热喷涂涂层的结合机理

热喷涂涂层与基体的结合机理有以下几种类型。

17.1.2.1　机械结合

当熔融或半熔融喷涂粒子以一定的速度和温度撞击到经过粗化处理的基体表面时，由于基材表面是凹凸不平的，高速粒子与基体表面发生能量转换，喷涂粒子变形并填满基材表面。喷涂粒子冷凝收缩后，与基材表面的凹凸处机械地咬合在一起，形成机械结合。

这种结合由于没有任何冶金化学反应发生，涂层的结合强度较低，承载能力较差，但对于以防腐或低载工作为目的的工件是可行的。实验表明，不论何种基材，何种喷涂方法，对基材表面实施粗化处理可以显著地提高喷涂层与基材的结合强度。

17.1.2.2　金属键结合

当接触面上的原子达到原子晶格常数范围时，粒子的原子与基材的原子就会产生金属键结合力。产生金属键结合必须具备两个条件，一是表面要非常干净，二是喷涂粒子与母材紧密接触并使二者原子间的距离达到晶格常数的范围以内。因此对基材表面进行净化处理，提高喷涂粒子的飞行速度都可为形成金属键结合创造有利条件。

17.1.2.3　微扩散结合

由于喷涂粒子与基材碰撞接触时，会产生变形，高温等条件，在接触面上可能造成微小的扩散。这种扩散作用增加了基体与涂层间的结合力。例如，钢材表面喷涂镍铝复合粉时，在界面处发现有不同于喷涂粒子也不同于基材的几个微米厚的 Ni-Al-Fe 结合层。

17.1.2.4 显微冶金结合

当喷涂放热型复合喷涂材料时，加热导致喷涂材料发生反应，释放出的热量能够使基材表面发生局部熔化，涂层与基材在冷区域便出现了冶金结合。

例如当喷涂镍包铝粉末时，当喷涂粉末被加热到 660℃左右时，便会发生如下反应：

$$3Ni + Al \longrightarrow Ni_3Al + 153J/mol$$

$$Ni + Al \longrightarrow NiAl + 134J/mol$$

反应放出的热量将促使基材温度升高，形成涂层与基材间的冶金结合。

由于前处理时净化和粗化的程度及各种喷涂方法对粒子的加热温度和速度以及各种喷涂材料自身的性能不同，以上各种结合形式有时以一种出现，有时是多种形式同时发挥作用。因此，为了提高涂层与基材的结合强度以及涂层自身的强度，必须认真做好热喷涂的每道工序，并通过喷涂工艺试验，找出最佳的工艺参数对提高喷涂层结合强度都是非常有益的。

17.1.3 热喷涂技术的特点

① 涂层与基体材料异常广泛，几乎所有固体材料均可作为喷涂材料。目前已广泛应用的有：金属及其合金、金属间化合物、陶瓷、塑料、金属陶瓷及其复合材料。

② 涂层厚度可以在较大范围内变化，且较容易控制。

③ 基体形状、尺寸不受限制，喷涂基材可以是尺寸小到几毫米的零件，也可以是大到桥梁、舰船、铁塔、压力容器等大型构件。

④ 喷涂形式灵活，适应性强，喷涂既可以对整个构件或物体表面进行，也可以对指定区域进行局部喷涂。既可以在喷涂间进行，又可在野外现场施工。

⑤ 被喷工件的温度可以控制，除火焰喷焊和等离子喷焊外，喷涂过程中工件的温度可小于 200℃，工件不会发生变形和组织变形。

⑥ 可以喷涂成型，热喷涂不仅可以在基材表面形成涂层，还可以用来快速制造机械零件实体，即快速喷涂成型。其基本原理是先在成型模表面形成涂层，然后设法将成型模脱去而成为涂层制品，是一种快速制模的方法。

⑦ 可赋予普通材料特殊的表面性能、力学性能、电性能、装饰性，以达到节约贵重材料，提高产品质量，满足各种工程和尖端技术的需要。

⑧ 生产效率较高，热喷涂生产率一般可达每小时数公斤（喷涂材料），有些工艺可达到 50kg/h 以上。

热喷涂技术仍处于发展之中，还存在着许多问题有待进一步研究解决。如喷涂层结合力较低、气孔率较高、均匀性较差等。

17.2 热喷涂方法分类及一般工艺流程

各种热喷涂方法如图 17-2 所示。热喷涂的基本工艺流程如图 17-3 所示。各种方法的技术特性如表 17-1 所示。

17.2.1 热喷涂方法分类及特点

17.2.1.1 火焰喷涂和喷焊

该方法利用气体燃烧放出的热进行喷涂和喷焊，是一种历史最为悠久的热喷涂方法。目前仍在广泛使用。该方法设备简单、工艺灵活、易于掌握。该方法主要适用于熔点小于 1500℃材料的喷涂。按喷涂材料来划分，火焰喷涂又包括线材火焰喷涂和粉末火焰喷涂两类。

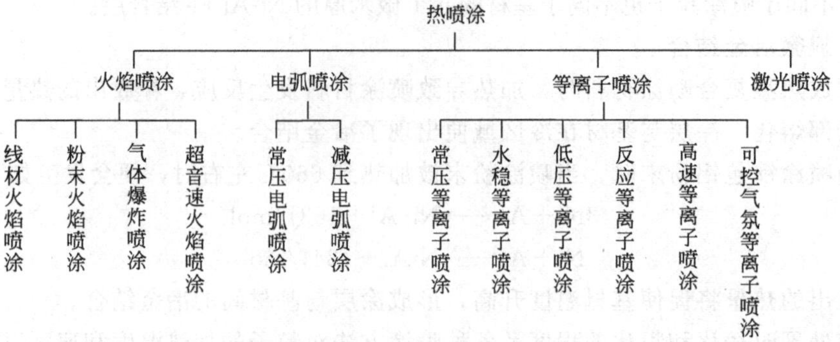

图 17-2 热喷涂方法分类

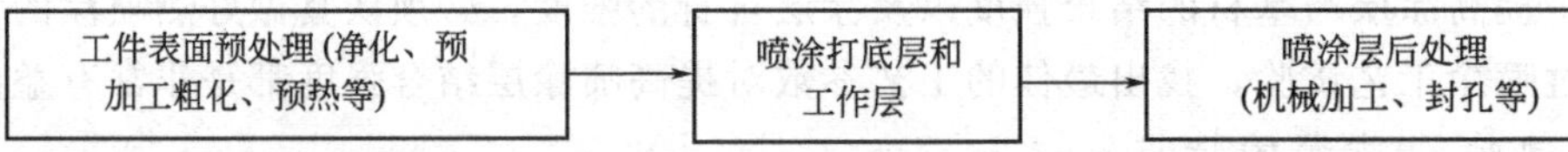

图 17-3 热喷涂基本工艺流程

表 17-1 热喷涂方法的特性

分类		火焰式				爆炸喷涂	电弧喷涂	线爆喷涂	等离子弧喷涂
		线材喷涂	棒材喷涂	粉末喷涂	粉末喷熔				
工作气体		氧气和燃烧气体(如乙炔、氢气)				氧气、乙炔气			氩、氮、氢等
热源		燃烧火焰				爆炸燃烧火焰	电弧	电容放电能量	等离子焰流
喷涂力源		压缩空气等		燃烧火焰		热压力波	压缩空气	放电爆炸波	焰流
喷涂材料	形状	线材	棒材	粉末		粉末	线材	线材	粉末
	种类	Al、Zn、Cu、Mo、Ni、Cr 合金、不锈钢、黄铜和青铜等	Al_2O_3、Cr_2O_3、ZrO_2、$ZrCrO_4$ 和锆酸镁等陶瓷	镍基、钴基、和铁基自熔合金，铜基合金，镍包铝，Al_2O_3 等	自熔合金或自熔合金中加部分陶瓷材料	Al_2O_3 和 Cr_2O_3 等陶瓷材料，Ni、Cr+Cr_3C_2Co-WC 等复合材料	Al、Zn、碳钢、不锈钢、铝、青铜等	Mo、Ti、Ta、W、碳钢、不锈钢、超硬质合金	Ni、Mo、Ta、W、Al 自熔合金，Al_2O_3、ZrO_2 等陶瓷，Ni-Al、Co-WC 等复合金属，塑料
母材受热温度/℃		<250				约 1050	<250		
结合强度/MPa		>9.8	—	>6.9	—	16.7	>9.8	>19.6	>14.7
气孔率/%		5～20	—	5～20	—	<3	5～15	0.1～1.0	3～15

17.2.1.2 等离子弧喷涂

利用等离子焰流（即非转移型等离子弧）为热源，将粉末喷涂材料加热和加速，喷射到工艺表面，形成喷涂层的一种热喷涂方法。等离子弧产生的热量可以使焰心温度达到10000～50000K。同时等离子焰流速度在喷嘴处可达 2000m/s。

由于等离子焰流温度高，喷射速度快，故等离子喷涂的涂层气孔率低、密度高，与基材的结合强度高，能喷涂几乎所有固态材料，如各种金属及其合金、陶瓷、塑料、非金属矿物以及复合材料粉末等。喷涂时可采用惰性气体和还原气体作为工作气体，可以有效地保护喷涂材料和基材表面，减少氧化，工件受热一般不超过250℃，热影响区小，可用于塑料等材料的表面喷涂。喷涂效率高，但其设备较复杂，价格较高，喷涂时必须在工作间进行，操作不灵活，噪声较大。

17.2.1.3 电弧喷涂法

利用两根喷涂线材在喷嘴处产生电弧，由电弧产生的高温将金属丝熔化，利用压缩空气雾化并加速喷射到基材表面上。该方法只能喷涂各种导电线材。

利用两根不同的线材，可喷涂出“假合金”涂层，是一种介于火焰喷涂和等离子喷涂之间的喷涂方法。

17.2.1.4 爆炸喷涂

该方法是将定量的燃烧气体和喷涂粉末送入喷枪中的燃烧室中混合，用火花塞点燃，使气体产生爆炸冲击波，将喷涂粉末加热并以700～800m/s的速度喷射到基材表面。涂层结合强度可达100～150MPa，孔隙率1%。缺点是噪声大，设备昂贵，技术要求复杂。

17.2.1.5 超音速火焰喷涂法

利用燃烧气体和氧气在燃烧室内混合后连续爆炸，爆炸气体向细长颈部射出时导入微细粉末，加热熔融并加速后高速撞击基材表面，形成涂层。其喷嘴出口处焰流速度可达3600m/s，是普通火焰喷涂法的4～5倍。因此，该方法喷涂的涂层与基材结合强度高，气孔率低。

17.2.1.6 激光喷涂法

该方法是为了获得高功能性涂层而开发的一种新的热喷涂方法。其特点是利用高能密度的激光作热源，利用高温使喷涂材料与喷涂气氛的气体进行反应来制作各类涂层。能形成一般涂层，复合涂层等。

17.2.2 热喷涂的一般工艺流程

为了获得结合强度较高的喷涂层，热喷涂工艺包括以下几个基本工艺流程。

17.2.2.1 表面清洗

表面清洗的主要作用是除去工件表面的油污、氧化皮和其他污物等。常用的除油方法有：溶剂清洗、碱液清洗和热脱脂等。清洗工件必须认真，直到露出清洁光亮的金属表面。

17.2.2.2 基材表面粗化

表面粗化的主要作用是增大喷涂层与基体的结合面积，使净化处理过的表面更加活化，提供表面压应力（如喷砂）增强喷涂层的机械结合强度。粗化表面的方法主要有：喷砂、机械加工、电拉毛、喷涂自黏结材料作中间过渡层等。

一般情况下，喷砂后工件表面的粗糙度应达到R_z3.2～12.5。为了达到最佳效果，砂粒粒度应为1.34～0.355mm（15～50目），喷砂后要用压缩空气将黏附在工件表面的碎砂粒吹净。由于喷砂后工件表面活性较强，容易发生污染和氧化，故喷砂后应尽快进行喷涂，间隔时间一般不能超过2h。

17.2.2.3 预热

预热的主要作用是清除工件表面吸附的水分和湿气，提高喷涂粒子与基材接触温度；使工件产生预膨胀，从而减少（降低）喷涂层在冷却时产生的拉应力。避免涂后开裂，提高涂层与基材的结合强度，提高喷涂层冷却环境温度，降低涂层冷却速度，减少涂层热应力。工件的预热温度以80～120℃为宜。预热的方法可以采用电炉加热，也可以用氧-乙炔火焰加热，火焰应为中性火焰，加热要均匀、缓慢，避免局部过热。

17.2.2.4 喷涂

喷涂工作层的厚度一般不超过1.5mm，否则可能会严重降低喷涂层与基材的结合强度，要采用逐次加厚的办法进行喷涂，每次喷涂的厚度不应超过0.15mm。

喷涂操作时，要将喷射轴线与被喷涂工件表面的夹角保持在45°以上，防止因小角度喷射时喷涂粒子与工件表面产生结合不良的情况。为防止热应力造成的喷涂层开裂和工件变形，喷涂过程中要将工件的温度控制在150℃以下，超过此温度时，暂停操作，待降温后再继续喷涂。但为提高生产效率，也可以用冷却气流对喷涂点附近不喷涂的部位进行冷却。

17.2.2.5 涂层后处理

由于热喷涂工艺的特点，其喷涂层中常存在一些孔隙，在提高耐磨领域，这些孔隙可以起到储油和润滑的作用，不必进行封孔处理。但作为防腐涂层应用时，由于涂层内部的孔隙之间有时会相互连接，并由喷涂层的表面断续延伸到基体表面，因此必须进行封孔处理，以保护基材。

常用的封孔剂是具有明显熔点的微结晶石蜡，它能够耐盐、淡水和几乎所有的酸和碱。熔点为90℃左右，封孔方法是将喷涂层加热到熔点以上后，用石蜡在上面擦涂，石蜡随后熔化并渗入孔隙中，冷却后即可起到封孔作用。这种封孔方法主要应用在较低温度下工作的喷涂层，对于较高温度下工作的喷涂层，其封孔剂可选择酚醛树脂、丙烯酸酯类厌氧胶粉剂。

17.3 热喷涂材料的性能要求及分类

17.3.1 热喷涂材料的性能要求

热喷涂材料在喷涂过程中经历热源的高温快速加热、在大气环境或特定气氛中飞行、高速撞击工件表面而发生变形、与工件表面接触而冷却沉积、重熔等过程。因此，喷涂材料除必须满足工况要求的使用性能外，还应具备下列工艺性能。

17.3.1.1 应具有热稳定性

在喷涂时，喷涂材料不应该因高温加热而发生氧化烧损，蒸发升华和明显的变质。

17.3.1.2 喷涂材料（喷涂后形成的涂层）

喷涂后形成的涂层的热膨胀系数应与基材的热膨胀系数相近，以减少喷涂后在冷却过程中的收缩应力。

在喷涂过程中，高速飞行喷涂粒子在撞击工件表面的瞬间产生急剧冷却而凝固收缩或发生相变，若与基材膨胀系数相差较大时，容易使涂层产生开裂或剥落。

17.3.1.3 热喷涂粉末应具有良好的球形和适当的粒度

良好的球形和适当的粒度可以保证在喷涂过程中具有良好的固态流动性，确保喷涂中粉末能均匀送粉，均匀加热，避免出现粉末的过烧，氧化严重等现象。

17.3.1.4 应具有良好的润湿性

所谓润湿性是指熔化的喷涂材料在基材表面铺展开的能力。热喷涂材料在熔化或半熔化状态时的良好润湿性有利于获得致密性好和平整光滑的涂层。并且能够提高喷涂层与基材之间的结合强度。尤其是在喷焊工艺中，有助于喷涂层与基材间二次重结合。

17.3.2 热喷涂材料的分类

热喷涂材料按形态划分可分为线材、棒材和粉末三大类。按涂层功能划分，热喷涂材料可划分为耐磨喷涂材料、耐腐蚀喷涂材料和抗高温涂层材料三类。耐磨喷涂材料主要包括陶瓷材料、铁基合金、钴基合金、镍基合金、巴氏合金和难熔金属等。耐腐蚀涂层材料主要包括电极电位较低的金属 Zn、Al、Ni 基合金和 Al_2O_3 类陶瓷等。耐高温涂层材料主要包括氧化物陶瓷、Ni-Cr 合金、钴基合金等。按组成成分划分，喷涂材料可划分为金属及合金、自熔性合金、复合材料、陶瓷和塑料等几种。

17.3.2.1 金属及合金热喷涂材料

金属及合金热喷涂材料主要有线材和粉末两种形态。线材是用普通的拉拔方法制造，而粉末一般采用雾化方法制造。由于粉末材料表面积大，氧化程度高，所以在方便的条件下尽量采用线材。但粉末喷涂材料制造方法简单，灵活，材料成分不受限制，因此小批量热喷涂时一般采用粉末材料。常用金属及合金热喷涂材料如表 17-2 所示。

表 17-2 常用金属及合金热喷涂材料

金属涂层材料种类		材料形状	常用喷涂工艺	功能
铁基合金	低碳钢材料	线材、粉末	电弧、火焰喷涂	修复
	高碳钢材料	线材、粉末	电弧、火焰喷涂	耐磨涂层
	不锈钢材料	线材、粉末	电弧、火焰喷涂	耐腐蚀涂层
镍基合金	镍铬合金	线材、粉末	电弧、火焰喷涂	耐热、耐蚀涂层
	蒙乃尔合金	线材、粉末	电弧、火焰喷涂	耐蚀涂层
	镍铬铝钇	粉末	低压等离子喷涂	耐高温氧化涂层
钴基合金	钴铬钨(司太立合金)	粉末	等离子、超音速火焰喷涂	高温耐磨、耐冲蚀涂层
	钴铬铝钇	粉末	等离子、超音速火焰喷涂	耐高温氧化腐蚀涂层
铜基合金	纯铜	线材、粉末	电弧、火焰喷涂	导电、电磁屏蔽涂层
	黄铜	线材、粉末	电弧、火焰喷涂	耐海水或汽油腐蚀涂层
	铝青铜	线材、粉末	电弧、火焰喷涂	耐磨、抗气蚀涂层
	锡青铜	线材、粉末	电弧、火焰喷涂	减磨涂层
	铜镍合金	线材、粉末	电弧、火焰喷涂	耐海水腐蚀涂层
锌、铝合金	锌	线材	电弧、火焰喷涂	耐环境腐蚀涂层、电磁屏蔽涂层、摩阻涂层
	铝	线材	电弧、火焰喷涂	
	锌铝合金	线材	电弧、火焰喷涂	
其他金属材料	锡基巴氏合金	线材、粉末	火焰喷涂	滑动轴承涂层
	铅基巴氏合金	线材、粉末	火焰喷涂	滑动轴承涂层
	钼	线材、粉末	火焰喷涂	耐磨涂层
	钨	线材、粉末	火焰喷涂	抗烧蚀涂层

17.3.2.2 陶瓷热喷涂材料

陶瓷热喷涂材料最主要的形式是粉末，制造方法有熔融破碎、化学共沉淀、喷雾干燥等。喷涂材料主要用氧化物陶瓷材料，因为非氧化物陶瓷材料在喷涂过程中易挥发或分解。常用的陶瓷热喷涂材料如表 17-3 所示。

表 17-3 常用陶瓷热喷涂材料

陶瓷喷涂材料种类		材料形状	喷涂工艺	功能
氧化铝基材料	氧化铝	粉末、棒材	等离子喷涂、火焰喷涂	耐磨、绝缘涂层；耐磨、耐纤维磨损、耐熔融金属侵蚀涂层
	氧化铝-氧化钛			
氧化铬	氧化铬	粉末	等离子喷涂	耐磨涂层
氧化锆	氧化锆-氧化钙	粉末	等离子喷涂	热障涂层
	氧化锆-氧化镁	粉末		
	氧化锆-氧化钇	粉末		
莫来石	莫来石	粉末	等离子喷涂	耐熔融金属、玻璃、炉渣侵蚀涂层
尖晶石	尖晶石	粉末	等离子喷涂	耐熔融金属、玻璃、炉渣侵蚀涂层
锆英石	锆英石	粉末	等离子喷涂	耐高温磨损涂层

17.3.2.3 塑料热喷涂材料

热喷涂塑料涂层比传统的刷涂、静电喷涂、流化床喷涂塑料涂层的成本低、投资少，涂层厚度与工作场地无限制，不含溶剂，符合环保要求。但选用的塑料热喷涂材料应具有熔化温度较宽、黏度较低、热稳定性好等特点。常用的塑料热喷涂材料如表 17-4 所示。

表 17-4 常用塑料热喷涂材料

塑料喷涂材料种类		材料形状	喷涂工艺	功能
聚酰胺(尼龙)	尼龙-66	粉末	火焰喷涂	耐蚀、绝缘、耐磨涂层、装饰涂层
	尼龙-12			
	尼龙-1010			
聚氨酯		粉末	火焰喷涂	耐蚀、装饰涂层
聚乙烯	聚乙烯	粉末	火焰喷涂	耐磨、耐蚀、装饰涂层
	聚氯乙烯			
	聚四氟乙烯			
聚苯硫醚(PPS)		粉末	火焰喷涂	高温耐蚀涂层
PEEK		粉末	火焰喷涂	高温耐蚀涂层

17.3.2.4 热喷涂复合材料

热喷涂复合材料分为两种：一类是为适应热喷涂工艺而制备的复合材料，例如，为防止碳化钨材料在喷涂过程中氧化分解而制备的镍包碳化钨复合粉末材料，它们是目前热喷涂复合材料的主流；另一类是通过增强相增强涂层性能的复合材料，如纤维增强涂层材料，这类材料目前还处于研究探索阶段。常用的热喷涂复合材料如表 17-5 所示。

17.3.3 热喷涂材料的选取原则

由于热喷涂材料和适合喷涂的基材种类繁多，因此在选择喷涂材料时需仔细、全面考虑。一般可参考如下原则选取：

① 根据被喷涂基材的工作环境、使用要求和被喷涂材料的已知性能，选择最适合用途要求的材料；

表 17-5 常用热喷涂复合材料

复合喷涂材料种类		材料形状	喷涂工艺	功能
自黏结复合材料	NiAl(95/5)	粉末、线材	电弧、火焰、等离子喷涂	黏结底层、抗高温氧化、耐熔体侵蚀涂层
	NiCrAl	粉末	等离子喷涂	黏结底层、抗高温氧化、耐熔体侵蚀涂层
	自黏结不锈钢	粉末、线材	电弧、火焰、等离子喷涂	耐磨、尺寸恢复
硬质耐磨	钴包碳化钨	粉末	等离子、超音速火焰喷涂	耐磨粒磨损、耐冲蚀磨损
	镍包碳化钨	粉末	等离子、超音速火焰喷涂	耐磨粒磨损、耐冲蚀磨损
	$NiCr\text{-}Cr_3C_2$	粉末	超音速火焰喷涂	抗高温磨损涂层
减摩自润滑材料	镍包石墨	粉末	等离子喷涂	减摩自润滑涂层
	镍包二硫化钼	粉末	火焰、等离子喷涂	减摩自润滑涂层
	镍包聚四氟乙烯	粉末	火焰、等离子喷涂	减摩自润滑涂层
	铝硅-聚苯酯	粉末	火焰、等离子喷涂	减摩自润滑涂层
可磨耗密封与间隙控制材料	镍包硅藻土	粉末	火焰、等离子喷涂	可磨耗密封与间隙控制涂层(750～800℃)
	镍铬包硅藻土	粉末	火焰、等离子喷涂	可磨耗密封与间隙控制涂层(900℃)
摩阻复合材料	铜基摩阻材料	粉末	等离子喷涂	摩阻制动涂层
	铁基摩阻材料	粉末	等离子喷涂	较大制动力矩摩阻涂层

② 尽量使喷涂材料的热膨胀系数与工件材料相接近；

③ 根据喷涂材料的成本和来源。

17.4 热喷焊工艺及特点

17.4.1 热喷焊工艺的一般特点

热喷涂涂层颗粒间主要依靠机械结合，结合强度较低，而且存在孔隙。采用热源使涂层材料在基体表面重新熔化或部分熔化，实现涂层与基体之间、涂层内颗粒之间的冶金结合，消除孔隙，这就是热喷焊技术。根据采用的热源不同，热喷焊技术有氧-乙炔火焰喷焊和等离子喷焊两种。事实上，激光熔覆技术也属于热喷焊技术。热喷焊与热喷涂相比具有以下特点：

① 热喷焊层组织致密，冶金缺陷少，与基材结合强度高　热喷焊层与基体为冶金结合，其结合强度是一般热喷涂层的10倍。特别是热喷焊技术可以涂覆超过几个毫米厚的涂层而不开裂，这是普通热喷涂技术无法达到的。因此热喷焊层可以用于重载零件的表面强化与修复。

② 热喷焊材料必须与基体材料相匹配，喷焊材料和基体材料范围比热喷涂窄得多　这主要是以下几个原因：第一，喷焊材料在液态下应该能够在基体材料表面铺展开，即能够润湿基体材料；第二，喷焊材料必须能够与基体材料相容，即它们在液相和固相时必须有一定的溶解度，否则无法形成熔合区，也就不能与基体材料形成冶金结合；第三，基体材料的熔点应该高于喷焊材料的熔点，否则容易导致基体材料塌陷或者工件损坏；第四，热喷焊材料在凝固结晶过程中应该尽量避免产生热裂纹，或者避免使基体材料热影响区产生裂纹。因此，热喷焊工艺只能适合于一些特定的金属材料。

③ 热喷焊工艺中基体材料的变形比热喷涂大得多　由于热喷焊时要求粉末完全熔透，

因此基体材料受热比较长，表面达到的温度比热喷涂高得多，导致机体材料的变形较大、热影响区较深等。因此对于一些形状复杂、易热变形的零件，不宜使用热喷焊技术。

④ 热喷焊层的成分与喷焊材料的原始成分会有一定差别　热喷焊过程中基体表面会有少量金属熔化，并与喷焊材料发生合金化，导致喷焊层的成分与原来设计的喷焊材料成分有差异。一般将基体材料熔入喷焊层中的质量分数称为喷焊层的稀释率，显然，稀释率越大，喷焊层的性能与原始设计成分偏离越远。因此，必须严格控制喷焊工艺参数，以便控制喷焊层的稀释率。

17.4.2　热喷焊工艺的一般工艺流程

热喷焊工艺根据喷粉和重新熔化的先后次序，通常分为“一步法”和“二步法”两种。

17.4.2.1　一步法喷焊

一步法喷焊工艺过程包括焊前工件表面准备、预热、预喷、喷粉重熔、缓冷等。其最大特点是喷粉与重熔一步完成。即采用同一火焰，首先将粉末铺在工件表面某个位置，随即将局部铺设好的粉末涂层熔融，直到出现“镜面反光”现象，如此重复上述工艺过程，直到工件的整个待喷焊表面全部被喷焊层覆盖。一步法也可采用边喷粉、边重熔的方法，粉末不断地投入熔池，熔池随喷枪的移动而移动，直至整个待喷焊表面被喷焊层覆盖到预定的厚度为止。

17.4.2.2　二步法喷焊

二步法喷焊工艺过程包括焊前工件表面准备、预热、喷粉、重熔、缓冷等。其显著特点是喷粉和重熔是两道分开的工序。喷粉和重熔不一定使用同一热源。喷粉方法与热喷涂相似。重熔最好是在整个工件喷粉后工件还处于热态时进行，这样一方面可以减少热量损失，另一方面可以减少因冷却和重熔加热引起涂层脱壳现象的发生。

一步法喷焊主要应用于小面积喷焊中，与其相反，二步法喷焊工艺则主要应用于大面积喷焊的工件。

17.4.3　热喷焊工艺在模具表面强化中的应用

热喷焊工艺特别是氧-乙炔火焰喷焊工艺简便，设备投资少，便于推广应用。应用于机械零件的表面强化，提高耐蚀性、耐磨性和延长使用寿命，经济效益和社会效益十分可观。应用实例很多，特别是在模具表面强化中取得了广泛的应用。

案例①　等离子喷焊热切边模

(1) 合金粉末的选择

常用的合金粉末有钴基、镍基和铁基三类。其中钴基合金高温性能好，对于在 500～800℃高温下工作的热作模具来说，是最好的喷焊材料。

(2) 喷焊工艺性

钴基合金具有良好的熔化性能和流动性能（液态），与基体润湿性良好。容易成型。合金的液相线与固相线间的温度区间较宽，具有较好的热塑性，在模具边缘施焊时不易流淌，可获得平整光滑的喷焊层。

对于较大的模具，为了防止焊层产生裂纹，应对模具进行预热，焊后随炉冷却。模具预热温度一般为 550～650℃，焊后应迅速置于 550～650℃的炉中保温，而后随炉冷却到室温。

(3) 喷焊层的硬度

合金喷焊层在焊后空冷状态下，测得洛氏硬度为 43～48HRC。合金的高温硬度如表 17-6所示。

表 17-6 合金焊后高温硬度

温度/℃	室温	400	500	600	700
硬度(HRC)	47～48	43～44	41～42	38～39	37～38

钴基合金焊层的硬度对热处理敏感性小，加热回火对其硬度无明显影响，如表 17-7 所示。表 17-8 为喷焊层厚度与硬度的关系。

表 17-7 喷焊层的硬度与回火温度的关系

回火温度/℃	焊后	200	300	400	500	600	700
硬度(HRC)	46	46	47.2	46.8	44.7	44.1	47.2

表 17-8 喷焊层厚度与硬度的关系

厚度/mm	0.5	1.0	2.0	2.5	3.0
硬度(HRC)	45.1	45.8	46	46.8	46.8

(4) 喷焊层的金相组织

钴基合金喷焊层具有亚共晶组织。初生相为钴基固溶体，其中固溶有 Cr、W 等元素。共晶组织为钴基固溶体和碳化物组成的机械混合物。

(5) 喷焊切边模的寿命

由于喷焊层具有良好的耐磨性能，因而使模具寿命得到明显提高，如表 17-9 所示。

表 17-9 喷焊切边凹模的寿命

服役情况 / 模具名称	压力机吨位/t	工作状态	原模具材料	现喷焊材料	原寿命/件	现寿命/件
行星齿轮切边模	160	热切	8Cr3	WF111	4000	23000
半轴齿轮切边模	250	热切	8Cr3	WF111	8000	60000
连杆切边模	250	热切	8Cr3	WF111	6000	38000

案例② 热喷焊工艺应用于模具表面强化实例

表 17-10 列出了模具表面强化应用热喷焊工艺的部分实例。

表 17-10 氧-乙炔火焰喷焊模具表面强化应用实例

工件名称	原用材料及处理工艺		新用材料及火焰喷焊工艺			使用效果
	基材	处理工艺	基材	喷焊合金	喷焊工艺	
耐火砖模	45 钢	热处理	45 钢	Ni55	二步法	使用寿命提高 9 倍
冷拉钢管内模	45 钢	热处理	45 钢	Ni55 或 Ni60	二步法	使用寿命提高 4 倍
喇叭管内拉模具	45 钢	热处理	45 钢	Ni60	二步法	使用寿命提高 5 倍
玻璃模具	铸铁	热处理	铸铁	Ni25	一步法	使用寿命提高 5 倍
注塑机型腔模具	45 钢	热处理	45 钢	Ni60	一步法	使用寿命提高 6 倍
热作模具	3Cr2W8V	热处理	45 钢	钴基合金	等离子喷焊	使用寿命提高 2 倍
冷冲头	3Cr2W8V	热处理	Q235A	FNi15	二步法	使用寿命提高 7 倍

思考题

1. 简述热喷涂的基本原理。
2. 简述热喷涂技术的特点及分类。
3. 简述热喷涂材料的种类及选取原则。
4. 简述热喷涂的一般工艺流程。
5. 何谓一步喷焊法、二步喷焊法？二者各自有何特点？

18 离子注入与电火花表面强化

18.1 离子注入

离子注入是一种较新的表面强化处理工艺。目前，离子注入已广泛应用于微电子、生物工程、宇航、医疗等高技术领域，尤其是在工具和模具制造工业的应用效果更为突出。

用离子注入方法可以获得高度过饱和的固溶体、亚稳定相、非晶态和平衡合金等不同组织结构形式，大大改善了工件的使用性能。未经淬硬的钢件经离子注入后，其使用寿命为经过热处理硬化相同钢件的 3 倍。对已经淬硬的钢件再进行离子注入处理，同样可以使其表面力学性能得到较大改善。例如，模具、切削刀具和医用外科手术刀等经离子注入处理后，表面力学性能比未经处理的提高 4 倍。

18.1.1 离子注入原理

离子注入是将所需要注入的原子（通常有 Ni、Ti、Ta、Cd、B、N 等）在加速器的离子源中电离为离子，然后通过离子加速器的高压电场将其加速成具有几万到几十万电子伏特的高能离子束流，再经磁分析器提纯后，离子束流强行注入固体表面，获得所期望的具有特殊物理、化学或力学性能的工件表面。在整个注入过程中，注入系统处于高真空状态，以确保离子束在规定的线路前进时不与其他原子发生碰撞。离子注入装置简图如图 18-1 所示。

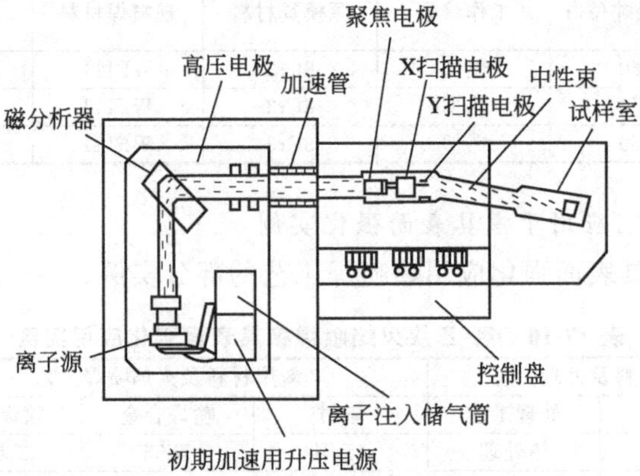

图 18-1 离子注入装置示意图

18.1.2 离子注入特征

① 离子注入法不同于热扩散方法，不受基体金属中的扩散速率以及固溶度的限制，注入将引起工件表面晶格产生缺陷，从而获得不同于平衡结构的特殊物质，是一种独到的开发新材料方法。

② 离子注入可以通过调整各种电控参数来控制注入过程的温度。由于在真空中进行，工件不产生氧化，不发生退火软化，且由于注入元素的浓度一般不超过总量的 15%，故不可能产生一个和基体成分完全不同的离子注入表面。离子注入层和表面没有明显的分界面，所以不会脱落。

③ 离子注入时的轰击作用与冷加工或喷丸处理所产生的作用很相似，但一般不会使材料表面形状发生改变，表面粗糙度一般也无变化，注入离子所引起的晶格点阵变化不会超出

公差要求，故也作为最终热处理工艺应用。

④ 可控性和重复性好，通过改变离子源和加速器能量，可以调整离子注入的深度和分布，通过控制扫描机构以及工件到离子源的距离，不仅可以在小面积上进行离子注入，同时可实现较大面积的注入。

⑤ 从理论上讲，工件表面可以注入任何需要的离子，从而产生各种各样的表面结构，直到非晶体。而且只需很少的离子注入量就能产生较大的改性效果。

目前离子注入方法还存在着一些缺点。如注入层薄（$<1\mu m$）；离子只能直线前进，对于复杂形状和有内孔的工件不能进行离子注入；注入设备造价昂贵。

18.1.3 离子注入提高表面性能的机理

18.1.3.1 离子注入提高硬度、耐磨性的机理

离子注入提高硬度是由于注入离子进入位错附近或固溶体产生固溶强化的缘故。当注入的是非金属元素时，可与金属元素形成化合物。如形成氮化物、碳化物或硼化物的弥散相，产生弥散强化。离子注入能把20%～30%的材料注入工件近表面区，使表面造成压缩应力状态。这种压缩应力状态能填实表面裂纹，阻碍微粒从材料表面剥落，从而提高耐磨损性能。

离子注入能引起工件表面层组分与结构的改变。大量注入的杂质聚集在因轰击产生的位错线附近，形成柯氏气团，起钉扎位错作用，使表面强化。加上高密度弥散析出物引起的强化，提高了表面硬度，从而提高了耐磨性。另有观点认为，耐磨性的提高是由于离子注入引起摩擦系数降低的缘故。还认为可能与磨损粒子的润滑作用有关。因为离子注入表面磨损的碎片比没有注入的表面磨损碎片更细，接近等轴而不是片状的，因而改善了润滑性能。

尽管离子注入的深度较浅，但是离子注入工艺有一个还不能解释的特点，就是当工件表面发生磨损和形成位错时，注入离子同时向内迁移，并和基体材料中元素的原子相结合，当材料外层表面被磨耗后很久，仍能继续保持一定的耐磨性。因此，虽然离子注入层较浅，但却能在相当深度上控制着材料表面的特征和性能，从而提高材料的使用寿命。

18.1.3.2 离子注入提高疲劳强度的机理

离子注入提高疲劳强度是由于产生的高损伤缺陷阻止了位错移动及其间的凝聚，形成了表面强化层，从而使表面强度大大提高。分析表明，离子注入后在近表面层可能形成大量细小弥散的均匀分布的第二相硬质点而产生强化。而且离子注入产生的表面压应力可以压制表面裂缝的产生，从而延长了疲劳寿命。

18.1.3.3 离子注入提高抗氧化性的机理

① 注入元素在晶界富集，阻断了氧的短程扩散通道，从而可防止氧进一步向内扩散。

② 形成致密的氧化物阻挡层。某些元素可以和氧反应生成致密氧化物，如 Al_2O_3、Cr_2O_3、SiO_2，其他元素难以扩散通过这种致密氧化膜，起到了抗氧化的作用。

③ 离子注入改善氧化物的塑性，减少氧化物产生的应力，防止氧化膜开裂。

④ 注入元素进入氧化膜后改变了膜的导电性，抑制氧离子向外扩散，从而降低了氧化速率。

18.1.3.4 离子注入提高耐腐蚀性的机理

离子注入不但能够形成致密的氧化膜，而且改变表面电化学性能，提高耐蚀性。选择合

适的工艺参数，可以形成浓度远远大于平衡值的单相固溶体，从而避免腐蚀微电池的形成。尤其对一些合金来说，工艺条件合适时，注入层甚至可以以非晶态方式存在，因此大幅度提高材料表面的耐蚀性。

离子注入引起材料内部的许多变化，其中有物理变化也有化学变化，从而使得材料的硬度、耐磨性、耐疲劳性、抗氧化和抗腐蚀等性能等到明显改善，改善性能的机理基于以下几点：①固溶强化效应；②弥散强化效应；③细晶强化效应；④辐照损伤强化效应；⑤非晶态化效应；⑥残余压应力效应；⑦致密氧化膜效应。

18.2 离子注入在提高模具使用寿命方面的应用

案例 1　铝型材热挤压模具的离子注入

铝型材热挤压模具的磨损、润滑和使用寿命短等问题直接影响着铝加工行业中铝产品的质量及厂家的经济效益。因此提高挤压模具的质量一直是铝加工行业急需解决的问题。由于铝型材挤压模具的工作环境恶劣，挤压前需将模具和棒料预加热到 400℃，工作温度达到 520～550℃，压力达到几百兆帕，同时棒料中夹杂着 Al_2O_3 氧化物。因此，模具的磨粒磨损和粘着磨损严重，大大缩短了模具的使用寿命，增加了铝型材的生产成本，同时又影响了产品质量的稳定性。目前，工业生产中主要采用软氮化、硫氮碳共渗以及盐浴渗氮等热处理方法对模具进行表面处理，但不能满足当今生产的需要。采用离子注入方法对 H13 铝型材挤压模具进行表面强化，在 H13 钢离子注入实验中，（$Ti^{+}+C^{+}$）注入采用静态注入，即先注入 Ti^{+}，再注入 C^{+}；（$Ti^{+}+N^{+}$）注入采用动态混合注入，即同时进行注入。经离子注入后，模具寿命提高如图 18-2 和图 18-3 所示。模具总使用寿命平均提高了 140%，同时改善了铝型材表面的光洁度。

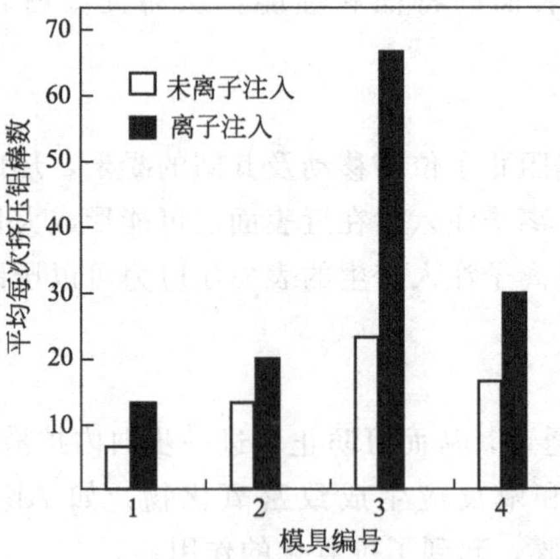

图 18-2　不同剂量（Ti+C）离子注入模具的试验结果

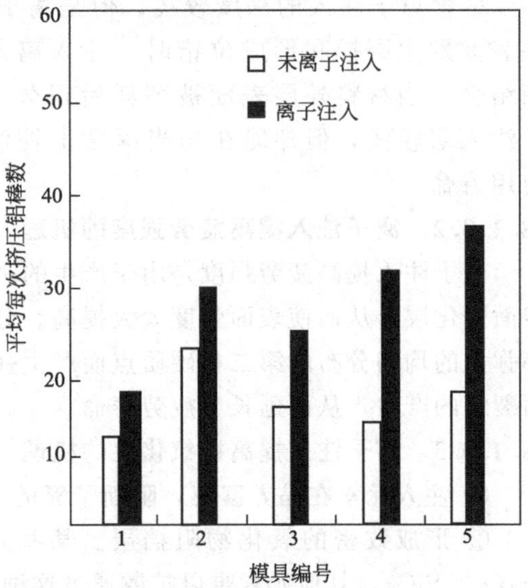

图 18-3　不同剂量（Ti+N）离子注入模具的试验结果

案例 2　注塑模具的离子注入

注塑模具在塑料工业中占有举足轻重的地位。注塑模具价格昂贵，磨损量大，加工有腐蚀性的塑料时对模具有较大的腐蚀作用。通常在模具表面电镀一层硬铬来增强耐磨性。改用离子注入强化工艺后，塑料模具的使用寿命大大延长，其磨损均匀，表面粗糙度保持完好。离子注入层虽薄，但影响区可达1mm。例如注塑模中的供料垫一般每月更换一个，用氮离子注入处理后，使用一年半仍未损坏，还可继续使用，因此，离子注入对塑料工业特别有意义。

案例3　一些常用工模具的离子注入改性效果

一些常用工模具的离子注入改性效果见表18-1所示。

表18-1　常用工模具的离子注入改性效果

工模具名称	材　料	注入离子	改性效果
冲针	W18Cr4V钢	N^+	延寿1倍
铆钉冲模	T10	N^+	延寿3倍
轮胎钢丝拉丝模	CoWC合金	N^+	延寿2.4倍
铜棒材精轧辊	H13钢	N^+	延寿3倍以上
铝型材挤压组合模	H13钢	Ti^+	降低挤压力15%
铝型材挤压平模	H13钢	$Ti^+ + C^+$	降低挤压力10%
牙科钻头	W1 8Cr4V钢	$Ti^+ + C^+$	延寿3倍
拉丝模	CoW合金	N^+,C^+,Co^+	延寿3.5倍
孔冲模	W18Cr4V钢	IBAD技术	延寿5倍
切边模	Cr1 2MoV钢	IBAD技术	延寿3倍
冲孔冲头	M2高速钢	N^+,PSⅡ	延寿70倍

18.3　电火花表面强化技术

电火花表面强化是利用工具电极与工件间在气体中产生的火花放电作用，把作为电极的导电材料熔渗进工件表层，形成合金化的表面强化层，改善工件表面的物理及化学性能。电火花表面强化层的性能主要决定于模具本身和电极材料，通常所用的电极材料有TiC、WC、ZrC、NbC、Cr_3C_2、硬质合金等。电火花强化表面因电极材料的沉积发生有规律的、较小的长大，除此之外，模具没有其他变形，其心部的组织与性能也不发生变化，因此十分适用于模具表面强化处理。

18.3.1　电火花表面强化原理

金属电火花表面强化的原理是在工具电极与模具之间接上直流电源或交流电源，由于振动器的作用使电极与模具间的放电间隙频繁变化，工具电极与工件间不断产生火花放电，从而实现对金属表面的强化。

18.3.2　电火花表面强化过程

电火花强化过程如图18-4所示。当电极与模具之间的距离较大时，电源经电阻R对电容充电，电极在振动器的带动下向模具靠近［见图18-4(a)］。当电极与模具之间的间隙接近到某个距离时，间隙中的空气在强电场的作用下电离，产生火花放电［见图18-4(b)］，使电极和模具在发生放电部分的金属局部熔化，甚至汽化。电极继续接近模具并与模具接触时，火花放电停止，在接触点流过短路电流，使该处继续加热，由于电极以适当压力压向模具，使熔化的材料互相粘接、扩散而形成合金或新的化合物［见图18-4(c)］。电极在振动器的作用下，离开了模具，模具放电部分急剧冷却［见图18-4(d)］。经多次放电，并相应地

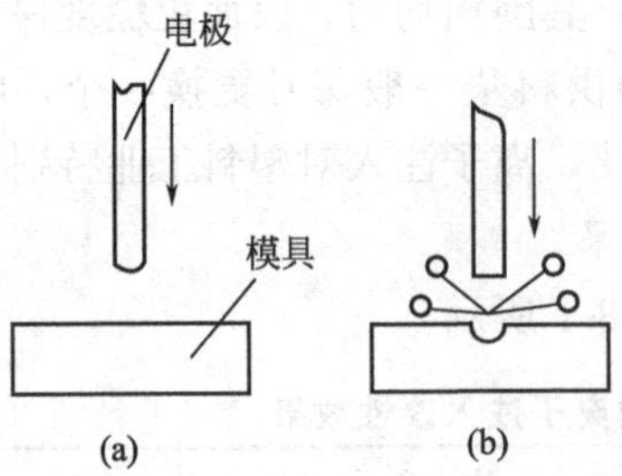

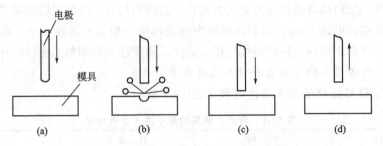

图 18-4 电火花表面强化过程示意图

移动电极的位置，则在模具表面形成强化层。

电火花表面强化过程主要包括以下三个阶段。

18.3.2.1 高温高压下的物理化学冶金过程

电火花放电所产生的高温使电极材料和工件表面的基体材料局部熔化，气体受热膨胀产生的压力以及稍后电极机械冲击力的作用，使电极材料与基体材料熔合并发生物理的和化学的相互作用，电离气体元素如氮、氧等的作用，使基体表面产生特殊的新合金。

18.3.2.2 高温扩散过程

扩散过程既发生在熔化区内，也发生在液-固相界面上。由于扩散时间非常短，液相元素向固相基体的扩散是有限的，扩散层很浅。但这一新合金层与基体有较好的冶金结合，这是电火花表面强化具有实用价值的重要因素之一。

18.3.2.3 快速相变过程

由于热影响区的急剧升温和快速冷却，使模具钢基体熔化区附近部位经历了一次奥氏体化和马氏体转变。细化了晶粒，提高了硬度，并产生残余压应力，对提高疲劳强度有利。

电火花表面强化过程中发生了物理化学变化，主要包括超高速淬火、渗碳、渗氮、电极材料的转移等。

① 超高速淬火　电火花放电在模具表面的极小面积上产生高温，使该处的金属熔化和部分汽化，当火花放电在极短的时间内停止后，被加热了的金属会以很快的速度冷却下来。这相当于模具表面层进行了超速淬火。

② 渗氮　在电火花放电通道区域内，温度很高，空气中的氮分子呈原子状态，它和受高温而熔化的金属有关元素合成高硬度的金属氮化物，如氮化铁、氮化铬等。

③ 渗碳　来自石墨电极或周围介质的碳元素，熔解在受热而熔化的铁中，形成金属的碳化物，如碳化铁、碳化铬等。

④ 电极材料的转移　在操作压力和火花放电的条件下，电极材料转移到模具金属熔融表面，有关金属合金元素（W、Ti、Cr 等）迅速扩散在金属的表面层。

18.3.3 电火花表面强化特点及强化层特征

与离子渗氮、等离子喷涂、激光淬火等表面强化工艺相比，电火花表面强化具有如下优点。

① 设备简单，造价低。因为可在空气中进行，不需要特殊的、复杂的处理装置和设施。目前设计的手持小功率电火花表面强化设备主要由脉冲电源和振动器两部分组成，没有传动机构、工作台等机械构件，携带方便，使用灵活，设备和运行成本低。

② 电火花表面强化层与基体的结合非常牢固，不会发生剥落现象。

③ 模具内部不升温或升温很低，无组织和性能变化，工件不会退火和变形。

④ 低能耗，材料消耗少，而且电极材料可以根据用途自由选择。

⑤ 对处理对象无大小限制，尤其适合大型模具的局部处理。

⑥ 表面强化效果显著。

⑦ 可用来修复磨损超差的模具。

⑧ 操作方法简单，容易掌握。

目前电火花表面强化还存在如下一些缺点。

① 表面强化层较浅，一般深度仅为 0.02～0.5mm。

② 表面粗糙度不可能很低，一般为 R_a1.25～5μm。

③ 小孔、窄槽难处理。

④ 只能作单件处理。表面强化层的均匀性、连续性较差。

⑤ 手工操作速度较慢，一般生产率为 0.2～0.3cm²/min。

当采用硬质合金作电极材料时，硬度可达 1100～1400HV（约 70HRC 以上）或更高，耐热性、耐蚀性和疲劳强度都大大提高；当使用铬锰、钨铬钴合金、硬质合金作工具电极强化 45 钢时，其耐磨性比原表层提高 2～2.5 倍；用石墨做电极材料强化 45 钢，用食盐水作腐蚀性试验，其耐腐蚀性提高 90%，用 WC、CrMn 作电极强化不锈钢时，耐蚀性提高 3～5 倍。硬化层厚度约为 0.01～0.08mm。

钢制模具工作表面的电火花强化通常采用硬质合金电极。为了使被强化的表面光洁，事先必须将模具和电极表面清洗干净，然后手持振动器，将电极沿模具工作表面移动，并保持适当压力，使火花放电均匀连续。

电火花熔渗合金化层的形成是一个渐进过程，在每一点规范下，合金化层厚度出现最大值，在通常使用的电容范围内，最佳单位面积涂覆时间为 6～12min/cm²，过分延长涂覆时间将出现层厚减薄的趋势，并使性能恶化。如电极 YG8、电压 60V，频率 250Hz，电容 60μF，最佳涂覆时间为 6.75min/cm²，合金化层厚度为 13μm；电容 322μF，涂覆时间为 11.99min/cm²，合金化层厚度为 27μm。

为了降低合金化层的热疲劳应力和电火花合金化处理的应力，可穿插 1～2 次 500℃×4h 去应力退火，这样可获得性能优良、层深较厚的表面合金化层。改换电极材料，可使合金化层继续增厚，电极断面尺寸不影响合金化层的厚度。钢中碳的质量分数小于 0.8%时，随钢中碳含量增加合金层增厚；碳的质量分数大于 0.8%时，随钢中碳含量增加合金层变薄。用 YG8、Nb、Ti、Ta 合金化，工件表面将获得较高的显微硬度值。电火花合金层比未经电火花合金化处理的模具热疲劳性能提高 3 倍，抗氧化性能提高 2 倍，在各种试验介质中的抗蚀性提高 3～15 倍。

18.4 电火花表面强化技术在模具表面强化工艺中的应用

案例 1　煤车弹簧三角盖落料冲裁模电火花表面强化

煤车弹簧三角盖第一道落料冲裁模，采用 Cr12 材料制造，经过一般热处理后，其硬度为 58～60HRC，冲裁 10000 次左右即损坏，现采用电火花强化工艺对其强化，其强化带表面硬度达 72HRC，现已冲裁 25000 次左右仍保持着完好状态，具体强化过程如下：该模具是用 D9110A 型强化机进行强化的，此强化机主要由脉冲电源和振动器两部分组成，作为强化材料的电极（采用 YG8 圆棒）装在振动器上，并连接在脉冲发生器的正极，被强化的模具接负极，当强化机接通直流电源后，直流电源经电阻 R 对电容 C 充电；当 YG8 圆棒与模具距离很小时，间隙击穿而产生火花放电，电容 C 所储能量以脉冲形式瞬间输入火花间隙，并产生高温，使 YG8 圆棒和模具上的局部区域熔化，随之发生 YG8 材料向模具的迁移；YG8 圆棒仍向下运动，接触模具，在接触点流过短路电流，使接触部分继续加热，YG8 圆棒以约 0.8kgf 的压力压向模具，熔化了的材料相互黏结，扩散形成新化合物；YG8 圆棒离开模具，一部分 YG8 材料涂覆在模具表面；至此一次电火花强化过程就告完成。

电火花表面强化需要注意以下几点。

① 强化前，须去除模具强化表面杂质、油垢。

② 强化过程中，工作压力不大于 9.8N，电极移动要均匀。

③ 强化时间应控制在 3～4min/cm^2。

④ 由于新模具间隙已配合好，切不可在模具的侧面强化，只应在端面强化。

⑤ 当火花由橘黄逐渐变小，且转蓝色时，表明强化层已完成，不必再强化了，否则效果反而变差。

案例 2　用电火花强化工艺修复锻模磨损表面

在锻造时，由于坯料在型槽内流动而与型槽的表面产生剧烈的摩擦，造成型槽表面的磨损，以至引起尺寸变化。特别是毛边槽桥部的磨损最快，因为金属变形填满型槽后流入毛边槽时，桥部厚度薄、冷却快，金属与桥壁的摩擦特别剧烈同时将在型槽表面形成无数凹凸不平的摩擦沟槽。在整个模槽内，坯料变形困难的部位产生的磨损往往较小。锻模的损坏大多数是从表面层金属的磨损和裂纹开始的。毛边槽桥部的磨损将引起锻造时充填阻力不足而造成废品，同时由于尺寸、形状的变化而影响产品质量，这对精度要求较高的锻模影响更为明显，所以必须及时进行修复。锻模的修复一般是用强规准和中规准，修复的部位主要是在毛边槽的桥部（见图 18-5）以及金属变形流动较大的部位。

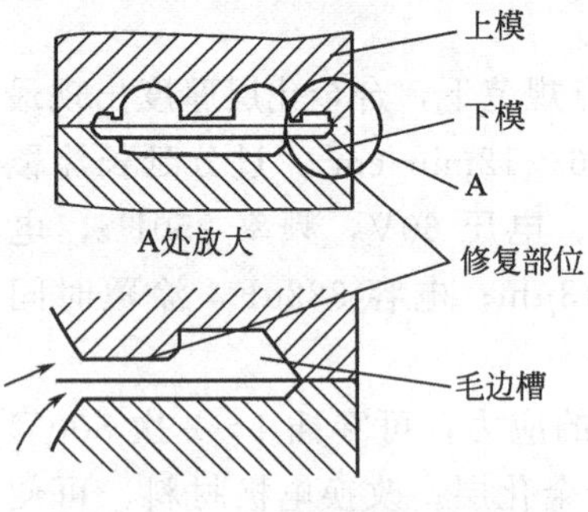

图 18-5　锻模的修复部位

如有一副多缸发动机曲轴的热锻模，材料为 5CrMnMo，锻造一段时间后，锻模的毛边槽桥部产生磨损而影响锻件质量。后在 D9130 型强化机上用直径为 Φ4mm 的 YG8 电极进行强化修复，强规准用 300μF、1.5A，中规准用 80μF、1.5A 强化修复后进行消除内应力热处理（加热到 450℃～480℃，保温 2～4h）。模具修复后使锻件重新达到了技术要求。除了上述锻模外，还可以修复弯曲模、挤压模、压筋模和塑料模的磨损表面，其修复工艺规程大同小异。

电火花表面强化在模具上的应用效果显著。例如用 YG8 作电极，对 3Cr2W8V 钢模具进行电火花强化处理以后，模具在各类酸碱中的耐蚀性提高 4～15 倍；对 Cr12 钢模具刃口部位经电火花表面强化后，模具的平均使用寿命由 5 万次提高到 20 万次。表 18-2 所示为 3Cr2W8V 钢的处理效果。

表 18-2　3Cr2W8V 钢电火花合金化层性能

处理条件	抗疲劳性能(出现裂纹的试验周次)/周	抗氧化性(平均增重)/g·cm^{-2}	耐蚀性/g·cm^{-2}	
			20% H_2SO_4×16h	20% NaOH×16h
3Cr2W8V 钢未经处理	27～34	2.54×10^{-3}	6.72×10^{-2}	4.66×10^{-5}
电火花合金化处理(60V、140μF、YG8)	128～132	1.27×10^{-3}	0.422×10^{-2}	0.804×10^{-5}

思考题

1. 简述离子注入原理。
2. 离子注入技术有哪些特点？
3. 简述离子注入提高表面性能的机理。
4. 简述电火花表面强化原理及表面强化过程。
5. 电火花表面强化有何特点？

参 考 文 献

[1] 刘江龙．高能束热处理．北京：机械工业出版社，1997.

[2] 钱苗根．材料表面技术及其应用手册．北京：机械工业出版社，1998.

[3] 钱苗根．现代表面技术．北京：机械工业出版社，2000.

[4] 周美玲．材料工程基础．北京：北京工业大学出版社，2000.

[5] 潘邻．表面改性热处理技术与应用．北京：机械工业出版社，2006.

[6] 武建军，曹晓明，温鸣．现代金属热喷涂技术．北京：化学工业出版社，2007.

[7] 冯晓曾．提高模具寿命指南——选材及热处理．北京：机械工业出版社，1994.

[8] 成培源．模具寿命与材料．北京：机械工业出版社，2002.

[9] 高为国．模具材料．北京：机械工业出版社，2005.

[10] 孙希泰．材料表面强化技术．北京：化学工业出版社，2005.

[11] 宾胜武．刷镀技术．北京：化学工业出版社，2003.

[12] 曾晓雁，吴懿平．表面工程学．北京：机械工业出版社，2001.

[13] 马名峻，蒋亨顺，郭洁民．电火花加工技术在模具制造中的应用．北京：化学工业出版社，2004.

[14] 潘建伟，胡静，谢飞．Cr12 钢冷冲模早期失效原因分析．江苏石油化工学院学报，1998，(3)：36-38.

[15] 周健，彭程，罗召光．5CrMnMo 锻模使用中的失效分析与防止措施．模具工业，2002，(9)：58-59.

[16] 张万涛，王学武．3Cr2W8V 钢制热挤压模具的热处理．机械设计与制造工程，2005，(3)：65-66.

[17] 张清辉，杨宝顺．模具材料及表面处理．北京：电子工业出版社，2002.

[18] 安运铮主编．热处理工艺学．北京：机械工业出版社，1982.

[19] 熊光耀，何柏林，周泽杰．QPQ 盐浴复合处理对 5CrMnMo 钢的组织与性能影响．热加工工艺，2006，35 (24)：43-45.

[20] 谢飞，何家文．离子氮化-PECVD TiN 膜复合处理提高切边模具寿命研究．江苏石油化工学院学报，2001，(1)：24-27.

[21] 高彩桥．摩擦金属学．哈尔滨：哈尔滨工业大学出版社，1988.

[22] 伍翠兰，邹敢锋，袁叔贵．W18Cr4V 钢的低温盐浴渗铬研究．中国表面工程，2002，(2)：36-38.

[23] 吴爱民，陈景松，张爱民．模具钢电子束表面改性研究．核技术．2002，25 (8)：608-614.

[24] 刘志儒．金属感应热处理．北京：机械工业出版社，1985.

[25] 徐进，姜先与，陈再枝．模具钢．北京：冶金工业出版社，1998.

[26] 王君丽，施雯．物理气相沉积 Ti/TiN 提高冷冲模具寿命研究．上海金属，2005，(1)：9-13.

[27] 廖晓华，胡琳娜．电火花强化工艺在模具上的应用．江西煤炭科技，2000，(1)：29.

[28] 张蓉，杨湘红．用电火花强化工艺修复模具磨损表面．模具制造，2003，(3)：49-50.

[29] 何柏林，于影霞，涂强．纳米技术的发展及其在模具行业的应用．模具工业，2006，(8)：10-13.

[30] 何柏林，于影霞．修边模具堆焊工艺的研究．热加工工艺，2006，(15)：26-28.

[31] 何柏林，于影霞．大型冷冲模铸铁镶块堆焊焊条的研制及应用．热加工工艺，2004，(2)：4-6.

[32] [日] 米谷茂著．残余应力的产生与对策．朱荆璞，邵会孟译．北京：机械工业出版社，1983.

[33] 唐慕尧．焊接测试技术．北京：机械工业出版社，1988.

[34] 王东波，霍立兴，张玉凤．改善焊接接头疲劳强度超声冲击装置的研制及应用．机械强度，2000，22 (4)：249-252.

[35] 杨凯军．3Cr2W8V 铝合金热挤压模具气体氮碳共渗处理．热加工工艺，2005，(9)：66-67.

[36] 李东，陈怀宁．SS400 钢对接接头表面纳米化及其对疲劳强度的影响．焊接学报，2002，(2)：18-21.

[37] 范雄．X 射线金属学．北京：机械工业出版社，1983.

[38] 张春侠，周明贵，模具电镀镍钨合金．电镀与环保，2006，26 (1)：18-19.

[39] 邓华，叶升平．铝合金模具表面化学镀镍强化处理．材料保护，2005，38 (12)：83.

[40] 沈丽如，铁军，董玉英．铝型材挤压模具离子注入表面强化．真空，2002，(3)：166-16.